普通高等教育土木工程专业"十二五"规划教材

土木工程材料

（第二版）

张粉芹　主　编
王起才　主　审

中国铁道出版社有限公司

2021年·北　京

内 容 简 介

本教材在介绍土木工程材料基本性质的基础上,对土木工程常用的材料(包括无机胶凝材料、混凝土、砂浆、钢材、墙体材料、木材、防水材料及沥青混合料等)从原材料、生产工艺、组成、结构及构造、性能及应用等方面做了重点介绍,对具有一定功能的保温材料、隔热材料、光学材料、装饰材料、声学材料、防火材料也做了概括性介绍,另外还介绍了常用土木工程材料技术性能指标检测的试验方法。本书采用最新国家或行业标准,并尽可能地将土木工程材料近期研究成果编入相应章节。

本书为高等院校土木工程、工程管理、水利水电、建筑学、城市规划、材料科学与工程等专业教学用书,也可供从事土木工程设计、科研、施工、生产的人员参考。

本书在 2019 年 8 月重印时,对部分内容按照新规范进行了修改。

图书在版编目(CIP)数据

土木工程材料/张粉芹主编 . —2 版. —北京:中国
铁道出版社,2015.8(2021.9重印)
普通高等教育土木工程专业"十二五"规划教材
ISBN 978-7-113-20781-6

Ⅰ.①土… Ⅱ.①张… Ⅲ.①土木工程-建筑材
料-高等学校-教材 Ⅳ.TU5

中国版本图书馆 CIP 数据核字(2015)第 174669 号

书　　名:土木工程材料(第二版)
作　　者:张粉芹

责任编辑:李丽娟　　　编辑部电话:(010)51873240　　　电子信箱:992462528@qq.com
封面设计:郑春鹏
责任校对:王　杰
责任印制:高春晓

出版发行:中国铁道出版社有限公司(100054,北京市西城区右安门西街 8 号)
印　　刷:三河市航远印刷有限公司
版　　次:2008 年 10 月第 1 版　2015 年 8 月第 2 版　2021 年 9 月第 5 次印刷
开　　本:787 mm×1092 mm　1/16　印张:18　字数:450 千
书　　号:ISBN 978-7-113-20781-6
定　　价:55.00 元

第二版前言

FOREWORD

近年来,土木工程材料的部分标准及规范有了较大变化,一些材料的技术与工艺也得到发展,尤其出现了不少新材料、新技术、新工艺,为了适应现代土木工程发展对工程技术人员培养的需求,有必要对 2008 年出版的《土木工程材料》一书进行修订,以满足教学要求。本书修订时继承了第一版的特色。修订分工如下:兰州交通大学霍曼琳修订了绪论、第 6 章及第 7 章,周立霞修订了第 1 章及第 4 章,于本田修订了第 2 章及第 3 章,张粉芹修订了第 8 章及第 10 章,孟芳修订了第 11 章;江苏淮阴工学院张颖修订了第 5 章及第 9 章。本书由张粉芹主编,王起才主审。

由于土木工程材料品种繁多,新材料层出不穷,各类标准有一定差异,加之编者水平有限,不妥之处敬请读者批评指正。

另外,对本书参考文献的作者,网上所查阅资料的单位、作者及中国铁道出版社的编辑致以最衷心的谢意。

编者

2015 年 7 月

第一版前言

土木工程材料是土木工程的物质基础，从事土木工程有关专业的人员，需要熟悉这些常用土木工程材料的品种、特点及质量要求。因此，土木工程材料是土木工程、工程管理等专业必修的专业技术基础课。常用土木工程材料中，混凝土、钢材、砖、砌块等为结构材料及墙体材料，除此之外，还有起防水、防火、装饰、保温、吸声、采光作用的功能材料。

本书由兰州交通大学张粉芹主编，王起才主审。具体编写分工如下：兰州交通大学霍曼琳编写了绪论及第6章和第7章，周立霞编写了第1章和第8章，于本田编写了第2章和第3章，张粉芹、周立霞共同编写了第4章，张粉芹编写了第5章和第10章，孟芳编写了第11章；江苏淮阴工学院张颖编写了第9章。本书具有如下特点：

(1)土木工程材料种类、品种、规格繁多，但常用的品种有限，本书重点介绍水泥、混凝土、钢材、墙体材料、防水材料及沥青混合料等常用材料的内容。

(2)力求从工程应用的目的为出发点，分析各类材料的性能、成分、结构和构造、所处环境条件等的关系，力图使学生掌握较为实用的基础知识，为后续专业课程的学习打下良好的基础。

(3)教材的编写注重学生能力培养，如通过归纳总结、对比分析的方法讲解不同类型、不同品种材料的共性和各自的特性，使学生不但学到材料的基础知识，而且学会一些常用的分析问题、解决问题的方法。

(4)实验内容的编写注重创新素质的培养。增加了一些设计性、开放性实验内容，可为今后从事既有材料的改性、新材料的研制以及材料方面的科学研究奠定基础。

在教材编写过程中，编写人员尽可能地做到深入浅出、言简意赅、图文并茂，便于读者理解。但由于时间仓促、水平有限，书中的缺点和不妥之处在所难免。恳请广大读者在使用过程中提出宝贵意见，以便本书不断完善。

编　者
2008 年 7 月

目 录

绪 论

各种土建工程皆由材料构成,这些构成材料的性质决定了工程的使用性能。为使土建工程获得结构安全可靠、使用状态良好及美观、经济的性能,就必须合理选择与正确使用材料。作为土木工程领域的工程技术人员,无论从事研究、生产、设计、施工还是管理工作,学习与掌握材料的有关知识,对于从事建筑工程建设、保证工程质量、促进技术进步和降低工程成本等都至关重要。

一、土木工程材料及其分类

广义上的土木工程材料是人类建造建筑物时所用一切材料和制品的总称,种类极为繁多。其不仅外观、形态各异,而且加工、结构、性质、用途等各方面均有显著差别。为了研究、应用和叙述的方便,常从不同的角度对其进行分类。

(1)按主要组成成分分类

可分为无机材料、有机材料、复合材料三大类,如图 0.1 所示。其中复合材料指两种或两种以上的物质复合在一起形成的材料,它能够克服单一材料的弱点,发挥各材料的优点,目前已成为应用最多的土木工程材料。

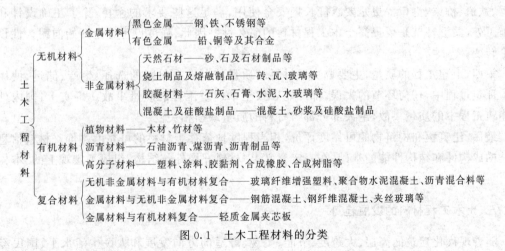

图 0.1　土木工程材料的分类

(2)按使用功能分类

根据土木工程材料在建筑物中的部位或使用性能,大体可分为建筑结构材料、墙体材料、建筑功能材料三大类。建筑结构材料主要指建筑物中在梁、板、柱、基础、框架及其他受力构件和结构中所用的材料,主要技术性能要求的是力学性能和耐久性;墙体材料指用于建筑物内、外及分隔墙体所用的材料,分为承重墙材和非承重墙材两类,前者有力学性能要求,后者起围护作用并满足部分建筑功能要求;建筑功能材料则主要指担负某些建筑功能、非承重用的材料,它们赋予建筑物防水、防火、保温、隔热、采光、隔声、装饰等功能,决定着建筑物的使用功能和建筑品质。

(3)按材料来源分类

根据材料来源,可分为天然材料与人造材料。而人造材料又可按冶金、窑业(水泥、玻璃、陶瓷等)、石油化工等材料制造部门来分类。

一般把各种分类方法经适当组合后对材料种类进行划分,如装饰砂浆、沥青防水材料等。

二、土木工程材料在土建工程中的地位

土木工程材料在土木建筑工程中有着举足轻重的地位。

首先,土木工程材料是一切土木工程的物质基础。建造的建筑物或构筑物本质上都是所用土木工程材料的一种"排列组合"。它用量巨大,目前在我国的土木建筑工程总造价中,土木工程材料的费用一般约占 50%～60%。所以,选用的材料是否经济适用,直接影响到工程造价和建设投资。

第二,土木工程材料与建筑、结构和施工之间存在着相互依存、相互促进的密切关系。各种建筑物与构筑物皆是由各种土木工程材料经合理设计、精心施工而成。土木工程材料的品种、规格及质量都直接关系到建筑物的形式、建筑施工的质量和建筑物的适用性、艺术性及耐久性。建筑工程中许多技术问题的突破,往往依赖于土木工程材料问题的解决。新材料的出现,将促进建筑形式的变化、结构设计及施工技术的革新;而新的建筑形式、工程设计方法和施工工艺又对土木工程材料的品种和质量提出了更高和多样化的要求。

第三,建筑物和构筑物的功能和使用寿命在很大程度上由土木工程材料的性能决定。如装饰材料的装饰效果、钢材的锈蚀、混凝土的劣化、防水材料的老化问题等,无一不是材料的问题,也正是这些材料特性构成了建筑物和构筑物的整体性能。房屋建筑要求坚固耐用,而水利工程、铁道、桥梁、港口等更是要求能长期安全使用,满足这些要求的途径,除了正确设计和合理施工外,关键环节是要提高土木工程材料的耐久性。因此,强度设计理论开始向耐久性设计理论转变。

第四,土建工程的质量,主要取决于材料的质量控制。在材料的选择、生产、储运、使用和检验评定过程中,任何环节的失误,都可能导致土木建筑工程的质量事故。事实上,国内外土木建筑工程中的质量事故,绝大部分都与材料的质量缺损相关。

最后,建筑物和构筑物的可靠度评价,相当程度地依存于材料的可靠度评价。材料信息参数是构成构件和结构性能的基础,在一定意义上"材料-构件-结构"组成了宏观上的"本构关系"。

三、土木工程材料的发展趋势

随着现代化建筑向高层、大跨度、节能、美观、舒适的方向发展和人民生活水平、国民经济实力的提高,研究开发和应用新型土木工程材料已成为必然。遵循可持续发展战略,土木工程材料的发展趋势表现为:

(1)高性能化。产品要求综合性能优良,如结构材料轻质、高强、高抗震性。

(2)高耐久性。材料有高的预期寿命,且综合单价低(含运营期维护费)。

(3)多功能化。如承重材料同时还具有良好的保温、隔热、隔声等功能;多功能玻璃墙可起到装饰、隔声、吸热、防辐射、单面透光等作用。建材产品应不仅对人畜无害,而且能净化空气、

抗菌、防静电、防电磁波等。

（4）绿色环保。生产所用的原材料要求充分利用工业废料、能耗低、可循环利用，不破坏生态环境，有效保护天然资源；生产和使用过程不产生环境污染，即废水、废气、废渣、噪声等零排放；做到产品可再生循环和回收利用。

（5）智能化。某些土木工程重要部位的材料在发生破坏前能产生自救功能，或发出警示信号等。

另外，主产品和配套产品应同步发展，并解决好利益平衡关系。同时，为满足现代土木工程结构性能和施工技术的要求，材料的应用应向着工业化方向发展。如水泥混凝土等结构材料向着预制化和商品化方向发展，材料向着成品或半成品的方向延伸，材料的加工、储运、使用及其他施工操作的机械化、自动化水平不断提高，劳动强度逐渐下降。这不仅改变着材料在使用过程中的性能表现，也在逐渐改变着人们对于土木工程材料使用的手段和观念。

四、土木工程材料的检验方法及标准化

材料的质量是影响土木工程质量和结构物使用功能最直接和最重要的因素之一，掌握和控制好材料的质量对于保证工程质量具有非常重要的作用。材料质量的控制通常按照标准要求采用一定的检验方法进行。

技术标准是材料质量保障的依据。不论是生产企业还是使用部门，都应严格按照技术标准来控制质量，这样土木工程结构物的质量和耐久性才有保证。

（1）土木工程材料的质量检验方法

土木工程材料性能的检验，必须通过适当的测试仪器和正确的检验方法来进行。通常可采用实验室内原材料性能检验、实验室内模拟结构鉴定及现场鉴定等方法。本课程主要介绍实验室内材料性能的检验，包括下列内容：

①物理性能检验。测定材料的物理常数，不仅可以从材料的物理常数了解材料内部的组成结构，间接推断材料的力学性能，还可以得到配合比设计时需用的基础资料。

②力学性能检验。现阶段土木工程材料的力学性质主要是通过各种试验机测定其抗压、抗剪、抗拉等静态力学性能。

③材料与水有关的性能检验。水对结构物的强度和耐久性有重要影响。主要检测的项目有抗渗性和抗冻性等。

（2）土木工程材料的标准化

标准是指对重复事物和概念所作的统一规定，它以科学技术和实践经验的综合成果为基础，经有关方面协商一致，由主管机构批准，以特定形式发布，作为共同遵守的准则和依据。简而言之，标准就是对某项技术或产品的各项技术指标的要求所实行的统一规定。任何技术或产品必须符合相关标准才能生产和使用。标准涵盖到各行各业。标准化为生产技术和科学发展建立了最佳秩序，并带来了社会效益。

土木工程材料涉及的标准主要包括两类：一是产品标准。为了加强土木工程材料工业的现代化生产和科学管理、保证产品的质量和适用性，必须从生产设备到产品的所有环节实行标准化，对材料产品的各项技术要求制定统一的执行标准，其内容主要包括：产品规格、分类、技术要求、检验方法、验收规则、应用技术规程等。二是工程建设标准。它是对基本建设中各类勘察、规划、设计、施工、安装、验收等需要协调统一的事项所制定的标准。

　　土木工程材料的标准,是检验企业生产的产品质量是否合格的技术文件,也是供需双方对产品质量进行验收的依据。没有标准化,则工程的设计、产品的生产及质量的检验就失去了共同的依据和准则。通过产品标准化,就能按标准合理地选用材料,从而使设计、施工相应标准化,同时可加快施工进度,降低造价。

　　目前,我国常用的标准按适用领域和有效范围分为四级:

　　①国家标准。是由国家技术监督局发布的全国性技术指导性文件,分强制性标准(代号为GB)和推荐性标准(代号 GB/T)。强制性标准是全国必须执行的技术指导文件,任何技术(或产品)的指标均不得低于标准中规定的要求;推荐性标准则在执行时也可采用其他相关标准的规定。

　　②行业标准。是各行业为规范本行业的产品质量而制定的技术标准,也分强制性标准和推荐性标准,仍属于全国性技术指导文件,但由主管生产部门(或总局)发布。某些行业标准代号见表0.1。

表 0.1　几个行业的标准代号

行业名称	建工行业	黑色冶金行业	石化行业	交通行业	建材行业	铁路行业
标准代号	JG	YB	SH	JT	JC	TB

　　③地方标准。为地方主管部门发布的地方性技术指导文件(代号 DB),适于在该地区使用。

　　④企业标准。是由企业制定发布的指导本企业生产的技术文件(代号 QB),仅适用于本企业。凡没有制定国家标准、行业标准的产品,均应制定企业标准。

　　有关工程建设方面的技术标准的代号,应在部门代号后加 J。地方标准或企业标准所制定的技术要求应高于类似(或相关)产品的国家标准。

　　标准一般由标准名称、部门代号(以汉语拼音字母表示)、标准编号和颁发年份等来表示。例如,2013 年制定的建材行业推荐性 479 号建筑生石灰的标准为:《建筑生石灰》(JC/T 479—2013)。

　　随着我国对外开放和加入世界贸易组织(WTO),还常涉及一些与土木工程材料关系密切的国际标准和外国标准。ISO 国际标准是由国际标准化组织(ISO,International Standard Organization)负责组织制定的,在世界范围里统一使用。外国的标准主要分为两类:一类是国际上有影响的团体标准和公司标准,如美国材料与试验协会标准 ASTM (American Society for Testing and Materials)等;另一类是区域性标准,也可以说是工业先进国家的标准,如美国国家标准 ANS(American National Standard)、德国"DIN(Deutsche Industric Normen)"标准、英国"BS(British Standard)"标准、日本"JIS(Japanese Industrial Standard)"标准、法国"NF(Normes Francaises)"标准等。

五、课程学习的目的和要求

　　(1)课程学习的目的与主要内容

　　土木工程材料课程是针对土木工程、工程管理、水利电力等专业开设的专业技术基础课。它是从工程使用的角度去研究材料的生产、成分、结构和构造、环境条件等对材料性能的影响以及其相互关系的一门应用学科。通过学习,使学生掌握材料的基本理论和基础知识,为后续专业课程的学习及以后从事土木工程正确选用材料打下良好的基础。

虽然土木工程材料种类、品种、规格繁多,但常用的品种有限,通过对常用的、有代表性的材料的学习,就可以对其他土木工程材料进行了解和运用。因此,本教材重点介绍当前土木工程常用的材料,如水泥、石灰、混凝土、钢材、沥青材料等,并简要介绍建筑功能材料。对于各类材料,除重点介绍了技术性质外,对材料的生产、组成、结构与构造、技术标准也做了简要介绍,另外还简要介绍了检测这些技术性能指标的试验方法。

(2)课程的理论课学习任务

学习时,可把相关内容分成三个层次:第一层次是土木工程材料基础理论知识。所谓基础理论知识是指每类材料的生产工艺,材料的组成、结构、构造,该部分要重点领会其对材料性能的影响。第二层次是土木工程材料的基本性质。这一层次要求学生重点掌握,在了解基本概念的基础上,要能运用已有的理论知识对基本性质的改善进行分析,并能够结合工程实际,正确选用材料。对于现场制作的材料,要能根据材料性能要求设计计算材料配比。第三层次为土木工程材料质量检验的内容,需要结合试验理解基本技术性质要求的意义。

(3)课程的实验课学习任务

本课程实践性很强,实验是课程的重要教学环节。通过实验可验证所学的基础理论,增加感性认识,加深对理论知识的理解,熟悉试验鉴定、检验和评定材料质量的方法,掌握一定的试验技能,这对培养学生分析与判断问题的能力、试验工作能力以及严谨的科学态度十分有益,也为今后从事既有材料的改性、新材料的研制以及材料方面的科学研究奠定基础。

 土木工程材料的基本性质

土木工程材料在各种建筑物中都承受着不同的力学的、化学的、物理的和环境介质的作用，要求其具有相应的不同性质。所谓土木工程材料的基本性质是指通常必须考虑的最基本的、共有的性质。为了能够在工程中科学合理地使用材料，必须掌握有关材料的基本性质以及影响这些性质的因素与规律。因此，为了便于学习和掌握，本章重点介绍材料的物理性质、力学性质和耐久性，另外简单讲述材料的化学性质。

1.1 材料的组成、结构与构造及其对材料性质的影响

影响材料性质的因素有外部因素和内部因素，内部因素是指材料的组成、结构和构造，外部因素是指外界环境介质。外部因素影响材料性质要通过内部因素才能起作用，所以对材料性质起决定性作用的是其内部因素。因此，下面重点分析材料的组成、结构和构造与材料性质的关系。

1.1.1 材料的组成

材料的组成包括材料的化学组成、矿物组成和相组成。它不仅影响材料的化学稳定性，而且也是决定材料物理及力学性质的重要因素。

（1）化学组成

化学组成是指构成材料的化学元素或化合物的种类及数量。

当材料与外界环境介质接触时，它们之间必然按化学变化规律发生作用。比如混凝土受到酸、碱、盐的侵蚀作用，钢材的锈蚀等都属于化学作用。材料有关这方面的性质都是由化学组成所决定的。

对于化合物，一般用氧化物的形式表示，包括酸性氧化物和碱性氧化物。

（2）矿物组成

矿物组成是指构成材料的矿物种类和数量。矿物是指无机非金属材料中具有一定化学成分和特定的晶体结构及物理力学性能的单质或化合物。

化学组成相同的材料，由于矿物组成不同，其性质有可能不同。例如，由石灰（CaO）、砂（SiO_2）和水在常温下硬化而成的石灰砂浆与在高温高湿条件下硬化而成的灰砂砖性能有较大差别。

对于某些土木工程材料来说，如天然石材、无机胶凝材料等，决定材料性质的关键因素是其矿物组成。比如水泥的矿物成分有 $3CaO \cdot SiO_2$、$2CaO \cdot SiO_2$、$3CaO \cdot Al_2O_3$、$4CaO \cdot Al_2O_3 \cdot Fe_2O_3$，改变这四种矿物成分相对比例，可以制成不同性能水泥。

（3）相组成

材料中具有相同物理、化学性质的均匀部分称为相。自然界中的物质可分为气相、液相和

固相。土木工程材料复合材料可看作是多相固体。例如,混凝土可认为是集料颗粒(集料相)分散在水泥浆基体(基相)中所组成的复合材料。

复合材料的性质与材料的相组成及界面特性有密切关系。所谓界面是指多相材料中相与相之间的分界面,在实际材料中,界面是一个薄弱区,它的成分和结构与相内是不一样的,它们之间是不均匀的,可作为"界面相"来处理。通过改变和控制材料的相组成,可以改善和提高材料的技术性能。

1.1.2 材料的结构

材料的结构对材料的性质有重要影响。材料的结构一般分为宏观、细观和微观三个层次。

(1)宏观结构

土木工程材料的宏观结构是指肉眼可以看到或借助放大镜可观察到的粗大组织,其尺寸在 10^{-3} m 级(毫米级)以上。这是最粗的一种结构形式,可按孔隙特征和构造特征分为多种结构形式。

①散粒结构

散粒结构的材料是由单独的松散颗粒组成。颗粒有密实颗粒与轻质多孔颗粒之分。前者如砂子、石子等,因其结构致密、强度高,适合做承重的混凝土集料。后者如陶粒、膨胀珍珠岩等,为多孔结构,适合做绝热材料。散粒结构的材料,颗粒间多存在大量的空隙,其空隙率主要取决于颗粒级配。

②聚集结构

聚集结构是指材料中的颗粒通过胶凝材料彼此牢固地结合在一起而形成的结构形式。具有这种结构的材料种类繁多,如各种水泥混凝土、砂浆、沥青混凝土,某些天然岩石等;建筑陶瓷和烧结砖也属于这种结构,陶瓷是焙烧过程中玻璃相结合晶体颗粒形成的材料,而烧结砖是玻璃相结合未熔融的黏土颗粒形成的材料。

③多孔结构

多孔结构的材料中含有大量的、粗大或微小的(10^{-3}～1 mm)、均匀分布的孔隙,这些孔隙或者封闭,或者连通。这是加气混凝土、泡沫混凝土、发泡塑料、石膏制品、黏土砖瓦等所特有的结构。具有多孔结构的材料,其性质决定于孔隙的特征、多少、大小及分布情况。一般来说,这类材料的强度较低,抗渗性和抗冻性较差,吸水性较大,保温隔热性较好。

④致密结构

致密结构的材料在外观上和内部结构上都是致密的。如钢材、玻璃、天然石材、塑料等材料具有这种结构特征。这种材料内部基本上无孔隙,其特点是强度和硬度高,吸水性小,抗渗性和抗冻性较好,耐磨性较好,保温隔热性差。

⑤纤维结构

纤维结构的材料内部组成有方向性,纵向较紧密而横向较疏松,组织中存在相当多的孔隙。这类材料在平行纤维方向和垂直纤维方向上的强度、导热性及其他一些性质明显不同,即各向异性,如木材、玻璃纤维、石棉等。

⑥层状结构

层状结构(或称叠合结构)是板材常见的结构。它是将材料叠合成层状,用胶结材料或其他方法将它们结合成整体。如木胶合板、纸面石膏板、塑料贴面板等。层状结构每一层的材料性质不同,但叠合成层状构造的材料后,可获得平面各向同性,更重要的是可以显著提高材料的强度、硬度、绝热性或装饰性等性质,扩大其使用范围。比如木胶合板,由于每层木片的纤维方向是相互正交的,因而可减少收缩率、强度等性质在不同方向上的差别;又如纸面石膏板,由于表层纸的护面和增强作用,提高了石膏板的抗折强度。

(2)细观结构

细观结构(原称亚微观结构)是指用光学显微镜可以观察到的微米级的组织结构。其尺寸范围在 $10^{-3} \sim 10^{-6}$ m。该结构主要研究材料内部晶粒的大小和形态、晶界或界面,孔隙与微裂纹的大小、形状及分布。土木工程材料的细观结构,只能针对某种具体材料来进行分类研究。如对混凝土可分为基相、集料相、界面相;对天然岩石可分为矿物、晶体颗粒、非晶体组织;对钢材可分为铁素体、珠光体、渗碳体;对木材可分为木纤维、导管、髓线、树脂道。研究金属材料亚微观结构的方法称为金相分析,通过显微镜可以观察到金属的显微形貌图像。研究非金属材料(岩石、水泥、陶瓷等)亚微观结构的方法称为岩相分析,通过显微镜可以分析出其亚微观结构,包括:

①晶相种类、形状、颗粒大小及其分布情况;

②玻璃相的含量及分布;

③气孔数量、形状及分布。

材料细观结构层次上的这些组织的特征、数量、分布和界面性质对材料的强度、耐久性等性能有很大的影响。一般而言,材料内部的晶粒越细小、分布越均匀,则材料的受力状态越均匀、强度越高、脆性越小、耐久性越高;晶粒或不同组成材料之间的界面黏结越好,则材料的强度和耐久性越好。

(3)微观结构

微观结构是指借助电子显微镜或 X 射线,可以观察到的材料的原子、分子级的结构,微观结构的尺寸范围在 $10^{-10} \sim 10^{-6}$ m。材料的许多性质如强度、硬度、弹塑性、熔点、导热性、导电性等性能都是由其微观结构所决定的。

材料微观结构可分为晶体、玻璃体、胶体三种形式。

①晶体

晶体是内部质点(原子、离子、分子)在空间上按特定的规则呈周期性排列时所形成的结构。借助于点线将质点连接起来所构成的几何空间格架称为晶格,而把构成晶格的最基本单元称为晶胞,晶胞的各边尺寸称为晶格常数。按晶格的几何形状不同,自然界中的晶体共包括24 种晶格,比如最常见的立方晶格、正方晶格、斜方晶格、六方晶格等。

晶体分为单晶体和多晶体,土木工程材料大多为多晶体材料。单晶体及多晶体材料具有如下特点:

a. 具有固定的熔点和化学稳定性,这是晶体内部质点按能量最小原则排列所决定的。

b. 单晶体具有规则的几何外形,这是晶体内部质点呈规则排列的外部表现。但多晶体材料由于是由大量晶胞形成的晶粒呈杂乱无章排列而形成的,它的几何外形是多变的。

c. 单晶体具有各向异性的性质,但多晶体材料则是各向同性的。

晶体的各种物理力学性质,除与各质点的排列方式有关外,还与组成晶体的质点类型及质点间的结合键有关。根据组成晶体的质点及结合键的不同,晶体可分为如下几类:

a. 原子晶体。若质点为中性原子,则由中性原子以共价键结合而成的晶体称为原子晶体(亦称共价键晶体),其强度、硬度及熔点均最高,而密度小,如石英、金刚石、刚玉等。

b. 离子晶体。若质点为离子,则由正负离子以离子键结合而成的晶体称为离子晶体,其强度、硬度及熔点均较高,密度中等,但不耐水。土木工程材料中许多无机非金属材料多是以离子晶体为主构成的材料,如石膏、石灰、某些天然石材及人工材料等。

c. 分子晶体。若质点为分子,则分子或分子团之间依靠分子间范德华力结合而成分子晶体。分子晶体结构材料中质点间范德华力这种结合键较弱,只能在某些环境条件下才具有较可靠的物理力学性能,一般环境中其强度、硬度及熔点都很低,温度敏感性强,密度较小。如土木工程中常用的水及水性乳液、石蜡及部分有机化合物等。

d. 金属晶体。以金属阳离子为晶格,由自由电子与金属阳离子间的金属键结合而成的晶体称为金属晶体。由于电子在材料中可以自由穿梭,所以金属的导热性和导电性好;电子既然可到处穿梭,就可以与阳离子任意结合,所以说它有良好的键结合性,即金属的延展性良好,不易被撕裂。土木工程中常用的金属晶体材料有生铁、钢材、铝材、铜材等。

②玻璃体

将熔融物质迅速冷却(急冷),使其内部质点来不及按规则排列就凝固,这时形成的物质结构即为玻璃体,又称为无定形体或非晶体。玻璃体的结合键为共价键或离子键。玻璃体无固定的几何外形,具有各向同性,破坏时也无清晰的解理面,加热时无固定的熔点,只出现软化现象。

由于玻璃体在凝固时质点来不及作定向排列,质点间的能量只能以内能的形式储存起来,因此,玻璃体具有化学不稳定性,亦即存在化学潜能,在一定的条件下,易与其他物质发生化学反应。例如水淬粒化高炉矿渣、火山灰等均属玻璃体,经常大量用作硅酸盐水泥的掺合料,以改善水泥性能。玻璃体在烧土制品或某些天然岩石中,起着胶黏剂的作用。

③胶体

物质以极其微小的颗粒(粒径为 $10^{-9} \sim 10^{-7}$ m)分散在连续相介质中形成的结构,称为胶体。其中分散粒子一般带有电荷(正电荷或负电荷),而介质带有相反的电荷,从而使胶体保持稳定性。由于胶体的质点很微小,表面积很大,因而表面能很大,有很强的吸附力,土木工程中常利用胶体材料的这种吸附能力来黏结其他材料。

在胶体结构中,若胶粒较少,则液体性质对胶体结构的强度及变形性质影响较大,这种胶体结构称为溶胶结构。溶胶具有较大的流动性,土木工程材料中的涂料就是利用这一性质配制而成的。若胶粒数量较多,则胶粒在表面能的作用下产生凝聚作用或由于物理化学作用而使胶粒产生彼此相连,形成空间网络结构,从而使胶体结构的强度增大,变形性能减小,形成固态或半固态,此胶体结构称为凝胶结构。凝胶具有触变性,即凝胶被搅拌或振动,又能变成溶胶。水泥浆、新拌混凝土、胶黏剂等均表现出触变性。当凝胶完全脱水硬化变成干凝胶,它具有固体的性质,即产生强度。硅酸盐水泥的主要水化产物最后形成的物质就是干凝胶体。

胶体结构与晶体及玻璃体结构相比,强度较低、变形较大。

1.1.3 材料的构造

材料的构造是指具有特定性质的材料结构单元间的相互组合搭配情况。构造概念与结构概念相比,更强调了相同材料或不同材料的搭配组合关系。如木材的宏观构造和微观构造,就是指具有相同材料结构单元(木纤维管胞)按不同的形态和方式在宏观和微观层次上的组合和搭配情况。它决定了木材的各向异性等一系列物理力学性能。又如具有特定构造的节能墙板,就是由不同性质的材料经特定组合搭配而成的一种复合材料,这种构造赋予墙板良好的保温隔热、吸声隔声、防火抗震、坚固耐久等整体功能和综合性质。

综上所述,材料由于组成、结构、构造不同,而使其材料的性质各具特色,因此,理解材料的组成、结构、构造与材料性质间的关系,对于掌握材料性质、合理利用材料,或进一步改善和提高材料的性能并研制性能优良的复合材料,都是非常重要的。

1.2 材料的物理性质

1.2.1 材料与质量有关的性质

(1)材料的密度、表观密度与堆积密度

①密度(True Density)

材料在绝对密实状态下、单位体积干材料的质量称为材料的密度,按照式(1.1)进行计算:

$$\rho = \frac{m}{V} \tag{1.1}$$

式中　ρ——材料的密度,g/cm³;

　　　m——材料在绝对干燥状态下的质量,g;

　　　V——材料在绝对密实状态下的体积,cm³。

材料在绝对密实状态下的体积,是指不包括任何孔隙在内的体积,即构成材料的固体物质体积。土木工程中除了钢材、沥青、玻璃等少数接近于绝对密实的材料(直接测其外形尺寸)外,绝大多数材料都含有一定的孔隙。因此,在测定有孔隙材料的密度时,应先把材料磨成细粉(粒径小于0.2 mm),消除内部孔隙,经干燥后,用李氏密度瓶,采用排液法(与试样不起反应的液体)测定其实体体积(即材料的固体物质体积)。材料磨的越细,测定的密度值越精确。比如砖、石等块状材料就是用此法测定密度的。

②表观密度(Apparent Density)

材料在自然状态下,单位体积材料的质量称为材料的表观密度(原称容重,道路工程中称为体积密度),按式(1.2)进行计算:

$$\rho_0 = \frac{m}{V_0} \tag{1.2}$$

式中　ρ_0——材料的表观密度,g/cm³或kg/m³;

　　　m——材料在自然状态下的质量,g或kg;

　　　V_0——材料在自然状态下的体积,cm³或m³。

材料在自然状态下的体积,是指构成材料的固体物质体积V与内部孔隙体积$V_孔$之和(图1.1),即$V_0 = V + V_孔$,而孔隙体积又包括开口孔隙体积$V_开$与闭口孔隙体积$V_闭$。测量该体积时,规则形状的体积,直接测量外形尺寸;不规则形状的体积,采用排水法求得。

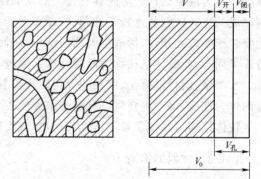

图1.1 含孔材料体积构成示意图

当材料的孔隙内含有水分时,质量和体积均有所变化,所以测表观密度时,必须注明材料的含水情况。常说的材料的表观密度，一般是指材料在气干状态下的测定值。而干表观密度是指材料在烘干状态下的测定值。

③堆积密度(Bulk Density)

散粒材料(粉状或粒状材料)在堆积状态下，单位体积材料的质量称为材料的堆积密度，按照式(1.3)进行计算：

$$\rho_0' = \frac{m}{V_0'} \tag{1.3}$$

式中　ρ_0'——散粒材料的堆积密度，kg/m^3；

m——散粒材料在堆积状态下的质量，kg；

V_0'——散粒材料在堆积状态下的体积，m^3。

散粒材料在堆积状态下的体积(即堆积体积)包括构成材料的固体物质体积 V、颗粒内部全部孔隙体积 $V_孔$ 以及颗粒之间全部空隙体积 $V_空$(图 1.2)，即 $V_0' = V + V_孔 + V_空 = V_0 + V_空$。堆积密度，又分为两种情况：材料在自然堆积(即松散堆积)时的堆积密度称松堆密度，材料在紧密堆积(如加以振实)时的堆积密度称紧堆密度。工程上所说的堆积密度是指松堆密度而言。测定散粒材料的堆积密度时，采用一定容积的容器来测量，材料的质量是指填充在该容器内的材料质量，堆积体积是指所用容器的容积。

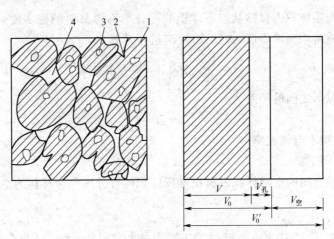

图 1.2　散粒材料体积构成示意图

1—颗粒中固体物质；2—颗粒的开口孔隙；3—颗粒的闭口孔隙；4—颗粒间的空隙

在土木工程中，材料的密度、表观密度和堆积密度一般用来计算构件的自重、材料的用量、配料以及确定材料运输和堆放的空间，堆积密度显然要比同材料的密度和表观密度小得多。常用土木工程材料的密度、表观密度和堆积密度如表 1.1 所示。

表 1.1　常用土木工程材料的密度、表观密度和堆积密度

材料名称	密度/(g·cm⁻³)	表观密度/(kg·m⁻³)	堆积密度/(kg·m⁻³)
钢	7.85	7 850	—
花岗岩	2.70~3.00	2 500~2 900	—
碎石	—	2 650~2 750	1 400~1 700
砂	—	2 500~2 700	1 450~1 700
水泥	2.80~3.20	—	900~1 300
烧结普通砖	2.50~2.70	1 600~1 900	—

续上表

材料名称	密度/(g·cm⁻³)	表观密度/(kg·m⁻³)	堆积密度/(kg·m⁻³)
烧结空心砖(多孔砖)	2.50～2.70	800～1 480	—
红松木	1.55～1.60	400～800	—
泡沫塑料	—	20～50	—
玻璃	2.55	—	—
普通混凝土		2 100～2 600	—

（2）材料的孔隙率与密实度

①孔隙率

材料内部孔隙体积占材料自然状态下体积的百分率称为材料的孔隙率，按照式（1.4）进行计算：

$$P = \frac{V_{孔}}{V_0} \times 100\% = \frac{V_0 - V}{V_0} \times 100\% = \left(1 - \frac{\rho_0}{\rho}\right) \times 100\% \tag{1.4}$$

材料孔隙率的大小直接反映材料的密实程度，孔隙率小，则密实程度高。但是，孔隙率相同的材料，他们的孔隙特征（即孔隙构造）可能不同。孔隙特征是指孔的种类（开口孔与闭口孔）、孔径的大小（粗大孔、细小孔和微小孔）及孔的分布是否均匀等。

②密实度

材料的固体物质体积占自然状态下体积的百分率称为材料的密实度，密实度反映了材料体积内被固体物质所填充的程度，按照式（1.5）进行计算：

$$D = \frac{V}{V_0} \times 100\% = \frac{\rho_0}{\rho} \times 100\% \tag{1.5}$$

密实度与孔隙率之间的关系为

$$P + D = 1$$

（3）材料的空隙率与填充率

①空隙率

散粒材料颗粒之间的空隙体积占材料堆积体积的百分率称为材料的空隙率，按照式（1.6）进行计算：

$$P' = \frac{V_{空}}{V_0'} \times 100\% = \frac{V_0' - V_0}{V_0'} \times 100\% = \left(1 - \frac{\rho_0'}{\rho_0}\right) \times 100\% \tag{1.6}$$

空隙率的大小反映了散粒材料的颗粒相互填充的程度，在配制混凝土时，砂石的空隙率作为控制混凝土中集料级配与砂率计算的重要依据。

②填充率

材料在自然状态下的体积占堆积体积的百分率称为材料的填充率，填充率反映了材料被颗粒填充的程度，按照式（1.7）进行计算：

$$D' = \frac{V_0}{V_0'} \times 100\% = \frac{\rho_0'}{\rho_0} \times 100\% \tag{1.7}$$

密实度与空隙率之间的关系为

$$P' + D' = 1$$

1.2.2 材料与水有关的性质

（1）材料的亲水性与憎水性

土木工程材料与水接触时,会有两种不同的反应。有的材料能迅速被水湿润或者使水铺散于材料表面,这种材料称为亲水性材料;而另外一种材料不能被水湿润或者使水以球状存在于材料表面,这种材料称为憎水性材料。

材料与水接触时能被水润湿的性质称为亲水性;而材料与水接触时不能被水润湿的性质称为憎水性。

材料被水湿润的程度可以用润湿角 θ 来表示,当材料与水接触时,在材料、水和空气这三相体的交点处,沿水滴表面的切线与材料和水接触面的夹角(逆时针),称为润湿角,如图 1.3 所示。润湿角越小,说明材料越容易被水湿润。实验证明,润湿角 $\theta \leqslant 90°$ 的材料为亲水性材料,反之, $\theta > 90°$ 的材料不能被水湿润,

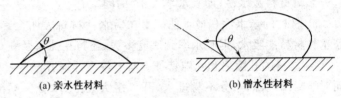

(a) 亲水性材料　　　　(b) 憎水性材料

图 1.3　材料润湿示意图

为憎水性材料。当 $\theta = 0°$ 时,表明材料完全被水润湿。上述概念也适用于其他液体对固体的润湿情况,相应称为亲液材料和憎液材料。

大多数土木工程材料,如石子、砂子、砖、混凝土、木材等都属于亲水性材料,表面都能被水湿润,并且能通过毛细管作用将水吸入材料的毛细管内部。而沥青、石蜡、油漆等属于憎水性材料,表面不能被水润湿。这种材料一般能阻止水分渗入毛细管内部,能降低材料的吸水性。因此,憎水性材料能用作防水材料。另外,还可以对亲水性材料表面进行处理,来降低亲水性材料的吸水性。

(2)材料的吸湿性和吸水性

①吸湿性

材料在潮湿空气中吸附水分的性质称为吸湿性。材料的吸湿性大小,用含水率来表示。含水率是指材料内部所含水的质量占干材料质量的百分率,可按照式(1.8)进行计算:

$$w_h = \frac{m_h - m}{m} \times 100\% \tag{1.8}$$

式中　w_h——材料的含水率,%;

　　　m_h——材料在吸湿状态下的质量,g;

　　　m——材料在干燥状态下的质量,g。

材料含水率的大小,除了与材料本身的特性(比如具有微小开口的材料吸湿性强)有关外,还与周围环境的温、湿度有关,气温越低、相对湿度越大,材料的含水率也就越大。

干材料在空气中会吸水变湿,而湿材料会放水变干;不管是吸水,还是放水,最终材料中的水分总会与外界环境的湿度达到一个平衡状态,这时材料处于气干状态,此时的含水率称为平衡含水率。即在一定的温度和湿度条件下,材料中所含水分与周围空气湿度达到平衡时的含水率称为平衡含水率。

②吸水性

材料在水中(通过毛细孔隙)吸收水分的性质称为吸水性。土木工程材料吸水性的大小一般用质量吸水率表示。质量吸水率是指材料吸水饱和时,其内部吸收水分的质量占干材料质量的百分率,可按照式(1.9)进行计算:

$$w_m = \frac{m_b - m}{m} \times 100\% \tag{1.9}$$

式中　w_m——材料的质量吸水率,%;

　　　m_b——材料在吸水饱和状态下的质量,g;

　　　m——材料在干燥状态下的质量,g。

材料的含水率,是表明材料目前含水状态的量,环境温度越低、湿度越大,含水率越大,含水率的最大值就是质量吸水率。而质量吸水率是表明材料能吸水的最大能力。因此,含水率有多个值,而质量吸水率只有一个值,总有 $w_m \geqslant w_h$。

影响材料吸水性(即吸水率大小)的因素有:

a. 材料的亲水性和憎水性。水在憎水性材料表明会形成水滴流掉,吸水率几乎为零;而亲水性材料能吸水,但吸水率到底有多大,还与孔隙率及孔隙特征有关。

b. 材料的孔隙率和孔隙特征。具有细微连通孔隙的材料,孔隙率越大,则吸水率就越大;而对于封闭孔隙,水分不易进入,开口粗大孔隙,水分又只能润湿孔壁表面不能存留在孔内。因此,具有封闭、粗大孔隙的材料,吸水率低。

各种材料的吸水率差别很大,如花岗岩的吸水率只有 0.5%～0.7%,混凝土的吸水率为2%～3%,烧结普通砖的吸水率为 8%～20%,木材的吸水率可超过 100%。

(3)材料的耐水性

材料长期在饱和水作用下不破坏,同时强度也不显著降低的性质称为耐水性。材料的耐水性好坏用软化系数表示,材料在饱和水状态下的抗压强度与材料在干燥状态下的抗压强度的比值,就是软化系数,按照式(1.10)计算:

$$K_R = \frac{f_b}{f} \tag{1.10}$$

式中　K_R——材料的软化系数;

　　　f_b——材料在吸水饱和状态下的抗压强度,MPa;

　　　f——材料在干燥状态下的抗压强度,MPa。

软化系数的大小表明了材料在吸水饱和后强度降低的程度,K_R 值越小,说明材料吸水饱和后强度降低越多,耐水性越差。一般来说,材料吸水后,强度均有所降低。这是因为水分被材料的微粒表面吸附,形成水膜而削弱了微粒间的结合力。

材料的软化系数在 0～1 之间。经常位于水中或受潮严重的重要结构物的材料,软化系数不宜小于 0.85;受潮较轻或次要结构物的材料,软化系数不宜小于 0.70。软化系数大于 0.85的材料,通常认为是耐水的材料,称为耐水性材料。

(4)材料的抗冻性

材料在吸水饱和状态下,能经受多次冻融循环而不破坏,同时强度也不严重降低的性质称为抗冻性。

材料的抗冻性用抗冻等级表示。材料的抗冻等级一般是以规定的试件,在规定的试验条件下,测得其强度降低和质量损失或动弹性模量和质量损失(混凝土快冻法)不超过规定值,此时所能经受的冻融循环次数。

材料受冻融破坏主要是因其孔隙中的水分结冰造成的。水结冰时体积膨胀约 9%,若材料孔隙中充满水,则水结冰膨胀对孔壁产生很大的冻胀应力及渗透压力,当此应力超过材料的抗拉强度时,孔壁产生局部开裂。随着冻融循环次数的增多,材料的受冻破坏加重。

影响材料抗冻性的因素有:

①材料的孔隙率和孔隙特征。孔隙率小而且是封闭孔的材料,抗冻性好,因为封闭孔对冰

胀力具有一定的缓冲作用;极细的孔隙虽然能充水饱和,但孔壁对水的吸附力极大,水的冰点很低,在一般负温下不会结冰;粗大孔隙一般水分不易充满其中,对冻胀破坏可起缓冲作用;毛细孔既易充满水分,又能结冰,所以最易产生冻胀破坏。

②材料的吸水饱和程度。吸水饱和程度越高,水结冰产生的冰胀力越大,材料越容易被冻坏。如果孔隙充水不多,远未达到饱和,有足够的自由空间,即使冻胀也不致产生破坏应力。

③材料抵抗冻胀应力的能力,即材料的强度。若材料的变形能力大,强度高,软化系数大,则材料的抗冻性能好。一般认为,软化系数小于 0.80 的材料,其抗冻性较差。

就外界条件来说,材料受冻破坏的程度与冻融温度、结冰速度及冻融频繁程度等因素有关,温度越低、降温越快、冻融越频繁,则受冻破坏越严重。

冬季室外温度低于 -15 ℃的地区,其重要工程材料必须进行抗冻性试验。

(5)材料的抗渗性

材料抵抗压力水渗透的性质称为抗渗性,另外,材料抵抗其他液体渗透的性质,也属于抗渗性。

对于混凝土和砂浆材料,抗渗性常用抗渗等级表示。抗渗等级是以规定的试件,在标准试验条件下所能承受的最大水压力来确定。抗渗等级越高,表明材料的抗渗性越好。

材料抗渗性的好坏,与材料的孔隙率和孔隙特征有密切关系。孔隙率低而且是封闭孔隙的材料,抗渗性好;孔隙率大而且是连通孔隙的材料,抗渗性差。

对水工及地下建筑物,要求材料具有一定的抗渗性;对于防水材料,要求具有更高的抗渗性。

1.2.3　材料的热工性质

为了节约结构物的能耗以及提供适宜的生活、工作条件,常要求土木工程材料具有一定的热工性质,以维持和调节室内温度。

(1)材料的导热性

材料传导热量的性质称为导热性。材料导热能力的大小,用导热系数来表示。

导热系数的物理意义为:厚度为 1 m,面积为 1 m² 的材料,当两侧温度差为 1 K 时,在 1 s 内所传递的热量。导热系数越小,说明材料的导热性能越差,即绝热性能越好。各种土木工程材料的导热系数差别很大,大致在 0.023~3.44 W/(m·K)之间变化,如泡沫塑料 $\lambda=0.035$ W/(m·K),而大理石 $\lambda=3.5$ W/(m·K)。工程中通常把 $\lambda<0.23$ W/(m·K)的材料称为绝热材料。

影响材料导热系数的因素主要有以下几个方面:

①材料的物质组成与结构。一般来说,金属材料、无机材料、晶体材料的导热系数分别大于非金属材料、有机材料、非晶体材料;固体、液体、气体的导热系数依此减小。而宏观结构呈纤维状或层状的材料,其导热系数与纤维或层的方向有关,如木材顺纹导热系数为横纹导热系数的 3 倍。

②材料的孔隙率及孔隙特征。在含孔材料中,热是通过固体骨架和孔隙中的空气传递的,空气的导热系数很小,为 0.023 W/(m·K),而构成固体骨架的物质均具有较大的导热系数。因此,材料的孔隙率愈大,即空气愈多,导热系数愈小,保温隔热性能愈好;粗大、连通孔隙的材料,导热性强,而细小、封闭孔隙由于减少或降低了对流传热,导热性能差,保温隔热性能好。因此,保温隔热材料要求:孔隙率大,且细小孔、封闭孔多。

对于纤维状材料,导热系数还与压实程度有关。当压实达到某一表观密度时,其导热系数最小,该表观密度称为最佳表观密度;当小于最佳表观密度时,材料内空隙过大,由于空气对流作用,将会使导热系数提高。

③含水率(湿度)。材料受潮后,导热性能提高,保温隔热性能变差,这是因为水的导热系数要比空气大得多。特别是材料受冻后,保温隔热性能急剧下降,主要是由于冰的导热系数是空气导热系数的近100倍。因此,保温隔热材料要防潮、防冻。

④导热时的温度。多数材料(金属除外)的导热系数随温度升高而增大。所以,绝热材料在低温下的使用效果更佳。

材料的导热系数是采暖房屋的墙体和屋面热工计算,以及确定热表面或冷藏库绝热厚度时的重要参数。

(2)材料的热容量

热容量是指材料受热时吸收热量,冷却时放出热量的性质,可按式(1.11)表示:

$$Q = cm(t_1 - t_2) \tag{1.11}$$

式中 Q ——材料吸收或放出的热量,kJ;

　　　c ——材料的比热,J/(g·K);

　　　m ——材料的质量,g;

　　$t_1 - t_2$ ——材料受热或冷却前后的温度差,K。

比热的物理意义是指单位质量的材料升高或降低单位温度时吸收或放出的热量。不同材料的比热不同。即使是同一种材料,由于所处物态不同,比热也不同。例如,水的比热为4.19 J/(g·K),而冰的比热为2.05 J/(g·K)。比热大的材料,能在热流变动或采暖设备供热不均匀时,缓和室内的温度波动,即调解室内小气候,因此,材料的比热对保持建筑物内部的温度稳定有着很大意义。

材料的导热系数和热容量是设计建筑物围护结构(墙体、屋盖)进行热工计算时的重要参数,设计时应选用导热系数小而热容量大的土木工程材料,有利于保持建筑物室内温度的稳定性。同时,导热系数也是工业窑炉热工计算和确定冷藏绝热层厚度的重要依据。几种典型材料的热工性能指标如表1.2所示。

表 1.2 几种典型材料的热工性能指标

材　料	导热系数/[W·(m·K)⁻¹]	比热/[J·(g·K)⁻¹]
铜	370	0.38
钢	56	0.47
花岗岩	3.1	0.82
普通混凝土	1.6	0.86
烧结普通砖	0.65	0.85
松木(横纹)	0.15	1.63
泡沫塑料	0.03	1.30
冰	2.20	2.05
水	0.58	4.19
静止空气	0.023	1.00

(3)耐燃性

建筑物失火时,材料能经受高温与火的作用不破坏,强度不严重降低的性能称为耐燃性。

根据耐燃性可将材料分为三大类：

①不燃烧类。如普通石材、混凝土、砖、石棉等。

②难燃烧类。如沥青混凝土、经防火处理的木材等。

③燃烧类。如木材、沥青等。

(4)耐火性

材料在长期高温作用下，保持不熔性并能工作的性能称为耐火性。按耐火性高低可将材料分为 3 类：

①耐火材料。如耐火砖中的硅砖、镁砖、铝砖、铬砖等。

②难熔材料。如难熔黏土砖、耐火混凝土等。

③易熔材料。如普通黏土砖等。

(5)材料的热变形性

材料在温度变化时的尺寸变化称为热变形性。热变形性的大小用线膨胀系数表示。材料变形的比率如果是以两点之间的距离进行计算的，称线膨胀系数；如果是以物体的体积进行计算的则称体积膨胀系数。体积膨胀系数可看作是线膨胀系数的 3 倍。

线膨胀系数是计算材料在温度变化时引起的变形以及计算温度应力等的常用参数。几种材料的线膨胀系数如下：钢筋为 $(10.0 \sim 12.0) \times 10^{-6} / ℃$；混凝土为 $(5.8 \sim 12.6) \times 10^{-6} / ℃$；花岗岩为 $(6.3 \sim 12.4) \times 10^{-6} / ℃$。

1.3　材料的力学性质

材料的力学性质是指材料在外力作用下的表现，通常以材料在外力作用下的变形性或强度来表示。

对材料所施加的、使材料发生变形的力称为外力或荷载 P。

材料受力后发生变形，单位长度上的变形量称为应变，即 $\varepsilon = \Delta L / L$。

当材料承受外力时，内部就会产生应力。作用在材料单位面积上的力称为应力，即 $\sigma = P / A$。

1.3.1　材料的强度与比强度

材料在外力（即荷载）作用下抵抗破坏的能力，称为强度。

当材料受外力作用时，其内部产生应力，若外力增大，则应力相应加大，直到材料内部质点间结合力不足以抵抗所作用的外力时，材料即发生破坏。材料破坏时的荷载称为破坏荷载或最大荷载，此时对应的应力就是材料的强度。

(1)材料的强度类型

材料在结构中承受的外力主要有：拉力、压力、剪力及弯矩等，材料抵抗这些外力破坏的能力，就分别称为抗拉、抗压、抗剪和抗弯强度，如图 1.4 所示。这些宏观强度一般通过静力试验来测定，故总称为静力强度，材料的静力强度是通过标准试件的破坏试验测得的。

①材料的抗压、抗拉及抗剪强度

材料的抗压、抗拉及抗剪强度按式(1.12)计算：

$$f = \frac{F}{A}$$

(1.12)

式中　f——材料的强度，MPa；

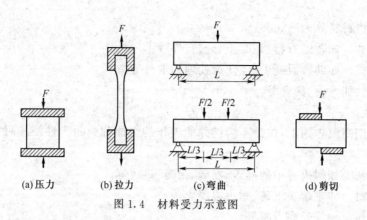

(a)压力   (b)拉力   (c)弯曲   (d)剪切

图1.4 材料受力示意图

　　　　F——试件破坏时的最大荷载,N;

　　　　A——试件的受力截面面积,mm²。

抗压强度是评定脆性材料强度的基本指标,而抗拉强度是评定塑性材料强度的主要指标。

②材料的抗弯强度

材料的抗弯强度与试件的几何形状及荷载施加的情况有关,对于矩形截面和条形试件,当采用二分点试验(图1.4)(在两支点的中间作用一个集中荷载)时,其抗弯极限强度按式(1.13)计算:

$$f_{tm}=\frac{3FL}{2bh^2} \tag{1.13}$$

当采用三分点试验(图1.4)(在跨度的三分点上加两个集中荷载)时,其抗弯极限强度按式(1.14)计算:

$$f_{tm}=\frac{FL}{bh^2} \tag{1.14}$$

式中　　f_{tm}——材料的抗弯极限强度,MPa;

　　　　F——试件破坏时的最大荷载,N;

　　　　L——试件两支点间的距离,mm;

　　　　b,h——试件截面的宽度和高度,mm。

(2)影响材料强度的因素

①材料的组成、结构和构造

不同组成的材料具有不同的强度,即使材料的组成相同,也会因内部结构和构造不同而使强度相差较大。材料的孔隙率越大,其强度越低。对于同一品种的材料,其强度与孔隙率之间存在近似直线的反比关系,如图1.5所示。晶体结构的材料,其强度还与晶粒细度有关。

石材、砖、混凝土等非匀质材料的抗压强度较高,而抗拉及抗折强度却很低;钢材为匀质的晶体材料,其抗拉、抗压强度都很高;木材内部为纤维结构,顺纹方向的抗拉强度高于横纹方向的抗拉强度。

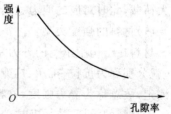

图1.5 材料强度与孔隙率的关系

②试验条件

试验方面的因素有:试件大小、试件形状、加荷速度以及试件的平整度等。

同样形状而不同尺寸的试件,由于小试件的一些缺陷表现不出来,强度较大试件的高。如混凝土立方体试块(200 mm×200 mm×200 mm)比标准立方体试块(150 mm×150 mm×150 mm)测得的强度偏低。试件形状也对强度有影响,如与立方体混凝土试块相比,棱柱体试块(150 mm×150 mm×300 mm)所测强度比立方体试块(150 mm×150 mm×150 mm)的低。除了尺寸效应外,与所受环箍效应的影响小也有关。具体分析如下:混凝土为脆性材料,测抗压强度时,在试块的上、下面上要放两块承压板(钢板)。试块受压时,混凝土与承压板之间存在摩擦力,产生作用力与反作用力,但是由于混凝土的弹性模量($E=\sigma/\varepsilon$)比钢板的小,所以受同样大小的力时,钢板的横向变形小于混凝土的横向变形,因而钢板对混凝土的横向膨胀起约束作用,这种约束作用称为"环箍效应"。越接近受压面,约束作用越大,在距离受压面大约$\sqrt{3}a/2$的范围以外,约束作用才消失,所以立方体试件在整个试块中都受到约束作用,棱柱体试块在中间部位未受到约束作用,所以棱柱体试块(150 mm×150 mm×300 mm)所测强度比立方体试块(150 mm×150 mm×150 mm)的低,如图 1.6 所示。

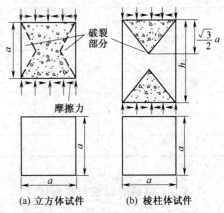

图 1.6　混凝土试件的破坏状态

因为测强度时采用的是破坏性试验,因此从加载到破坏的整个过程,就涉及施加荷载的速度问题。施加荷载以后,加荷速度应该与裂缝扩展(变形增长)速度一致,如果加荷速度太快,裂缝扩展落后于荷载增长,本来在该级荷载试件就破坏了,却由于裂缝扩展慢使得试件在下一级荷载才破坏,导致测得的强度值偏高。

测试材料强度时,试件的平整度对材料强度也有影响。因此,做试验时,一定要把表面的水分、砂尘等擦掉,由于成型面不够平整,试验时要用试块的侧面与承压板接触。

③材料的含水情况

以木材来说,湿木材由于吸附水多,使木纤维之间的距离变大,内聚力降低,造成强度降低。因此,含有水分的材料较干材料的强度低。

④温度

一般来说,温度越高,材料的强度越低。比如沥青加热后变成黏滞状的液体,强度明显降低。

(3)材料的强度等级

各种材料的强度差别甚大,每种材料按其强度值的大小划分为若干个强度等级。划分强度等级,对生产者和使用者均有重要意义,它可以作为生产者控制质量的依据,也有利于使用者掌握材料的性能指标以便于合理的选用材料。常用土木工程材料的强度如表 1.3 所示。

表 1.3　常用土木工程材料的强度

材　料	抗压强度/MPa	抗拉强度/MPa	抗弯强度/MPa
花岗岩	100～250	5～8	10～14
烧结普通砖	7.5～30	—	1.8～4.0
普通混凝土	7.5～60	1～4	2.0～8.0
松木(顺纹)	30～50	80～120	60～100
钢材	235～1 600	235～1 600	—

(4)材料的比强度

为了对不同类材料的强度进行对比,可采用比强度这一指标。比强度等于材料的强度与表观密度之比,即单位质量的材料强度。比强度是用来评价材料是否轻质高强的一个指标。几种主要材料的比强度如表 1.4 所示。木材的比强度比钢材的大,所以,木材与钢材相比,木材就是轻质高强的材料;而钢材与混凝土相比,钢材则是轻质高强的材料。

表 1.4　几种主要材料的比强度

材　料	表观密度/(kg·m⁻³)	强度/MPa	比强度
低碳钢	7 850	420	0.054
普通混凝土	2 400	40	0.017
松木(顺纹抗拉)	500	100	0.200
松木(顺纹抗压)	500	36	0.070
玻璃钢	2 000	450	0.225
烧结普通砖	1 700	10	0.006

1.3.2　材料的弹性与塑性

材料在外力作用下产生变形,当外力取消后,变形随即消失并能完全恢复原来形状的性质,称为材料的弹性。这种当外力取消后瞬间即可完全消失的变形,称为弹性变形。这种变形属于可逆变形,应力与应变的比值称为材料的弹性模量,按照式(1.15)计算。在弹性变形范围内,弹性模量为常数。

$$E = \frac{\sigma}{\epsilon} \tag{1.15}$$

式中　σ——材料的应力,MPa;

　　　ϵ——材料的应变;

　　　E——材料的弹性模量,MPa。

材料的弹性模量是衡量材料抵抗变形能力的一个指标,弹性模量越大,材料越不容易变形,即刚度越好,弹性模量是结构设计中的重要参数。

材料在外力作用下产生变形,当取消外力后,不能恢复变形,仍然保持变形后的形状和尺寸,并且不产生裂缝的性质,称为材料的塑性。这种不能恢复的变形,称为材料的塑性变形或永久变形。材料的塑性变形为不可逆变形。

实际上,纯的弹性材料是没有的。一些材料,当外力较小时,仅产生弹性变形;而当外力超过一定值后,除了产生弹性变形外,还产生塑性变形,比如建筑钢材。在受力时同时产生弹性变形和塑性变形,如果取消外力,弹性变形消失,而塑性变形不能消失,这种材料称为弹塑性材料,如混凝土。弹塑性材料的变形曲线如图 1.7 所示。

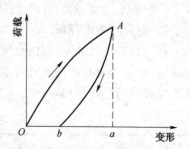

图 1.7　弹塑性材料的变形曲线

1.3.3　材料的脆性与韧性

材料受外力作用,当外力达到一定限度后,材料突然破坏,但破坏时没有明显塑性变形的性质,称为材料的脆性。具有这种性质的材料称为脆性材料。

材料在冲击或振动荷载作用下,能吸收较大能量,产生较大变形而不致破坏的性质,称为材料的韧性或冲击韧性。

脆性材料受力后变形很小,一变形就破坏,而且进行宏观强度测定时,抗压强度远远大于抗拉强度,只适合用于承压构件。比如混凝土、砖、陶瓷等材料为脆性材料。

与脆性材料相比,韧性材料受力后可以吸收较大的能量,变形较大,但不容易破坏,抗拉强度接近或略高于抗压强度。因此,韧性材料适合于承受冲击荷载或振动荷载,比如吊车梁、桥梁、铁轨就应采用韧性材料(如钢材)。

1.3.4　材料的硬度与耐磨性

(1)硬度

硬度是指材料表面抵抗硬物压入或刻画的能力。土木工程中,为保持建筑物的使用性能或外观,常要求材料具有一定的硬度。

测定材料硬度的方法有多种,常用的有刻画法或压入法两种,不同材料测定硬度的方法不同。刻画法常用于测定天然矿物的硬度,用莫氏硬度表示,它是以两种矿物相互对刻的方法确定矿物的相对硬度,并非材料绝对硬度的等级。矿物硬度分为十级,其硬度递增顺序为滑石、石膏、方解石、萤石、磷灰石、正长石、石英、黄玉、刚玉、金刚石。钢材、木材及混凝土等材料的硬度常采用压入法测定,例如布氏硬度,布氏硬度以压痕单位面积上所承受的压力来表示。

(2)耐磨性

耐磨性是指材料表面抵抗磨损的能力。材料的耐磨性以磨损前后材料单位面积的质量损失,即磨损率表示。

材料的磨损率越低,表明该材料的耐磨性越好。一般来说,强度较高且密实的材料,其硬度较大,耐磨性也较好。材料的耐磨性与材料的组成成分、结构、强度、硬度等因素均有关。土木工程中,某些部位经常受到磨损的作用,如路面、地面、踏步、台阶等,选择这些部位用材料时,其耐磨性应该满足工程的使用寿命要求。

1.4　材料的耐久性

材料在长期使用过程中,能抵抗各种作用而不破坏,并且能保持原有性能的能力,称为材料的耐久性。

影响耐久性的因素很多,包括物理作用、化学作用及生物作用等。

(1)物理作用

物理作用指材料受干湿、冷热、冻融变化等,使材料体积发生收缩与膨胀,或产生内应力而开裂破坏。

(2)化学作用

化学作用指材料在大气和环境水中的酸碱盐等溶液的侵蚀下,使材料逐渐发生质变而破坏。

(3)生物作用

生物作用指材料在昆虫或菌类等的侵害下,导致材料发生虫蛀、腐朽而破坏。

一般土木工程材料,如石材、砖瓦、陶瓷、水泥混凝土、沥青混凝土等,暴露在大气中使用时，主要受到大气的物理作用；金属材料在大气中主要容易被锈蚀，它是由化学作用引起的腐蚀；木材、植物等天然材料，主要易被生物作用而腐蚀、腐朽；沥青及高分子材料，在阳光、空气及辐射的作用下，会逐渐老化、变质而破坏。

耐久性是材料的一项综合性质，包括：抗冻性、抗渗性、抗风化性、耐腐蚀性、耐磨性、耐老化性等诸方面的内容。材料的强度、耐磨性等也与耐久性有着密切的关系。对材料耐久性最可靠的判断，是在使用条件下进行长期的观测，但这需要较长的时间。通常的做法是：根据试验要求，在实验室中进行有关的快速试验，根据快速试验结果对材料的耐久性做出判断。实验室中的快速试验包括：干湿循环、冻融循环、加湿与紫外线干燥循环、碳化、盐溶液浸渍与干燥循环、化学介质浸渍等。

复习思考题

1. 什么是晶体结构、玻璃体结构、胶体结构？各有何特点？

2. 材料的宏观结构按孔隙特征及构造特征分为哪些类型，各类型有何特点？

3. 什么是材料的密度、表观密度、堆积密度？三者有什么区别？如何测定？

4. 材料的孔隙率及孔隙特征对材料的强度、吸水性、抗渗性、抗冻性、保温性有何影响？

5. 分析影响材料强度试验结果的因素有哪些。

6. 材料的吸水性、憎水性、抗渗性、抗冻性的含义是什么？各用什么指标表示？

7. 材料强度、比强度、塑性、韧性、硬度、耐磨性含义是什么？各用什么指标表示？

8. 影响材料抗冻性的因素有哪些？说明材料受冻破坏的作用机理。

9. 分析影响材料耐久性的因素，通常耐久性包括哪些方面内容？

10. 材料的热工性质有哪些？各用什么指标表示？

11. 某种材料密度为 $2.6\ g/cm^3$，表观密度为 $1.8\ g/cm^3$，将一质量为 954 g 的材料放入水中，一段时间后取出称重为 1 086 g，试求材料的孔隙率和质量吸水率。

12. 一块普通黏土烧结砖，干燥状态下质量为 1 750 g，吸水饱和状态下质量为 2 100 g。该砖尺寸为 240 mm×115 mm×53 mm，烘干后磨成细粉后取 50 g，用排水法测得绝对密实体积为 $18.62\ cm^3$。试求该砖的质量吸水率、密度、孔隙率。

13. 某材料在气干、绝干和水饱和状态下测得的抗压强度为 132 MPa、136 MPa、124 MPa，求材料的软化系数，并判定该材料可否用于水下工程。

第2章 气硬性胶凝材料

胶凝材料指能在物理、化学作用下,从具有流动性的浆体转变成坚固的石状体,并能将砂、石子等散粒材料或砖、板等块片状材料黏结为整体的材料。胶凝材料按化学成分分为两大类:有机胶凝材料和无机(矿物)胶凝材料。石油沥青、煤沥青及各种天然和人造树脂等属于有机胶凝材料。无机胶凝材料则按照硬化条件分为气硬性胶凝材料和水硬性胶凝材料。气硬性胶凝材料只能在空气中硬化,也只能在空气中保持或继续发展其强度;水硬性胶凝材料则不仅能在空气中,而且可以更好地在水中硬化,保持并发展其强度。如石膏、石灰、水玻璃和菱苦土都是工程中常用的气硬性无机胶凝材料;而硅酸盐水泥、铝酸盐水泥、硫铝酸盐水泥等都是水硬性胶凝材料。将无机胶凝材料区分为气硬性胶凝材料和水硬性胶凝材料,有重要的实用意义。气硬性胶凝材料一般只适用于地上或干燥环境,不适宜用于潮湿环境,更不可用于水中工程;而水硬性胶凝材料则既适用于地上工程,也适用于地下和水中工程。

2.1 石 灰

石灰是土木工程中使用较早的矿物胶凝材料之一,属于气硬性胶凝材料。由于石灰的原料来源广泛,生产工艺简单,成本低廉,所以至今仍被广泛用于工程中。

2.1.1 石灰的生产

生产石灰的原料主要是石灰石,也可利用含有碳酸钙成分的天然物质或化工副产品做原料。

石灰石的主要成分是碳酸钙($CaCO_3$),其次是碳酸镁($MgCO_3$)和少量黏土杂质。一般生产石灰的石灰石化学成分要求碳酸钙含量在 80% 以上,碳酸镁含量在 20% 以下,黏土质含量在 8% 以下。

将石灰石置于窑内高温下煅烧,碳酸钙和碳酸镁受热分解,分解出二氧化碳(CO_2)气体后,得到以氧化钙(CaO)为主要成分的呈白色或灰白色的块状成品即为生石灰,又称块灰。

$$CaCO_3 \xrightarrow{900\ ℃} CaO + CO_2 \uparrow$$

$$MgCO_3 \xrightarrow{700\ ℃} MgO + CO_2 \uparrow$$

考虑到煅烧过程中的热量损耗,实际窑内煅烧温度常控制在 1 000~1 100℃。碳酸钙分解时,约释放出占原重 44% 的 CO_2 气体,但煅烧所得的生石灰体积却仅比碳酸钙体积减小 10%~15%,所以正常温度下煅烧得到的石灰具有多孔结构,即内部孔隙大、晶粒细小、体积密度小,与水反应快。原料纯净,煅烧良好的正火石灰,质轻色白,呈疏松多孔块状结构,密度 3.1~3.4 g/cm³,堆积密度 800~1 000 kg/m³。

由于石灰石的致密程度、块形大小、杂质含量不同,加之煅烧火候的不均匀,生产过程常出现欠火石灰或过火石灰。欠火石灰是由于煅烧温度较低、石灰石尺寸过大或煅烧时间过短,碳酸钙未能完全分解,外部为正常煅烧的石灰,内部尚有未分解的石灰石内核,不能消解,因而欠火石灰的产浆量低,质量较差,降低了石灰的利用率。过火石灰是由于煅烧温度过高或煅烧时间过长,使内部孔隙减小、密度增大、晶粒变大,而且石灰石中的二氧化硅(SiO_2)、三氧化二铝(Al_2O_3)等杂质发生熔结,使石灰颗粒表面部分被玻璃状物质(即釉状物)所包覆,使石灰遇水难以水化延缓了熟化速度。若使用在工程中,过火石灰颗粒往往会在正火石灰硬化后才吸湿消解而发生体积膨胀,这使已硬化的灰浆表面会产生膨胀而引起崩裂或隆起,直接影响工程质量。

建筑石灰按氧化镁含量分为钙质石灰($w(MgO) \leqslant 5\%$)和镁质石灰($w(MgO) \geqslant 5\%$)。镁质石灰熟化较慢,但硬化后强度稍高。

按成品加工方法除了块状生石灰外,还有磨细生石灰、消石灰粉、石灰浆等产品广泛用于工程。

2.1.2 石灰的熟化(消解)与陈伏

生产石灰胶凝材料时,煅烧得到的块状生石灰只是半成品,工程上使用石灰之前,需经过熟化后方能使用(除磨细生石灰外)。"熟化"(又称石灰的"消解")通常是指将生石灰加水,反应生成消石灰(氢氧化钙)的过程,反应式如下:

$$CaO + H_2O \longrightarrow Ca(OH)_2 + 64.9 \text{ kJ/mol}$$

石灰熟化过程中伴随体积膨胀和放热。质纯且煅烧良好的生石灰,在熟化过程中体积将膨胀3~4倍,含杂质且煅烧不良的生石灰体积也有1.5~2倍的膨胀值。

根据用途不同,石灰消化时加水量不同,消化方法有所区别。当用于调制砂浆时,利用化灰池,将生石灰熟化成石灰浆,如图2.1所示。生石灰在化灰池中加水熟化成含有大量水的石灰乳,石灰乳浆体和尚未熟化的小颗粒通过筛网流入储灰坑,而大块的欠火石灰、过火石灰则予以清除。石灰浆在储灰坑中沉淀并除去上层水分后称石灰膏,石灰膏的堆积密度为1 300~1 400 kg/m³,1 kg生石灰可熟化1.5~3 L石灰膏。为了消除熟石灰中过火石灰颗粒的危害,石灰浆应在储灰坑中静置2周以上再使用,此过程称为"陈伏",陈伏期间,石灰浆表面保持一层水分,使之与空气隔绝,防止或减缓石灰膏与二氧化碳发生碳化反应。

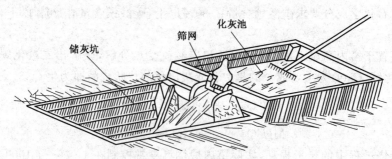

图 2.1　石灰消解示意图

当用于拌制灰土(石灰、黏土)、三合土(石灰、黏土、砂石或炉渣等)时,采用分层喷淋法将生石灰熟化成消石灰粉。消化时将生石灰块平铺在能吸水的地面上,每堆放0.20 m高后淋适量的水,共堆放5~7层,最后用土或砂覆盖,以防水分蒸发及碳化,其加水量是否适度,以能充分消解而又不过湿成团为标准,一般为生石灰质量的 $60\%\sim80\%$。消石灰粉在使用前,也有类似灰浆的陈伏处理,即在上述消化的条件下放置 2 周以上再使用。

2.1.3　石灰的硬化

石灰浆体的硬化包括两个同时进行的过程:干燥结晶和碳化作用。

(1)干燥结晶

石灰浆体在干燥环境中,多余的游离水分逐渐蒸发,也有部分为附着基面吸收,使石灰浆内部形成大量毛细孔隙,残留在孔隙内的游离水由于水的表面张力的作用形成弯月面,从而产生毛细管压力,使得氢氧化钙颗粒间的接触紧密,产生一定强度;石灰浆体液相中呈胶体分散状态的氢氧化钙颗粒,表面吸附一层厚的水膜,当水分蒸发时,水膜逐渐减薄,胶体粒子在分子力作用下互相黏结,形成凝聚结构的空间网;水分蒸发至氢氧化钙溶液达到饱和时,胶体开始逐渐转变为晶体,析出氢氧化钙晶粒,晶粒不断长大、交错结合,形成结晶结构网,强度由此产生并得到发展。

(2)碳化作用

碳化作用是指氢氧化钙与空气中的二氧化碳在有水的条件下生成碳酸钙晶体的过程,反应式如下:

$$Ca(OH)_2+CO_2+nH_2O\longrightarrow CaCO_3+(n+1)H_2O$$

碳化作用实际是二氧化碳与水形成碳酸,然后与氢氧化钙反应生成碳酸钙。所以这个作用不能在没有水分的全干状态下进行。碳酸钙的固相体积比氢氧化钙固相体积稍有增大,使石灰浆体的结构更加致密。碳化作用在长时间内只限于表层,氢氧化钙的结晶作用则主要在内部发生。当材料表面形成碳酸钙达到一定厚度时,碳化作用极为缓慢,而且阻止了内部水分的析出,使氢氧化钙结晶速度缓慢,这是石灰凝结硬化缓慢的主要原因。

2.1.4　石灰的技术指标

根据《建筑生石灰》(JC/T 479—2013),将建筑生石灰按生石灰的化学成分分为钙质石灰和镁质石灰两类。根据化学成分的含量每类又分成各个等级,各等级相应指标如表 2.1 所示。

表 2.1　建筑生石灰的分类

类　别	名　称	代号
钙质石灰	钙质石灰 90	CL90
	钙质石灰 85	CL85
	钙质石灰 75	CL75
镁质石灰	镁质石灰 85	ML85
	镁质石灰 80	ML80

建筑生石灰的化学成分应符合表 2.2 要求,而其物理性质应符合表 2.3 要求。生石灰块在代号后面加 Q,生石灰粉在代号后面加 QP。

根据《建筑消石灰》(JC/T 481—2013),建筑消石灰按扣除游离水和结合水后(CaO+MgO)的百分含量分类,见表 2.4 所示;建筑消石灰的化学成分应符合表 2.5 要求,其物理性质应符合表 2.6 要求。

表2.2　建筑生石灰的化学成分(%)

名　称	(氧化钙＋氧化镁)(CaO＋MgO)	氧化镁(MgO)	二氧化碳(CO$_2$)	三氧化硫(SO$_3$)
CL90-Q CL90-QP	≥90	≤5	≤4	≤2
CL85-Q CL85-QP	≥85	≤5	≤7	≤2
CL75-Q CL75-QP	≥75	≤5	≤12	≤2
ML85-Q ML85-QP	≥85	>5	≤7	≤2
ML80-Q ML80-QP	≥80	>5	≤7	≤2

表2.3　建筑生石灰的物理性质

名　称	产浆量(dm^3/10 kg)	细　度 0.2 mm 筛余量/%	细　度 90 μm 筛余量/%
CL90-Q	≥26	—	—
CL90-QP	—	≤2	≤7
CL85-Q	≥26	—	—
CL85-QP	—	≤2	≤7
CL75-Q	≥26	—	—
CL75-QP	—	≤2	≤7
ML85-Q		—	—
ML85-QP		≤2	≤7
ML80-Q		—	—
ML80-QP		≤2	≤7

表2.4　建筑消石灰的分类

类　别	名　称	代　号
钙质石灰	钙质石灰 90	HCL90
	钙质石灰 85	HCL85
	钙质石灰 75	HCL75
镁质石灰	镁质石灰 85	HML85
	镁质石灰 80	HML80

表2.5　建筑消石灰的化学成分(%)

名　称	(氧化钙＋氧化镁)(CaO＋MgO)	氧化镁(MgO)	三氧化硫(SO$_3$)
HCL90	≥90	≤5	≤2
HCL85	≥85		
HCL75	≥75		
HML85	≥85	>5	
HML80	≥80		

表2.6　建筑消石灰的物理性质

名　称	游离水(%)	细　度 0.2 mm 筛余量/%	细　度 90 μm 筛余量/%	安定性
HCL90	≤2	≤2	≤7	合格
HCL85				
HCL75				
HML85				
HML80				

2.1.5　石灰的性质

(1)良好的保水性、可塑性

生石灰熟化成石灰浆时,能自动形成颗粒极细(直径约为 1μm)的呈胶体分散状态的氢氧化钙,其表面吸附一层较厚的水膜。由于颗粒数量多、总表面积大,可吸附大量水,这是保水性良好的主要原因。由于颗粒间的水膜较厚,颗粒间的滑移较易进行。因此,用石灰调成的石灰浆具有良好的可塑性。利用这一性质,在水泥砂浆中加入石灰浆,使保水性显著提高,克服了水泥砂浆保水性差的缺点。

(2)凝结硬化慢、强度低

由于空气中二氧化碳含量低,而且碳化后形成的碳酸钙硬壳阻止了二氧化碳向内部渗透,也阻止水分向外蒸发,结果使碳酸钙和氢氧化钙结晶体生成量少且缓慢。已硬化的石灰强度很低,1∶3 石灰砂浆 28 d 抗压强度通常仅为 0.2~0.5 MPa。

(3)耐水性差

潮湿环境中石灰浆体不会产生凝结硬化。已硬化的石灰,长期受潮或受水浸泡,由于氢氧化钙晶体微溶于水,会使已硬化的石灰溃散,因而耐水性差。所以,石灰不宜用于潮湿环境及易受水浸泡的建筑部位。

(4)体积收缩大

氢氧化钙颗粒吸附的大量水分,在石灰硬化过程中不断蒸发,并产生很大的毛细管压力,使石灰浆体产生显著收缩而开裂。所以,除调成石灰乳作薄层涂刷外,不宜单独使用。工程应用时,常在石灰中掺入砂、麻刀、纸筋等材料,防止收缩变形产生的开裂,并增加抗拉强度。

2.1.6　石灰的应用

(1)石灰乳涂料和石灰砂浆

指将消石灰粉或熟化好的石灰膏加入水搅拌稀释,成为石灰乳涂料,主要用于内墙和天棚刷白,增加室内美观和亮度。利用石灰膏或消石灰粉配制成的石灰砂浆或水泥石灰砂浆是砌筑工程中常用的胶凝材料。

(2)灰土和三合土

消石灰粉与黏土按一定比例配合称为灰土,再加入煤渣、炉灰、砂等,即成三合土。灰土或三合土在强力夯打之下,大大提高了紧密度,而且黏土颗粒表面的少量活性氧化硅和氧化铝与石灰中的氢氧化钙起化学反应,生成不溶于水的水化硅酸钙和水化铝酸钙,将黏土颗粒黏结起来,因而提高了黏土的强度和耐水性,广泛用于建筑物基础和道路的基层。

(3)硅酸盐制品

指将消石灰粉或磨细生石灰与砂或粉煤灰、火山灰、煤矸石等硅质材料,经配合拌匀,加水搅拌、成型、养护(常压或高压蒸汽养护)等工序制得的制品。因其内部的胶凝材料基本上是水化硅酸钙,所以称为硅酸盐制品。常用的有蒸养粉煤灰砖及砌块、蒸压灰砂砖及砌块等。

(4)碳化石灰板

指将磨细生石灰、纤维状填料或轻质集料加水搅拌成型为坯体,然后再通入高浓度二氧化碳进行人工碳化(12~24 h)以加速石灰硬化而制成的一种轻质板材。为减轻自重,提高碳化效果,多制成薄壁或空心制品。碳化石灰板的可加工性好,适合做非承重的内隔墙板、天花板等。

(5)无熟料水泥

石灰与含有活性 SiO_2 和 Al_2O_3 的矿物材料(如粉煤灰、高炉矿渣、煤矸石等)混合,并掺入适量石膏,磨细后得到的水硬性胶凝材料称为无熟料水泥。无熟料水泥一般强度较低,但生产工艺简单,原料可就地取材,能综合利用工业废渣,具有一定经济价值。

2.1.7　石灰的运输和储存

生石灰块及生石灰粉在运输时要采取防水措施,不能与易燃、易爆及液体物品同时装运。运到现场的石灰产品,不宜长期储存。因石灰存放时间过长,会从空气中吸收水分而消解,再与二氧化碳作用,形成碳酸钙,就会失去胶凝能力,所以储存期不宜超过 1 个月。储运中的石灰遇水,不仅自行消解,而且会因体积膨胀,撑破包装袋,还会因放热导致易燃物燃烧。熟化好的石灰膏,也不宜长期暴露在空气中,表面应加以覆盖,以防碳化结硬。

2.2 石　膏

石膏是以硫酸钙为主要成分的传统气硬性胶凝材料。我国石膏资源丰富,兼之石膏具有轻质、高强、保温隔热、耐火、吸声、美观及容易加工等优良性质,因此石膏制品发展很快,已成为极有发展前途的土木工程材料。

2.2.1　石膏的原料、生产及品种

生产石膏的原料是天然二水石膏,又称软石膏或生石膏。含有二水石膏($CaSO_4 \cdot 2H_2O$)或含有 $CaSO_4 \cdot 2H_2O$ 与 $CaSO_4$ 的混合物的化工副产品及废渣(如磷石膏、氟石膏、硼石膏等)也可作为生产石膏的原料。

石膏的生产工序主要是原料破碎、加热与磨细过筛。因原材料质量不同、煅烧时压力与温度不同,可生产得到不同性质的石膏品种,统称熟石膏。

将天然二水石膏加热,随温度的升高,将发生如下变化:温度为 $65 \sim 75\ ℃$ 时,$CaSO_4 \cdot 2H_2O$ 开始脱水;至 $107 \sim 170\ ℃$ 时,生成半水石膏($CaSO_4 \cdot \frac{1}{2}H_2O$);当加热至 $170 \sim 200\ ℃$ 时,石膏继续脱水,成为可溶性硬石膏,与水调和后仍能很快凝结硬化;当温度升高到 $200 \sim 250\ ℃$ 时,石膏中残留很少的水,凝结硬化慢,强度低;加热高于 $400\ ℃$ 时,成为不溶性硬石膏,即死烧石膏;当温度高于 $800\ ℃$ 时,部分石膏分解出的氧化钙起催化作用,所得产品又重新具有凝结硬化能力,常称为地板石膏。石膏常见的品种主要有:

(1)建筑石膏

将天然二水石膏置于炉窑煅烧($107 \sim 170\ ℃$),得到 β 型结晶的半水石膏,再经磨细得到的白色粉状物,称为建筑石膏。

$$CaSO_4 \cdot 2H_2O \xrightarrow{\quad 107 \sim 170\ ℃ \quad} CaSO_4 \cdot \frac{1}{2}H_2O + 1\frac{1}{2}H_2O$$

纯净的建筑石膏为白色,密度 $2.50 \sim 2.70\ g/cm^3$,松散堆积密度 $800 \sim 1\ 000\ kg/m^3$。多用于建筑抹灰、粉刷、砌筑砂浆及各种石膏制品。

(2)模型石膏

模型石膏组成为 β 型半水石膏,但生产所用原料杂质少,磨细后颜色白。主要用于陶瓷的制坯工艺,少量用于装饰浮雕。

(3)高强石膏

将天然二水石膏置于相当于 $0.13\ MPa$($125\ ℃$)压力的蒸压釜内蒸炼,生成比 β 型半水石膏晶粒粗大的 α 型半水石膏,磨细即为高强石膏。高强石膏晶粒粗大,比表面积小,调制浆体需水量少(35%～40%,只是建筑石膏的一半左右)。因此这种石膏硬化后具有较高的密实性,7 d 抗压强度可达 $15 \sim 40\ MPa$。高强石膏的密度为 $2.60 \sim 2.80\ g/cm^3$,松散堆积密度为 $1\ 000 \sim 1\ 200\ kg/m^3$。由于其生产成本较高,因此主要用于要求较高的抹灰工程、装饰制品和石膏板。另外掺入防水剂还可制成高强度防水石膏,可用于湿度较高的环境中;加入有机材料如聚乙烯醇溶液、聚酯酸乙烯乳液等,可配成无收缩的黏结剂。

(4)硬石膏

硬石膏是天然石膏在较高温度下煅烧后经磨细而得到的产品。高温下(大于 $800\ ℃$),无

水石膏中的部分 $CaSO_4$ 分解成 CaO,成为硫酸钙与水进行反应的激发剂。硬化后有较高的强度和耐磨性,抗水性也较好。

$$2CaSO_4 \xrightarrow{\geqslant 800\ \text{℃}} 2CaO + 2SO_2 + O_2$$

硬石膏可调制抹灰、砌筑及制造人造大理石的砂浆,也可用于铺设地面。

石膏的品种虽然较多,但在土木工程中应用最多的为建筑石膏。下面重点介绍建筑石膏的技术性质及用途。

2.2.2　建筑石膏的凝结硬化

建筑石膏与适当的水拌和,开始形成可塑性浆体,但很快就失去塑性并产生强度,发展为坚硬的石状体,这种现象称为凝结硬化。凝结硬化的实质是浆体内部发生了一系列物理化学变化。

建筑石膏加水后,首先半水石膏溶解于水,与水进行水化反应,生成二水石膏。

$$2\left(CaSO_4 \cdot \frac{1}{2}H_2O\right) + 3H_2O \longrightarrow 2(CaSO_4 \cdot 2H_2O)$$

由于二水石膏在水中的溶解度(20 ℃时为 2.05 g/L)较半水石膏在水中的溶解度(20 ℃时为 8.16 g/L)小很多,所以二水石膏不断从过饱和溶液中沉淀而析出胶体微粒。二水石膏的析出,破坏了原有半水石膏的平衡浓度,这时半水石膏会进一步溶解和水化。如此循环往复,直到半水石膏全部转化为二水石膏为止;随着水化的进行,二水石膏胶体微粒的数量不断增多,它比原来的半水石膏颗粒细得多,即总表面积增大,可吸附更多的水分;同时浆体中的水分因水化和蒸发而逐渐减少,表现为石膏的凝结。

在浆体变稠的同时,二水石膏胶体微粒逐渐变为晶体,晶体逐渐长大、共生和相互交错,使凝结的浆体逐渐产生强度。随着干燥,内部自由水排出,晶体之间的摩擦力、黏结力逐渐增大,石膏强度随之增加,一直发展到最大值,这就是硬化过程,如图 2.2 所示。

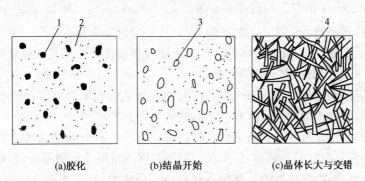

(a)胶化　　　　　(b)结晶开始　　　　　(c)晶体长大与交错

图 2.2　建筑石膏凝结硬化示意图

1—半水石膏;2—二水石膏胶体微粒;3—二水石膏晶体;4—交错的晶体

2.2.3　建筑石膏的技术要求

根据国家标准《建筑石膏》(GB/T 9776—2008),建筑石膏组成中 β 半水硫酸钙($β\text{-}CaSO_4 \cdot \frac{1}{2}H_2O$)的含量(质量分数)应不小于 60.0%。建筑石膏的物理力学性能应符合表 2.7 要求。

表 2.7　建筑石膏的物理力学性能

等　级	细度(0.2 mm方孔筛筛余)/%	凝结时间/min		2 h强度/MPa	
		初凝	终凝	抗折	抗压
3.0				≥3.0	≥6.0
2.0	≤10	≥3	≤30	≥2.0	≥4.0
1.6				≥1.6	≥3.0

2.2.4　建筑石膏及其制品性质

建筑石膏与其他胶凝材料相比具有以下性质:

(1)凝结硬化快。建筑石膏易溶于水,加水拌和后,浆体在几分钟内便开始失去可塑性,30 min内完全失去可塑性而产生强度。由于初凝时间短,对成型带来困难,为了延缓其凝结时间,可加入缓凝剂,如 0.1%～0.2%动物胶或1%的亚硫酸盐酒精溶液,或 0.1%～0.5%的硼砂以及酒精、聚乙烯醇、柠檬酸、苹果酸等。缓凝剂的作用在于降低半水石膏的溶解度和溶解速度。

(2)凝结硬化时体积微膨胀。石膏凝结硬化时,会产生微膨胀(膨胀率约1%),而且不开裂,这一性质使得石膏可单独使用。尤其在装饰材料中,利用其微膨胀性塑造各种建筑装饰制品,形体饱满密实,表面光滑细腻。

(3)孔隙率大、密度小。建筑石膏在拌和时,为使浆体具有施工要求的可塑性,需加入建筑石膏质量 60%～80%的用水量,而建筑石膏水化的理论需水量为 18.6%,所以大量的自由水在蒸发时,在建筑石膏制品内部形成大量的毛细孔隙,其孔隙率达 50%～60%。因此,密度较小,属于轻质材料。

(4)保温性和吸声性好。建筑石膏制品的孔隙率大,且均为微细的毛细孔,所以导热系数小,一般为 0.12～0.20 W/(m·K)。大量的毛细孔隙对吸声有一定的作用,特别是穿孔石膏板(板中有贯穿的孔径为 6～12 mm的孔眼)对声波的吸收能力强。

(5)强度较低。建筑石膏的强度较低,但其强度发展较快,2 h的抗压强度可达 3～6 MPa,7 d抗压强度为 8～12 MPa,接近最高强度。

(6)具有一定的调湿性。由于石膏制品内部的大量毛细孔隙对空气中的水蒸气具有较强的吸附能力,所以对室内的空气湿度有一定的调节作用。

(7)防火性好。建筑石膏具有防火性,遇到火灾时,二水石膏的结晶水蒸发,吸收热量,表面生成的无水石膏是良好的绝热体,因而在一定的时间内可阻止火势蔓延,起到防火作用。

(8)耐水性、抗渗性、抗冻性差。建筑石膏制品孔隙率大,且二水石膏可微溶于水,遇水后强度大大降低,其软化系数只有 0.2～0.3,是不耐水的材料。

2.2.5　建筑石膏的应用

建筑石膏常用于室内抹灰,粉刷,油漆打底层,也可制作各种建筑装饰制件和石膏板等。

石膏板具有轻质、保温、隔热、吸声、不燃,以及热容量大,吸湿性大,可调节室内温度和湿度,施工方便等性能,是一种有发展前途的新型板材。

(1)纸面石膏板

以建筑石膏为主要原料,加入适当的轻质填料、纤维、发泡剂、缓凝剂等,加水搅拌、浇注、辊压,以石膏做芯材,两面用坚韧的纸做护面,经切断、烘干可制成纸面石膏板。主要用于内墙、隔墙、天花板等处。

(2)纤维石膏板

以建筑石膏为主要原料,掺加适量玻璃纤维、纸浆或矿棉等纤维材料而制成。这种板抗弯强度较高,可用于内墙和隔墙,也可代替木材制作家具。

(3)装饰石膏板

以建筑石膏为主要原料,加入少量纤维增强材料及胶料,加水搅拌,浇注成型,脱模修边,干燥后而制成。主要有平板、多孔板、花纹板及浮雕板等,造型美观,品种多样,主要用于公共建筑的内墙及天花板。

(4)空心石膏板

以建筑石膏为主要原料,掺入适量轻质填充料和少量纤维材料(提高板的抗折强度和减轻质量),经加水搅拌振动成型、抽芯、脱模、烘干而成。这种板组装时不用龙骨,施工方便,强度较高,可做内墙和隔墙。

此外,还有石膏蜂窝板、石膏矿棉复合板、防潮石膏板等,分别用作绝热板、吸声板、内墙隔墙板及天花板等。

2.3 水 玻 璃

水玻璃俗称泡花碱,是一种能溶于水的硅酸盐。它是由不同比例的碱金属氧化物和二氧化硅组成的气硬性胶凝材料,呈无色或浅黄,或灰白色,透明或半透明的黏稠液体。其化学式为 $R_2O \cdot nSiO_2$,式中 R_2O 为碱金属氧化物,n 为二氧化硅与碱金属氧化物摩尔数的比值,称为水玻璃模数。按碱金属氧化物的不同,分为硅酸钠水玻璃($Na_2O \cdot nSiO_2$)、硅酸钾水玻璃($K_2O \cdot nSiO_2$)、硅酸锂水玻璃($Li_2O \cdot nSiO_2$)。硅酸钾水玻璃和硅酸锂水玻璃的性能优于硅酸钠水玻璃,但价格也高。工程中主要使用硅酸钠水玻璃。

2.3.1 水玻璃的生产

生产水玻璃的方法有湿法和干法两种,常采用的是干法生产,干法又称碳酸盐法,即将石英和碳酸钠磨细拌匀,在熔炉内于 1 300～1 400 ℃下熔融反应而生成固体水玻璃,然后在水中加热溶解而成液体水玻璃。

$$Na_2CO_3 + nSiO_2 \xrightarrow{1\,300\sim1\,400\,℃} Na_2O \cdot nSiO_2 + CO_2\uparrow$$

若用碳酸钾代替碳酸钠,则可制得硅酸钾水玻璃。

湿法生产硅酸钠水玻璃时,将石英砂和苛性钠(NaOH)溶液在压蒸锅(2～3 个大气压,约 0.2～0.3 MPa)内用蒸气加热,并加以搅拌,使其直接反应而成液体水玻璃。

水玻璃的模数 n 一般在 1.5～3.5 之间。固体水玻璃在水中溶解的难易随模数而定。n 为 1 时能溶于常温的水;n 增大,则只能在热水中溶解;当 n 大于 3 时,要在 4 个大气压(约 0.4 MPa)以上的蒸气中才能溶解。水玻璃的模数值越大,则水玻璃的黏度越大、黏结力与强度及耐酸、耐热性越高。同一模数的水玻璃,其浓度越稠,则密度越大,黏结力越强。当水玻璃浓度太小或太大时,可用加热浓缩或加水稀释的方法来调整。

我国生产的水玻璃模数一般都在 2.4～3.3 范围内,建筑上常用的水玻璃模数为 2.6～

2.8,密度为 $1.36 \sim 1.50 \ g/cm^3$。

2.3.2　水玻璃的凝结硬化

水玻璃在空气中能与二氧化碳反应,生成无定形硅酸胶体,并逐渐干燥而硬化。

$$Na_2O \cdot nSiO_2 + CO_2 + mH_2O \longrightarrow Na_2CO_3 + nSiO_2 \cdot mH_2O$$

但由于空气中二氧化碳含量低,这个过程进行缓慢。为了加速硬化,常将水玻璃加热或加入氟硅酸钠(Na_2SiF_6)为促硬剂,加入氟硅酸钠后,初凝时间可缩短至 $30 \sim 60 \ min$。氟硅酸钠的适宜掺量为水玻璃质量的 $12\% \sim 15\%$,若掺量少于 12%,则其凝结硬化慢,强度低,并且存在较多的没参与反应的水玻璃,当遇水时,残余水玻璃易溶于水,影响硬化后水玻璃的耐水性;但若掺量超过 15%,则凝结硬化过快,造成施工困难,且抗渗性和强度降低。

2.3.3　水玻璃的性质

(1)黏结力强、强度较高

水玻璃在硬化后,其主要成分为二氧化硅凝胶和氧化硅,因而具有较高的黏结力和强度。用水玻璃配制的混凝土的抗压强度可达 $15 \sim 40 \ MPa$。

(2)耐酸性好

由于水玻璃硬化后的主要成分为二氧化硅,其可以抵抗除氢氟酸、热磷酸以外的几乎所有的无机酸和有机酸。

(3)耐热性好

水玻璃不燃烧,在高温下硅酸凝胶干燥快,形成二氧化硅空间网状骨架,强度并不降低,甚至有所提高,因此具有良好的耐热性能。

(4)耐碱性和耐水性差

水玻璃在加入氟硅酸钠后仍不能完全反应,硬化后的水玻璃中仍含有一定量的 $Na_2O \cdot nSiO_2$。由于 SiO_2 和 $Na_2O \cdot nSiO_2$ 均可溶于碱,且 $Na_2O \cdot nSiO_2$ 可溶于水,所以水玻璃硬化后不耐碱,不耐水。为提高耐水性,常采用中等浓度的酸对已硬化的水玻璃进行酸洗处理,以促使水玻璃完全转变为硅酸凝胶。

2.3.4　水玻璃的应用

(1)涂刷材料表面,提高其抗风化能力

以密度为 $1.35 \ g/cm^3$ 的水玻璃浸渍或涂刷黏土砖或硅酸盐制品等多孔材料,可提高材料的密实度、强度、抗渗性、抗冻性及耐水性等。这是因为水玻璃与空气中二氧化碳作用生成硅酸凝胶,同时水玻璃与材料中所含的氢氧化钙反应生成硅酸钙胶体,填充在材料孔隙中,使材料密实。但不能用水玻璃涂刷或浸渍石膏制品,因为硅酸钠与硫酸钙反应生成硫酸钠,在制品孔隙中结晶,体积显著膨胀,会导致制品破坏。

(2)加固土壤

将模数为 $2.5 \sim 3.0$ 的液体水玻璃和氯化钙溶液交替灌入土壤中,两种溶液生成的硅酸胶体为一种吸水膨胀的冻状凝胶,将土壤颗粒包裹并填实其空隙,使土壤固结,提高抗渗性。

(3)配制速凝防水剂

以水玻璃为基料,加入两种或四种矾配制成二矾防水剂或四矾防水剂,与水泥调和,可堵塞漏洞、缝隙,用于工程局部抢修。但由于这种防水剂凝结迅速,不宜调配水泥防水砂浆。

（4）配制水玻璃胶泥、水玻璃砂浆、水玻璃混凝土

水玻璃具有很好的耐酸性和耐热性，因此，以水玻璃为胶凝材料，采用耐酸的填料和集料，可配制耐酸胶泥、耐酸砂浆、耐酸混凝土，广泛用于防腐蚀工程中。若选用耐热的砂、石集料时，则可配制耐热混凝土。

（5）配制保温绝热制品

以水玻璃为胶凝材料，膨胀珍珠岩或膨胀蛭石为集料，加入一定量赤泥或氟硅酸钠，经配料、搅拌、成型、干燥、焙烧而成的制品，是良好的保温绝热材料。

复习思考题

1. 气硬性胶凝材料与水硬性胶凝材料有何区别？
2. 过火石灰、欠火石灰对石灰的性能有什么影响？如何消除？
3. 用气硬性胶凝材料石灰配制的灰土和三合土为什么能用在潮湿环境中？
4. 从建筑石膏的凝结过程及硬化产物分析石膏为什么属于气硬性胶凝材料？
5. 硬化后的水玻璃具有哪些性质？在工程中有何用途？

第 **3** 章　水　　泥

　　水泥是一种水硬性胶凝材料,为粉末状物质,与适量水拌和后,经过一系列物理化学反应后能由可塑性浆体变成坚硬的石状体,并能将散粒或块状材料胶结成为整体。

　　水泥的品种很多,按组成的成分分类,主要有硅酸盐水泥、铝酸盐水泥、硫铝酸盐水泥、铁铝酸盐水泥等系列;按性能和用途分类,有通用水泥、专用水泥、特性水泥等三大类。根据国家标准《水泥的命名原则和术语》(GB/T 4131—2014)的规定,一般土木建筑工程通常采用的水泥为通用水泥,如硅酸盐水泥、普通硅酸盐水泥、矿渣硅酸盐水泥等;具有特殊性能或用途的水泥称为特种水泥,如铝酸盐水泥、硫铝酸盐水泥、快硬硅酸盐水泥、低热矿渣硅酸盐水泥等。本章在介绍硅酸盐系列水泥的基础上,分别介绍通用水泥和特种水泥。

3.1　硅酸盐水泥

　　通用硅酸盐水泥是以硅酸盐水泥熟料和适量石膏及规定的混合材料制成的水硬性胶凝材料。通用硅酸盐水泥包括硅酸盐水泥、普通硅酸盐水泥、矿渣硅酸盐水泥、火山灰质硅酸盐水泥、粉煤灰硅酸盐水泥和复合硅酸盐水泥六个品种。本节介绍硅酸盐水泥。

　　硅酸盐水泥分为两种类型,未掺混合材料的为Ⅰ型硅酸盐水泥,代号 P·Ⅰ;掺入不超过水泥质量 5% 的混合材料(石灰石或粒化高炉矿渣)的称为Ⅱ型硅酸盐水泥,代号 P·Ⅱ。

3.1.1　硅酸盐水泥的生产

(1)生料的配制

　　硅酸盐水泥的原料主要由三部分组成:石灰质原料(如石灰石、贝壳等,主要提供 CaO);黏土质原料(如黏土、页岩等,主要提供 SiO_2、Al_2O_3、Fe_2O_3);校正原料(如铁矿粉、砂岩,前者是补充原料中不足的氧化铁,后者是补充原料中不足的 SiO_2,在我国水泥生产的校正原料为铁矿粉)。

　　将石灰质、黏土质和校正原料按适当的比例配合,并将这些原料磨制到规定的细度,并使其均匀混合,这个过程叫做生料配制。生料的配制有干法和湿法两种。

(2)水泥熟料的煅烧

　　将配制好的生料在窑内进行煅烧(水泥窑型主要有立窑和回转窑,一般立窑适合小型水泥厂,回转窑适合于大型水泥厂),生料在煅烧过程中发生一系列物理变化和化学变化。煅烧的主要过程包括:

　　①干燥。100～200 ℃左右,生料被加热,自由水分逐渐蒸发,生料干燥。

　　②预热。300～500 ℃时,生料被预热,黏土矿物脱水分解形成无定形的 SiO_2 及 Al_2O_3。

　　③分解。500～800 ℃时,碳酸钙分解,分解出的 CaO 开始与黏土中的 SiO_2、Al_2O_3 及

Fe_2O_3 发生固相反应。生成硅酸二钙（$2CaO \cdot SiO_2$）、铝酸三钙（$3CaO \cdot Al_2O_3$）及铁铝酸四钙（$4CaO \cdot Al_2O_3 \cdot Fe_2O_3$）。

④烧成。1 300～1 450 ℃时，物料中出现液相，硅酸二钙吸收 CaO 化合生成硅酸三钙（$3CaO \cdot SiO_2$）。

⑤冷却。反应物迅速冷却形成熟料。

（3）水泥熟料的粉磨

将生产出来的水泥熟料配以适量的石膏，或根据水泥品种的要求掺入一定量的混合材料，进入磨机磨至适当的细度，即制成硅酸盐水泥。

上述水泥生产过程可以简单地概括为"两磨一烧"。水泥生产过程如图 3.1 所示。

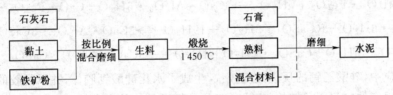

图 3.1　硅酸盐水泥生产工艺流程示意图

3.1.2　硅酸盐水泥熟料的矿物组成及特性

（1）水泥熟料的矿物组成

硅酸盐水泥的熟料主要由 4 种矿物组成，其名称、成分、化学式缩写、含量如下：

矿物名称	化学成分	缩写符号	含量
硅酸三钙	$3CaO \cdot SiO_2$	C_3S	36%～60%
硅酸二钙	$2CaO \cdot SiO_2$	C_2S	15%～36%
铝酸三钙	$3CaO \cdot Al_2O_3$	C_3A	7%～15%
铁铝酸四钙	$4CaO \cdot Al_2O_3 \cdot Fe_2O_3$	C_4AF	10%～18%

水泥熟料中除以上主要的熟料矿物外，还含有少量的游离氧化钙（$f\text{-}CaO$）、游离氧化镁（$f\text{-}MgO$）、碱性氧化物（Na_2O、K_2O）等次要成分。

（2）水泥熟料矿物的特性

硅酸盐水泥中含有的 4 种熟料矿物与水作用时所表现的特性是不同的，表 3.1 列出了 4 种熟料矿物与水作用的特性。

表 3.1　硅酸盐水泥主要矿物特性

矿物组成	硅酸三钙	硅酸二钙	铝酸三钙	铁铝酸四钙
反应速度	快	慢	最快	中
28 d 水化放热量	多	少	最多	中
早期强度	高	低	低	低
后期强度	较高	高	低	低
耐腐蚀性	中	良	差	好
干缩性	中	小	大	小

由水泥熟料中主要矿物特性可知，不同熟料矿物与水作用所表现的性质是不同的。它们对水泥的强度、凝结硬化速度、水化放热及收缩等性能的影响也不相同。改变熟料矿物成分间的比例时，水泥的性质即发生相应的变化。例如提高硅酸三钙的含量，可以制得快硬高强水

泥;降低铝酸三钙和硅酸三钙的含量,提高硅酸二钙的含量,可制得水化热低的水泥,如中热硅酸盐水泥、低热硅酸盐水泥。

(3)硅酸盐水泥的水化

水泥加水拌和后,水泥颗粒立即与水发生化学反应,即发生水化反应,生成一系列的化合物并放出一定的热量。常温下水泥熟料单矿物的水化反应式如下:

$$2(3CaO \cdot SiO_2) + 6H_2O \longrightarrow 3CaO \cdot 2SiO_2 \cdot 3H_2O + 3Ca(OH)_2$$

$$2(2CaO \cdot SiO_2) + 4H_2O \longrightarrow 3CaO \cdot 2SiO_2 \cdot 3H_2O + Ca(OH)_2$$

$$3CaO \cdot Al_2O_3 + 6H_2O \longrightarrow 3CaO \cdot Al_2O_3 \cdot 6H_2O$$

$$4CaO \cdot Al_2O_3 \cdot Fe_2O_3 + 7H_2O \longrightarrow 3CaO \cdot Al_2O_3 \cdot 6H_2O + CaO \cdot Fe_2O_3 \cdot H_2O$$

$$3CaO \cdot Al_2O_3 \cdot 6H_2O + 3(CaSO_4 \cdot 2H_2O) + 19H_2O \longrightarrow 3CaO \cdot Al_2O_3 \cdot 3CaSO_4 \cdot 31H_2O$$

$$3CaO \cdot Al_2O_3 \cdot 6H_2O + CaSO_4 \cdot 2H_2O + 4H_2O \longrightarrow 3CaO \cdot Al_2O_3 \cdot CaSO_4 \cdot 12H_2O$$

在上述反应中,硅酸三钙的反应速度较快,生成了水化硅酸钙胶体,并以凝胶的形态析出,构成具有很高强度的空间网状结构,生成的氢氧化钙以晶体的形态析出,对早期强度也有一定贡献。硅酸二钙的水化反应产物同硅酸三钙相同,但由于其反应速度较慢,早期生成的水化硅酸钙凝胶及氢氧化钙晶体较少,因此,早期强度低。但当有硅酸三钙存在时,可以提高硅酸二钙的水化反应速度,一般一年以后硅酸二钙的强度可以达到硅酸三钙28d的强度。铝酸三钙的反应速度最快,它很快就生成水化铝酸三钙晶体,但强度较低。生成的水化铝酸三钙与水泥中加入的石膏反应,生成高硫型的水化硫铝酸钙($3CaO \cdot Al_2O_3 \cdot 3CaSO_4 \cdot 31H_2O$),又称钙矾石,用AFt表示,当进入反应的后期时,由于石膏耗尽,此时的水化铝酸三钙又会与钙矾石反应生成单硫型的水化硫铝酸钙($3CaO \cdot Al_2O_3 \cdot CaSO_4 \cdot 12H_2O$),用AFm表示。钙矾石是难溶于水的针状晶体,它包裹在C_3A的表面,阻止水分的进入,延缓了水泥的水化,起到了缓凝的作用,但石膏掺量不能过多,过多时不仅缓凝作用不大,还会引起水泥安定性不良。合理的石膏掺量主要取决于水泥中C_3A的含量和石膏的品种及质量,同时也与水泥细度和熟料中的SO_3含量有关。一般生产水泥时石膏掺量占水泥质量的3%~5%,实际掺量通过试验确定。

忽略一些次要的和少量生成物,硅酸盐水泥水化后的主要水化产物为:水化硅酸钙(C—S—H)及水化铁酸一钙(C—F—H)的凝胶,氢氧化钙(CH)、水化铝酸三钙(C_3AH_6)和水化硫铝酸钙(AFt或AFm)的晶体。在充分水化的水泥中,水化硅酸钙胶体的含量占70%,氢氧化钙晶体约占20%,钙矾石和单硫型水化硫铝酸钙晶体约占7%,其他占3%。

(4)硅酸盐水泥的凝结和硬化

硅酸盐水泥加水拌和后,成为可塑性的浆体,随着时间的推移,其塑性逐渐降低,最后失去塑性,这个过程称为水泥的凝结。随着水化的不断进行,水泥凝胶不断生成,形成密实的空间网状结构,水泥浆转变为石状体,产生了强度,即达到了硬化。

硅酸盐水泥凝结硬化是一个复杂而连续的物理化学变化过程。水泥加水拌和后,水泥颗粒分散在水中,成为水泥浆体,如图3.2(a)所示;在浆体拌和的初期,水泥水化反应速度很快,不久在水泥颗粒表面就生成一层凝胶体(凝胶和晶体),这一过程大约要15 min,称为反应的初始期,如图3.2(b)所示;随着包裹着水泥颗粒的凝胶体的增厚,水泥颗粒不能和水直接接触,此时反应速度降低,反应靠扩散控制,称为反应的诱导期,时间为2~4 h,如图3.2(c)所示,这也是硅酸盐水泥能在几个小时内保持塑性的原因;随着胶凝体的增厚,水泥颗粒产生内外渗透压,此时水泥颗粒表面的膜层破裂,破裂处的水泥颗粒又直接与水接触,反应速度重新加快,生成较多的凝胶体,开始形成一定的空间网状结构,称为反应加速期,时间为 4~8 h,此时终凝结束,开始硬化,如图 3.2(d)所示;随着新的凝胶体的生成,凝胶体膜层又不断增厚,形成较为密实的空间网状结构,反应速度又降低,称为减速期,时间为 12~24 h;以后反应速度又降低,称为稳定期,即反应的硬化期。

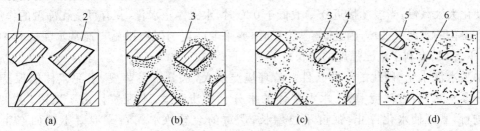

图 3.2 硅酸盐水泥凝结硬化示意图

(a)水泥颗粒分散在水中;(b)在水泥颗粒表面形成水化物膜层;(c)膜层长大并相互连接(凝结);

(d)水化物进一步发展,填充毛细孔(硬化)

1—水泥颗粒;2—水;3—水泥凝胶体;4—晶体;5—未水化的水泥颗粒内核;6—孔隙

当水泥开始水化时,水泥颗粒间存在着许多孔隙,随着水化的不断进行,凝胶体不断的增多,孔隙体积减小,同时又由于水分的蒸发,凝胶体间相互接近,形成了空间结构,从而产生了强度。

水泥凝结硬化后成为坚硬的水泥石,此水泥石是由水泥水化产物(凝胶体、晶体)、未水化的水泥颗粒内核、孔隙(毛细孔、凝胶孔)等组成的非匀质体。水泥水化产物数量越多,孔隙越少,则水泥石的强度越高。

(5)影响水泥凝结硬化的主要因素

①熟料矿物组成的影响

由表 3.1 可以看出,水泥中硅酸三钙、铝酸三钙含量高时,水化反应速度就快,水泥石的早期强度也高。

②水泥细度的影响

水泥颗粒越细,其与水接触越充分,水化反应速度越快,水化热越大,早期强度较高,但水泥颗粒太细,在相同的稀稠程度下,单位需水量增多,硬化后,水泥石中的毛细孔增多,干缩增大,反而会影响后期强度。同时,水泥颗粒太细,易与空气中的水分及二氧化碳反应,使水泥不易久存,而且磨制过细的水泥能耗大,成本高。通常水泥颗粒的粒径在 7~200 μm 范围内。

③龄期(养护时间)的影响

从水泥的凝结硬化过程可以看出,水泥的水化和硬化是一个较漫长的过程,随着龄期的增加,毛细孔隙减少,密实度和强度增加。熟料矿物中对强度起决定作用的 C_3S 在早期的强度发展较快,因此,水泥在 3~14 d 内的强度增加较快,28 d 后强度增长趋于缓慢,如图 3.3 所示。

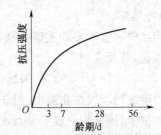

图 3.3 水泥水化龄期对强度的影响

④养护温度和湿度

使水泥石处于一定温度和湿度的环境中进行硬化,强度不断增长的措施称为养护。

温度升高,水泥水化反应速度加快,水泥浆体强度增长也快,但反应速度太快所形成的结构不致密,反而会导致后期强度下降(当温度达到 70 ℃以上时,28 d 的强度下降 10%～20%);当温度降低时,其水化反应速度下降,强度增长缓慢,早期强度较低;温度低于 5℃时,水化硬化大大减慢,当温度接近 0 ℃或低于 0 ℃时,水泥停止水化,并有可能在冻融的作用下,造成已硬化的水泥石破坏,因此,冬季施工时,要采取一定的保温措施。通常水泥的养护温度在 5～20℃时,有利于水泥强度的增长。

水是水泥水化、硬化的必要条件。若环境湿度大,水分不易蒸发,水泥浆体能保持足够的水分参与水化;若环境干燥,水泥浆体的水分会很快蒸发,水泥浆体由于缺水,水化不能正常进行,甚至使水化停止,强度不再增长,严重的会导致水泥石或混凝土表面产生干缩裂缝。

⑤水灰比(W/C)

水灰比是水泥拌和时水与水泥的用量之比。拌和水泥浆体时,为了使水泥浆体具有一定的可塑性和流动性,加入的水量通常要大于水泥水化时所需要的水量,多余的水蒸发后,在硬化的水泥石内形成毛细孔。水灰比越大,水泥浆就越稀,且凝结硬化后水泥石中的毛细孔越多,有效受力面积降低,水泥石的强度下降;同时由于毛细孔的增多,水泥石的抗冻性、抗渗性也急剧下降。当水灰比为 0.4 时,完全水化后的水泥石的总孔隙率为 29.5%;当水灰比增加到 0.7 时,完全水化后的水泥石的孔隙率高达 50.4%。

3.1.3　硅酸盐水泥的腐蚀与防止

硅酸盐水泥硬化后,一般有较好的耐久性,但当水泥石所处的环境中含有腐蚀性介质时,水泥石的水化产物就会同周围的腐蚀性物质发生反应,水泥石的结构会逐渐遭到破坏,强度降低,甚至完全破坏,这种现象称为水泥石的腐蚀。

引起水泥石腐蚀的原因及作用多而复杂,几种典型水泥石腐蚀的类型如下:

(1)软水腐蚀(溶出性腐蚀)

软水是指水中重碳酸盐含量较小的水。雨水、雪水、工厂冷凝水及相当多的河水和湖水均属于软水。

当水泥石长期处于软水中时,水泥石中的氢氧化钙会微溶于水,在静水及无压力的情况下,周围的水容易被氢氧化钙饱和,使溶解作用停止。但溶出仅限于表层,对整个水泥石影响不大。若周围的水是流动的或有压力的,氢氧化钙将不断的溶解流失,孔隙率不断增加,侵蚀也就不断地进行。同时由于水泥石的水化产物必须在一定的碱性环境中才能稳定,氢氧化钙的溶出使水泥石的碱度降低,又导致其他水化产物的分解,引起水泥石强度下降,最终破坏。

当水中含有较多的重碳酸盐时,重碳酸盐会与水泥石中的 $Ca(OH)_2$ 反应,生成不溶于水的碳酸钙,其反应如下:

$$Ca(OH)_2 + Ca(HCO_3)_2 \longrightarrow 2CaCO_3 + 2H_2O$$

生成的碳酸钙填实在孔隙内,阻止外界水分的侵入和氢氧化钙的溶出。所以,含有较多的重碳酸盐的重水(硬水),一般不会对水泥石造成溶出性腐蚀。

(2)离子交换腐蚀(溶解性腐蚀)

溶解于水中的酸类和盐类可以与水泥石中的氢氧化钙进行置换反应,生成易溶解的盐或无胶结力的物质,使水泥石结构破坏。

①碳酸的腐蚀

在工业废水、雨水及地下水中常含有较多的 CO_2,当含量超过一定的值时,将使水泥石发生破坏。

$$Ca(OH)_2 + CO_2 + H_2O \longrightarrow CaCO_3 + 2H_2O$$

当水中 CO_2 浓度较低时,由于碳酸钙沉淀在水泥石表面而使腐蚀作用停止;当水中 CO_2 浓度较高时,上述反应会继续进行:

$$CaCO_3 + CO_2 + H_2O \longrightarrow Ca(HCO_3)_2$$

反应生成的碳酸氢钙易溶于水,这样使反应不断进行,即将水泥石中的微溶于水的氢氧化钙转变为易溶于水的碳酸氢钙而溶失,孔隙率增大,水化产物分解,造成水泥石强度下降。

②一般酸的腐蚀

在工业废水、地下水和沼泽水中,经常含有各种不同浓度的无机酸和有机酸,它们与水泥石中的氢氧化钙发生反应,若反应生成物易溶于水,对水泥石就会产生腐蚀,如盐酸与水泥石中的氢氧化钙的反应。

$$2HCl + Ca(OH)_2 \longrightarrow CaCl_2 + 2H_2O$$

③镁盐的腐蚀

在海水、地下水中常含有氯化镁等镁盐,它们均可以与水泥石中的氢氧化钙反应,生成易溶、无胶结力的物质。

$$MgCl_2 + Ca(OH)_2 \longrightarrow CaCl_2 + Mg(OH)_2$$

(3)膨胀性腐蚀

①硫酸盐的腐蚀

在海水、工业废水及某些湖水、地下水和流经矿渣或煤渣的水中常含有钾、钠、镁、铵的硫酸盐,硫酸盐侵蚀的特征是某些盐类的结晶体逐渐在水泥石的毛细孔中积累并长大,水泥石由于内应力而遭到破坏。

$$MgSO_4 + Ca(OH)_2 + 2H_2O \longrightarrow Mg(OH)_2 + CaSO_4 \cdot 2H_2O$$
$$3(CaSO_4 \cdot 2H_2O) + 3CaO \cdot Al_2O_3 \cdot 6H_2O + 19H_2O \longrightarrow 3CaO \cdot Al_2O_3 \cdot 3CaSO_4 \cdot 31H_2O$$

生成的高硫型水化硫铝酸钙含有大量结晶水,其体积较固态水化铝酸三钙增加 1.5 倍以上,因此产生局部膨胀应力,使水泥石结构胀裂、强度下降而破坏。

②硫酸的腐蚀

硫酸对混凝土的腐蚀和一般酸的腐蚀不同,不是溶解性腐蚀,它的腐蚀和硫酸盐的腐蚀相似,其反应如下:

$$H_2SO_4 + Ca(OH)_2 \longrightarrow CaSO_4 \cdot 2H_2O$$

生成的硫酸盐会与水化铝酸三钙继续反应,生成水化硫铝酸钙,导致水泥石的破坏。

(4)强碱的腐蚀

一般情况下,碱对水泥石的腐蚀是很小的,但在强碱溶液里水泥石也会遭受腐蚀。

$$3CaO \cdot Al_2O_3 + 6NaOH \longrightarrow 3Na_2O \cdot Al_2O_3 + 3Ca(OH)_2$$

当水泥石被 NaOH 溶液饱和后,又在空气中干燥,这时水泥石中的 NaOH 会与空气中的 CO_2 作用,生成碳酸钠。

$$2NaOH+CO_2+9H_2O \longrightarrow Na_2CO_3 \cdot 10H_2O$$

生成的碳酸钠在水泥石的孔隙中结晶,体积膨胀,使水泥石开裂破坏。

除上述腐蚀类型外,糖、氨盐、动物脂肪、含环烷酸的石油产品等对水泥石也有一定腐蚀作用。

从以上腐蚀种类可以归纳出,水泥石腐蚀的主要原因是:侵蚀性介质以液相的形式与水泥石接触并具有一定的浓度;水泥石中存在着易被腐蚀的成分;水泥石结构不致密,存在较多毛细孔隙,侵蚀性介质可通过毛细孔进入水泥石内部。

(5)水泥石腐蚀的防止

根据水泥石腐蚀的原因,可以采用以下措施防止水泥石腐蚀:

①根据环境侵蚀特点,合理选用水泥品种,减少水泥中易被腐蚀物质[即 $Ca(OH)_2$、$3CaO \cdot Al_2O_3 \cdot 6H_2O$]的含量。如采用掺混合材料的水泥或特种水泥,可以提高水泥石的抗腐蚀性。

②降低水泥石的孔隙率,提高水泥石的密实度。水泥石中的孔隙是侵蚀性介质进入水泥石内部的通道,通过降低水灰比,掺加外加剂,采用机械搅拌和机械振捣,均可以提高水泥石的密实度。

③在水泥石的表面涂抹或铺设保护层,隔断水泥石和外界的腐蚀性介质的接触例如,可以在水泥石表面涂抹耐腐蚀的涂料,如水玻璃、沥青、环氧树脂等,或在水泥石的表面铺设陶瓷、致密的天然石材等。

3.1.4　硅酸盐水泥的技术指标

(1)密度和堆积密度

硅酸盐水泥的密度与其矿物组成、储存时间和条件以及熟料的煅烧程度有关,一般硅酸盐水泥的密度为 $3.0\sim3.2$ g/cm³。

水泥的堆密度可分为松堆密度和紧堆密度两种。

硅酸盐水泥的松堆密度一般为 $900\sim1\,300$ kg/m³,紧堆密度为 $1\,400\sim1\,700$ kg/m³。在进行混凝土或砂浆配合比设计时,通常密度取为 3.10 g/cm³,堆积密度取为 $1\,300$ kg/m³。

(2)细度

水泥的细度必须适中,水泥颗粒太细,水化反应速度快,早期强度高,但需水量大,干缩增大,反而会使后期强度下降,同时能耗增大,成本增高;水泥颗粒太粗,水化反应速度慢,早期强度低。一般认为水泥颗粒小于 $40\ \mu m$ 时,有较高活性,大于 $80\ \mu m$ 时活性就很小了。《通用硅酸盐水泥》(GB 175—2007)规定:硅酸盐水泥和普通硅酸盐水泥的细度以比表面积表示,其比表面积不小于 300 m²/kg,否则为不合格品。

(3)标准稠度需水量

水泥的凝结时间和体积安定性都与用水量有很大的关系。为消除差异,测定凝结时间和体积安定性时必须采用规定稀稠程度的水泥净浆,这个规定的稠度,称为标准稠度。当达到规定稀稠程度时,拌制水泥浆的加水量,就是标准稠度用水量。硅酸盐水泥的标准稠度用水量一般在 $23\%\sim30\%$ 之间。

(4)凝结时间

水泥的凝结时间有初凝与终凝之分。自加水时起至水泥浆开始失去可塑性所需的时间,称为初凝时间。自加水起至水泥浆完全失去可塑性,随后开始产生强度的时间,称为终凝时间。为保证水泥在施工时有充足的时间来完成搅拌、运输、振捣、成型等,水泥的初凝时间不宜太短,施工完毕后,又希望水泥尽快硬化,以利于下一步工序的开展。因此,水泥的终凝时间不能过长。

《通用硅酸盐水泥》(GB 175—2007)规定:硅酸盐水泥的初凝时间不得小于45 min,终凝时间不得大于 390 min。

(5)体积安定性

水泥在凝结硬化过程中体积变化的均匀性称为水泥的体积安定性。体积变化不均匀,会使水泥构件、混凝土结构产生膨胀性裂缝,引起严重的工程事故。水泥在凝结硬化中,体积变化均匀,称为体积安定性合格,否则称为体积安定性不良。

引起水泥安定性不良的原因有:

①水泥熟料中含有过多的游离氧化钙和游离氧化镁

熟料中的游离氧化钙和游离氧化镁是经过高温煅烧的(1 450 ℃),水化速度很慢,在水泥凝结硬化很长时间后才开始水化,水化时体积膨胀1.5～4倍,造成水泥石体积不均匀的变化,使水泥石开裂。

国家标准规定:由游离氧化钙引起的水泥安定性不良,可用沸煮法检验。沸煮法又分试饼法和雷氏法,当两者发生争议时以雷氏法为准。试饼法是将用标准稠度的水泥净浆制成的试饼,放在温度为(20±1)℃,相对湿度不小于90%的湿气养护箱内,养护(24±3)h,取出沸煮3 h后目测试饼的外观,若试饼发现有龟裂或翘曲,即判定定安定性不合格,反之则合格。雷氏法是测定水泥石在雷氏夹中沸煮后的膨胀值,若膨胀值小于规定值,则安定性合格,反之则不合格。

沸煮法只能加速游离氧化钙熟化的作用,因此只能检验游离氧化钙所造成的水泥体积安定性不良。游离氧化镁引起的水泥体积安定性不良,用压蒸法才能检验出来。由于游离氧化镁造成的安定性不良不便于快速检验,因此,国家标准规定,水泥中的游离氧化镁的含量不得超过 5.0%,当压蒸试验合格时可放宽到 6.0%。

②石膏掺量过多

在生产水泥时,由于石膏掺量过多,当水泥已经硬化后,水泥石中的水化铝酸三钙与石膏继续反应生成高硫型的水化硫铝酸钙晶体,其体积膨胀1.5～2.0倍,引起水泥石开裂。由于石膏造成的安定性不良,在常温下反应更慢,需长期在温水中浸泡才能发现其引起的危害,不便于快速检验,因此,国家标准规定,在生产水泥时,控制水泥中SO_3的含量不得超过3.5%。

体积安定性不合格的水泥,不得用于任何工程。但某些体积安定性不合格的水泥存放一段时间后,由于水泥中的游离氧化钙吸收空气中的水而熟化,会变得合格,此时可以使用。

(6)强度等级

水泥强度是硅酸盐水泥性能的一项重要指标,也是划分水泥强度等级的依据。硅酸盐水泥强度主要取决于熟料的矿物组成和细度,但试件的制作及养护条件等对水泥强度也有影响。

国家标准《水泥胶砂强度检验法》(GB/T 17671—1999)规定,水泥强度等级采用《水泥胶砂强度检验法(ISO)》检验。将水泥、标准砂和水按国家标准规定的比例(水泥质量∶标准砂质量=1∶3,水灰比=0.50)和规定的方法搅拌,成型为 40 mm×40 mm×160 mm 的试件,在温度(20±1)℃的水中,养护到一定的龄期(3 d、28 d)后测其抗折强度、抗压强度。并根据所测得强度值将硅酸盐水泥分为42.5、52.5、62.5三个强度等级,同时按3 d的强度等级分为普通型和早强型水泥(用符号 R 表示)。各龄期的强度值不能低于国家标准(GB 175—2007)的规定,如表3.2所示。

表 3.2　硅酸盐水泥各强度等级、各龄期的强度

强度等级	抗压强度/MPa		抗折强度/MPa	
	3 d	28 d	3 d	28 d
42.5	17.0	42.5	3.5	6.5
42.5R	22.0		4.0	
52.5	23.0	52.5	4.0	7.0
52.5R	27.0		5.0	
62.5	28.0	62.5	5.0	8.0
62.5R	32.0		5.5	

(7)水化热

水泥在与水进行水化反应时放出的热量称为水化热(J/g)。水泥的水化热大部分在水化早期(7 d 内)放出。硅酸盐水泥在 3 d 龄期内放热量为总量的 50%,7 d 内放出的热量为总量的 75%,3 个月内放出的热量可达总热量的 90%。由此可见,硅酸盐水泥的水化放热量大部分在 3～7 d 内放出,表 3.3 列出了 4 种水泥熟料矿物成分的水化热的大小,从表中可以看出,C_3A 的放热量最大,其次是 C_3S。因此,在拌制大体积混凝土时,应采用低热水泥(即 C_3A 和 C_3S 含量低的水泥)。

表 3.3　水泥熟料中矿物成份的水化热(J/g)

矿物名称	3 d	7 d	28 d	90 d	365 d
C_3A	888	1 554	—	1 302	1 168
C_3S	293	395	400	410	408
C_2S	50	42	108	178	228
C_4AF	120	175	340	400	376

(8)碱含量

当水泥中的碱含量高,配制混凝土的集料里含有活性的 SiO_2 时,就会产生碱集料反应,使混凝土产生不均匀的体积变化,甚至导致混凝土产生膨胀破坏。国家标准规定:水泥中的碱含量按 $Na_2O+0.658K_2O$ 计算值表示,若使用活性集料,用户要求提供低碱水泥时,水泥中的碱含量不得大于 0.60% 或由买卖双方协商确定。

硅酸盐水泥除了上述技术要求外,国家标准对硅酸盐水泥还有不溶物、烧失量、氯离子等要求,其中 P·I 型硅酸盐水泥不溶物不得大于0.75%,烧失量不得大于 3.0%;P·II 型硅酸盐水泥不溶物不得大于1.50%,烧失量不得大于 3.5%,硅酸盐水泥的氯离子含量不得大于 0.06%。

3.1.5　硅酸盐水泥的特性、应用及储存

(1)硅酸盐水泥的特性、应用

①凝结硬化快,早期强度和后期强度高

硅酸盐水泥水化反应速度快,早期和后期强度都高,适用于早期强度有要求的工程,如现浇混凝土楼板、梁、柱、预制混凝土构件,也可用于预应力混凝土结构,高强混凝土工程。

②水化热大、抗冻性好

由于硅酸盐水泥水化速度快,水泥熟料中铝酸三钙和硅酸三钙的含量高,因此,水化热较大,有利于低温季节或冬季施工。但在修建大体积混凝土工程时,容易在混凝土构件内部聚集较大的热量,产生内外温度应力差,造成混凝土的破坏。因此,硅酸盐水泥一般不宜用于大体积的混凝土工程。

硅酸盐水泥石结构密实,并有足够的强度。因此,有优良的抗冻性,适合用于严寒地区遭受反复冻融的工程及抗冻性要求较高的工程,如大坝的溢流面、混凝土路面工程。

③干缩小、耐磨性较好

硅酸盐水泥颗粒相对较粗,因此硬化时干缩小,不易产生干缩裂缝,一般可用于干燥环境工程。由于干缩小,表面不易起粉,具有足够的强度,因此耐磨性较好,可用于道路工程中。但早强型水泥由于水化放热量大,凝结时间短,不利于控制断板、温度缝和混凝土长距离输送,不适用于高速公路混凝土路面在高温季节施工,只能用在快速抢修工程和冬季施工。

④抗碳化性较好

水泥石中的氢氧化钙和空气中的二氧化碳和水作用生成碳酸钙的过程称为碳化。碳化会使水泥石内部的碱度降低,当水泥石的碱度降低时,钢筋混凝土中的钢筋失去钝化保护膜易锈蚀,使混凝土产生顺筋裂缝,同时生成碳酸钙放出水后,体积减小,造成水泥石产生细小裂缝,降低水泥石的抗折强度。

由于硅酸盐水泥在水化后水泥石中含有较多的氢氧化钙,碳化时水泥的碱度下降少,对钢筋的保护作用强,故可用于空气中二氧化碳浓度较高的环境中,如热处理车间。

⑤耐腐蚀性差

硅酸盐水泥水化后,含有较多的氢氧化钙和水化铝酸钙,因此,其耐软水和耐化学腐蚀性差,不能用于海港工程、抗硫酸盐工程。

⑥耐高温性差

当水泥石处在温度高于 250～300 ℃的环境时,水泥石中的水化硅酸钙开始脱水,体积收缩,强度下降。氢氧化钙在 600 ℃以上会分解成氧化钙和二氧化碳,高温后的水泥石受潮时,生成的氧化钙可与水作用,体积膨胀,造成水泥石的破坏,因此,硅酸盐水泥不用于温度高于250 ℃的混凝土工程,如工业窑炉和高温炉基础。

（2）水泥的储存和运输

水泥在储存和运输中不得受潮和混入杂物。受潮时,水泥会吸收空气中的水分和二氧化碳,在水泥颗粒表面水化和碳化,降低水泥的有效成分,使强度下降。

水泥存放期不宜过长。一般储存 3 个月的水泥,强度下降 10%～30%;6 个月水泥强度下降 15%～30%;一年后强度下降 25%～40%。水泥有效存放期为自水泥出厂之日起,不得超过 3 个月,超过 3 个月的水泥使用时应重新检验,以实测强度为准。

水泥在运输和储存中,不同品种、不同强度等级的水泥不能混装。水泥堆放高度不得超过10 包,遵循先来的水泥先用的原则。包装袋两侧应印有水泥名称和强度等级,硅酸盐水泥和普通硅酸盐水泥用红色的字样,打印在包装袋上。

3.2 其他品种硅酸盐水泥

在水泥生产过程中,为改善水泥性能,调节水泥强度等级而加入的人工或天然的矿物材料,称为水泥混合材料。混合材料又分为非活性混合材料和活性混合材料两种。

(1)活性混合材料

磨成细粉后,在常温下与水不反应或反应很慢;当加入碱性激发剂〔$Ca(OH)_2$〕或硫酸盐激发剂($CaSO_4 \cdot 2H_2O$)时,不仅能在空气中硬化,而且能在水中继续硬化,并生成水硬性胶凝材料的水化产物,这一类矿物材料称为活性混合材料。常用的活性混合材料有如下几种:

①粒化高炉矿渣

指炼铁高炉排出的熔渣,经水淬而成质地疏松、多孔的粒状矿渣,颗粒直径一般为 $0.5\sim5$ mm,玻璃体含量一般在 85% 以上,故内部储存有较大的化学潜能。粒化高炉矿渣的化学成分主要有:CaO、Al_2O_3、SiO_2、Fe_2O_3、MgO 等。

②火山灰混合材料

火山爆发时随同熔岩一起喷发的大量碎屑沉积在地面或水中形成的松软物质,称为火山灰。由于喷出后遭遇急冷,因此含有一定量的玻璃体,这些玻璃体的成分主要是活性氧化硅和活性氧化铝,它们是火山灰活性的主要来源。火山灰质混合材料泛指火山灰一类物质,按其活性成分与矿物结构可分为含水硅酸质、铝硅玻璃质、烧黏土质三类。

a. 含水硅酸质的混合材料。硅藻土、硅藻石、蛋白石及硅质渣等,其活性成分以氧化硅为主。

b. 铝硅玻璃质的混合材料。火山灰、凝灰岩、浮石及某些工业废渣,其活性成分为氧化硅和氧化铝。

c. 烧黏土质的混合材料。主要有烧黏土、煤渣、煤矸石灰渣等,其活性成分以氧化铝为主。

③粉煤灰混合材料

粉煤灰是火力发电厂用收尘器从烟道中收集的灰粉,也称飞灰。粉煤灰为密实带釉状玻璃体,主要化学成分是活性 SiO_2 和活性 Al_2O_3,它也是具有潜在水硬性的混合材料。其潜在的水硬性原理与火山灰质混合材料相同。

(2)非活性混合材料

指加入水泥中,不与或几乎不与水泥水化产物发生作用,仅仅是降低强度等级,提高产量,降低成本,调节水泥性能,减小水化热,这一类矿物材料称为非活性混合材料。常见的非活性混合材料如磨细的石灰石粉、石英砂、窑灰、慢冷矿渣等。

3.2.1 普通硅酸盐水泥

普通硅酸盐水泥由硅酸盐水泥熟料和适量石膏及掺入超过水泥质量 5% 且不超过 20% 的混合材料(粒化高炉矿渣、火山灰质混合材料、粉煤灰)制成,代号 P·O。

(1)普通硅酸盐水泥的技术指标

普通硅酸盐水泥的技术指标要求与硅酸盐水泥有几点不同:

①凝结时间

普通硅酸盐水泥的初凝时间不小于 45 min,终凝时间不大于 600 min。

②强度等级

根据 3 d 和 28 d 抗折强度、抗压强度,将普通硅酸盐水泥分为 42.5、52.5 两个强度等级,按 3 d 的强度分为早强型(用符号 R 表示)和普通型。各龄期的强度不能低于表 3.4 中的值。

表 3.4 普通硅酸盐水泥各龄期强度值

强度等级	抗压强度/MPa		抗折强度/MPa	
	3 d	28 d	3 d	28 d
42.5	17.0	42.5	3.5	6.5
42.5R	22.0		4.0	
52.5	23.0	52.5	4.0	7.5
52.5R	27.0		5.0	

③烧失量

普通硅酸盐水泥的烧失量不大于 5.0%。

普通硅酸盐水泥的其他技术要求同硅酸盐水泥完全相同。

(2)普通硅酸盐水泥的性质

普通硅酸盐水泥由于掺加的混合材料较少,因此它的性质同硅酸盐水泥的性质基本上相同。

3.2.2 矿渣硅酸盐水泥、火山灰质硅酸盐水泥和粉煤灰硅酸盐水泥

(1)组成

矿渣硅酸盐水泥又分为 A、B 型两种,其中 A 型由硅酸盐水泥熟料和适量石膏及掺入超过水泥质量 20% 且不超过 50% 的粒化高炉矿渣制成,代号 P·S·A;B 型由硅酸盐水泥熟料和适量石膏及掺入超过水泥质量 50% 且不超过 70% 的粒化高炉矿渣制成,代号 P·S·B。

火山灰质硅酸盐水泥由硅酸盐水泥熟料和适量石膏及掺入超过水泥质量 20% 且不超过 40% 的火山灰质混合材料制成,代号 P·P。

粉煤灰硅酸盐水泥由硅酸盐水泥熟料和适量石膏及掺入超过水泥质量 20% 且不超过 40% 的粉煤灰制成,代号 P·F。

(2)技术指标

①细度、凝结时间、体积安定性

三种水泥的凝结时间、体积安定性要求与普通硅酸盐水泥相同;细度要求为通过 80 μm 的方孔筛,筛余量不大于 10% 或 45 μm 的方孔筛筛余不大于 30%。

②MgO、SO_3 含量

三种水泥中 MgO 的含量不得超过 6.0%,其中 P·S·B 水泥不做要求,如水泥经蒸压体积安定性合格,则可大于 6.0%。

按照国家标准规定,矿渣硅酸盐水泥中 SO_3 的含量不得超过 4.0%,火山灰水泥和粉煤灰水泥中 SO_3 的含量不得超过 3.5%。

③强度等级

根据三种水泥的 3 d 和 28 d 抗折强度、抗压强度,将其划分为 32.5、42.5、52.5 三个强度等级,按 3 d 的抗压强度分为早强型(用符号 R 表示)和普通型。各龄期的强度不能低于表 3.5 中的值。

表 3.5　矿渣水泥、火山灰水泥、粉煤灰水泥、复合水泥各龄期的强度值

强度等级	抗压强度/MPa		抗折强度/MPa	
	3 d	28 d	3 d	28 d
32.5	10.0	32.5	2.5	5.5
32.5R	15.0		3.5	
42.5	15.0	42.5	3.5	6.5
42.5R	19.0		4.0	
52.5	21.0	52.5	4.0	7.0
52.5R	23.0		4.5	

（3）特性及应用

①三种水泥的共性

a. 凝结硬化速度慢，早期强度低，后期强度发展较快

掺混合材料的硅酸盐水泥水化反应分两步进行，首先是硅酸盐水泥熟料矿物水化，随后熟料矿物水化析出的氢氧化钙和掺入水泥中的石膏与混合材料中的活性氧化硅和活性氧化铝发生二次水化反应，生成水化硅酸钙、水化铝酸钙、水化硫铝酸钙。因为水泥中熟料矿物含量比硅酸盐水泥少得多，水化过程是二次水化，故凝结硬化慢，早期强度较低，后期由于二次水化的不断进行及熟料的继续水化，水化产物不断增多，使得水泥后期强度发展较快，甚至可以超过同强度等级的硅酸盐水泥。因此，三种水泥不适宜早期强度有要求的工程，如现浇混凝土楼板、梁、柱或冬期施工混凝土工程等。

由于粉煤灰表面非常致密，早期强度比矿渣水泥和火山灰水泥还低，仅适用于承受荷载较晚的工程。

b. 对温度及湿热敏感性强

温度低时，凝结硬化慢，强度较低。但在湿热条件下，温度 60～70 ℃以上时，凝结硬化速度加快，可大幅度提高早期强度，且不影响后期强度的发展，28 d 的强度可以提高 10%～20%，特别适用于蒸养的混凝土预制构件。

c. 耐腐蚀性好

由于熟料少，水化后生成的氢氧化钙少，并且二次水化还要消耗大量的氢氧化钙，因此，水泥的抗软水和海水侵蚀的能力增强，可用于海港工程和水工大坝的建设。

d. 水化热小

水泥中掺加大量的混合材料，水泥熟料很少，因此其水化热小，可以用于大体积的混凝土工程、大型基础和混凝土大坝等。

e. 抗碳化能力差

由于水泥石中 $Ca(OH)_2$ 的含量少，因而其碱度低，在相同的二氧化碳的环境中，碳化进行的较快，碳化深度也较大，因此其抗碳化能力差，一般不用于热处理车间的修建。

f. 抗冻性差、耐磨性差

由于加入较多的混合材料，使水泥的需水量增加，水分蒸发后易形成毛细管路或粗大孔隙，水泥石的孔隙率较大，导致抗冻性和耐磨性差。因此不宜用于冬期施工，特别是不能用于严寒地区水位升降范围的混凝土工程和有耐磨要求的混凝土工程中。

②三种水泥的特性

a. 矿渣水泥特性

由于硬化后氢氧化钙含量少,且矿渣本身又是高温形成的耐火材料,故矿渣硅酸盐水泥的耐热性较好,可用于轧钢、铸造等高温车间、高温窑炉基础工程及温度达到 $300 \sim 400$ ℃的热气体通道等耐热工程。粒化高炉矿渣玻璃体对水的吸附能力差,即矿渣水泥的保水性差,易产生泌水而造成较多连通孔隙,因此矿渣硅酸盐水泥的抗渗性差,且干燥收缩也较普通水泥大,不宜用于有抗渗要求的混凝土工程。

b. 火山灰水泥特性

火山灰质混合材料含有大量的微细孔隙,使其具有良好的保水性,并且在水化过程中形成大量的水化硅酸钙凝胶,使火山灰水泥的水泥石结构比较致密,从而具有较高的抗渗性和耐水性,可优先用于有抗渗要求的混凝土工程。但火山灰水泥长期处于干燥环境中时,水化反应就会停止,强度也会停止增长,尤其是已经形成的凝胶体会脱水收缩并形成微细的裂纹,使水泥石结构破坏,因此火山灰水泥不宜用于长期处于干燥环境中的混凝土工程。

c. 粉煤灰水泥特性

由于粉煤灰呈球形颗粒,比表面积小,对水的吸附能力差,因而粉煤灰水泥的干缩小、抗裂性好。但由于泌水速度快,若施工处理不当易产生失水裂缝,因而不宜用于干燥环境。此外,泌水会造成较多的连通孔隙,故粉煤灰水泥的抗渗性较差,不宜用于抗渗要求高的混凝土工程。

3.2.3 复合硅酸盐水泥

复合硅酸盐水泥由硅酸盐水泥熟料和适量石膏及掺入超过水泥质量 20% 且不超过 50% 的两种或两种以上规定的混合材料(粒化高炉矿渣、火山灰质混合材料、粉煤灰、石灰石)制成,代号 P·C。

(1)技术指标

①MgO、SO_3 含量

水泥中 MgO 的含量不宜超过 6.0%。如水泥经压蒸试验合格后,MgO 的含量允许大于 6.0%。水泥中 SO_3 的含量不得超过 3.5%。

②细度

细度要求为通过 80 μm 的方孔筛筛余不大于 10%,或通过 45 μm 的方孔筛筛余不大于 30%。

③凝结时间

初凝时间不得早于 45 min,终凝时间不得迟于 600 min。

④强度等级

复合水泥的强度等级按 3 d 和 28 d 的抗压强度和抗折强度来划分,各龄期水泥的强度不得低于表 3.5 的值。

(2)技术性质

复合水泥的综合性质较好,耐腐蚀性好,水化热小,抗渗性好,复合水泥由于使用了复合混合材料,改变了水泥石的微观结构,促进水泥熟料的水化,因此,其早期强度大于同强度等级的矿渣水泥、粉煤灰水泥、火山灰水泥。因而复合水泥的用途较硅酸盐水泥、矿渣水泥等更为广泛,是一种大量发展的新型水泥。

常用水泥的组成、特性及应用如表 3.6 所示。

表 3.6   常用水泥的特性及应用

名称	硅酸盐水泥	普通水泥	矿渣水泥	火山灰水泥	粉煤灰水泥	复合水泥
代号	P·Ⅰ、P·Ⅱ	P·O	P·S	P·P	P·F	P·C
特性	早期强度高、水化热高、耐冻性好、耐热性差、耐腐蚀性差、耐磨性好	早期强度高、水化热较高、抗冻性较好、耐热性较差、耐腐蚀性较差、干缩较小、耐磨性较好	早期强度低、后期强度增长较快、水化热低、耐热性好、耐腐蚀性好、干缩大、抗冻性差、抗渗性差、抗碳化能力差	其他性能同矿渣水泥,只是干缩更大,抗渗性好,但耐热性差	其他性能同矿渣水泥,但干缩较小、抗裂性好、不耐热	早期强度较高,其他性能和矿渣水泥相同
应用范围	早期强度有要求的工程;受冻融循环的混凝土工程;地上、地面及水下的混凝土工程;钢筋混凝土工程;高强混凝土工程;预应力混凝土工程;有耐磨要求的混凝土工程	与硅酸盐水泥的应用基本相同	耐腐蚀性高的混凝土工程;大体积混凝土工程;耐热要求的混凝土工程;蒸养预制构件,地上、地面及水中混凝土和钢筋混凝土工程	有抗渗要求的混凝土工程;地下及水中的大体积混凝土结构;蒸汽养护的混凝土构件;耐腐蚀要求较高的工程;养护较好的混凝土工程	可用于大体积混凝土工程;蒸汽养护的混凝土制品;抗裂性要求较高的结构;耐腐蚀性要求较高的工程;养护较好的一般混凝土及钢筋混凝土工程	可用于矿渣水泥所用的工程,但可用于早期强度有要求的混凝土工程
不适用的范围	大体积混凝土工程;受化学侵蚀的工程;耐热混凝土工程	与硅酸盐水泥基本相同	早期强度有要求的工程;冬期施工及冻融循环的工程	干燥环境的混凝土工程;耐磨要求较高的混凝土工程;耐高温混凝土工程;早期强度有要求的工程;冬期施工及冻融循环的工程	早期强度要求较高的混凝土工程;抗冻要求的混凝土工程;耐磨要求较高的混凝土工程	根据所掺混合材料确定它的使用范围

3.3   特种水泥和专用水泥

特种水泥品种很多,这一节介绍土木工程中常用的几种特种水泥:铝酸盐水泥、快硬硫铝酸盐水泥、白色硅酸盐水泥、道路硅酸盐水泥、水工硅酸盐水泥等。

3.3.1   铝酸盐水泥

铝酸盐水泥是由铝矾土和石灰石为原料,经高温煅烧所得的铝酸钙占 50% 以上的铝酸盐水泥熟料,经磨细得到的水硬性胶凝材料,代号为 CA。

(1)铝酸盐水泥的主要技术指标

①细度、密度

a. 细度。比表面积不小于 $300 \ m^2/kg$ 或 $45\mu m$ 的筛余不得大于 20%;

b. 密度。与硅酸盐水泥相近,约为 $3.0 \sim 3.2 \ g/cm^3$。

②凝结时间

铝酸盐水泥(胶砂)的凝结时间应符合表 3.7 要求。

表 3.7　凝结时间

水泥类型		初凝时间不得早于	终凝时间不得迟于
CA50、CA70、CA80		30 min	6 h
CA60	CA60—Ⅰ	30 min	6 h
	CA60—Ⅱ	60 min	18 h

③化学成分

化学成分应符合表 3.8 要求。

表 3.8　化学成分

成分 类型	Al₂O₃含量/%	SiO₂含量/%	Fe₂O₃含量/%	碱含量 [(Na₂O)+0.658(K₂O)]/%	S(全硫) 含量/%	Cl⁻含量/%
CA50	≥50 且<60	≤9.0	≤3.0	≤0.50	≤0.2	≤0.06
CA60	≥60 且<68	≤5.0	≤2.0			
CA70	≥68 且<77	≤1.0	≤0.7	≤0.40	≤0.1	
CA80	≥77	≤0.5	≤0.5			

④强度

铝酸盐各龄期的强度值不得小于表 3.9 中数值。

表 3.9　铝酸盐水泥各龄期胶砂强度值

水泥类型		抗压强度/MPa				抗折强度/MPa			
		6h	1d	3d	28d	6h	1d	3d	28d
CA50	CA50—Ⅰ	20*	40	50	—	3.0*	5.5	6.5	—
	CA50—Ⅱ		50	60	—		6.5	7.5	—
	CA50—Ⅲ		60	70	—		7.5	8.5	—
	CA50—Ⅳ		70	80	—		8.5	9.5	—
CA60	CA60—Ⅰ	—	65	85	—	—	7.0	10.0	—
	CA60—Ⅱ		20	45	85		2.5	5.0	10.0
CA70		—	30	40	—	—	5.0	6.0	—
CA80		—	25	30	—	—	4.0	5.0	—

* 用户要求时,生产厂应提供试验结果。

(2)铝酸盐水泥矿物组成及水化

下面以 CA50 铝酸盐水泥为例介绍铝酸盐水泥的矿物组成及特性。铝酸盐水泥的主要矿物成分为:铝酸一钙(CaO·Al₂O₃)、二铝酸一钙(CaO·2Al₂O₃)、硅铝酸二钙(2CaO·Al₂O₃·SiO₂)、七铝酸十二钙(12CaO·7Al₂O₃),除了上述的铝酸盐外,CA50 铝酸盐水泥还含有少量的硅酸二钙等成分。铝酸一钙是 CA50 铝酸盐水泥的主要矿物,其水化反应如下:

$$CaO \cdot Al_2O_3 + 10H_2O \xrightarrow{20℃以下} CaO \cdot Al_2O_3 \cdot 10H_2O$$

$$2(CaO \cdot Al_2O_3) + 11H_2O \xrightarrow{20℃\sim30℃} 2CaO \cdot Al_2O_3 \cdot 8H_2O + Al_2O_3 \cdot 3H_2O$$

$$3(CaO \cdot Al_2O_3) + 12H_2O \xrightarrow{30℃以上} 3CaO \cdot Al_2O_3 \cdot 6H_2O + 2(Al_2O_3 \cdot 3H_2O)$$

铝酸盐水泥的水化产物主要是水化铝酸一钙、水化铝酸二钙和铝胶。水化铝酸一钙和水化铝酸二钙是针状和片状晶体，能在早期相互连成坚固的结晶连生体，同时生成的氢氧化铝凝胶可填充在晶体的空隙内，形成密实的结构。因此，铝酸盐水泥早期强度增长很快。

水化铝酸一钙和水化铝酸二钙是介稳定型的，随着时间的推移会逐渐转变为稳定的水化铝酸三钙，温、湿度增高，晶型转变加剧。晶型转变的结果是水泥石内析出大量的游离水，固相体积减缩约 50%，增加了水泥石的空隙率，同时，由于水化铝酸三钙的强度较低，所以水泥石的强度下降。因此铝酸盐水泥的长期强度是下降的，但这种下降并不是无限制的，当下降到一最低值后就不再下降了，其最终稳定强度值一般只有早期强度值的 1/2 或更低。对于铝酸盐水泥，由于长期强度下降，应用时要测定其最低稳定值。国家标准规定：铝酸盐水泥混凝土的最低稳定值以在 (50 ± 2)℃水中养护的混凝土试件的 7 d 和 14 d 强度中的最低值来确定。

(3)铝酸盐水泥的性质

①凝结硬化快

铝酸盐水泥加水后，能迅速与水反应，硬化速度极快，其 1 d 强度一般可达到极限强度的 60%～80% 左右。因此，适用于紧急抢修工程和早期强度有要求的工程。

②水化热大，并且集中在早期

1 d 可放出水化热的 70%～80%，使温度上升很高。因此，铝酸盐水泥不宜用于大体积混凝土工程，但适用于寒冷季节施工。

③抗硫酸盐性能强

铝酸盐水泥在水化后不析出氢氧化钙，且硬化后结构比较致密，有较强的抗渗性和抗硫酸盐腐蚀性能，同时对碳酸、稀盐酸等侵蚀性溶液也有较好的稳定性，因此适用于抗硫酸盐腐蚀的工程。

④耐热性好

由于铝酸盐水泥在高温下发生烧融，由烧结结合代替水化结合，在高温下仍能保持一定的强度。因此铝酸盐水泥有一定的耐热性。铝酸盐水泥可用于拌制耐热砂浆或耐热混凝土(1 400 ℃以下)。

⑤耐碱性差

铝酸盐水泥的水化产物水化铝酸钙不耐碱，遇碱后强度下降。故铝酸盐水泥不能用于与碱接触的工程，也不能与硅酸盐水泥或石灰等材料混用，或与未硬化的上述材料接触，否则会发生闪凝，且生成高碱性水化铝酸钙，使混凝土开裂破坏，强度下降。

此外用于钢筋混凝土时，钢筋保护层的厚度不得低于 60 mm，未经试验，不得加入任何外加剂。使用铝酸盐水泥时要注意：施工适宜温度 15 ℃，一般不超过 25 ℃，一般不得用于长期承载的工程。

(4)铝酸盐水泥的应用

铝酸盐水泥可以用于配制膨胀水泥、自应力水泥、化学建材的外加剂等，还可以配制不定形耐火材料，以及可适应抢修、抢建、抗硫酸盐侵蚀和冬季施工等特殊需要的工程。

3.3.2 快硬硫铝酸盐水泥

以适当成分的生料，经煅烧所得以无水硫酸钙和硅酸二钙为主要矿物成分的水泥熟料和石灰石、适量石膏共同磨细制成的,具有早期强度高的水硬性胶凝材料,称为快硬硫铝酸盐水泥[《快硬硫铝酸盐水泥、快硬铁铝酸盐水泥》(JC 933—2003)],代号 R·FAC。

(1)技术指标

①细度。比表面积不低于 350 m^2/kg。

②凝结时间。初凝时间不得早于 25 min,终凝不得迟于 3 h。

③强度等级按 1 d、3 d、28 d 的抗压强度和抗折强度划分为 4 个强度等级。各强度等级、各龄期的强度值如表 3.10 所示。

(2)特性及应用

快硬硫铝酸盐水泥熟料中的无水硫铝酸钙,水化时能很快地与掺入的石膏反应生成钙矾石晶体和大量的铝胶,钙矾石会迅速结晶形成水泥石的骨架,使水泥的凝结时间缩短,同时随着 C_2S 水化的不断进行,其水化产物 Ca(OH)$_2$ 晶体和水化硅酸钙胶体的不断生成,水泥石的孔隙被不断地填充,强度发展很快。因此,具有较高的早期强度。

表 3.10　快硬硫铝酸盐水泥各强度等级、各龄期的强度值

强度等级	抗 压 强 度/MPa			抗 折 强 度/MPa		
	1 d	3 d	28 d	1 d	3 d	28 d
42.5	33.0	42.5	45.0	6.0	6.5	7.0
52.5	42.0	52.5	55.0	6.5	7.0	7.5
62.5	50.0	62.5	65.0	7.0	7.5	8.0
72.5	56.0	72.5	75.0	7.5	8.0	8.5

快硬硫铝酸盐水泥的早期强度高,硬化后水泥石的结构致密,孔隙率小,抗渗性高,水化产物中的 Ca(OH)$_2$ 含量少,抗硫酸盐腐蚀能力强。因此快硬硫铝酸盐水泥主要用于配制早强、抗渗、抗硫酸盐侵蚀的混凝土工程。可用于冬季施工、浆锚、喷锚支护、节点、抢修、堵漏等工程。此外,由于硫铝酸盐水泥的碱度低,可用于生产各种玻璃纤维制品。

3.3.3　白色硅酸盐水泥

白色硅酸盐水泥是由适当成分的生料烧至部分熔融,所得以硅酸钙为主要成分,氧化铁含量少的硅酸盐水泥熟料,再与适量石膏及石灰石或窑灰混合材料,共同磨细制成的水硬性胶凝材料,简称白水泥,代号 P·W。白水泥的生产、矿物组成、性能与硅酸盐水泥基本相同[《白色硅酸盐水泥》(GB/T 2015—2017)]。

(1)白色水泥的技术指标

①三氧化硫。水泥中的三氧化硫的含量应不超过 3.5%。

②氧化镁。熟料中氧化镁的含量不宜超过 5.0%。

③细度。45 μm 方孔筛筛余量不得大于 30.0%。

④凝结时间。初凝时间不得早于 45 min,终凝时间不得迟于 10 h。

⑤安定性。体积安定性用沸煮法检验必须合格。

⑥白度。1 级白度(P·W−1)不小于 89;2 级白度(P·W−2)不小于 87。

⑦强度等级。白色硅酸盐水泥根据 3 d、28 d 的抗压强度和抗折强度划分为 32.5、42.5、52.5 三个强度等级,各龄期、各强度等级的强度值不得低于表 3.11 的数值。

（2）白色水泥的应用

白色硅酸盐水泥主要用于各种装饰性混凝土及装饰性砂浆,如水刷石、水磨石及人造大理石等。

表 3.11　白水泥各龄期强度值

强度等级	抗压强度/MPa		抗折强度/MPa	
	3d	28d	3d	28d
32.5	12.0	32.5	3.0	6.0
42.5	17.0	42.5	3.5	6.5
52.5	22.0	52.5	4.0	7.0

3.3.4　道路硅酸盐水泥

由道路硅酸盐水泥熟料、适量石膏、混合材料共同磨细制成的水硬性胶凝材料,称为道路硅酸盐水泥,简称道路水泥,代号 P·R[《道路硅酸盐水泥》(GB 13693—2017)]。

在道路硅酸盐水泥中,熟料的化学组成与硅酸盐水泥基本相同,只是水泥熟料中的铝酸三钙的含量应不超过 5.0%,铁铝酸四钙的含量应不低于 15.0%,游离氧化钙的含量应不大于 1.0%。

（1）技术指标

①氧化镁。道路水泥中氧化镁含量应不大于 5.0%。

②三氧化硫。道路水泥中三氧化硫含量应不大于 3.5%。

③烧失量。烧失量应不大于 3.0%。

④氯离子含量不大于 0.06%。

⑤比表面积。比表面积为 300~450 m^2/kg。

⑥凝结时间。初凝时间不小于 90 min,终凝时间不大于 720 min。

⑦安定性。用雷氏夹法检验必须合格。

⑧干缩率。28 d 的干缩率不大于 0.10%。

⑨耐磨性。28 d 磨耗量应不大于 3.00 kg/m^2。

⑩强度。道路硅酸盐水泥的强度等级按规定龄期的抗压和抗折强度划分,各龄期的抗压强度和抗折强度应不低于表 3.12 中的值。

表 3.12　道路水泥各龄期强度值

强度等级	抗压强度/MPa		抗折强度/MPa	
	3 d	28 d	3 d	28 d
7.5	21.0	42.5	4.0	7.5
8.5	26.0	52.5	5.0	8.5

道路硅酸盐水泥的其他技术要求与普通硅酸盐水泥相同。

（2）技术性质及应用

道路水泥抗折强度高,耐磨性好、干缩小、抗冻性、抗冲击性、抗硫酸盐性能好,可减少混凝土路面的断板、温度裂缝和磨耗,减少路面维修费用,延长使用年限,适用于道路路面、机场跑道、城市人流较多的广场等工程的面层混凝土。

3.3.5　水工硅酸盐水泥

(1)中热硅酸盐水泥、低热硅酸盐水泥

中热硅酸盐水泥、低热硅酸盐水泥用于要求水化热较低的混凝土大坝和大体积混凝土工程。

以适当成分的硅酸盐水泥熟料,加入适量石膏磨细制成的具有中等水化热的水硬性胶凝材料,称为中热硅酸盐水泥,简称中热水泥,代号 P•MH。

以适当成分的硅酸盐水泥熟料,加入适量石膏磨细制成的具有低水化热的水硬性胶凝材料,称为低热硅酸盐水泥,简称低热水泥,代号 P•LH。

为了减少水泥的水化热,中热硅酸盐水泥中硅酸三钙的含量应不超过 55.0%,铝酸三钙的含量应不超过 6.0%,游离氧化钙的含量应不超过 1.0%。低热硅酸盐水泥中硅酸二钙的含量应不小于 40.0%,铝酸三钙的含量应不超过 6.0%,游离氧化钙的含量应不超过 1.0%。氧化镁的含量不宜超过 5.0%,若经压蒸安定性试验合格,则熟料中氧化镁的含量允许放宽到 6.0%[《中热硅酸盐水泥、低热硅酸盐水泥》(GB 200—2017)]。

①技术指标

a. 氧化镁。中热和低热水泥中氧化镁的含量不宜大于 5.0%。如果水泥经蒸压安定性试验合格,则中热水泥和低热水泥中氧化镁的含量允许放宽到 6.0%。

b. 碱含量。若使用活性骨料,用户要求提供低碱水泥时,水泥中的碱含量应不大于 0.60% 或由买卖双方协商确定,碱含量按 $Na_2O+0.658K_2O$ 计算值表示。

c. 三氧化硫。水泥中三氧化硫的含量应不大于 3.5%。

d. 烧失量。中热水泥和低热水泥的烧失量应不大于 3.0%。

e. 比表面积。水泥的比表面积应不低于 250 m^2/kg。

f. 凝结时间。初凝时间小于 60 min,终凝时间不大于 720 min。

g. 安定性。沸水安定性合格。

h. 强度等级。水泥的强度等级按规定龄期的抗压强度和抗折强度划分,各龄期的抗压强度和抗折强度不低于表 3.13 中的值,低热水泥 90 d 的抗压强度不小于 62.5 MPa。

i. 水化热。中热水泥和低热水泥各龄期的水化热上限值如表 3.14 所示,32.5 级低热水泥 28 d 的水化热不大于 290 kJ/kg;42.5 级低热水泥 28d 的水化热不大于 310 kJ/kg。

表 3.13　中热水泥和低热水泥各龄期强度值

品　种	强度等级	抗压强度/MPa			抗折强度/MPa		
		3 d	7 d	28 d	3 d	7 d	28 d
中热水泥	42.5	12.0	22.0	42.5	3.0	4.5	6.5
低热水泥	32.5	—	10.0	32.5	—	3.0	5.5
	42.5	—	13.0	42.5	—	3.5	6.5

②应用

由于掺入混合材料多,故中热水泥和低热水泥成本低、水化热低,性能稳定,主要适用于要求水化热较低的大坝和大体积混凝土工程。

表 3.14　中热水泥和低热水泥各龄期水化热上限值

品　种	强度等级	水化/(kJ·kg⁻¹)	
		3 d	7 d
中热水泥	42.5	251	293
低热水泥	32.5	197	230
	42.5	230	260

(2)抗硫酸盐硅酸盐水泥

由特定矿物组成的硅酸盐水泥熟料,加入适量石膏磨细制成的具有抵抗中等浓度硫酸根离子侵蚀的水硬性胶凝材料,称为中抗硫酸盐硅酸盐水泥,简称中抗硫酸盐水泥,代号为P·MSR。

以特定矿物组成的硅酸盐水泥熟料,加入适量石膏,磨细制成的具有抵抗较高浓度硫酸根离子侵蚀的水硬性胶凝材料,称为高抗硫酸盐硅酸盐水泥,简称高抗硫酸盐水泥,代号为P·HSR[《抗硫酸盐硅酸盐水泥》(GB 748—2005)]。

①技术指标

a. 硅酸三钙和铝酸三钙:抗硫酸盐硅酸盐水泥中硅酸三钙和铝酸三钙的含量应符合表3.15规定。

表 3.15　抗硫酸盐水泥中硅酸三钙和铝酸三钙的含量

分　类	硅酸三钙	铝酸三钙
中抗硫酸盐水泥	≤55.0%	≤5.0%
高抗硫酸盐水泥	≤50.0%	≤3.0%

b. 烧失量:烧失量应不大于3.0%。

c. 氧化镁:中热和低热水泥中氧化镁的含量不宜大于5.0%。如果水泥经蒸压安定性试验合格,则中热水泥和低热水泥中氧化镁的含量允许放宽到6.0%。

d. 三氧化硫:水泥中三氧化硫的含量应不大于2.5%。

e. 不溶物:水泥中的不溶物应不大于1.50%。

f. 比表面积:水泥的比表面积应不低于280 m²/kg。

g. 凝结时间:初凝时间不得早于45 min,终凝时间不得迟于10 h。

h. 安定性:用沸煮法检验应合格。

i. 强度等级:水泥的强度等级按规定龄期的抗压强度和抗折强度划分,各龄期的抗压强度和抗折强度不低于表3.16中的值。

表 3.16　抗硫酸盐水泥各龄期强度值

分　类	强度等级	抗压强度/MPa		抗折强度/MPa	
		3 d	28 d	3 d	28 d
中抗硫酸盐水泥、	32.5	10.0	32.5	2.5	6.0
高抗硫酸盐水泥	42.5	15.0	42.5	3.0	6.5

j. 抗硫酸盐性:中抗硫酸盐硅酸盐水泥14 d线膨胀率应不大于0.060%,高抗硫酸盐硅酸盐水泥14 d线膨胀率应不大于0.040%。

②应用

在抗硫酸盐水泥中,由于限制了水泥熟料中 C_3A、C_4AF 和 C_3S 的含量,使水泥的水化热较低,水化铝酸钙的含量较少,抗硫酸盐侵蚀的能力较强,适用于一般受硫酸盐侵蚀的海港、水利、地下、引水、隧道、道路和桥梁基础等大体积混凝土工程。

复习思考题

1. 硅酸盐水泥的主要矿物成分是什么? 这些矿物的特性如何?

2. 硅酸盐水泥的水化产物有哪些? 水泥石的结构是怎样的? 影响水泥石强度的因素有哪些?

3. 硅酸盐水泥的腐蚀有哪几种类型? 腐蚀的原因是什么? 为什么同是硅酸盐水泥的矿渣水泥耐腐蚀性好?

4. 在生产硅酸盐水泥时掺入石膏起什么作用? 硬化后多余的石膏会引起什么现象发生?

5. 如何检验水泥的体积安定性?

6. 什么叫活性混合材料? 其硬化的条件是什么?

7. 铝酸盐水泥的熟料与硅酸盐水泥的熟料有何区别? 两种水泥的性质有何不同?

8. 在下列混凝土工程中应分别选用哪种水泥,并说明理由。

① 紧急抢修的工程或军事大坝。　　　　② 高炉基础。

③ 大体积混凝土坝和大型设备基础。　　④ 水下混凝土工程。

⑤ 海港工程。　　　　　　　　　　　　⑥ 蒸汽养护的混凝土预制构件。

⑦ 现浇混凝土构件。　　　　　　　　　⑧ 高强混凝土。

⑨ 混凝土地面和路面。　　　　　　　　⑩ 冬期施工的混凝土。

第 **4** 章 混 凝 土

4.1 混凝土的概述

4.1.1 混凝土的定义

以胶凝材料、颗粒状骨料,必要时加入化学掺合料、掺合料、纤维等为原材料,按比例配料、拌和、成型,经硬化而形成的具有堆聚结构的人造石材,统称为混凝土。其中以水泥及水形成的水泥石为主要胶结材料,砂、石为主要骨料(也称集料)形成的水泥混凝土(也叫普通混凝土)最为常用,是本章介绍的重点。

4.1.2 混凝土的发展历史

混凝土的生产及应用有数千年的历史,但在 19 世纪以前,混凝土的胶结材料主要以黏土、石灰、石膏等气硬性材料为主。到了 1796 年,英国人 Parker.J 用黏土质石灰石煅烧而制得水硬性水泥,即天然水泥。随后,1824 年,英国里兹的 Aspin.J 取得了波特兰水泥的专利,很快在一些国家出现了水泥砂浆即水泥混凝土。1850 年前后,法国人取得了钢筋混凝土的专利权。随后,欧美几个国家通过试验建立了钢筋混凝土的计算公式,弥补了混凝土抗拉强度、抗折强度低的缺陷。与此同时,1886 年,美国首先用回转窑煅烧熟料,使波特兰水泥进入了大规模工业化生产阶段,这些都大大促进了混凝土的应用范围。1896 年,法国 Feret 最早提出了以孔隙含量为主要因素的强度公式。1914 年,美国 Abrams.D 通过大量试验提出了著名的水灰比定则。1928 年,法国的 Freyssinert.E 发明了预应力锚具,创造了预应力钢筋混凝土。1930年左右,美国发明了松脂类引气剂和纸浆废液减水剂,使混凝土流动性、耐久性得到极大程度提高。1962 年,日本研制了萘磺酸盐甲醛缩合物的减水剂。随后,发明了三聚氰胺、氨基磺酸、聚羧酸等系列减水剂,为配制流动性混凝土、高强混凝土、高性能混凝土等奠定了基础。1940 年,意大利列维(L. WerV)提出了钢丝网水泥,这种配筋材料进一步促使人们提出纤维配筋的概念,降低了混凝土脆性,提高了延性,出现了大跨度的钢筋混凝土建筑物和薄壳结构。

总之,随着经济和科技的不断发展,混凝土技术也随之发展,特种及新型混凝土不断研制成功,如高强混凝土、纤维增强混凝土、流态混凝土、耐海水混凝土、防水混凝土、水下不分散混凝土、导电混凝土、绿化混凝土、发光混凝土、金属混凝土等,极大地推动了经济的发展。

随着现代建筑向轻型、大跨度、高耸结构和智能方向发展,工程结构向地下空间和海洋扩展,以及人类可持续发展的需要,可以预计混凝土今后将朝轻质、高强、高耐久、多功能、节省能源和资源、有利于环保、智能化方向发展。

4.1.3 混凝土的分类

混凝土可以从结构、表观密度、强度、坍落度、用途等方面进行分类。下面主要从结构及表观密度方面进行分类,其他见相关章节。

(1)按混凝土结构分

①普通结构混凝土。它由粗骨料、(重质或轻质)细骨料和胶结材料制成。若以碎石或卵石、砂、水泥制成者即是一般普通混凝土。

②细粒混凝土。它仅由细骨料和胶结材料制成,主要用于砂浆及制造薄壁构件。

③大孔混凝土。它仅由粗骨料和胶结材料制成,骨料粒子外表包裹水泥浆,粒子彼此为点接触,粒子之间有较大孔隙,这种混凝土主要用于墙体。

④多孔混凝土。这种混凝土既无粗骨料也无细骨料,全由磨细的胶结材料和其他粉料加水拌成的料浆用机械方法或化学方法使之形成许多微小的气泡后再经硬化制成。

(2)按照表观密度分

①重混凝土。干表观密度大于 2 500 kg/m³,用特别密实和特别重的骨料制成。如重晶石混凝土、钢屑混凝土等,它们具有防射线能力,主要用于原子能工程的屏蔽材料。

②普通混凝土。干表观密度为 1 950~2 500 kg/m³,用天然的砂、石作骨料制成。这类混凝土在土木工程中最常用,主要用于各种承重结构。

③轻混凝土。干表观密度 500~1 950 kg/m³,其中包括了表观密度为 800~1 900 kg/m³ 的轻骨料混凝土和表观密度为 500 kg/m³ 以上的多孔混凝土,主要用于承重结构和非承重墙材。

④特轻混凝土。干表观密度在 500 kg/m³ 以下,包括表观密度在 500 kg/m³ 以下的多孔混凝土和用特轻骨料(如膨胀珍珠岩、膨胀蛭石、泡沫塑料等)制成的轻骨料混凝土。主要用作隔热材料。

4.1.4 混凝土材料的特点

(1)优点

①成本低。占混凝土体积 60%~80% 的砂、石材料来源丰富,易就地取材,价格低廉。

②可塑性好。新拌混凝土具有良好的可塑性,可根据工程结构要求浇筑成不同形状和尺寸的整体结构或预制构件。

③配制灵活,适应性好。通过改变混凝土组成材料品种、比例,可制得不同物理力学性能的混凝土,满足工程的要求。

④抗压强度高。一般混凝土硬化后抗压强度为 7.5~60 MPa,高强混凝土抗压强度大于 60 MPa,是土木工程的主要结构材料。

⑤复合性能好。能与钢筋较好黏结,两者的线膨胀系数接近,能保证共同工作,大大扩展了混凝土应用范围。

⑥耐久性好。一般的环境条件下,混凝土不需要特别的维护保养,故维护费用低。

⑦耐火性好。混凝土耐火性远比木材、钢材、塑料要好。可耐数小时的高温作用而仍保持其力学性能,有利于火灾的扑救。

⑧生产能耗低。混凝土生产能耗远低于金属材料。

(2)缺点

①自重大、比强度小。混凝土比强度比木材、钢材小。

②抗拉强度低、变形能力小。呈脆性、易开裂,抗拉强度约为抗压强度的 1/10~1/20。

4.2 混凝土的组成材料

普通混凝土的组成材料主要有水泥、水、粗骨料(碎石、卵石)、细骨料(砂)。有时,为了改善某方面的性能,需加入外加剂或掺合料。在混凝土拌和物中,外加剂、掺合料、水泥、水组成的浆体来填充砂子空隙并包裹砂粒,形成砂浆。砂浆又填充石子空隙并包裹石子颗粒,形成混凝土结构。普通混凝土硬化后的宏观组织构造如图4.1所示。

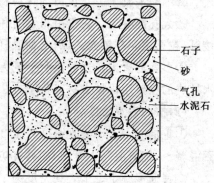

图 4.1 混凝土宏观组织构造图

对于新拌混凝土,浆体起润滑作用,使拌和物具有流动性,硬化后由胶凝材料将砂、石材料胶结成为一个整体。粗细骨料占混凝土总体积3/4以上,起骨架作用,在混凝土中比水泥石具有更好的体积稳定性和耐久性。同时,砂、石材料比水泥便宜,作为填充材料,使混凝土成本较低。混凝土的性能主要取决于组成材料的性质、比例、施工工艺。因此,首先必须针对工程特点、环境特点、施工条件合理选用原材料。要做到合理选择原材料,首先必须了解组成材料的性质、作用原理和质量要求。

4.2.1 水 泥

(1)水泥品种的选择

水泥品种的选择,需在分析工程特点、环境特点、施工条件的基础上,结合水泥的性能特点来选择,详见水泥章节的内容。

(2)水泥强度等级的选择

水泥强度等级要与混凝土强度等级相适应。一般来讲,混凝土强度等级在C40~C60时,水泥的强度等级选择42.5级较为适宜;混凝土强度等级高于C60时,水泥宜选用42.5级或更高强度等级的水泥。混凝土强度等级低于C40时,宜选用32.5级水泥。如用低强度等级水泥配制高强度等级混凝土,水泥用量较多,一方面成本增加,另一方面混凝土收缩增大,对耐久性不利,可使用减水剂来解决矛盾。如用高强度等级的水泥配制低强度等级混凝土,水泥用量过少,混凝土和易性变差,不易施工,对耐久性不利,可使用掺合料来解决矛盾。

(3)水泥的技术性质

对于所选水泥品种,应检验技术性质,需满足相关要求。

4.2.2 细骨料

公称粒径在0.15~4.75之间的骨料称为细骨料,也叫砂。砂按来源分为天然砂和机制砂两类。天然砂是自然生成的,经人工开采和筛分的粒径小于4.75 mm岩石颗粒,包括河砂、湖砂、山砂、淡化海砂,但不包括软质、风化的岩石颗粒。机制砂是经除土处理,经机械破碎、筛分制成的粒径小于4.75 mm岩石、矿山尾矿和工业废渣颗粒,但不含软质、风化的岩石颗粒。

砂按技术要求分为Ⅰ类、Ⅱ类、Ⅲ类。Ⅰ类宜用于强度等级大于C60的混凝土;Ⅱ类宜用于强度等级C30~C60及抗冻、抗渗或其他要求的混凝土;Ⅲ类宜用于强度等级小于C30的混凝土和建筑砂浆。砂的技术要求主要有:

(1)砂的颗粒级配和粗细程度

砂的颗粒级配是指砂子大小不同的颗粒搭配的比例情况。如果粗颗粒的空隙被中等颗粒填充,中等颗粒的空隙被小颗粒填充,则一级一级填充后,砂子的空隙率就可以减小,如图 4.2 所示。这样用来填充砂子空隙的水泥浆就可以减少,形成的混凝土和易性、强度、耐久性也较好。

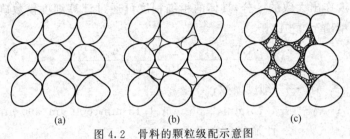

图 4.2　骨料的颗粒级配示意图

砂的粗细程度是指砂子总体的粗细程度,在质量相同的条件下,粗粒砂越多,砂的总表面积越小,用来包裹砂子表面的水泥浆就可以减小,但需考虑不同颗粒搭配的比例。因此,为满足混凝土性能及节约水泥,应选用级配良好且较粗的砂。

砂子的颗粒级配和粗细程度,可通过筛分析的方法来检验。根据《建设用砂》(GB/T 14684—2011)筛分的方法,是用一套标准筛将砂子试样依次进行筛分。标准筛的尺寸依次为 4.75 mm,2.36 mm,1.18 mm,600 μm,300 μm,150 μm。试验时将 500 g 烘干的砂由粗到细依次过筛。然后,称出余留在各个筛上的砂子质量,最后,按表 4.1 计算各个筛上的分计筛余率及累计筛余率。计算出的累计筛余率应符合表 4.2 的规定。砂的级配类别应符合表 4.3 的规定。

表 4.1　砂累计筛余率与分计筛余率计算关系

筛孔尺寸/mm	筛余量/g	分计筛余率/%	累计筛余率/%
4.75	m_1	$a_1 = m_1/m$	$A_1 = a_1$
2.36	m_2	$a_2 = m_2/m$	$A_2 = A_1 + a_2$
1.18	m_3	$a_3 = m_3/m$	$A_3 = A_2 + a_3$
0.60	m_4	$a_4 = m_4/m$	$A_4 = A_3 + a_4$
0.30	m_5	$a_5 = m_5/m$	$A_5 = A_4 + a_5$
0.15	m_6	$a_6 = m_6/m$	$A_6 = A_5 + a_6$
底	$m_底$	$m = m_1 + m_2 + m_3 + m_4 + m_5 + m_6 + m_底$	

表 4.2　砂的颗粒级配

砂的分类	天然砂			机制砂		
级配区	1 区	2 区	3 区	1 区	2 区	3 区
方孔筛	累计筛余/%					
4.75 mm	10~0	10~0	10~0	10~0	10~0	10~0
2.36 mm	35~5	25~0	15~0	35~5	25~0	15~0
1.18 mm	65~35	50~10	25~0	65~35	50~10	25~0
600 μm	85~71	70~41	40~16	85~71	70~41	40~16
300 μm	95~80	92~70	85~55	95~80	92~70	85~55
150 μm	100~90	100~90	100~90	97~85	94~80	94~75

注:砂的实际颗粒级配与表中所列数字相比,除 4.75 mm 和 600 μm 筛档外,可以略有超出,但各级累计筛余超出值总和应不大于 5%。

表 4.3　砂的级配类别

类　别	I	II	III
级配区	2 区	1、2、3 区	

砂的颗粒级配分为 3 个区,1 区砂为较粗的砂,2 区砂粗细程度适中,3 区砂为细砂,这只能对砂的粗细程度作出大致的区分,具体的粗细程度可通过计算细度模数确定。细度模数根据式(4.1)计算(精确至 0.01):

$$M_x = \frac{(A_2 + A_3 + A_4 + A_5 + A_6) - 5A_1}{100 - A_1} \tag{4.1}$$

式中　　　　　　　　M_x——细度模数;

A_1、A_2、A_3、A_4、A_5、A_6——4.75 mm、2.36 mm、1.18 mm、600 μm、300 μm、150 μm 筛的累计筛余百分率。

砂按细度模数分为粗、中、细三种规格,其细度模数分别为:粗砂 $M_x = 3.7 \sim 3.1$,中砂 $M_x = 3.0 \sim 2.3$,细砂 $M_x = 2.2 \sim 1.6$。

(2)含泥量(石粉含量和泥块含量)

含泥量指天然砂中粒径小于 75 μm 的颗粒含量;石粉含量指机制砂中粒径小于 75 μm 的颗粒含量;泥块含量指砂中原粒径大于 1.18 mm,经水浸洗,手捏后小于 600 μm 的颗粒含量。

砂的含泥量(石粉含量、泥块含量)技术指标应符合表 4.4 规定。

表 4.4　砂的技术指标(GB/T 14684—2011)

类　别				I	II	III
天然砂			含泥量(按质量计)/%	≤1.0	≤3.0	≤5.0
			泥块含量(按质量计)/%	0	≤1.0	≤2.0
机制砂	亚甲基蓝试验法	MB 值≤1.4	石粉含量(按质量计)/%	≤10.0		
			泥块含量(按质量计)/%	0	≤1.0	≤2.0
		MB 值>1.4	石粉含量(按质量计)/%	≤1.0	≤3.0	≤5.0
			泥块含量(按质量计)/%	0	≤1.0	≤2.0
有害物质			云母(按质量计)/%	≤1.0	≤2.0	
			轻物质(按质量计)/%	≤1.0		
			有机物(按质量计)/%	合格		
			硫化物及硫酸盐(按 SO₃ 质量计)/%	≤0.5		
			氯化物(按 Cl⁻ 质量计)/%	≤0.01	≤0.02	≤0.06
			贝壳(按质量计)/%*	≤3.0	≤5.0	≤8.0

*:该指标仅用于海砂。

泥、泥块、石粉附着在砂表面,会妨碍硬化水泥与砂的黏结,影响强度、耐久性。另外,会使混凝土需水量增加,收缩增大。

(3)有害物质

砂中云母呈薄片状,表面光滑,与硬化水泥石黏结不牢,会降低混凝土的强度;有机物、硫化物、硫酸盐等对水泥石有腐蚀作用;表观密度小于 2 000 kg/m³ 的轻物质,如煤和褐煤,会降低混凝土的强度和耐久性。因此,砂中云母、轻物质、有机物、硫化物及硫酸盐、氯盐等的含量应符合表 4.4 的规定。另外,砂不应混有草根、树叶、树枝、塑料、煤块、炉渣等杂物。

(4)坚固性

对于某些重要工程或特殊环境下的混凝土工程对耐久性有较高要求时,用砂要进行坚固性试验。坚固性是砂在自然风化和其他外界物理化学因素作用下抵抗破裂的能力。根据《建设用砂》(GB/T 14684—2011)规定,天然砂采用硫酸钠溶液进行浸泡、烘干试验,砂样经 5 次循环后其质量损失应符合表 4.5 规定。机制砂的坚固性除满足天然砂要求外,还要采用压碎指标法进行试验,压碎指标值应符合表 4.5 的规定。

表 4.5 砂的坚固性指标

项 目		指 标		
		Ⅰ类	Ⅱ类	Ⅲ类
天然砂	在硫酸钠饱和溶液中经 5 次循环浸渍后,其质量损失/%,≤	8	8	10
机制砂	单级最大压碎指标/%,≤	20	25	30

(5)表观密度、堆积密度、空隙率

砂表观密度、堆积密度、空隙率应符合如下规定:表观密度不小于 2 500 kg/m³,松散堆积密度不小于 1 400 kg/m³,空隙率不大于 44%。

砂的表观密度与矿物成分有关,但变动范围不大,约为 2 600~2 700 kg/m³。砂的堆积密度与砂子堆积的松紧程度有关,一般松散状态下的堆积密度约为 1 400~1 650 kg/m³,而在捣实状态下的堆积密度为 1 600~1 700 kg/m³。砂子空隙率大小与砂子颗粒形状、颗粒级配有关,普通混凝土用砂的空隙率一般为 40%~45%,级配好的可减少至 35%~37%左右。

(6)碱骨料反应

指水泥、外加剂等混凝土组成物及环境中的碱与骨料中活性矿物在潮湿环境下缓慢发生并导致混凝土开裂破坏的膨胀反应。经碱骨料反应试验后,由砂制备的试件应无裂缝、酥裂、胶体外流等现象,在规定的试验龄期,膨胀率应小于 0.10%。

(7)砂的含水状态

砂有四种含水状态,如图 4.3 所示。

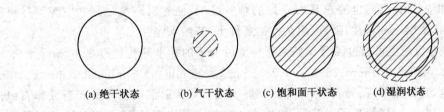

(a)绝干状态　(b)气干状态　(c)饱和面干状态　(d)湿润状态

图 4.3　骨料含水状态示意图

①绝干状态。砂粒内外不含自由水,通常在(105±5)℃条件下烘干而得。

②气干状态。砂粒表面干燥,内部孔隙中部分含水,通常指在室内或室外(天晴)与空气湿度、温度达平衡时的含水率。

③饱和面干状态。砂粒表面干燥,内部孔隙全部吸水饱和。

④湿润状态。砂粒内部吸水饱和,表面还含有部分表面水,雨后常出现此种情况。

在进行混凝土施工配合比设计时,要扣除砂中的含水率。同样,计算水用量时,要扣除砂中带入的水量。

4.2.3 粗骨料

粒径大于 4.75 mm 的岩石颗粒，分为卵石和碎石两大类。卵石是由自然风化、水流搬运和分选、堆积形成的。碎石由天然岩石、卵石或矿山废石经机械破碎、筛分制成。碎石表面比卵石粗糙，且多棱角，因此，拌制的混凝土拌和物流动性较差，但与水泥黏结强度较高。配合比相同时，混凝土强度相对较高。高强混凝土一般用碎石。卵石表面较光滑，少棱角，因此，拌和物的流动性较好，但黏结性能较差，强度相对较低。对于强度等级不高的混凝土，若保持流动性相同，由于卵石混凝土可比碎石混凝土适量少用水，因此，卵石混凝土强度不一定低。

依据《建设用卵石、碎石》(GB/T 14685—2011)规定，按技术要求将粗骨料分为Ⅰ类、Ⅱ类、Ⅲ类。Ⅰ类宜用于强度等级大于 C60 的混凝土；Ⅱ类宜用于强度等级 C30～C60 及抗冻、抗渗或其他要求的混凝土；Ⅲ类宜用于强度等级小于 C30 混凝土。

粗骨料的主要技术指标有：

(1)粗骨料最大粒径

粗骨料公称粒径的上限为最大粒径。从水泥用量方面考虑，粗骨料级配良好，最大粒径越大，骨料总表面积越小，用来填充和包裹的水泥浆可以减小，但粒径超过 60 mm 已不太明显。从强度方面考虑，当最大粒径不超过 40 mm 时，随最大粒径增加，混凝土拌和物流动性可以增大，达到设计和易性时，可降低水用量，混凝土强度可以提高。但当最大粒径超过 40 mm 时，由于混凝土的不均匀性及粗骨料与水泥砂浆黏结面较小，强度反而难以提高。因此，高强混凝土的粒径较小。同时，最大粒径的选择还需考虑结构物的构件断面，钢筋净距及施工机械。

根据混凝土结构施工有关规定，粗骨料最大粒径不得超过结构断面最小边长的 1/4，同时，不得超过钢筋间最小净距的 3/4；对于混凝土实心板，粗骨料最大粒径不宜大于 1/3 板厚，但最大粒径不得超过 40 mm。

对于泵送混凝土，粗骨料最大粒径不宜超过 40 mm；泵送高度超过 50 mm 时，碎石最大粒径不宜超过 25 mm；卵石最大粒径不宜超过 30 mm，骨料最大粒径与输送管内径之比，碎石不宜大于混凝土输送管内径的 1/3；卵石不宜大于混凝土输送管内径的 2/5。

(2)粗骨料的颗粒级配

粗骨料和细骨料一样，也要求具有良好的颗粒级配，使骨料颗粒之间的空隙率尽可能的小，可以在保证混凝土和易性、强度、耐久性的条件下，节约水泥。

石子的颗粒级配也可通过筛分试验来做检验。石子的标准筛孔径有 2.36 mm、4.75 mm、9.50 mm、16.0 mm、19.0 mm、26.5 mm、31.5 mm、37.5 mm、53.0 mm、63.0 mm、75.0 mm、90 mm。根据《建设用卵石、碎石》(GB/T 14685—2011)，普通混凝土用的碎石或卵石级配应符合表 4.6 的要求，试样筛分所需筛号，也按表 4.6 规定的级配选用，累计筛余率计算方法均与砂相同。

(3)含泥量和泥块含量

含泥量指卵石、碎石中粒径小于 0.075 mm 的颗粒含量。泥块含量指卵石、碎石中原粒径大于 4.75 mm，经水浸泡，手捏后小于 2.36 mm 的颗粒含量，对混凝土性能的危害作用与砂相似，故对其含量有限制，含量应符合表 4.7 的规定。

(4)有害物质

卵石和碎石中不应混有草根、树叶、树枝、塑料、煤块、炉渣等杂物。其有害物质主要有有机物，硫化物及硫酸盐，对混凝土的危害与砂相似，其含量应符合表 4.7 的规定。

（5）针、片状颗粒含量

表 4.6 碎石或卵石的颗粒级配范围

公称粒级 /mm		累计筛余/%											
		方孔筛尺寸/mm											
		2.36	4.75	9.50	16.0	19.0	26.5	31.5	37.5	53.0	63.0	75.0	90.0
连续粒级	5～16	95～100	85～100	30～60	0～10	0							
	5～20	95～100	90～100	40～80	—	0～10	0						
	5～25	95～100	90～100	—	30～70	—	0～5	0					
	5～31.5	95～100	90～100	70～90	—	15～45	—	0～5	0				
	5～40	—	95～100	70～90	—	30～65	—	—	0～5	0			
单粒粒级	5～10	95～100	80～100	0～15	0								
	10～16		95～100	80～100	0～15								
	10～20		95～100	85～100	—	0～15	0						
	16～25			95～100	55～70	25～40	0～10						
	16～31.5		95～100		85～100			0～10	0				
	20～40			95～100		80～100		0～10	0				
	40～80				95～100			70～100		30～60	0～10	0	

卵石和碎石颗粒的长度大于该颗粒所属相应粒级平均粒径 2.4 倍者为针状颗粒；厚度小于平均粒径 0.4 倍者为片状颗粒（平均粒径指该粒级上、下限粒径的平均值）。这些颗粒与接近立方体或球体的粒径相比，影响混凝土拌和物的和易性，且由于应力集中的程度较高，混凝土强度低，因此，其含量应符合表 4.7 的规定。

表 4.7 石子中泥、有害物质、针片状颗粒含量

项 目	指 标		
	Ⅰ类	Ⅱ类	Ⅲ类
含泥量（按质量计）/%	≤0.5	≤1.0	≤1.5
泥块含量（按质量计）/%	0	≤0.2	≤0.5
有机物	合格	合格	合格
硫化物及硫酸盐（按 SO₃ 质量计）/%	≤0.5	≤1.0	≤1.0
针、片状颗粒含量（按质量计）/%	≤5	≤10	≤15

（6）坚固性

坚固性指卵石、碎石在自然风化和其他外界物理、化学因素作用下抵抗破裂的能力。采用硫酸钠溶液法进行试验，卵石和碎石经 5 次循环后，其质量损失应符合以下规定：Ⅰ类石子的质量损失应不大于 5%，Ⅱ类石子的质量损失应不大于 8%，Ⅲ类石子的质量损失应不大于 12%。

（7）强度

卵石、碎石的强度一般用压碎指标来反映，对于碎石也可以测定岩石的抗压强度来反映。压碎指标是将 9.5～19 mm 的石子 3 kg（G_1）装入压碎值测定仪的圆模中，施加 200 kN 的荷

载,卸载后用孔径 2.36 mm 的筛子筛除被压碎的细粒,称量筛余量(G_2),压碎指标 ϕ_e 按式(4.2)计算:

$$\phi_e = \frac{G_1 - G_2}{G_1} \times 100 \tag{4.2}$$

压碎指标愈高,表示石子抵抗碎裂的能力愈软弱,压碎指标值应小于表 4.8 的规定。对于碎石,也可用母岩制成 50 mm×50 mm×50 mm 的立方体试件,在水中浸泡 48h 后测试件抗压强度作为岩石抗压强度来评价碎石抗压强度。其中火成岩抗压强度不小于 80 MPa,变质岩应不小于 60 MPa,水成岩应不小于 30 MPa。

表 4.8　压碎指标

项　目	指　标		
	Ⅰ类	Ⅱ类	Ⅲ类
碎石压碎指标/%,　<	10	20	30
卵石压碎指标/%,　<	12	14	16

(8)表观密度、堆积密度、空隙率

表观密度、堆积密度、空隙率应符合如下规定:表观密度不小于 2 600 kg/m³,连续级配松散堆积空隙率:Ⅰ类不大于 43%,Ⅱ类不大于 45%;Ⅲ类不大于 47%。

(9)吸水率

吸水率应符合以下规定:Ⅰ类石子不大于 1.0%,Ⅱ、Ⅲ类石子不大于 2.0%。

(10)碱骨料反应

经碱骨料反应试验后,由卵石、碎石制备的试件应无裂缝、酥裂、胶体外溢等现象。在规定的试验龄期的膨胀率小于 0.1%。

4.2.4　水

用来拌制和养护混凝土的水,不应含有能够影响水泥正常凝结与硬化的有害杂质、油脂和糖类等。符合现行国家标准《生活饮用水卫生标准》(GB 5749—2006)要求的饮用水,可不经检验直接作为混凝土用水。采用其他水时,应该进行水质分析,并符合《混凝土用水标准》(JGJ 63—2006)的要求。海水中含有硫酸盐、镁盐和氯化物,对硬化水泥石有腐蚀作用,并且会锈蚀钢筋,故海水只可拌制素混凝土,且不宜拌制有饰面要求的素混凝土,更不得拌制钢筋混凝土和预应力钢筋混凝土。

4.2.5　混凝土化学外加剂

(1)化学外加剂概述

①混凝土外加剂发展情况

1930 年,美国研制出以松香树脂为原料的引气剂;1950 年,木质素磺酸盐系列即普通减水剂在国外出现;1960 年,日本研制成功萘磺酸甲醛缩合物的高效减水剂,德国研制成功蜜胺磺酸甲醛缩合物高效减水剂;1980～1990 年,又开发了高性能外加剂,如氨基磺酸盐高效减水剂、聚羧酸系高效减水剂等(包括烯烃—马来酸共聚物和聚丙烯酸多元聚合物)。

②混凝土外加剂分类

混凝土外加剂按其主要功能分为四类:改善混凝土拌和物流变性能的外加剂;调节混凝土

凝结时间、硬化性能的外加剂;改善混凝土耐久性的外加剂;改善混凝土其他性能的外加剂。

混凝土外加剂按化学成分分为有机外加剂、无机外加剂和有机无机复合外加剂。

混凝土外加剂按使用效果分为减水剂、调凝剂(缓凝剂、早强剂、速凝剂)、引气剂、加气剂、防水剂、阻锈剂、膨胀剂、防冻剂、着色剂、泵送剂以及复合外加剂(如早强减水剂、缓凝减水剂、缓凝高效减水剂等)。

混凝土化学外加剂主要是表面活性剂,表面活性剂是能显著改变(一般为降低)液体表面张力或两相间界面张力的物质,其分子结构由极性基团(亲水基团)和非极性基团(憎水基团)组成(图 4.4)。分为离子型表面活性剂和非离子型表面活性剂,其中离子型表面活性剂又分为阴离子型表面活性剂、阳离子型表面活性剂、两性表面活性剂。

(2)常用混凝土外加剂定义

普通减水剂。在混凝土坍落度基本相同的条件下,能减少拌和用水量的外加剂。

高效减水剂。在混凝土坍落度基本相同的条件下,能大幅度减少拌和用水量的外加剂。

图 4.4　表面活性剂
分子结构示意图

缓凝剂。可延长混凝土凝结时间的外加剂。

早强剂。可加速混凝土早期强度发展的外加剂。

引气剂。在搅拌混凝土过程中能引入大量均匀分布稳定而封闭的微小气泡的外加剂。

早强减水剂。兼有早强和减水功能的外加剂

缓凝减水剂。兼有缓凝和减水功能的外加剂。

缓凝高效减水剂。兼有缓凝和大幅度减少拌和用水量的外加剂。

引气减水剂。兼有引气和减水功能的外加剂。

(3)化学外加剂的品种及主要功能

①减水剂

a. 减水剂品种及作用机理。依据化学成分的不同,目前常用的普通减水剂主要有:木质素磺酸盐系减水剂、羟基羧酸系减水剂、糖蜜类减水剂和腐殖酸类减水剂等。其中,羟基羧酸盐系和糖蜜类减水剂由于具有强烈的缓凝作用,主要用作混凝土的缓凝剂;高效减水剂主要有:萘系(β—萘磺酸盐甲醛缩合物)减水剂、甲基萘系减水剂、蒽系减水剂、古马隆系减水剂、三聚氰胺系减水剂、多羧酸系减水剂、氨基磺酸盐系减水剂等。其中萘系、甲基萘系、蒽系、古马隆系减水剂主要生产原料来自于煤焦油,又称为煤焦油系减水剂。而多羧酸系高效减水剂是近年来为高性能混凝土发展开发的新一代高效减水剂,其作用机理主要建立在空间位阻理论上,可有效克服混凝土坍落度损失问题,故又称之为高性能减水剂。

目前,混凝土减水剂以萘系列高效减水剂及其复合产品为主,但聚羧酸盐减水剂、氨基磺酸盐—磺化三聚氰胺甲醛树脂减水剂、脂肪族减水剂及改性木质素磺酸盐减水剂是新型减水剂的发展方向,可望在将来部分或全部取代萘系产品。

减水剂的主要成分是表面活性剂,其对水泥的作用主要是表面活性作用,本身不与水泥发生化学反应。减水剂在水泥混凝土中的作用包括:吸附分散作用、湿润作用、润滑作用等。

ⓐ吸附分散作用

水泥在加水搅拌及凝结硬化过程中,由于水泥矿物的水化产物所带电荷不同产生异性电荷相吸及溶液中水泥颗粒的热运动在某些边棱角处互相碰撞产生相互吸引,使水泥浆产生絮凝,导致新拌混凝土和易性变差。在混凝土中掺用减水剂后,减水剂的疏水基团定向吸附于水泥质点表面,亲水基团指向水溶液组成单分子或多分子吸附膜。由于表面活性剂的定向吸附,水泥颗粒固—液界面的自由能降低,这有利于提高水泥浆的分散性,同时水泥质点表面带上相同符号的电荷,在电性斥力作用下,水泥—水体系处于相对稳定的悬浮状态,从而使水泥在加水初期所形成的絮凝状结构解体,絮凝体内的游离水被释放出来,从而达到减水,提高工作性的目的,如图4.5所示。

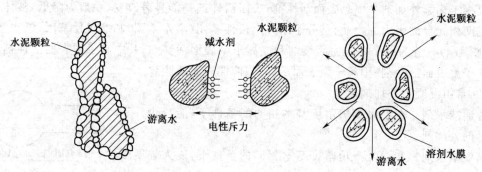

图4.5   水泥浆的絮凝结构和减水剂作用示意图

ⓑ润湿作用

掺入使整个体系界面张力降低的表面活性剂,不但能使水泥颗粒有效的分散,而且由于湿润作用加强,拌和物工作性提高,且能使水泥颗粒水化面积增大,影响水泥水化速度及强度。同时,减水剂在一定时间内能增加水向水泥管中的渗透作用,对润湿及水化也有影响。

ⓒ润滑作用

减水剂离解后的极性亲水基团定向吸附于水泥颗粒表面,很容易和水分子以氢键形式缔合。这种氢键缔合作用的作用力远大于该分子与水泥颗粒间的分子引力,当水泥颗粒吸附足够的减水剂后,借助于极性亲水基因与水分子中氢键的缔合作用,再加上水分子间的氢键缔合,使水泥颗粒间形成一层稳定的溶剂化水膜,阻止了水泥颗粒的直接接触,并在颗粒间起润滑作用。另一方面,掺入减水剂后,将引入一定量的细微气泡,它们被减水剂定向吸附的分子膜包围,并与水泥颗粒间的电性斥力使得水泥颗粒分散,从而增加了水泥颗粒间的滑动能力,如同滚珠轴承一样。

另外,在水泥基材料中掺入减水剂特别是高效减水剂后,由于大幅度减少了用水量,从而改善了水泥石孔结构,使孔结构中小孔增多,大孔减少,总孔隙率下降,平均孔径减小,有利于水泥石强度的提高,并直接影响着混凝土的长期性能、耐久性和抗化学腐蚀能力。

b. 减水剂主要成分、推荐掺量见表4.9。

表4.9   各种减水剂的主要成分和推荐掺量

减水剂类型	主要成分	一般掺量(质量分数)/%
普通减水剂	木质素磺酸盐(M剂)	0.2~0.3
高效减水剂	萘系减水剂	0.5~1.0
	三聚氰胺系减水剂	0.5~1.0
	氨基磺酸盐系减水剂	0.3~1.0
	聚羧酸系减水剂	1.0左右
引气减水剂	烷基磺酸钠	0.005~0.01

续上表

减水剂类型	主要成分	一般掺量（质量分数）/%
缓凝减水剂	高掺量木质素系减水剂	0.30～0.50
	糖蜜系减水剂	0.10～0.30
早强减水剂	普通减水剂复合硫酸钠	0.15左右减水剂＋1.5左右硫酸钠
	高效减水剂复合硫酸钠	0.5左右减水剂＋1.5左右硫酸钠

c. 减水剂的主要功能和适用范围见表4.10。

表 4.10　减水剂的主要功能和使用范围

减水剂类型	主要功能	适用范围
普通减水剂	1. 在混凝土和易性及强度不变的条件下，可节约水泥5%～10% 2. 在保证混凝土工作性及水泥用量不变的条件下可减少用水量10%左右 3. 在保持混凝土用水量和水泥用量不变的条件下，可增大混凝土的流动性	1. 用于最低气温＋5℃以上的混凝土施工 2. 各种预制及现浇混凝土、钢筋混凝土和预应力混凝土 3. 大模板施工、滑模施工、大体积混凝土、泵送混凝土及商品混凝土
高效减水剂	1. 保证混凝土工作性及水泥用量不变时，减水15%左右，混凝土强度提高20%左右 2. 保持混凝土用水量和水泥用量不变时，可大幅度提高混凝土流动性 3. 可节约水泥10%～20%	1. 用于最低气温0℃以上的混凝土施工 2. 高强混凝土、大流动性混凝土、早强混凝土、蒸养混凝土、高性能混凝土
引气减水剂	1. 提高混凝土抗冻性和抗渗性 2. 提高混凝土和易性，减少离析和泌水 3. 具有减水剂基本功能	1. 抗冻混凝土、防水混凝土 2. 抗盐类破坏和耐碱混凝土 3. 泵送混凝土、流态混凝土和普通混凝土
早强减水剂	1. 提高混凝土的早期强度 2. 缩短混凝土的蒸养时间 3. 具有减水剂的基本功能	1. 用于气温−5℃以上及有抗冻和早强要求的混凝土 2. 用于常温和低温下有早强要求的混凝土
缓凝减水剂	1. 延缓混凝土的凝结时间 2. 降低水泥初期水化热 3. 具有减水剂的基本功能	1. 大体积混凝土 2. 夏季和炎热地区的混凝土施工 3. 有缓凝要求的混凝土，如商品混凝土、泵送混凝土和滑模施工 4. 用于最低温5℃以上的混凝土

②引气剂

a. 品种及作用机理。引气剂属于表面活性剂的范畴，根据其水溶液电离性质可分为阴离子、非离子、阳离子和两性离子四类。按组成又可分为以下几种类型：松香及其热聚物类；非离子型表面活性剂（主要成分是烷基酚环氧乙烷缩合物）；烷基磺酸盐及烷基苯磺酸盐类引气剂；皂角类引气剂；还有普通引气减水剂（主要有木钙、木钠以及糖钙类减水剂）；高效引气减水剂（主要有改性木质素磺酸盐及其衍生物；改性萘磺酸盐甲醛缩合物、烷基苯磺酸盐及烷基萘磺酸盐；羧酸盐及聚羧酸盐）；徐放型高分子表面活性剂等。

引气剂有界面活化作用及引气作用。引气剂的界面活化作用指引气剂在水中被界面吸附,形成憎水化吸附层,降低界面能,使界面性质显著改变,尤其是能够吸附在混凝土拌和物在搅拌的过程中产生的无数微细气泡的表面,形成稳定的吸附膜,使气泡成为溶胶性气泡,彼此独立、均匀的分布于混凝土拌和物中而不易破灭。

b. 常用引气剂类别及其性能指标见表 4.11。

表 4.11 混凝土常见引气剂的掺量和引气量

类别	掺量(占水泥质量百分数)/%	引气量/%
松香热聚物及松香皂	0.003~0.02	3~7
Op 乳化剂	0.012~0.07	3~6
脂肪醇硫酸钠	0.005~0.02	2~5
烷基苯磺酸钠	0.005~0.02	2~7
皂角粉	0.005~0.02	1.5~4

c. 引气混凝土含气量推荐值见表 4.12。

表 4.12 引气混凝土含气量推荐值

骨料最大粒径/mm	15	20	25	40	50	80	100
美国 ACI 混凝土含气量/%	7	6	5	4.5	4	3.5	3
美国垦务局混凝土含气量/%	—	5±1	4.5±1	4±1	4±1	3.5±1	3±1
日本土木学会混凝土含气量/%	6	5	4.5		3.5	3	—
中国铁路混凝土含气量/%			5±1	4±1		3.5±1	3±1
中国港工混凝土含气量/%	—	5.5		4.5		3.5	—

d. 引气剂对混凝土性能影响。引气剂能显著改善混凝土拌和物黏聚性、保水性,如泌水率可减水 15%~50%,流动性稍有增加。引气剂也能提高寒冷、严寒地区混凝土耐久性,如抗冻性可提高 1~8 倍,对干缩影响不大,抗中性化程度降低。

③早强剂

早强剂是加速混凝土早期强度发展的外加剂。早强剂能促使水泥的水化与硬化,缩短混凝土养护周期,加快施工速度,提高模板和场地周转率,早强剂可用于蒸养混凝土及常温、低温和变温(最低气温不低于 −5 ℃)条件下施工的有早强或防冻要求的混凝土工程。早强剂的主要种类有:无机物类(氯盐类、硫酸盐类、碳酸盐类等);有机物类(有机胺类、羧酸盐类);矿物类(天然矿物如明矾石、合成矿物如氟铝酸钙、无水硫铝酸钙等),但越来越多的是使用由它们组成的复合早强剂。

a. 氯盐类早强剂

常用氯盐类早强剂主要有:氯化钙、氯化钠、氯化钾、氯化铝及三氯化铁等。

氯盐的掺入能增加水泥矿物的溶解度,加速水泥矿物的水化速度。从而提高水泥石早期强度。氯盐类早强剂的掺入使混凝土中氯离子浓度增加,使钢筋与氯离子之间产生较大的电极极化,这就易使混凝土中钢筋锈蚀,故施工中必需严格控制掺量。为防止氯盐对钢筋锈蚀,一般氯盐与阻锈剂(如亚硝酸钠)复合使用,因为阻锈剂能在钢筋表面形成一层保护性氧化膜,从而抑制钢筋的锈蚀。

b. 硫酸盐类早强剂

硫酸盐类早强剂主要有硫酸钠(即元明粉,俗称芒硝)、硫代硫酸钠(即海波)、硫酸钙(即石膏)、硫酸铝及硫酸钾铝(即明矾)等。硫酸盐类早强剂加入后能与水泥水化产物氢氧化钙、水化铝酸钙反应,生成水化硫铝酸钙,形成早期骨架等,同时又促进 C_3S 的水化。因此,有利于提高早期强度。

硫酸钠掺量太多,会导致混凝土产生后期膨胀、开裂破坏。同时,混凝土表面易产生“白霜”影响其外观和表面粘贴层,故对其掺量必须控制。此外,硫酸钠的掺入会提高混凝土中碱含量,当混凝土中含有活性骨料时,就会加速碱骨料反应。因此,硫酸钠不得用于含有活性骨料的混凝土。

c. 有机胺类早强剂

常用有机胺类早强剂主要有:三乙醇胺(简称 TEA)、三异丙醇胺(简称 TP)、二乙醇胺等。

三乙醇胺在水泥水化的碱性溶液中能与 Fe^{3+} 和 Al^{3+} 等离子形成比较稳定的络离子,这种络离子与水泥水化物作用生成溶解度很小的络盐。因此,三乙醇胺对水泥水化有较好的催化作用。同时,随着体系中固相析出量的增加,水泥混凝土的早期强度提高。

在工程中三乙醇胺一般不单掺作早强剂,通常将其与其他早强剂复合使用效果会更好。三乙醇胺对混凝土有缓凝作用,故必须严格控制其掺量,不能超量使用,掺量过多时会造成缓凝和混凝土强度下降。当掺量大于 0.1% 时,会使混凝土强度显著下降。

以上三类常用早强剂在实际混凝土工程中应用时,其掺量应符合表 4.13 规定。

表 4.13　早强剂掺量

混凝土种类及使用条件		早强剂品种	掺量(水泥质量百分数)/%
预应力混凝土		硫酸钠	1
		三乙醇胺	0.05
钢筋混凝土	干燥环境	氯盐	1
		硫酸钠	2
		硫酸钠与缓凝减水剂复合使用	3
		三乙醇胺	0.05
	潮湿环境	硫酸钠	1.5
		三乙醇胺	0.05
有饰面要求的混凝土		硫酸钠	1
无筋混凝土		氯盐	3

d. 复合早强剂

实践证明,采用两种或两种以上的早强剂复合即可发挥各自的特点,又可弥补不足,早强效果往往大于单掺使用,有时甚至能超过各组分单掺时的早强效果之和,为此通常将三乙醇胺、硫酸钠、氯化钠、石膏等组成三元或四元的复合早强剂。

④缓凝剂

采用缓凝剂可在较长时间内保持新拌混凝土的塑性,保证各种施工操作的正常进行并延缓水泥水化热的放出。对于商品混凝土、预拌混凝土、夏季混凝土施工、大体积混凝土施工和减少泵送混凝土坍落度损失等方面具有重要意义。

按照化学成分,缓凝剂可分为有机缓凝剂和无机缓凝剂两类。常用的有机缓凝剂包括:木质素磺酸盐及其衍生物、羟基羧酸及其盐(如酒石酸、酒石酸钠钾、柠檬酸等)、多元酸及其衍生物和糖类等碳水化合物。其中多数有机缓凝剂通常具有亲水性活性基团,因此兼具减水作用,又称为缓凝减水剂。无机缓凝剂包括硼砂、氯化锌、碳酸锌、铁、铜、锌的硫酸盐,磷酸盐和偏磷酸盐等。

有机缓凝剂具有表面活性作用,能在水泥颗粒的固液界面吸附,改变水泥颗粒表面的亲水性,形成一层可抑制水泥水化的缓凝剂膜层,从而导致混凝土凝结时间的延长;无机缓凝剂主要是在水泥颗粒表面形成一层不溶性的薄层,阻止了水泥颗粒与水的接触,因而延缓了水泥的水化起到缓凝作用。

常用的缓凝剂掺量为:糖蜜类掺量 $0.1\%\sim0.3\%$;木质素磺酸盐 $0.2\%\sim0.3\%$;羟基羧酸及其盐类 $0.01\%\sim0.1\%$;无机缓凝剂 $0.1\%\sim0.2\%$。

4.2.6 混凝土矿物掺合料(外加剂)

(1)作用机理

由于掺用矿物外加剂,使水泥基材在水化前就有了密实的堆积。水化时及水化后,矿物外加剂中的活性组分,与水泥水化生成的 $Ca(OH)_2$ 反应,生成水化硅酸钙、水化铝酸钙、水化硫铝酸钙等,从而改变了水泥石及水泥石与骨料界面的结构,孔隙率降低,界面层厚度变薄,$Ca(OH)_2$ 取向指数降低。试验证明,掺用矿物外加剂的混凝土不仅总孔隙率较低,且无害孔和少害孔之比例增大[混凝土中的孔可分为无害孔($d<20$ nm)、少害孔($d=20\sim50$ nm)、有害孔($d=50\sim200$ nm)和多害孔($d>200$ nm)]。因而,掺用矿物外加剂混凝土的后期具有比一般混凝土更高的强度,更为优异的耐久性及长期性能。

(2)矿物外加剂的品种

当前广泛使用的矿物外加剂有磨细矿渣(S)、粉煤灰(F)、磨细天然沸石(Z)、硅灰(SF)等。复合矿物外加剂是指这些矿物外加剂的复合物。

$1970\sim1980$ 年,粉煤灰作为掺合料用于新拌混凝土,其主要作用效果是改善泵送混凝土的流变性,降低混凝土成本。

$1980\sim1990$ 年,硅灰作为矿物外加剂配制高强、超高强混凝土,掺量为水泥的 $5\%\sim15\%$。随后,磨细矿渣作为矿物外加剂等量替代水泥 $20\%\sim60\%$,用来配制高强、超高强、大流动度耐久混凝土。

①磨细矿渣

粒化高炉矿渣磨细后的细粉称为磨细矿渣。粒化高炉矿渣由熔化的矿渣在高温状态迅速水淬而成。经水淬急冷后的矿渣,其中玻璃体的含量较多,结构处在高能量状态不稳定,潜在的活性大,但需磨细才能使潜在活性发挥出来。矿渣水泥生产过程中由于矿渣较硬,细度不够,所以矿渣水泥早期强度偏低,粉磨矿渣是提高其活性极为有效的技术措施。高炉矿渣的主要成分为 SiO_2、CaO、Al_2O_3。一般情况下,这三种氧化物含量约 90%。此外,还含有少量 MgO、Fe_2O_3、Na_2O、K_2O 等。

我国国家标准 GB/T 51003—2014《矿物掺合料应用技术规范》中对粒化高炉矿渣粉规定了一系列技术要求,见表 4.14。

磨细矿渣可用于配制新型矿渣硅酸盐水泥,即由矿渣与熟料分别粉磨后配制而成。据国外报道掺入细度达 450 m²/kg 的磨细矿渣,3 d、7 d、28 d 抗压强度均高于不掺混和材料的纯硅酸盐水泥。

表 4.14 粒化高炉矿渣粉的技术要求

项 目		技术指标		
		级别		
		S105	S95	S75
密度/(g·cm⁻³)		≥2.8		
比表面积/(m²·kg⁻¹)		≥500	≥400	≥300
活性指数(%)	7 d	≥95	≥75	≥55
	28 d	≥105	≥95	≥75
流动度比/%		≥95		
含水量/%		≤1.0		
三氧化硫/%		≤4.0		
氯离子含量/%		≤0.06		
烧失量/%		≤3.0		
玻璃体含量/%		≥85		

磨细矿渣作为混凝土活性矿物掺合料并等量取代水泥所配制的磨细矿渣混凝土,经过大量的试验研究,发现它对混凝土性能的改进和提高具有显著作用。有关磨细矿渣混凝土的性能特征简介如下:

a. 凝结时间。磨细矿渣对混凝土的初、终凝时间比普通混凝土有所延缓,但幅度不大。

b. 流动性。在掺用同样减水剂和同样的混凝土配合比的情况下,磨细矿渣混凝土的坍落度得到提高,且坍落度经时损失也得到缓解。流动度改善是由于磨细矿渣的存在,延缓了水泥水化初期水化产物的相互搭接。还由于 C_3A 矿物含量的降低使得与减水剂有更好的相容性,而且达到一定细度的磨细矿渣也具有一定的减水作用。

c. 泌水性。磨细矿渣混凝土具有良好的黏聚性,因而显著改善了混凝土的泌水性。

d. 强度。在相同的混凝土强度等级与自然养护的条件下,磨细矿渣混凝土的早期强度比普通混凝土略低,但 28 d 及以后的强度增长显著多于普通混凝土。

e. 耐久性。由于磨细矿渣混凝土的浆体结构比较致密,且磨细矿渣能吸收水泥水化生成的氢氧化钙晶体而改善了混凝土的结构。因此,磨细矿渣混凝土的抗渗性明显优于普通混凝土。由于磨细矿渣混凝土具有较强吸附氯离子的作用,因此能有效阻止氯离子扩散进入混凝土,提高了混凝土抗氯离子渗透能力,使磨细矿渣混凝土在氯离子环境中具有较高的护筋性。混凝土的耐硫酸盐侵蚀性主要取决于混凝土的抗渗性和水泥中铝酸盐含量和碱度,磨细矿渣混凝土中铝酸盐和碱度均较低,且又具有高抗渗性,因此,磨细矿渣混凝土抗硫酸盐侵蚀性得到改善。由于磨细矿渣混凝土的密实性得到改善,故它的抗冻性也优于普通混凝土。磨细矿渣混凝土的碱度降低,对预防和抑制碱—骨料反应也是十分有利的。

②粉煤灰

粉煤灰又称飞灰,是一种颗粒非常细,以致能在空气中流动并被除尘设备收集的粉状物质。通常所指的粉煤灰是指燃煤电厂中磨细煤粉在锅炉中燃烧后从烟道排出,被收尘器收集的物质。粉煤灰成灰褐色,多为酸性,原状灰比表面积为 $250\sim270$ m²/kg,颗粒尺寸从几百微米到几微米,多为球状颗粒,主要成分为 SiO_2、Al_2O_3、Fe_2O_3,有些时候还会有比较高的 CaO。粉煤灰是一种典型的非匀质性物质,含有未燃烧的碳、未发生变化的矿物(如石英等)和碎片等,通常大于 5% 的颗粒是颗粒粒径小于 10 μm 的球状铝硅颗粒。我国国家标准 GB/T 51003—2014《矿物掺合料应用技术规范》中对粉煤灰和磨细粉煤灰规定了一系列技术要求,见表 4.15。

表 4.15 粉煤灰和磨细粉煤灰的技术要求

项 目		技 术 指 标			
		F 类粉煤灰		磨细粉煤灰	
		级 别			
		Ⅰ	Ⅱ	Ⅲ	Ⅳ
细度	45 μm 方孔筛筛余/%	≤12.0	≤25.0	—	—
	比表面积/(m²·kg⁻¹)	—	—	≥600	≥400
需水量比/%		≤95	≤105	≤95	≤105
烧失量/%		≤5.0	≤8.0	≤5.0	≤8.0
含水量/%		≤1.0			
三氧化硫/%		≤3.0			
游离氧化钙/%		≤1.0			
氯离子含量/%		≤0.02			

注:F 类粉煤灰——由无烟煤或烟煤燃烧收集的粉煤灰;C 类粉煤灰——氧化钙含量一般大于 10%,由褐煤或次烟煤燃烧收集的粉煤灰。

C 类粉煤灰除符合表 4.15F 类粉煤灰的规定外,尚应满足以下要求:①游离氧化钙不大于 4%;②安定性:应采用标准法,沸煮后雷氏夹增加距离不大于 5 mm。

粉煤灰主要可用作水泥混合材及混凝土掺合料,粉煤灰混凝土具有如下特点:

a. 新拌混凝土。Ⅰ级粉煤灰可减少混凝土需水量,改善混凝土的泵送性能,提高混凝土流动性和塑性。粉煤灰可减少混凝土泌水和离析,减少坍落度损失,延长混凝土凝结时间。

b. 粉煤灰混凝土的养护。一般认为,相对于普通混凝土养护温度的提高更有利于粉煤灰混凝土的性能。因此,适当提高混凝土的养护温度有利于粉煤灰混凝土性能的发展。粉煤灰混凝土对养护湿度更为敏感,保持比较高的湿度有利于粉煤灰混凝土性能的发展。

c. 强度。通常随粉煤灰掺量的增加,粉煤灰混凝土强度发展特别是早期强度降低比较明显,90 d 后在掺量比较小的情况下粉煤灰混凝土强度接近普通混凝土,1 年后甚至超过普通混凝土强度。

d. 弹性模量。粉煤灰混凝土的弹性模量与抗压强度也成正比关系。相比普通混凝土,粉煤灰混凝土的弹性模量 28 d 后不低于甚至高于相同抗压强度的普通混凝土,粉煤灰混凝土弹性模量与抗压强度一样,是随龄期的增长而增长,如果由于粉煤灰的减水作用而减少了新拌混凝土的用水量,则这种增长速度是比较明显的。

e. 变形能力。粉煤灰混凝土的徐变特性与普通混凝土没有多大差异。粉煤灰混凝土由于有比较好的工作性,混凝土更为密实。某种程度上具有比较低的徐变。相对而言,由于粉煤灰混凝土早期强度比较低,在加荷初期各种因素影响粉煤灰混凝土徐变的程度可能高于普通混凝土。质量好的粉煤灰的掺加能改善普通混凝土的工作性,在同样的工作性能的情况下,粉煤灰混凝土的收缩会比普通混凝土低;由于粉煤灰的未燃碳多,会吸附水分,因此在同样工作性能的情况下,粉煤灰烧失量越高,粉煤灰混凝土的收缩也越大。当粉煤灰掺量较大时,由于粉煤灰能降低混凝土的水化热,可以减少由于温度应力产生的裂缝。

　　f. 耐久性。已有的研究结果表明,粉煤灰改善了混凝土的孔结构,粉煤灰混凝土抗渗性将提高,养护温度的提高有利于粉煤灰的水化,因此也将提高粉煤灰混凝土的抗渗性。粉煤灰混凝土相对普通混凝土有较好的抗硫酸盐侵蚀的能力。

　　③硅灰

　　在冶炼硅金属时,将高纯度的石英、焦炭投入电弧炉内,在 2 000 ℃高温下,石英被还原成硅,即成为硅金属。约有 10%～15% 的硅化为蒸汽,进入烟道。硅蒸汽在烟道内随气流上升,与空气中的氧结合成为二氧化硅。通过回收硅粉的收尘装置,即可收得粉状的硅灰。

　　硅灰的主要成分是 SiO_2,一般占 90% 左右,绝大部分是无定形的氧化硅。氧化铁、氧化钙、氧化硫等一般不超过 1%,烧失量约为 1.5%～3%。

　　硅灰一般为青灰色或银白色,在电子显微镜下观察,硅灰的形状为非结晶的球形颗粒,表面光滑。硅灰的堆积密度约为 $200～300 \text{ kg/m}^3$,密度为 $2.1～2.3 \text{ g/cm}^3$,因此,硅灰的空隙率在 85% 左右,质量很轻。硅灰很细,用透气法测得的硅灰比表面积为 $3\ 400～4\ 700 \text{ m}^2/\text{kg}$,用氮吸附法测量,一般为 $18\ 000～22\ 000 \text{ m}^2/\text{kg}$。我国国家标准 GB/T 51003—2014《矿物掺合料应用技术规范》中对硅灰规定了一系列技术要求,见表 4.16。

表 4.16　硅灰的技术要求

项　目	技术指标	项　目	技术指标
比表面积/(m² · kg⁻¹)	≥15000	烧失量/%	≤6.0
28 d 活性指数/%	≥85	需水量比/%	≤125
二氧化硅含量/%	≥85	氯离子含量/%	≤0.02
含水率/%	≤3.0		

　　硅灰的用途很多,主要有以下几个方面:

　　a. 配制高强混凝土。在混凝土中掺用硅粉 5%～15%(占水泥用量)。采用常规的施工方法,可配制 C100 级混凝土,由于硅灰为极细的球形颗粒,因而掺入混凝土可明显增加拌和物的黏稠度,防止离析,改善其可泵性。但是,在掺加硅灰的同时必须掺入高效减水剂,否则将导致用水量增大,影响混凝土的物理力学性能。

　　b. 配制抗冲耐磨混凝土。水工混凝土泄水建筑物,由于经常承受高速含砂水流的冲击磨蚀,混凝土表层易遭受损坏,采用硅粉混凝土可以成倍的提高混凝土的抗磨性能。

　　c. 配制抗化学腐蚀混凝土。在海水中的混凝土建筑物,受到 Cl^-、SO_4^{2-} 的侵蚀,常使混凝土脱皮、损坏。在混凝土中掺入硅粉,由于硅粉结构紧密,水化产物充填孔隙,抗渗能力强,Cl^-、SO_4^{2-} 等不易渗入到混凝土中,故能提高混凝土的抗化学侵蚀能力。

　　d. 抑制碱—骨料反应。由于硅灰具有极高的火山灰活性,减少了混凝土中氢氧化钙的含量,消耗了胶体中 OH^-,使 KOH、NaOH 浓度降低,从而抑制了碱—骨料反应。

　　e. 配制喷射混凝土。普通喷射混凝土回弹量较大,在施工时,约有 30%～40% 的混凝土回弹量下来,造成混凝土原材料的很大浪费,又影响施工速度,在混凝土中加入 3%～5% 的硅粉,可使混凝土的回弹量小于10%。

f. 配制泵送混凝土。普通混凝土长距离泵送会造成泌水大,性能变差。在混凝土中掺入少量硅粉,可使拌和物增加黏性,减少泌水,容易泵送。

g. 用于基础灌浆。硅粉还可以按5%～10%的比例用于水泥灌浆中,使浆液稳定性良好,不易分离,不堵管,且能很密实地填充到岩隙中。

4.3　混凝土的技术性质

混凝土首先要通过搅拌、运输、浇注、振捣、抹面等工艺来制作构件或建筑物,因此要有满足施工要求的和易性,以便制成均匀密实的混凝土;其次要保证建筑物能安全地承受荷载,故要求混凝土具有一定强度;同时要保证结构物在所处的环境中经久耐用,所以还要求混凝土有一定耐久性;另外,由各种原因引起的变形也不宜太大。

4.3.1　混凝土拌和物的和易性

(1)和易性的概念

和易性是指在一定施工条件下,便于各种施工操作并能获得均匀、密实的混凝土的一种综合性能,一般用流动性、黏聚性、保水性三方面的含义来描述。

①流动性。是指混凝土拌和物在自重及外力作用流动的性质。必要的流动性能保证混凝土充满模型的各个部分。流动性对于泵送混凝土的运输和浇注也具有重要意义。流动性大小与用水量、水泥浆用量、减水剂等因素有关。

②黏聚性。是反映混凝土拌和物抗离析的性能。混凝土拌和物由密度不同、颗粒大小不一样的多种材料组成,拌和物中还有液体水。因此,如果混凝土黏聚性不好,在施工过程中,骨料有从水泥砂浆中分离出来的倾向,为了保证混凝土的整体均匀性,应从材料选择、配合比设计方面保证拌和物的黏聚性。

③保水性。是指混凝土拌和物保持水分不易析出的能力。泌水是离析的一种形式,混凝土拌和物中的水如果不能很好的吸附在固体颗粒表面,在浇筑捣实过程中就易于形成泌水通道,硬化后成为混凝土的毛细管通道,影响混凝土强度及耐久性。另外,水分的上浮,还会影响硬化混凝土的界面结构及黏结强度。

因此,为了保证混凝土的均匀性,混凝土拌和物要具有满足易于浇注成型的流动性。同时,也要有良好的黏聚性、保水性,保证浇注、振捣时不分层离析。

(2)和易性的测定方法

根据《普通混凝土拌合物性能试验方法标准》GB/T 50080—2016的试验,混凝土拌合物和易性的试验方法,有坍落度及坍落度经时损失法、坍落扩展度及扩展度经时损失法、维勃稠度法等。下面对常用的坍落度法和维勃稠度法做简单介绍。

①坍落度法

坍落度法测定时是将拌和好的混凝土按规定分三层装入坍落度筒,每层经过插捣后再装上面一层,最后抹平后,垂直提起坍落度筒,测量筒高与坍落后混凝土试体最高点之间的高度差,即为该混凝土拌和物的坍落度值,如图4.6所示。黏聚性的检查方法是用捣棒在已坍落的混凝土锥体侧面轻轻敲打,此时,如果锥体逐渐下沉,则表示黏聚性良好,如果锥体倒塌,部分崩裂或出现离析现象,则表示黏聚性不好。保水性以混凝土拌和物稀浆析出程度来评定,坍落度筒提起后如有较多的稀浆从底部析出,锥体部分的混凝土也因失浆而骨料外露,则表明此混凝土拌和物保水性能不好,如坍落度筒提起后无稀浆或仅有少量稀浆自底部析出,则表示此混凝土拌和物保水性良好。

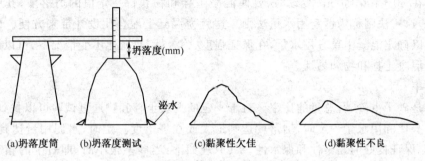

(a)坍落度筒　　(b)坍落度测试　　(c)黏聚性欠佳　　　　(d)黏聚性不良

图 4.6　混凝土拌和物和易性示意图

当混凝土拌和物的坍落度大于 220 mm 时,用钢尺测量混凝土扩展后最终的最大直径和最小直径。在这两个直径之差小于 50 mm 的条件下,用其算术平均值作为坍落扩展度值。

本方法适用于骨料最大粒径不大于 40 mm,坍落度不小于 10 mm 的混凝土拌和物稠度测定。

根据《混凝土质量控制标准》(GB 50164—2011)的规定,按照坍落度值大小将混凝土分为如下五类:

流态混凝土　　　　　　坍落度≥220 mm

大流动性混凝土　　　　坍落度 160~210 mm

流动性混凝土　　　　　坍落度 100~150 mm

塑性混凝土　　　　　　坍落度 50~90 mm

低塑性混凝土　　　　　坍落度 10~40 mm

②维勃稠度法

采用如图 4.7 所示的稠度仪,将坍落度筒置于容器内,将上部的喂料斗扣紧。将拌和均匀的混凝土按坍落度方法分层装入筒内,捣实抹平后提起坍落度筒,把透明圆盘转到混凝土上面,开启振动台和秒表,至透明圆盘底面与混凝土完全接触时的瞬间停下秒表并关闭振动台,由秒表读出的时间(s)即为维勃稠度值。

事实上,维勃稠度是模拟混凝土在捣实过程中所消耗的能量大小来判定其流动性大小的。试验时还应观察振动台上的混凝土,如表面渗出的砂浆层厚度很厚,即表明含砂量过多;如果在中央部分出现石子堆积并在容器周边渗出水泥浆,则表明砂量不足或水泥浆过多。

这一方法特别适用于干硬性混凝土,维勃稠度在 5~30 s 时最为敏感。

(3)影响和易性的因素分析

①水泥浆用量

对于新拌混凝土,水泥浆吸附在骨料表面,可以减少骨料颗粒间摩阻力,使拌和物具有流动性,在一定范围内,水泥浆用量愈多,吸附层愈厚,拌和物流动性愈大,且黏聚

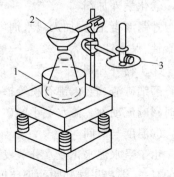

图 4.7　维勃稠度仪
1—容器;2—喂料口;3—透明圆盘

性、保水性也较好。但水泥浆用量太多,超过最大吸附层厚度后就会出现淌浆、泌水现象,且不经济。

水泥浆用量对流动性的影响主要取决于用水量大小。当所用粗、细骨料的种类比例一定,水泥用量在 $50 \sim 100 \ kg/m^3$ 变动时,要使混凝土拌和物获得一定值的坍落度,其所需用水量为一定值,这一法则称为恒定用水量法则。这就为混凝土配合比设计带来方便。即根据所需坍落度可以确定混凝土单方用水量,在保证强度、耐久性,水灰比不变情况下,可以调整水泥浆用量达到混凝土拌和物和易性。

②砂率

砂率是砂子占砂、石总量的比率。对于一定的混凝土拌和物通过试验可以找到合理砂率,使之在水灰比和用水量一定时,坍落度达到最大或在坍落度一定时,水泥用量达到最小值(图4.8),且能保证良好的黏聚性和保水性。其原理如下:当砂率很小时,即石子的相对含量增多时,虽然砂粒之间有足够的水泥浆层,但是,由于砂子少、石子多,砂与水泥浆所组成的砂浆将不够填满石子颗粒之间的空隙,更不能在石子颗粒周围形成起润滑作用的间层,因而,混凝土拌和物的坍落度必然很小。而且,由于砂子少,引起石子的离析和水泥浆的流失,混凝土的黏聚性和保水性也就会显得很差。随着砂率的增大,组成的砂浆将会逐渐增多,以至可以填满石子颗粒之间的空隙而有余,这样富余的砂浆就成为粗骨料颗粒之间的间层。随着这个间层的加厚,坍落度也就会越来越大。当砂率继续增大到某一数值时,坍落度将到一个最大值。此后,砂率如果再增大,骨料的总表面积和空隙率也将随之增大,使得水泥浆量由富余而变为不足,拌和物将显得很干稠,致使坍落度变小,要达到一定坍落度就需增加水泥浆用量。

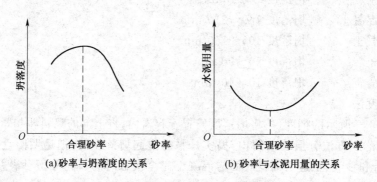

(a)砂率与坍落度的关系　　　(b)砂率与水泥用量的关系

图4.8　砂率与混凝土流动性和水泥用量的关系

③化学外加剂

拌制混凝土时,加入减水剂可以显著增加拌和物的流动性,加入引气剂可以改善拌和物的黏聚性、保水性。

④矿物外加剂

磨细矿渣、硅灰、沸石粉等掺合料在拌制混凝土时加入可以改善混凝土黏聚性、保水性,但同时影响流动性。需水量小的矿渣、粉煤灰可增加拌和物流动性。

⑤温度与时间

由于受水泥水化及水分蒸发速度的影响,提高温度会使混凝土拌和物坍落度减小;随着时间的延长,混凝土拌和物的坍落度也会逐渐降低,特别是在夏季施工时,经过长途运输或者掺用外加剂的混凝土此现象会更加显著。

另外,水泥品种、骨料种类、骨料粒形、级配也影响和易性,具体见相关章节。

（4）坍落度选择

混凝土拌和物的坍落度应根据施工方法（运送和捣实方法）和结构条件（构件截面尺寸、钢筋分布情况等）并参考有关经验资料加以选择。原则上，在便于施工操作和捣固密实的条件下，应尽可能选用较小的坍落度，以节约水泥并得到质量合格的混凝土。

4.3.2　混凝土的强度

混凝土强度是其抵抗外力破坏的能力。混凝土受力破坏过程实际上是内部裂缝发生、扩展以至连通的过程。混凝土的强度包括抗压、抗拉、抗弯、抗剪和握裹强度等。在各种强度中，以抗压强度为最大，抗拉强度为最小，一般抗拉强度只有抗压强度的 1/10～1/20。强度是硬化混凝土最重要的性质，混凝土的其他性能与强度均有密切关系，混凝土的强度也是配合比设计、施工控制和质量检验评定的主要技术指标。

（1）混凝土立方体抗压强度及强度等级

混凝土立方体抗压强度及强度等级按照《普通混凝土力学性能试验方法标准》（GB/T 50081—2002）确定。混凝土立方体抗压强度指按照规定成型立方体试件，在温度为（20±5）℃的环境中静置一昼夜至两昼夜，然后编号、拆模，拆模后应立即放入温度为（20±2）℃，相对湿度为 95％以上的标准养护室中养护或在温度为（20±2）℃不流动的 $Ca(OH)_2$ 饱和溶液中养护，养护 28d 龄期测定的抗压强度值（f_{cc}）。混凝土立方体抗压强度试件尺寸根据粗骨料最大粒径来选定。粗骨料最大粒径为 40 mm 的混凝土一般采用边长为 150 mm 的立方体试件；粗骨料最大粒径小于 40 mm 的混凝土一般采用边长为 100 mm 的立方体试件；粗骨料最大粒径大于 40 mm 的混凝土一般采用边长为 200 mm 的立方体试件。边长为 150 mm 的立方体试件是标准试件，边长为 150 mm 和 200 mm 的立方体是非标准试件，用非标准试件测得的强度值均应乘以尺寸换算系数。当混凝土强度等级小于 C60 时，其值为对 200 mm×200 mm×200 mm 试件为 1.05；对 100 mm×100 mm×100 mm 试件为 0.95。当混凝土等级大于等于 C60 时，宜采用标准试件；使用非标准试件时，尺寸检算系数应由试验确定。

混凝土强度等级按混凝土立方体抗压强度标准值来确定，即具有 95％保证率的标准立方体试件抗压强度（强度保证率是数理统计方法，混凝土强度总体中等于及大于设计强度等级的概率）。混凝土立方体抗压强度标准值与混凝土标准立方体试件抗压强度的关系如式（4.3）所示：

$$f_{cu,k}=f_{cu,m}-t\sigma \tag{4.3}$$

式中　$f_{cu,k}$——混凝土立方体抗压强度标准值，MPa；

　　　$f_{cu,m}$——混凝土标准立方体试件抗压强度总体的平均值，MPa；

　　　t——混凝土强度的保证率系数，当保证率为 95％时，t 取 1.645；

　　　σ——混凝土强度标准差，MPa。

根据《混凝土质量控制标准》（GB 50164—2011）的规定，强度等级采用符号 C 及混凝土立方体抗压强度标准值（MPa）来表示，普通混凝土强度等级有 C10、C15、C20、C25、C30、C35、C40、C45、C50、C55、C60、C65、C70、C75、C80、C85、C90、C95 和 C100 十九个等级。根据《混凝土结构设计规范》（GB 50010—2010），钢筋混凝土结构用混凝土分为 C15、C20、C25、C30、C35、C40、C45、C50、C55、C60、C65、C70、C75、C80 十四个等级。

（2）轴心抗压强度

在结构设计中常以棱柱体抗压强度作为设计依据。棱柱体抗压强度是按照规定成型试件标养 28d 后所得的抗压强度，通常用 f_{cp} 表示。

棱柱体试件边长为 150 mm×150 mm×300 mm 为标准试件。边长为 100 mm×100 mm×300 mm 和 200 mm×200 mm×400 mm 为非标准试件,用非标准试件测得的强度值均应乘以尺寸换算系数。轴心抗压强度值大约为立方体抗压强度的 70%~80%。

(3)劈裂抗拉强度

混凝土的抗拉强度很小,只有抗压强度的 1/10~1/20,混凝土强度等级越高,其比值越小。因此,在钢筋混凝土结构设计中,一般不考虑承受拉力,而是通过配置钢筋,由钢筋来承担结构拉力。但抗拉强度对混凝土的抗裂性具有重要作用。它是结构设计中裂缝宽度和裂缝间距计算控制的主要指标,也是抵抗由于收缩和温度变形而导致开裂的主要指标。

用轴向拉伸试验测试混凝土的抗拉强度,存在测试准确度较低的弊端,因此一般测试劈裂抗拉强度来反映混凝土抗拉强度的大小。劈裂抗拉强度指按照规定成型 150 mm×150 mm×150 mm 试件,标养 28 d 后,采用半径为 75 mm 的钢制弧形垫块并加三层胶合板制成的垫条进行加荷,测劈裂抗拉强度,试验装置如图 4.9 所示。该法基于弹性力学原理,即当在试件的两个相对表面上作用着均匀分布的线荷载时,就能够在外力作用的竖向平面产生均匀分布的拉应力,如图 4.10 所示。抗拉强度可按式(4.4)计算:

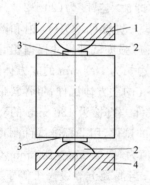

图 4.9 劈裂试验示意图
1—上压板;2—垫块;3—垫条;4—下压板

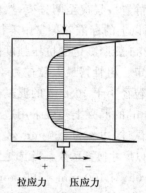

拉应力 压应力

图 4.10 劈裂试验时劈裂面上的应力分布

$$f_{ts} = \frac{2F}{\pi A} = 0.637 \frac{F}{A} \qquad (4.4)$$

式中 f_{ts}——混凝土劈裂抗拉强度,MPa

F——试件破坏荷载,N

A——试件破裂面面积,mm^2。

采用 100 mm×100 mm×100 mm 非标准试件测得的劈裂抗拉强度值,应乘以尺寸检算系数 0.85。

(4)影响混凝土强度的因素

影响混凝土强度的因素很多,归纳起来,有水泥强度、水灰比、水泥品种、骨料品种、化学掺合料、矿物外加剂、施工质量、养护温度、湿度、龄期、试验条件等。通过对影响混凝土强度的因素的分析,为设计和施工混凝土,保证混凝土强度提供技术措施。下面分析影响混凝土强度的主要因素。

①水灰比、水泥强度、骨料品种

通过大量试验资料的数理统计分析,建立了水灰比、水泥强度、骨料品种对混凝土强度影响的经验公式(又称鲍罗米公式),如式(4.5)所示。

$$f_{cu,m} = \alpha_a f_{ce}(C/W - \alpha_b) \tag{4.5}$$

式中　$f_{cu,m}$——混凝土立方体试件抗压强度总体分布平均值,一般指 28d 强度;

　　　C/W——混凝土的灰水比,其倒数即是水灰比,水泥用量与用水量的比值;

　　　α_a,α_b——回归系数,与骨料的品种、水泥品种等因素有关;

　　　f_{ce}——水泥 28 d 实测抗压强度值,MPa。

从这个关系式可看出,水泥强度愈高,所制成的混凝土强度也愈高。当水泥强度一定时,混凝土强度主要取决于水灰比大小,水灰比在一定范围内时,混凝土强度随其减小而有规律地提高,如图 4.11 所示。当采用碎石作粗骨料时,因其表面粗糙富有棱角,与水泥浆体的黏结力强,所以拌制出的混凝土强度较卵石高(W/C 一定时)。水灰比越小,碎石混凝土的强度与卵石混凝土的强度差值越大,高强混凝土 W/C 较小,因此,一般采用碎石作为骨料。

对于掺加矿物掺合料的混凝土,水泥和矿物掺合料都为混凝土的胶凝材料,此处的水灰(W/C)比应变为水胶比(W/B),水泥强度(f_{ce})对应为胶凝材料强度(f_b)。

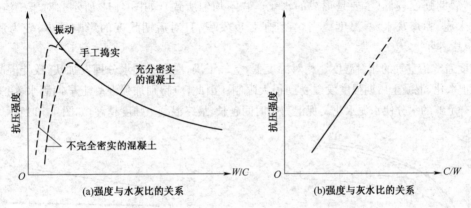

图 4.11　混凝土强度与水灰比及灰水比的关系

混凝土材料是一种多相复合体,主要由水泥石、骨料及水泥石与骨料界面过渡区三相组成,其强度也主要取决于三相的强度。对于强度等级小于 C60 的混凝土,主要取决于水泥石强度及界面强度。较低的 W/C,水泥石及界面的毛细孔隙含量降低,能够提高水泥石强度及界面强度,混凝土强度就相应能提高;使用碎石可提高界面强度,混凝土强度也得以相应提高;使用强度等级高的水泥,对提高水泥石强度及界面强度均有利。

②施工质量

主要指搅拌、运输、浇注、振捣等施工操作对混凝土性能的影响。一般而言,机械搅拌比人工搅拌不但效率高得多,而且可以把混凝土拌得更加均匀,混凝土强度相对较高。机械搅拌一般控制在 2~3 min。运输、浇注时要采取必要措施,防止混凝土分层、离析。利用振捣器来捣实,在满足施工和易性的要求下,其所需用水量比采用人工捣实时要小,而必要时刻可采用较小的水灰比,如图 4.11 所示。如采用高频式或多频式振动器来振捣,则可进一步排除混凝土拌和物中的气泡,使之更密实,从而就获得更高的强度。另外,振捣时要保证整个截面混凝土全部振捣,防止漏捣,振捣到混凝土表面出现水泥浆即可,防止过度振捣引起混凝土分层离析,影响混凝土的均匀性。

③养护条件

养护指混凝土成型后处于一定的温度、湿度条件下进行凝结、硬化,养护条件通常有四种

类型:

a. 标准养护。养护温度(20±2)℃,湿度大于 95%,一般在试验室采用此种养护制度。

b. 自然养护。混凝土处于自然环境中,但一般要采取控制温度和调节湿度的措施。大多数现浇混凝土均采用此种养护条件。

c. 蒸汽养护。混凝土表面通入热的蒸汽进行养护,养护温度小于 100 ℃。

d. 蒸压养护。混凝土处于饱和水蒸气中进行养护,养护温度大于 100 ℃,一般在蒸压釜中进行。

蒸汽养护、蒸压养护适宜构件及制品。

温度对混凝土的硬化有显著影响。温度升高,水泥的水化作用加快,混凝土的强度增长较快;温度降低,则水化作用延缓,混凝土强度增长较慢。当温度降低到 0 ℃以下,不但水泥水化停止,而且有可能因冰冻导致混凝土结构疏松,强度严重降低,影响程度与水泥品种、水泥强度等级有关。如硅酸盐水泥、普通硅酸盐水泥,13 ℃左右的温度对早期、后期强度较为有利,温度太高,后期强度较低(主要是形成的水化产物不均匀所致),如图 4.12 所示。对于矿渣水泥、火山灰水泥、粉煤灰水泥,温度提高,有利于强度发展,且对后期强度的影响较少,较为适宜于蒸汽、蒸压养护。

湿度通常指空气的相对湿度。相对湿度低,空气干燥,混凝土的水分挥发加快,致使混凝土缺水而停止水化,混凝土后期强度发展受到很大限制。因此,应特别加强混凝土早期洒水养护,确保混凝土有足够的水分使水泥水化。保湿养护时间越长,最终混凝土强度越高,如图 4.13 所示。

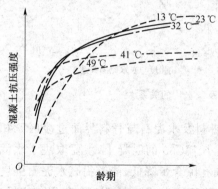

图 4.12　养护温度对混凝土强度的影响

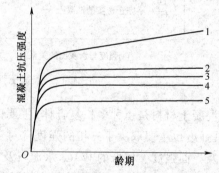

图 4.13　混凝土强度与保湿养护时间的关系
1—长期保持潮湿;2—保持潮湿 14 d;3—保持潮湿 7 d;
4—保持潮湿 3 d;5—保持潮湿 1 d

④龄期

混凝土在适宜的温度、湿度条件下,随时间延长,水泥水化程度提高,凝胶体不断填充毛细孔隙,自由水不断减少,混凝土强度随之提高。混凝土强度在最初 3~7 d 内增长的较快,以后逐渐缓慢下降。但增长过程却可延缓到数十年之久。

标准条件下养护的普通硅酸盐水泥配制的中等强度的混凝土,当龄期大于等于 3 d 时,混凝土强度发展大致与龄期(d)的对数成正比关系,因此,可根据早龄期强度推算 28 d 龄期强度。可用式(4.6)估计后期混凝土的强度:

$$f_{\text{cu},28} = \frac{\lg 28}{\lg n} \cdot f_{\text{cu},n} \tag{4.6}$$

式中　$f_{\text{cu},n}$——第 n 天时混凝土的立方体抗压强度,$n \geqslant 3$;

$f_{cu,28}$——28 d 混凝土的立方体抗压强度。

⑤化学外加剂

混凝土掺入减水剂，在流动性不变的条件下，用水量可以减小，混凝土密实度提高，从而强度得以提高。掺入引气剂，当引入气泡较多时，会降低混凝土的强度。

⑥矿物外加剂

混凝土中掺入磨细矿渣、粉煤灰，混凝土后期强度可以提高，掺入硅灰，沸石粉等，早期、后期强度均可以提高，由于这些矿物掺合料颗粒细，填充效应强，同时，又存在二次水化反应，改善了孔的结构及水化产物类型，使混凝土强度得以提高。

另外，试件尺寸、形状、表面状态和加载速度等试验条件在一定程度上也影响混凝土强度的测试结果。因此，试验时必须严格按有关标准进行。

4.3.3　混凝土的变形

混凝土有两种变形：一种是荷载作用下的变形，如弹塑性变形、徐变等；另一种是非荷载作用下的变形，如干湿变形、温度变形、自身体积变形、自收缩等。

(1)弹塑性变形

混凝土在短期荷载作用下的变形包括弹性变形和塑性变形，如图 4.14 所示，可以看出，混凝土的应力 σ 与应变 ε 的比值随着应力的增加而减小，从加荷开始，弹性变形、塑性变形同时出现，但在应力为极限抗压强度的 30% 以下，应力与应变的曲线接近于直线，变形以弹性变形为主，此时混凝土界面裂缝无明显变化。超过此阶段，曲线向水平方向弯曲，变形速度逐渐加快，混凝土界面裂缝增长，出现塑性变形。超过极限 70%～90%，变形速度急剧加快，混凝土中出现连续裂缝，出现大量塑性变形。超过最高点的应力后，即极限荷载后，混凝土中连续裂缝迅速发展，造成混凝土破坏。

(2)弹性模量

混凝土是一种弹—塑—黏性材料，在短期荷载作用时产生弹性变形、塑性变形，在长期荷载作用时产生徐变，并不完全遵循虎克定律($E=\sigma/\varepsilon$)，工程上为了应用弹性理论进行计算，常对该曲线的初始阶段作近似处理，得到混凝土弹性模量。

按照《普通混凝土力学性能试验方法标准》(GB/T 50081—2002)，混凝土静力受压弹性模量测定如下：按规定成型 6 个试件，标养至 28 d 龄期，3 个试件用来测轴心抗压强度(f_{cp})，3 个试件用来测弹性模量。测弹性模量时，先调整仪器，然后加荷至基准应力 0.5 MPa 的初始荷载值 F_0，保

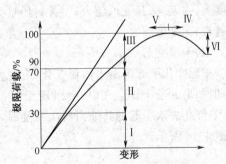

图 4.14　混凝土受压变形曲线

Ⅰ—界面裂缝无明显变化；Ⅱ—界面裂缝增长；
Ⅲ—出现砂浆裂缝和连续裂缝；Ⅳ—连续裂缝迅速发展；
Ⅴ—裂缝缓慢发展；Ⅵ—裂缝迅速发展

持一段时间后测量变形值 ε_0，后加荷至应力为轴心抗压强度 f_{cp} 的 1/3 荷载值 F_a，保持一段时间后测变形值 ε_a，变形符合要求时，反复加荷、卸荷两次以上后，测 ε_0、ε_a，按规定进行完试验后用式(4.7)计算混凝土弹性模量：

$$E_c=\frac{F_a-F_0}{A}\times\frac{l}{\Delta n} \tag{4.7}$$

式中　E_c——混凝土弹性模量，MPa；

F_a——应力为 1/3 轴心抗压强度时的荷载,N;

F_0——应力为 0.5 MPa 时的初始荷载,N;

　A——试件承压面积,mm^2;

　L——测量标距,mm;

Δn——最后一次从 F_0 加荷至 F_a 时试件两侧变形的平均值,mm。

影响混凝土弹性模量的主要因素有:

①混凝土强度高,弹性模量越大,C10～C60 混凝土的弹性模量约为 $1.75\times10^4 \sim 3.60\times10^4$ MPa。

②骨料含量越高,骨料自身的弹性模量越大,则混凝土的弹性模量越大。

③混凝土水灰比越小,混凝土越密实,弹性模量越大。

④混凝土养护龄期越长,弹性模量越大。

⑤掺入引气剂将使混凝土弹性模量下降。

(3)徐变

在长期荷载作用下尽管荷载不变,但随时间延长会产生变形,这种变形即为徐变。混凝土在卸荷后,一部分变形瞬时恢复,这一变形小于最初加荷时产生的弹塑性变形。在卸荷后一定时间内,变形还会缓慢恢复一部分,称为徐变恢复,如图 4.15 所示。最后残留部分的变形称为残余变形,混凝土的徐变一般可达 $(300\sim1\,500)\times10^{-6}$ m/m,混凝土在受载初期,徐变增长较快,2～3 年后趋于稳定。

一般认为徐变是由于水泥石中的凝胶体及吸附水在外力作用下产生黏性流动而引起的变形。徐变可以使建筑物内部的应力重新分布,因此对于各种变形引起的应力导致的开裂有减缓作用,但同时也造成预应力钢筋混凝土预应力损失的增加。

影响徐变的主要因素有:①水泥用量越大,徐变越大;②W/C 越大,徐变越大;③混凝土密实度大,强度高,徐变值越大;④骨料用量大,弹性模量大,粒径大,徐变小;⑤荷载越大,持续时间越长,徐变值越大。

(4)干湿变形

干湿变化引起混凝土体积变化,表现为干缩湿胀,混凝土凝结后,如果处于水中,变形为膨胀,但如果处于干燥空气中,会出现干缩。干缩主要是由于毛细孔及凝胶孔中水分的失去引起,毛细孔失水引起的收缩当再次吸湿后,可以恢复,但凝胶孔失水后,引起的干缩不可恢复,如图 4.16 所示。

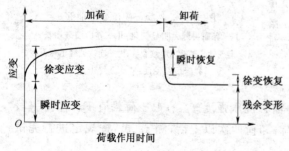

图 4.15　混凝土应变与持荷时间的关系

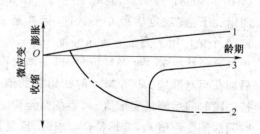

图 4.16　混凝土的湿胀干缩变形

1—处于水中的混凝土;2—处于干燥环境的混凝土;

3—干燥一段时间以后处于水中的混凝土

在混凝土凝结硬化初期,如果养护不好,由于干缩会引起塑性裂缝,如早期裸露面没能及时覆盖或拆模后没能及时覆盖,受风吹日晒引起。水灰比大,模板干燥,水泥收缩率大,水泥用量过大,均易出现开裂。在凝结硬化后期,干缩过大,产生的收缩应力超过混凝土极限抗压强度时,可导致混凝土干缩裂缝,如施工养护不当,水分散失过快,内外收缩极易引起开裂。另外,混凝土振捣过度,表面形成水泥浆较多,则收缩量大,也容易出现裂缝,采用含泥量大的粉砂配制的混凝土,也会加大收缩,容易产生收缩裂缝。干缩变形值大概为$(200\sim1\,000)\times10^{-6}$ m/m。

为了尽可能减少混凝土的收缩量,从混凝土材料、配合比来说,应该尽量减少水泥用量、用水量,砂石级配要好、干净,砂率尽可能的小,加强早期潮湿养护,混凝土早期强度不宜太高。

(5)自身体积变形

混凝土胶凝材料自身水化引起的体积变形,水泥混凝土的自身体积变形大多为收缩,少数为膨胀,收缩变形大致为$(50\sim100)\times10^{-6}$ m/m。

(6)自收缩

对于高强高性能混凝土,由于结构致密,混凝土内部从外部吸收水分较为困难,同时混凝土内部的水分也会因水化的消耗而减少,其内部相对湿度随水泥水化进展而降低,这种自干燥将引起收缩,称为自收缩。根据有关的实验结果,水灰比为 0.4 的自收缩占总收缩的 40%,水灰比为 0.3 时自收缩占总收缩 50%;水灰比为 0.17 时(掺入硅灰 10%)自收缩占总收缩 100%。

(7)碳化收缩

混凝土的水泥石含有的氢氧化钙与空气中的二氧化碳作用生成碳酸钙,引起表面体积收缩。碳化收缩在相对湿度 50%的条件下较大。

(8)温度变形

混凝土也具有热胀冷缩的性质,混凝土的温度膨胀系数大约为10×10^{-6} m/(m·K)。混凝土温度变形对大体积纵向结构混凝土及大面积混凝土工程等级为不利。对于这些混凝土,在混凝土硬化初期,由水化热导致的内外温差可高达 $50\sim70$ ℃,内部混凝土处于体积膨胀,外部混凝土处于收缩状态,由此产生的拉应力会导致混凝土开裂,通常要从原材料、配合比、工艺等方面采取措施,提高抗裂性。自 20 世纪初起,为了减小水化放热产生的影响,开始采用掺火山灰的办法,30 年代又开发出低水化热的水泥品种。还可以利用加大粗骨料粒径、减少水泥用量、预冷拌合物原材料、使用粉煤灰或缓凝剂、限制浇注层高度和管道冷却等措施,进一步获得降低水化温峰、抑制温度裂缝的效果。另外,还需在结构一定部位设置伸缩缝、后浇带,提高配筋率,来降低变形量。

混凝土是脆性材料,抗拉强度较低。因此,当内部混凝土的变形或外界受力后的变形受到约束产生的拉应力大于混凝土的极限抗拉强度时,混凝土就会出现裂缝。

4.3.4 混凝土的耐久性

暴露在自然环境中的混凝土结构物,经常会受到各种物理和化学因素的破坏作用。例如,温度变化、干湿变化、冻融循环、机械冲击和磨损、天然水和工业废水的侵蚀、有害气体和土壤的侵蚀等作用。这些都会使混凝土逐渐遭到破坏,而混凝土对上述各种破坏作用的抵抗能力,则统称为混凝土耐久性。

耐久性所包含的内容较多,但混凝土抗渗性、抗氯离子渗透性、抗冻性、碱骨料反应、胶结材料抗腐蚀性、混凝土耐磨性仍是主要问题。

(1)混凝土抗渗性

抗渗性是混凝土抵抗压力水或其他液体、气体渗透的性能。混凝土抗渗性是表征混凝土耐久性的综合指标。抗渗性差,则水分、酸、碱、盐等侵蚀性液体就容易渗入混凝土中产生腐蚀,混凝土也容易被水饱和发生冻胀破坏。

①混凝土抗水渗透性

根据《普通混凝土长期性能和耐久性能试验方法标准》(GB/T 50082—2009)的规定,混凝土抗水渗透性一般用抗渗等级来表示。测定过程如下:按标准规定方法搅拌、振捣后成型为标准试件,标养至规定龄期后将试件装在抗渗仪上进行试验,试验机从水压力为 0.1 MPa 开始,以后每隔 8 h 增加水压力 0.1 MPa,并且随时注意观察试件端面渗水情况,当 6 个试件中有 3 个试件端面呈现渗水现象时,即可停止试验,并记下此时的水压力。混凝土的抗渗等级应以最大水压力按式(4.8)计算:

$$P = 10H - 1 \tag{4.8}$$

式中　P——抗渗等级;

　　　H——6 个试件中 3 个渗水时的水压力,MPa。

混凝土抗渗等级用字母 P 和上述公式计算的数值表示。分为 P4、P6、P8、P10、P12 共 5 个等级。

②抗氯离子渗透性

氯离子是极强的去钝化剂,进入混凝土中到达钢筋表面吸附于局部钝化膜处,可破坏钢筋表面钝化膜,使之露出铁基体,然后以铁基体作为阳极,以大面积钝化膜区域作为阴极,形成腐蚀电池,该作用在钢筋表面产生蚀坑。Cl^- 与阳极反应产物 Fe^{2+} 结合生成 $FeCl_2$,将阳极产物及时地搬运走,使阳极过程顺利进行甚至加速进行。但 $FeCl_2$ 是可溶的,在向混凝土内扩散时遇到 OH^- 就能生成 $Fe(OH)_2$ 沉淀,再进一步氧化成铁的氧化物,就是通常说的铁锈。由此可见 Cl^- 起到了搬运的作用,却并不被消耗,也就是说凡是进入混凝土中的 Cl^- 会周而复始地起到破坏作用。

混凝土氯离子渗透性的测定方法主要按照《普通混凝土长期性能和耐久性能试验方法标准》(GB/T 50082—2009)中电通量法的试验进行。将混凝土试件在真空浸水饱和后,侧面密封安装到试验箱中,两端安置铜网电极,一端侵入 0.3 mol 的 NaOH 溶液(正极),另一端浸入 3.0% 的 NaCl 溶液(负极),测两侧在 60 V 电压下通过 6 h 的电量,用以评价混凝土的渗透性,见表 4.17。

表 4.17　通过混凝土的电量与混凝土渗透性的关系

通过混凝土的电量/C	混凝土的渗透性
>4 000	高
2 000~4 000	中
1 000~2 000	低
100~1 000	极低
<100	可忽略

提高混凝土抗氯离子渗透性的主要措施有:

a. 设计合理的混凝土配合比,严格控制混凝土的水胶比。

　　b. 在混凝土中掺入化学外加剂及掺合料,提高密实度或改善孔的特征。

　　c. 对砂石材料的级配、清洁度提出严格要求。

　　d. 采用机械搅拌、机械振捣,保证混凝土的质量。

　　e. 加强混凝土的养护。

　　f. 采用表面涂层或覆盖层。

　　对氯离子的腐蚀还可采取如下防护措施:限制原材料及混凝土中氯离子含量;提高保护层厚度及质量;在混凝土表面做涂层;采用耐腐蚀钢筋;在混凝土中掺入阻锈剂。

　　(2)混凝土抗冻性

　　混凝土抗冻性是指混凝土在吸水饱和状态下,能经受多次冻融循环而不破坏,同时也不严重降低强度的性能。混凝土抗冻性是混凝土抵抗反复冻融循环的能力。对于严寒地区的混凝土,混凝土抗冻性不足是造成耐久性破坏的主要原因。

　　混凝土冻融破坏的机理主要是由于毛细孔中水结冰产生膨胀应力、静水压力及渗透压力,当这种应力超过混凝土局部抗拉强度时,就可能产生裂缝,在反复冻融作用下,混凝土内部的微细裂缝逐渐增多和扩大,导致混凝土产生疏松剥落,直至破坏。

　　混凝土抗冻性以抗冻标号或抗冻等级表示。根据《普通混凝土长期性能和耐久性能试验方法标准》(GB/T 50082—2009)的规定,慢冻法用抗冻标号表示,快冻法用抗冻等级表示。

　　慢冻法是将吸水饱和的混凝土试件在 $-18\ ℃$ 条件下冰冻 4 h,再在 20 ℃ 水中融化 4 h 作为一个循环。抗冻标号以抗压强度下降不超过 25%,或者质量损失不超过 5% 时,混凝土所能承受的最大冻融循环次数来表示。慢冻法存在试验周期长,试验误差大,试验工作量大等较多不足之处。

　　快冻法是按标准规定方法搅拌、振捣后成型为 100 mm×100 mm×400 mm 的标准试件,养护至规定龄期前 4 d,放入水中浸泡 4 d 后用自动冻融循环试验机在(2～4)h 完成一次冻融循环。以质量损失不超过 5% 或相对动弹性模量下降达 40% 时的冻融循环次数来表示抗冻等级。混凝土的抗冻等级分为 F10、F15、F25、F50、F100、F150、F200、F250、F300 共九个等级。其中数字表示混凝土能经受得最大冻融循环次数。

　　混凝土的抗冻性主要取决于混凝土密实度、内部孔隙的大小与构造以及含水程度。密实混凝土或具有闭口孔隙的混凝土具有较好的抗冻性。影响混凝土抗渗性的因素对混凝土抗冻性也有类似的影响。最有效的方法是掺入引气剂、减水剂等化学外加剂改善孔隙特征,以此提高混凝土的抗冻性。

　　(3)混凝土的碱—骨料反应

　　碱骨料反应是指混凝土中的碱与骨料中的活性组成之间发生的破坏性膨胀反应,是影响混凝土耐久性最主要的因素之一。该反应不同于其他混凝土病害,其开裂破坏是整体性的,且目前尚未有有效措施,由于碱—骨料造成混凝土开裂破坏难以被阻止,因而被称为混凝土的"癌症"。

　　碱骨料反应分为碱—硅酸反应及碱—碳酸盐反应。碱—硅酸反应发生在碱与微晶氧化硅(如蛋白石、黑硅石、燧石、鳞石英、方石英、玻璃质火山岩、玉髓、微晶或变质石英,黏土质岩石及千板岩)之间。其反应产物为硅胶体,这种硅胶体遇水膨胀,会产生很大的膨胀压力,能引起混凝土开裂,水分充足时,体积增大 3 倍。

　　碱—碳酸盐反应是白云石质石灰岩骨料与混凝土中的碱性化合物发生的反应,能引起体积膨胀。

碱—骨料反应必须同时具备如下三种条件才能发生：

①配制混凝土时由水泥、骨料(海砂)、外加剂和拌和水带进混凝土中一定数量的碱,或者混凝土处于有利于碱渗入的环境。

②有一定数量的碱活性骨料。

③潮湿环境,能够提供反应和吸水膨胀所需要的水分。

按《普通混凝土长期性能和耐久性能试验方法标准》(GB/T 50082—2009)的规定,混凝土碱—骨料测定的方法是:将砂与规定碱含量的水泥制成混凝土[每立方米混凝土水泥用量应为(420±10)kg,水胶比为0.42~0.45,粗骨料与细骨料的质量比为6∶4],装入有膨胀测头的试模(75 mm×75 mm×275 mm)中,成型后标养1 d测基准长度,然后装入养护盒放入(38±2)℃的养护箱,分别在1周、2周、4周、8周、13周、18周、26周、39周和52周测长,计算膨胀率。每次测量时,应观察试件有无裂缝、变形、渗出物及反应物等。当52周膨胀率小于0.04%时,判定为无潜在碱—骨料反应危害,反之,则判定为有潜在碱—骨料反应。

防止碱—骨料反应的措施有:

①使用非活性骨料。

②采用低碱水泥,限制混凝土的含碱量。

③掺入磨细矿渣、粉煤灰、硅灰等掺合料。

④使用引气剂。

⑤混凝土表面采用防水或隔离措施。

(4)混凝土碳化

混凝土碳化是指水泥水化产物 $Ca(OH)_2$ 与空气中 CO_2 在一定湿度条件下发生化学反应,产生 $CaCO_3$ 和水的过程,反应式如下:

$$Ca(OH)_2 + CO_2 + H_2O \rightleftharpoons CaCO_3 + 2H_2O$$

碳化过程是由表及里逐步向混凝土内部发展的,碳化深度大致与碳化时间的平方根成正比,可用式(4.9)表示:

$$D = a\sqrt{t} \tag{4.9}$$

式中　D ——碳化深度,mm;

　　　t ——碳化时间,d;

　　　a ——碳化速度系数。

碳化作用最主要的危害是:由于碳化消耗了 $Ca(OH)_2$ 使混凝土碱度降低,减弱了其对钢筋的防锈保护作用,使钢筋出现锈蚀膨胀,严重时使混凝土保护层沿钢筋纵向开裂,直至剥落;另外,碳化将显著增加混凝土的收缩,使混凝土表面产生拉应力,导致混凝土中出现微细裂缝,从而使混凝土抗拉、抗折强度降低;开裂后还会进一步加剧 CO_2 与水分的进入,使碳化进一步加剧。

碳化会使混凝土的抗压强度提高,这是因为碳化反应生成的水分有利于水泥的水化作用,而且反应生成的碳酸钙减少了水泥石内部的孔隙。

总的说来,碳化作用对混凝土是有害的,提高混凝土抗碳化能力的措施有:

①尽可能降低混凝土的水胶比,提高密实度。

②加强养护、保持混凝土均匀密实,水泥水化充分。

③根据环境条件合理选择水泥品种。

④用减水剂、引气剂等外加剂降低水胶比或引入封闭气孔改善孔结构。

⑤必要时还可以采用表面涂刷石灰水等加以保护。

混凝土快速碳化试验可按《普通混凝土长期性能和耐久性能试验方法标准》（GB/T 50082—2009）的规定执行，成型棱柱体试件（高宽比不宜小于 3）在标准条件下养护 28 d 后，在温度 60℃ 的烘箱中烘干 48 h，保留成型时两侧面，其余各面均用石蜡密封。然后将试件放置于温度为（20±5）℃，相对湿度为（70±5）％，二氧化碳浓度为（20±3）％的碳化箱中进行碳化，碳化到 3 d、7 d、14 d、及 28 d 时取出试件，破裂后测其碳化深度来对比各种混凝土抗碳化能力。

(5)混凝土抗腐蚀性

从材料本身来说，混凝土的耐化学腐蚀性主要取决于胶凝材料的抗腐蚀能力。胶凝材料腐蚀的原因主要是：水泥的组成中存在能引起腐蚀的组成成分，如 $Ca(OH)_2$ 和水化铝酸钙；胶凝材料周围存在着能使胶凝材料发生腐蚀的软水、盐类、酸类等介质；混凝土本身不密实，有很多毛细孔通道，侵蚀性介质易于进入其内部。腐蚀与通道的联合作用，使胶凝材料遭到腐蚀。

硫酸盐侵蚀是一种常见的混凝土腐蚀。混凝土抗硫酸盐侵蚀试验应根据《普通混凝土长期性能和耐久性能试验方法标准》的规定进行。制作尺寸为 100 mm×100 mm×100 mm 的立方体试件，标准养护 28 d 后在（80±5）℃下烘干 48 h，将试件装入盛有质量百分率为 5％ $NaSO_4$ 溶液的试件盒中，浸泡（15±0.5）h，在此期间，溶液的 pH 值应在 6～8 之间，温度应控制在（25～30）℃。浸泡结束迅速排液并升温至（80±5）℃进行烘干 6 h，烘干后立即降温至（24±2）℃冷却 2 h。每个干湿循环的总时间应为（24±2）h。当达到标准规定的干湿循环次数后，应及时进行混凝土的抗压强度试验，并计算抗压强度耐蚀系数，即受检混凝土试件（受硫酸盐腐蚀且经受 N 次干湿循环）的抗压强度测定值与对比混凝土试件（同龄期且标准养护）的抗压强度测定值之比。抗硫酸盐等级应以混凝土抗压强度耐蚀系数下降不低于 75％时的最大干湿循环次数来确定，以符号 KS 表示。

可采用以下措施来提高胶凝材料耐腐蚀性：

①选用耐腐蚀的胶凝材料。如选用 C_3A 含量低的水泥品种、抗硫酸盐硅酸盐水泥、掺混合材料硅酸盐水泥及在混凝土中使用掺合料等。

②提高混凝土的密实度。如使用减水剂降低水胶比，提高密实度，使用矿物细掺料填充毛细孔，降低孔隙率，选择品质好、级配良好的骨料拌制混凝土，加强施工管理提高混凝土质量等。

③加做保护层。隔离介质可用防腐涂料或沥青、塑料卷材覆盖混凝土表面，防止与侵蚀介质接触。

(6)混凝土的耐磨性

混凝土表面会受到各种磨耗作用，如水工混凝土、道路混凝土等。挟砂的水流作用使水工混凝土受到冲刷，路面混凝土会受到车辆轮胎反复的摩擦及冲击作用，风力较大地区混凝土还受到风砂的磨蚀作用。在磨耗的过程中，首先砂浆部分被磨损，露出粗骨料，接着由于冲击力，粗骨料破坏或者被拔出来，形成孔穴，进一步砂浆被磨耗掉，粗骨料进一步露出来。如此反复进行。混凝土不断遭到破坏产生孔洞、裂缝等病害。

提高混凝土耐磨性的措施有：

①采用较低的用水量，较高水泥用量的高强度混凝土。

②选择级配良好、清洁而坚硬的粗细骨料。

③注意修饰抹面方法及质量，用钢制抹刀抹面光滑，也可磨平表面。

④注意控制养护时的温度和湿度。

⑤可掺用减水剂、硅灰等外加材料。

4.4 混凝土的质量控制

对混凝土进行质量控制是一项非常重要的工作,其目的在于选用最经济的方案,制成质量均匀而又能符合一定要求的混凝土。混凝土的质量评定,就是根据试验数据,用数理统计的方法进行统计分析,求出主要统计参数,根据有关标准或规范确定施工水平的好坏或混凝土质量是否合格。

4.4.1 混凝土质量波动的原因

在混凝土的施工过程中,原材料、施工工艺、试验条件和气候因素的变化,都可导致混凝土质量的波动,从而影响到混凝土的和易性、强度及耐久性。

(1)原材料的质量波动

原材料的质量波动非常复杂,列举以下几种:细骨料细度模数和级配的波动;粗骨料最大粒径和级配的波动;骨料含泥量的波动;骨料含水量的波动;水泥强度的波动;外加剂质量的波动等等。在现场施工或在预拌厂生产混凝土时,必须对原材料的质量波动进行控制,及时检测并加以调整,尽可能减少原材料质量波动对混凝土产生的影响。

(2)施工及养护引起的质量波动

混凝土的质量波动与施工方法及养护条件有着十分密切的关系。如混凝土搅拌时间长短;计量时未根据砂石含水率变化及时调整配合比;运输时间过长引起分层、泌水;振捣时间过长或不足;浇水养护时间过短,或未根据气温和湿度变化及时调整保温、保湿措施等等。

(3)试验条件变化引起的质量波动

试验条件变化主要是指取样代表性、成型质量、养护条件变化、试验机自身误差以及试验人员操作的熟练程度等等。

4.4.2 混凝土质量波动的规律

在正常连续生产的情况下,由于混凝土材料的许多影响因素都是随机的,因而混凝土的强度变化也是随机的。测定混凝土强度时,若以混凝土的强度为横坐标,以某一强度出现的概率为纵坐标,绘出的强度概率分布曲线一般符合正态分布曲线,如图 4.17 所示。

混凝土强度的正态分布曲线呈钟形,曲线的高峰为混凝土的平均强度 $f_{cu,m}$ 的概率;以平均强度为对称轴,左右两边曲线对称;距离对称轴愈远,出现的概率就愈小,并逐渐趋于零;曲线和横坐标之间的面积为概率的总和,为 100%;在对称轴的两侧曲线上各有一个拐点。拐点至对称轴的距离等于一个标准差。

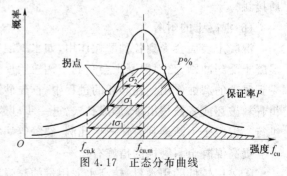

图 4.17 正态分布曲线

正态分布曲线愈窄而高,相应的标准差值(拐点离对称轴的距离)愈小,表明混凝土的强度愈集中于平均强度附近,混凝土的匀质性好,质量波动小,施工管理水平高。相反,如曲线宽而矮,表明强度数据的离散性大,混凝土的质量波动大,施工管理水平低。

4.4.3　混凝土强度的平均值、标准差、变异系数

(1)强度平均值 $f_{cu,m}$

同一批混凝土,在某一统计期内连续取样制作多组试件(每组 3 块),测得各组试件的立方体抗压强度值分别为 $f_{cu,1}$、$f_{cu,2}$、$f_{cu,3}$、$\cdots$、$f_{cu,n}$,求算术平均值,即得平均强度 $f_{cu,m}$,可用式(4.10)表示:

$$f_{cu,m} = \frac{f_{cu,1} + f_{cu,2} + f_{cu,3} + \cdots + f_{cu,n}}{n} = \frac{1}{n}\sum_{i=1}^{n} f_{cu,i} \qquad (4.10)$$

式中　$f_{cu,i}$——每一组试件的立方体抗压强度值,MPa;

$f_{cu,m}$—— n 组试件的强度平均值,MPa。

平均强度反映混凝土总体强度的平均值,但不反映混凝土强度的波动情况。

(2)标准差 σ

混凝土的强度标准差 σ 值愈小,则强度的离散程度愈小,混凝土的质量愈均匀。可按式(4.11)计算混凝土的强度标准差:

$$\sigma = \sqrt{\frac{\sum_{i=1}^{n}(f_{cu,i} - f_{cu,m})^2}{n-1}} \qquad (4.11)$$

4.4.4　混凝土的强度保证率

根据概率统计的概念,强度保证率是指混凝土强度总体中大于设计强度等级的概率,亦即混凝土强度大于设计强度等级的组数占总组数的百分率,在强度分布曲线上以阴影表示,如图 4.18 所示。可根据正态分布的概率函数计算求得,用式(4.12)表示:

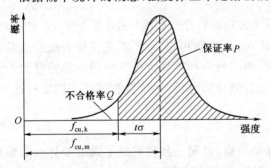

图 4.18　强度保证率

$$P = \frac{1}{\sqrt{2\pi}} \int_{-t}^{\infty} e^{-\frac{t^2}{2}} dt \qquad (4.12)$$

式中　P——强度保证率;

t——概率度,或称保证率系数,根据式(4.13)计算。

$$t = \frac{|f_{cu,k} - f_{cu,m}|}{\sigma} = \frac{|f_{cu,k} - f_{cu,m}|}{C_v f_{cu,m}} \qquad (4.13)$$

式中　$f_{cu,k}$——混凝土的设计强度等级值。

根据 t 值,可计算强度保证率 P。由于计算比较复杂,一般可根据表 4.18 查表取用。

表 4.18　不同 t 值的强度保证率 P

t	0.00	0.50	0.80	0.84	1.00	1.04	1.20	1.28	1.40	1.50	1.60
$P/\%$	50.0	69.2	78.8	80.0	84.1	85.1	88.5	90.0	91.9	93.5	94.5
t	1.645	1.70	1.75	1.81	1.88	1.96	2.00	2.05	2.33	2.50	3.00
$P/\%$	95.0	95.5	96.0	96.5	97.0	97.5	97.7	98.0	99.0	99.4	99.87

4.4.5 混凝土的配制强度

按上述强度保证率的概念,如果所配制混凝土的平均强度与设计强度相等,则强度保证率系数为 0,此时强度保证率只有 50%,即只有 50% 的混凝土强度大于或等于设计强度等级,工程质量难以保证。因此,为了使混凝土达到所要求的强度保证率,必须使混凝土的配制强度高于设计强度等级。

因 $f_{cu,m} = f_{cu,k} + t\sigma$,令配制强度 $f_{cu,0} = f_{cu,m}$,则有

$$f_{cu,0} = f_{cu,k} + t\sigma \qquad (4.14)$$

式中 $f_{cu,0}$——混凝土的配制强度,MPa;

   $f_{cu,k}$——混凝土的设计强度等级值。

根据我国《普通混凝土配合比设计规程》(JGJ 55—2011)的规定,混凝土的强度保证率必须达到 95% 以上,此时对应的强度保证率系数 $t=1.645$,因此,有:

$$f_{cu,0} = f_{cu,k} + 1.645\sigma \qquad (4.15)$$

式中 σ——混凝土的强度标准差。当生产单位或施工单位有统计资料时,可根据统计资料确定,但当无统计资料和经验时,可参考表 4.19 取用。

表 4.19 混凝土标准差的取值表

混凝土设计强度等级 $f_{cu,k}$	<C20	C20～C50	>C50
σ/MPa	4.0	5.0	6.0

4.4.6 混凝土强度检验评定标准

混凝土强度评定以检验批为单位,按《混凝土强度检验评定标准》(GB/T 50107—2010)规定分批检验,一个检验批的混凝土应由强度等级相同、龄期相同、生产工艺条件和配合比基本相同的混凝土组成。同一检验批的混凝土强度,用同批内标准立方体试件的全部强度值为评定依据。对现浇混凝土,应按单位工程的验收项目划分检验批,每个验收项目按国家标准《建筑安装工程质量检验标准》确定。

(1)统计法

①当混凝土的生产条件在较长时间内能保持一致,且同一品种混凝土强度变异性能保持稳定时,应由连续的三组试件组成一个检验批,其强度应同时满足式(4.16)、式(4.17)要求:

$$f_{cu} \geqslant f_{cu,k} + 0.7\sigma_0 \qquad (4.16)$$

$$f_{cu,min} \geqslant f_{cu,k} - 0.7\sigma_0 \qquad (4.17)$$

当混凝土强度等级不高于 C20 时,其强度的最小值尚应满足式(4.18)要求:

$$f_{cu,min} \geqslant 0.85 f_{cu,k} \qquad (4.18)$$

当混凝土强度等级高于 C20 时,其强度的最小值尚应满足式(4.19)要求:

$$f_{cu,min} \geqslant 0.90 f_{cu,k} \qquad (4.19)$$

以上各式中 f_{cu}——同一检验批混凝土立方体抗压强度的平均值,MPa;

   $f_{cu,k}$——混凝土的设计强度等级值,MPa;

   $f_{cu,min}$——同一检验批混凝土立方体抗压强度的最小值,MPa;

   σ_0——检验批混凝土立方体抗压强度的标准差,MPa。当 σ_0 计算值小于 2.5 MPa时,应取 2.5 MPa。

②当混凝土的生产条件在较长时间内不能保持一致，且同一品种混凝土强度变异性能不能保持一致，或在前一检验期内的同一品种混凝土没有足够的数据用以确定检验批混凝土立方体抗压强度的标准差时，应由不少于 10 组的试件组成一个检验批，其强度应同时满足式（4.20）和式（4.21）的要求：

$$f_{cu} \geq f_{cu,k} + \lambda_1 \sigma \tag{4.20}$$
$$f_{cu,min} \geq \lambda_2 f_{cu,k} \tag{4.21}$$

式中　f_{cu}——同一检验批混凝土立方体抗压强度的平均值，MPa；

　　　σ——同一检验批混凝土立方体抗压强度的标准差，MPa，当 σ 的计算值小于 2.5 MPa 时，取 2.5 MPa；

　　　λ_1、λ_2——合格判定系数，按表 4.20 取用。

表 4.20　混凝土强度的合格判定系数

试件组数	10～14	15～19	≥20
λ_1	1.15	1.05	0.95
λ_2	0.90	0.85	0.85

（2）非统计法

对零星生产的预制构件或现场搅拌批量不大的混凝土，检验批的样本容量小于 10 组时，可采用非统计方法评定，检验批的强度必须同时满足式（4.22）和式（4.23）要求：

$$f_{cu} \geq \lambda_3 f_{cu,k} \tag{4.22}$$
$$f_{cu,min} \geq \lambda_4 f_{cu,k} \tag{4.23}$$

式中　λ_3、λ_4——合格判定系数，按表 4.21 取用。

表 4.21　混凝土强度的合格判定系数

混凝土强度等级	<C60	≥C60
λ_3	1.15	1.10
λ_4	0.95	0.95

（3）混凝土强度合格性判断

当检验结果能满足上述要求时，则该批混凝土强度判断为合格；当不能满足上述规定时，该批混凝土强度判为不合格。由不合格批混凝土制成的结构或构件，应进行鉴定。

当对混凝土试件强度的代表性有怀疑时，可采用从构件或结构中钻取试件的方法或采用非破损检验方法，按有关标准的规定对结构或构件中混凝土的强度进行鉴定。

4.5　混凝土配合比设计

4.5.1　混凝土配合比设计的基本要求

混凝土的配合比就是混凝土组成材料相互间的配合比例。混凝土配合比设计的实质就是要在满足混凝土和易性、强度、耐久性以及尽可能经济的条件下，比较合理的确定水泥、水、砂、石子四者的用量比例关系。因此，配合比设计的基本要求为：

（1）满足结构物设计的强度等级要求。

(2)满足混凝土施工的和易性要求。

(3)满足结构物混凝土所处环境耐久性要求。

(4)满足经济性要求。

混凝土配合比通过设计确定后,一般有两种表示方法,一种是以 1 m³ 混凝土各组成材料的质量表示,一种是以各组成材料的质量比表示。

前者如:$m_c=300\ kg$,$m_w=180\ kg$,$m_s=680\ kg$,$m_g=1\ 220\ kg$。

后者如:$m_c:m_s:m_g=1:2.33:4.07$,$W/C=0.60$。

4.5.2　混凝土配合比设计中的三个参数

混凝土配合比设计实质上就是确定水泥、水泥、砂、石子这四种基本组成材料的用量,其中有 3 个重要的参数:水胶比、单位用水量和砂率。

(1)水胶比(W/B):指用水量与胶凝材料质量的比值。依据混凝土设计强度和耐久性要求,来确定混凝土的水胶比。

(2)单位用水量(W):指拌制 1 m³ 混凝土所用水的质量,表示水泥浆与骨料之间的关系。在满足混凝土施工要求的和易性基础上,依据粗骨料的种类和规格,确定混凝土的单位用水量。

(3)砂率(β_s):指砂和石子之间的比例关系,用砂占砂、石总质量的比例表示。砂的数量,应以填充石子空隙后略有富余的原则来确定砂率。

4.5.3　混凝土配合比设计的步骤

混凝土配合比设计可分如下几个步骤进行:

(1)初步配合比计算。根据混凝土的性能要求,针对具体原材料试验数据,根据标准给出的公式、经验图表,初步确定各材料的比例关系。

(2)基准配合比设计。基准配合比主要是满足和易性,即按照设计混凝土所用原材料进行小批量的试拌,通过和易性的调整进行必要的校正。

(3)试验室配合比设计。试验室配合比主要是满足强度、耐久性、经济性的要求,一般要采用三组以上的配合比进行试验,通过实测强度、耐久性后,选择强度、耐久性满足要求而 W/C 较大的一组配合比做为试验室配合比。

(4)施工配合比换算。由于工地堆放的砂、石含水情况常有变化,所以在施工过程中应经常测定砂、石含水率,并按含水率变化情况作必要的修正。

4.5.4　初步配合比计算

(1)确定混凝土配制强度

由于混凝土质量受到原材料质量、施工质量、试验条件等因素的影响,难免会有波动。为了达到一定保证率,混凝土配制强度要比强度等级要求的混凝土立方体抗压强度标准值高,具体按数理统计方法来确定,也就是让混凝土配制强度大于等于正态分布曲线中混凝土立方体抗压强度总体分布的平均值。混凝土配制强度应按下列规定确定:

当混凝土设计强度等级小于 C60 时,配制强度应按式(4.24)确定。

$$f_{cu,0} \geq f_{cu,k}+1.645\sigma \tag{4.24}$$

式中　$f_{cu,0}$——混凝土配制强度,MPa;

$f_{cu,k}$——混凝土立方体抗压强度标准值,MPa;

σ——混凝土强度标准差,MPa。

当混凝土设计强度等级不小于 C60 时,配制强度应按式(4.25)确定。

$$f_{cu,0} \geqslant 1.15 f_{cu,k} \qquad (4.25)$$

混凝土强度标准差可根据生产单位统计资料计算,若生产单位无历史统计资料时,σ 值可按照表 4.19 取值。

(2)计算水胶比(W/B)

水胶比的选择一方面要考虑混凝土强度的要求,另一方面要考虑混凝土耐久性的要求。

①当混凝土强度等级小于 C60 时,混凝土水胶比按式(4.26)计算。

$$\frac{W}{B} = \frac{\alpha_a \cdot f_b}{f_{cu,0} + \alpha_a \cdot \alpha_b \cdot f_b} \qquad (4.26)$$

式中　α_a,α_b——回归系数。a_a,a_b 系数应根据工程所使用的水泥、骨料,通过试验建立的水胶比与混凝土强度关系来确定。当不具备上述试验统计资料时,其回归系数可按表 4.22 选用。

表 4.22　回归系数 α_a、α_b 选用表

系数　　石子品种	碎石	卵石
α_a	0.53	0.49
α_b	0.20	0.13

　　　　f_b——胶凝材料 28 d 胶砂抗压强度,MPa,可实测,且试验方法应按现行国家标准《水泥胶砂强度检验方法(ISO 法)》(GB/T 17671—1999)执行。当 f_b 无实测值时,可按下式计算:

$$f_b = \gamma_f \cdot \gamma_s f_{ce} \qquad (4.27)$$

其中　γ_f,γ_s——粉煤灰影响系数和粒化高炉矿渣粉影响系数,可按表 4.23 选用;

　　　　f_{ce}——水泥 28 d 胶砂抗压强度,MPa,可实测,也可按下式计算:

$$f_{ce} = \gamma_c \cdot f_{ce \cdot g} \qquad (4.28)$$

其中　γ_c——水泥强度等级值的富余系数,可按实际统计资料确定;当缺乏实际统计资料时,也可按表 4.24 选用;

$f_{ce \cdot g}$——水泥强度等级值,MPa。

表 4.23　粉煤灰影响系数(γ_f)和粒化高炉矿渣影响系数(γ_s)

种类　　　掺量/%	粉煤灰影响系数 γ_f	粒化高炉矿渣影响系数 γ_s
0	1.00	1.00
10	0.85~0.95	1.00
20	0.75~0.85	0.95~1.00
30	0.65~0.75	0.90~1.00
40	0.55~0.65	0.80~0.90
50	—	0.70~0.85

表 4.24　水泥强度等级富余系数(γ_c)

水泥强度等级值	32.5	42.5	52.5
富余系数	1.12	1.16	1.10

②计算出的 W/B 应符合现行国家标准《混凝土结构设计规范》(GB 50010—2010)中最大水胶比的规定,见表 4.25 和表 4.26。W/B 若大于表中数值的应选用表中的最大水胶比。

表 4.25   结构混凝土材料的耐久性基本要求

环境等级	最大水胶比	最低强度等级	最大氯离子含量/%	最大碱含量/(kg·m⁻³)
一	0.60	C20	0.30	不限制
二 a	0.55	C25	0.20	
二 b	0.50(0.55)	C30(C25)	0.15	
三 a	0.45(0.50)	C35(C30)	0.15	3.0
三 b	0.40	C40	0.10	

表 4.26   混凝土结构的环境类别

环境类别	条件
一	室内干燥环境;无侵蚀性水浸没环境
二 a	室内潮湿环境;非严寒和非寒冷地区的露天环境; 非严寒和非寒冷地区与无侵蚀性的水或土壤直接接触的环境
二 b	干湿交替环境;水位频繁变动环境;严寒和寒冷地区的露天环境;严寒和寒冷地区冰冻线以上与无侵蚀性的水或土壤直接接触的环境
三 a	严寒和寒冷地区冬季水位变动区环境;受除冰盐影响环境;海风环境
三 b	盐渍土环境;受除冰盐影响环境;海岸环境
四	海水环境
五	受人为或自然的侵蚀性物质影响的环境

(3)确定用水量(m_{w0})和化学外加剂用量

①每立方米干硬性或塑性混凝土的用水量应符合下列规定:

混凝土水胶比在 0.40~0.80 范围内时,可按表 4.27 及表 4.28 确定。

表 4.27   干硬性混凝土的用水量(kg·m⁻³)

拌合物稠度		卵石最大粒径/mm			碎石最大粒径/mm		
项目	指标	10.0	20.0	40.0	16.0	20.0	40.0
维勃稠度 /s	16~20	175	160	145	180	170	155
	11~15	180	165	150	185	175	160
	5~10	185	170	155	190	180	165

表 4.28   塑性混凝土的用水量(kg·m⁻³)

拌合物稠度		卵石最大粒径/mm				碎石最大粒径/mm			
项目	指标	10.0	20.0	31.5	40.0	16.0	20.0	31.5	40.0
坍落度 /mm	10~30	190	170	160	150	200	185	175	165
	35~50	200	180	170	160	210	195	185	175
	55~70	210	190	180	170	220	205	195	185
	75~90	215	195	185	175	230	215	205	195

注:(1)本表用水量系采用中砂时的取值。采用细砂时,每立方米混凝土用水量可增加 5~10 kg;采用粗砂时,可减少 5~
10 kg;

(2)掺用掺合料和化学外加剂时,用水量应相应调整。

混凝土水胶比小于 0.40 时,可通过试验确定。

②掺外加剂时,每立方米流动性或大流动性混凝土的用水量可按(4.29)式计算:

$$m_{w0} = m'_{w0}(1-\beta) \tag{4.29}$$

式中　m_{w0}——计算配合比每立方米混凝土的用水量,kg。

　　　m'_{w0}——未掺外加剂时推定的满足实际坍落度要求的每立方米混凝土用水量,kg/m³。以表 4.28 中坍落度 90 mm 的用水量为基础,按每增大 20 mm 坍落度相应增加 5 kg/m³ 用水量来计算,当坍落度增大到 180 mm 以上时,随坍落度相应增加的用水量可减少。

　　　β——外加剂的减水率,%,应经混凝土试验确定。

③每立方米混凝土中外加剂用量(m_{a0})应按(4.30)式计算:

$$m_{a0} = m_{b0}\beta_a \tag{4.30}$$

式中　m_{a0}——计算配合比每立方米混凝土中外加剂用量,kg/m³;

　　　m_{b0}——计算配合比每立方米混凝土中胶凝材料用量,kg/m³;

　　　β_a——外加剂掺量,%,应经混凝土试验确定。

(4)确定胶凝材料、掺合料和水泥用量(m_{b0}、m_{c0})

①每立方米混凝土的胶凝材料用量(m_{b0}),应按(4.31)式计算,并应进行试拌调整,在拌合物性能满足的情况下,取经济合理的胶凝材料用量。

$$m_{b0} = \frac{m_{w0}}{W/B} \tag{4.31}$$

计算出胶凝材料用量后,除配制 C15 以下强度等级的混凝土外,通常应按表 4.29 检验最小胶凝材料用量,以便符合耐久性的要求,如胶凝材料用量小于表中数值,要按表中数值确定胶凝材料用量。

表 4.29　混凝土的最小胶凝材料用量

最大水胶比	最小胶凝材料用量/(kg·m⁻³)		
	素混凝土	钢筋混凝土	预应力混凝土
0.60	250	280	300
0.55	280	300	300
0.50	320		
≤0.45	330		

②每立方米混凝土的掺合料用量(m_{f0})应按(4.32)式计算:

$$m_{f0} = m_{b0}\beta_f \tag{4.32}$$

式中　m_{f0}——计算配合比每立方米混凝土中掺合料用量,kg/m³;

　　　β_f——掺合料掺量,%。

③每立方米混凝土的水泥用量(m_{c0})应按(4.33)式计算:

$$m_{c0} = m_{b0} - m_{f0} \tag{4.33}$$

式中　m_{c0}——计算配合比每立方米混凝土中水泥用量,kg/m³。

(5)确定砂率(β_s)

①砂率应根据骨料的技术指标、混凝土拌合物性能和施工要求,参考既有历史资料确定。

②当缺乏砂率的历史资料时,混凝土砂率的确定应符合下列规定:

　　a. 坍落度小于 10 mm 的混凝土,其砂率应经试验确定。

　　b. 坍落度为 10~60 mm 的混凝土,其砂率可根据粗骨料品种、最大粒径及水胶比按表 4.30 选取。

　　c. 坍落度大于 60 mm 的混凝土,其砂率可经试验确定,也可在表 4.30 基础上,按坍落度每增大 20 mm 砂率增大 1%的幅度予以调整。

表 4.30　混凝土的砂率(%)

水胶比 (W/B)	卵石最大粒径/mm			碎石最大粒径/mm		
	10.0	20.0	40.0	16.0	20.0	40.0
0.40	26~32	25~31	24~30	30~35	29~34	27~32
0.50	30~35	29~34	28~33	33~38	32~37	30~35
0.60	33~38	32~37	31~36	36~41	35~40	33~38
0.70	36~41	35~40	34~39	39~44	38~43	36~41

注:(1)本表数值系中砂的选用砂率,对细砂或粗砂,可相应地减少或增大砂率;

　　(2)采用人工砂配制混凝土时,砂率可适当增大;

　　(3)只用一个单粒级骨料配制混凝土时,砂率可适当增大

　　(6)确定粗、细骨料用量(m_{s0}、m_{g0})

　　①当采用重量法时,应按公式(4.34)计算。

$$\begin{cases} m_{f0} + m_{c0} + m_{g0} + m_{s0} + m_{w0} = m_{cp} \\ \beta_s = \dfrac{m_{s0}}{m_{g0} + m_{s0}} \times 100\% \end{cases} \tag{4.34}$$

式中　　m_{s0}——计算配合比中每立方体混凝土的细骨料用量,kg/m³;

　　　　m_{g0}——计算配合比中每立方体混凝土的粗骨料用量,kg/m³;

　　　　β_s——砂率,%;

　　　　m_{cp}——每立方体混凝土拌合物的假定质量,kg,可取 2 350~2 490 kg/m³。

　　②当采用体积法时,应按(4.35)公式计算。

$$\begin{cases} \dfrac{m_{c0}}{\rho_c} + \dfrac{m_{f0}}{\rho_f} + \dfrac{m_{s0}}{\rho_s} + \dfrac{m_{g0}}{\rho_g} + \dfrac{m_{w0}}{\rho_w} + 0.01a = 1 \\ \beta_s = \dfrac{m_{s0}}{m_{g0} + m_{s0}} \times 100\% \end{cases} \tag{4.35}$$

式中　　ρ_c——水泥密度,kg/m³,可按现行国家标准《水泥密度测定方法》(GB/T 208—2014)测定,也可取 2 900~3 100 kg/m³;

　　　　ρ_f——掺合料密度,kg/m³,可按现行国家标准《水泥密度测定方法》(GB/T 208—2014)测定;

　　　　ρ_s——细骨料的表观密度,kg/m³,应按现行行业标准《普通混凝土用砂、石质量及检验方法标准》(JGJ 52—2006)测定;

　　　　ρ_{0g}——粗骨料的表观密度,kg/m³,应按现行行业标准《普通混凝土用砂、石质量及检验方法标准》(JGJ 52—2006)测定;

　　　　ρ_w——水的密度,可取 1 000 kg/m³;

　　　　a——混凝土的含气量百分数,在不使用引气剂或引气型外加剂时,a 可取为 1。当

有外加剂和掺合料时,应通过试验确定,并应符合国家标准的规定。

4.5.5　基准配合比的确定

初步配合比是根据经验公式和经验图表估算而得的,因此不一定符合实际情况,必须通过试拌调整。当不符合设计要求时,需通过调整使和易性满足施工要求。

根据初步配合比按规定试拌一定量混凝土,先测定混凝土坍落度,同时观察黏聚性和保水性。如不符合要求,按下列原则进行调整:

(1)当坍落度小于设计要求时,可在保持水胶比不变的情况下,增加用水量和相应的胶凝材料用量或适当增加减水剂用量。

(2)当坍落度大于设计要求时,可在保持砂率不变的情况下,增加砂、石用量或减少减水剂用量(需重新拌合混凝土)。

(3)当黏聚性和保水性不良时(通常是砂率不足),可适当增加砂用量,即增大砂率。

(4)拌合物显得砂浆量过多时,可单独加入适量石子,即降低砂率。

在混凝土和易性满足要求后,测定拌合物的表现密度($\rho_{c,t}$)并计算配合比调整后的混凝土拌合物的表观密度 $\rho_{c,c}$,当混凝土拌合物表观密度实测值与计算值之差的绝对值不超过计算值的 2% 时,调整的配合比可维持不变;当二者之差超过 2% 时,应将配合比中每项材料用量均乘以校正系数(δ)。

基准配合比校正计算如下:

$$\rho_{c,c} = m_{ca} + m_{wa} + m_{sa} + m_{ga} \tag{4.36}$$

$$\delta = \frac{\rho_{c,t}}{\rho_{c,c}} \tag{4.37}$$

$$m'_{ca} = \delta \cdot m_{ca} \tag{4.38}$$

$$m'_{wa} = \delta \cdot m_{wa} \tag{4.39}$$

$$m'_{sa} = \delta \cdot m_{sa} \tag{4.40}$$

$$m'_{ga} = \delta \cdot m_{ga} \tag{4.41}$$

式中　m_{ca}、m_{wa}、m_{sa}、m_{ga}——试拌调整后水泥、水、砂子、石子拌合用量;

m'_{ca}、m'_{wa}、m'_{sa}、m'_{ga}——基准配合比中 1 m³ 混凝土各材料用量;

δ——配合比校正系数;

$\rho_{c,t}$——混凝土表观密度实测值,kg/m³;

$\rho_{c,c}$——混凝土表观密度计算值,kg/m³。

4.5.6　实验室配合比的确定

经过和易性调整试验得出的混凝土基准配合比,其水胶比值不一定选用恰当,其结果是强度不一定符合配制强度的要求,所以应检验混凝土的强度,且检验时至少应采用三个不同的配合比。其中一个应为经过前面拌合物和易性确定的基准配合比,另外两个配合比的水胶比,宜较基准配合比分别增加或减少 0.05;用水量应与基准配合比相同,砂率可分别增加或减少 1%,并同时进行上述试验。对这三组配合比的混凝土都成型强度试件,标养 28 d 后测抗压强度。

由于混凝土抗压强度与其胶水比呈直线关系,根据试验得出的三组混凝土强度与其相应的胶水比(B/W),用作图法或计算法求出与混凝土配制强度($f_{cu,0}$)相对应的胶水比,并按基准配合比所述确定每立方米混凝土的材料用量,计为 m_{cb}、m_{fb}、m_{wb}、m_{sb}、m_{gb}。

当对混凝土耐久性有要求时,则制作相应试件,最终综合决定既能满足强度,又能满足耐久性,且胶凝材料用量最少的配合比作为实验室配合比。

4.5.7 施工配合比的确定

进行混凝土配合比计算时,其计算公式和有关参数表格中的数值均系以干燥状态骨料为基准。(干燥状态骨料系指含水率小于 0.5% 的细骨料或含水率小于 0.2% 的粗骨料),但现场施工所用砂、石料常含有一定的水分。因此,需对配合比进行修正,设砂的含水率为 $a\%$,石子的含水率为 $b\%$,则施工配合比按下列各式计算:

$$m_c = m_{cb} \tag{4.42}$$
$$m_f = m_{fb} \tag{4.43}$$
$$m_w = m_{wb} - m_{sb} \cdot a\% - m_{gb} \cdot b\% \tag{4.44}$$
$$m_s = m_{sb}(1 + a\%) \tag{4.45}$$
$$m_g = m_{gb}(1 + b\%) \tag{4.46}$$

式中 m_c、m_w、m_s、m_g ——施工配合比中水泥、水、砂、石用量。

4.6 特种混凝土

4.6.1 泵送混凝土

泵送混凝土是指坍落度不小于 100 mm,并用泵送施工的混凝土。它能一次连续完成水平运输和垂直运输,效率高、节约劳动力,因而近年来国内外应用十分广泛。

泵送混凝土拌和物必须具有较好的可泵性。所谓可泵性,是指拌和物具有顺利通过管道、摩擦阻力小、不离析、不阻塞和黏聚性良好的性能。

保证混凝土良好可泵性的基本要求是:

(1)水泥

泵送混凝土应选用硅酸盐水泥、普通硅酸盐水泥、矿渣硅酸盐水泥、粉煤灰硅酸盐水泥,不宜采用火山灰硅酸盐水泥。

(2)骨料

泵送混凝土所用粗骨料宜用连续级配,其针片状含量不宜大于 10%。细骨料宜采用中砂,其通过公称直径为 0.3 mm 筛孔的颗粒含量不宜少于 15%。粗骨料的最大公称粒径与输送管径之比宜符合表 4.31 的规定。

表 4.31 粗骨料的最大公称粒径与输送管径之比

粗骨料品种	泵送高度/m	粗骨料最大公称粒径与输送管径之比
碎石	<50	≤1∶3.0
	50~100	≤1∶4.0
	>100	≤1∶5.0
卵石	<50	≤1∶2.5
	50~100	≤1∶3.0
	>100	≤1∶4.0

（3）掺合料与外加剂

泵送混凝土应掺用泵送剂或减水剂，并宜用粉煤灰或其他活性掺合料以改善混凝土的可泵性。

（4）坍落度

泵送混凝土入泵时的坍落度一般应符合表4.32的要求。

表 4.32　混凝土入泵坍落度选用表

泵送高度/m	30 以下	30～60	60～100	100 以上
坍落度/mm	100～140	140～160	160～180	180～200

（5）泵送混凝土配合比设计

泵送混凝土的水胶比不宜大于0.60，水泥和矿物掺合料总量不宜小于300 kg/m³，砂率宜为35%～45%。采用引气剂的泵送混凝土，其含气量不宜超过4%。实践证明，泵送混凝土掺用优质的磨细粉煤灰和矿粉后，可显著改善和易性及节约水泥，而强度不降低。

4.6.2　抗渗混凝土

（1）抗渗混凝土的原材料要求

水泥宜采用普通硅酸盐水泥；粗骨料宜采用连续级配，其最大公称粒径不宜大于40.0 mm，含泥量不得大于1.0%，泥块含量不得大于0.5%；细骨料宜采用中砂，含泥量不得大于3.0%，泥块含量不得大于1.0%；抗渗混凝土宜掺用外加剂和矿物掺合料，粉煤灰等级应为Ⅰ级或Ⅱ级。

（2）抗渗混凝土配合比要求

最大水胶比应符合表4.33的规定；每立方米混凝土中的胶凝材料用量不宜小于320 kg；砂率宜为35%～45%。

（3）混凝土抗渗技术要求

配制抗渗混凝土要求的抗渗水压值应比设计值提高0.2 MPa；抗渗试验结果应满足式（4.47）的要求：

$$P_t \geqslant \frac{P}{10} + 0.2 \qquad (4.47)$$

表 4.33　抗渗混凝土最大水胶比

设计抗渗等级	最大水胶比	
	C20～C30	C30 以上
P6	0.60	0.55
P8～P12	0.55	0.50
>P12	0.50	0.45

式中　P_t——6个试件中不少于3个未出现渗水时的最大水压值，MPa；

P——设计要求的抗渗等级值。

掺用引气剂或引气型外加剂的抗渗混凝土，应进行含气量试验，含气量宜控制在3.0%～5.0%。

4.6.3　抗冻混凝土

（1）抗冻混凝土的原材料要求

水泥应采用硅酸盐水泥或普通硅酸盐水泥；粗骨料宜选用连续级配，其含泥量不得大于1.0%，泥块含量不得大于0.5%；细骨料含泥量不得大于3.0%，泥块含量不得大于1.0%；粗、细骨料均应进行坚固性试验，并应符合现行行业标准《普通混凝土用砂、石质量及检验方法标准》JGJ52 的规定；抗冻等级不小于 F100 的抗冻混凝土宜掺用引气剂；在钢筋混凝土和预应力混凝土中不得掺用含有氯盐的防冻剂,在预应力混凝土中不得掺用含有亚硝酸盐或碳酸盐的防冻剂。

（2）抗冻混凝土配合比要求

①最大水胶比和最小胶凝材料用量应符合表 4.34 的规定。

②复合矿物掺合料掺量宜符合表 4.35 的规定；其他矿物掺合料掺量宜符合混凝土配合比设计规程的要求。

③掺用引气剂的混凝土最小含气量应符合混凝土配合比设计规程的要求。

表 4.34　最大水胶比和最小胶凝材料用量

设计抗冻等级	最大水胶比		最小胶凝材料用量
	无引气剂时	掺引气剂时	
F50	0.55	0.60	300
F100	0.50	0.55	320
不低于 F150	/	0.50	350

表 4.35　复合矿物掺合料最大掺量

水胶比	最大掺量	
	硅酸盐水泥/%	普通硅酸盐水泥/%
≤0.40	60	50
>0.40	50	40

注：1. 采用其他通用硅酸盐水泥时,可将水泥混合材掺量 20%以上的混合材量计入矿物掺合料。
2. 复合矿物掺合料中各矿物掺合料组分的掺量不宜超过混凝土配合比设计规程的限量。

4.6.4　高强混凝土

（1）高强混凝土的原材料要求

水泥应选用硅酸盐水泥或普通硅酸盐水泥；粗骨料宜采用连续级配,其最大公称粒径不宜大于 25.0 mm,针片状颗粒含量不宜大于 5.0%,含泥量不应大于 0.5%,泥块含量不应大于 0.2%；细骨料的细度模数宜为 2.6～3.0,含泥量不应大于 2.0%,泥块含量不应大于 0.5%；宜采用减水率不小于 25%的高性能减水剂；宜复合掺用粒化高炉矿渣粉、粉煤灰和硅灰等矿物掺合料；粉煤灰等级不应低于 Ⅱ 级；对强度等级不低于 C80 的高强混凝土宜掺用硅灰。

（2）高强混凝土的配合比要求

高强混凝土配合比应经试验确定,在缺乏试验依据的情况下,配合比设计宜符合下列规定：

①水胶比、胶凝材料用量和砂率可按表 4.36 选取,并应经试配确定。

表 4.36　水胶比、胶凝材料用量和砂率

强度等级	水胶比	胶凝材料用量（kg/m³）	砂率（%）
>C60,<C80	0.28～0.34	480～560	
≥C80,<C100	0.26～0.28	520～580	35～42
C100	0.24～0.26	550～600	

②外加剂和矿物掺合料的品种、掺量,应通过试配确定；矿物掺合料掺量宜为 25%～40%；硅灰掺量不宜大于 10%。

③水泥用量不宜大于 500 kg/m³。

在试配过程中,应采用三个不同的配合比进行混凝土强度试验,其中一个可为依据表 4.36

计算后调整拌合物的试拌配合比,另外两个配合比的水胶比,宜较试拌配合比分别增加和减少 0.02。

高强混凝土设计配合比确定后,尚应采用该配合比进行不少于三盘混凝土的重复试验,每盘混凝土应至少成型一组试件,每组混凝土的抗压强度不应低于配制强度。

高强混凝土抗压强度测定宜采用标准试件尺寸,使用非标准尺寸试件时,尺寸折算系数应经试验确定。

4.6.5 耐热混凝土

耐热混凝土是指能长期在高温(200~900 ℃)作用下保持所要求的物理和力学性能的一种特种混凝土。

普通混凝土不耐高温,故不能在高温环境中使用。其不耐高温的原因是:水泥石中的氢氧化钙及石灰质的粗骨料在高温下均要产生分解,石英砂在高温下要发生晶型转变而体积膨胀,加之水泥石与骨料的热膨胀系数不同。所有这些,均将导致普通混凝土在高温下产生裂缝,强度严重下降,甚至破坏。

耐热混凝土由合适的胶凝材料、耐热粗细骨料及水,按一定比例配制而成。根据所用胶凝材料不同,通常可分为以下几种:

(1)矿渣水泥耐热混凝土

矿渣水泥耐热混凝土以矿渣水泥为胶凝材料,安山岩、玄武岩、重矿渣、黏土碎砖等为耐热粗细骨料,并以烧黏土、砖粉等作磨细掺合料,再加入适量的水配制而成。耐热磨细掺合料中的二氧化硅和三氧化二铝在高温下均能与氧化钙作用,生成稳定的无水硅酸盐和铝酸盐,它们能提高水泥的耐热性。矿渣水泥配制的耐热混凝土其极限使用温度为 900 ℃。

(2)铝酸盐水泥耐热混凝土

铝酸盐水泥耐热混凝土采用高铝水泥或硫铝酸盐水泥、耐热粗细骨料、高耐火度磨细掺合料及水配制而成。这类水泥在 300~400 ℃下其强度会发生急剧降低,但残留强度能保持不变。到 1 100 ℃时,其结构水全部脱出而烧结成陶瓷材料,则强度重又提高。常用粗、细集料有碎镁砖、烧结镁砖、矾土、镁铁矿和烧黏土等。铝酸盐水泥耐热混凝土的极限使用温度为 1 300 ℃。

(3)水玻璃耐热混凝土

水玻璃混耐热凝土是以水玻璃为胶凝材料,掺入氟硅酸钠作促硬剂,耐热粗细骨料可采用碎铁矿、铬镁砖、滑石、焦宝石等。磨细掺合料为烧黏土、镁砂粉、滑石粉等。水玻璃耐热混凝土的极限使用温度为 1 200 ℃。施工时严禁加水,养护时也必须干燥,严禁浇水养护。

(4)磷酸盐耐热混凝土

磷酸盐耐热混凝土由磷酸铝和高铝耐火材料或锆英石等制备的粗细骨料及磨细掺合料配制而成,目前更多的是直接采用工业磷酸配制耐热混凝土。这种混凝土具有高温韧性强、耐磨性好、耐火度高的特点,其极限使用温度为 1 500~1 700 ℃。磷酸盐耐热混凝土的硬化需在 150 ℃以上烘干,总干燥时间不少于 24 h,硬化过程中不允许浇水。

耐热混凝土多用于高炉基础、焦炉基础、热工设备基础及围护结构、炉衬、烟囱等。

4.6.6 耐酸混凝土

能抵抗多种酸及大部分酸性腐蚀性气体侵蚀作用的混凝土称为耐酸混凝土。

(1)水玻璃耐酸混凝土

水玻璃耐酸混凝土由水玻璃作胶凝材料,氟硅酸钠作促硬剂,与耐酸粉料及耐酸粗、细骨料按一定比例配制而成。耐酸粉料由辉绿岩、耐酸陶瓷碎料、石英质材料磨细而成。耐酸粗、细骨料常用石英岩、辉绿岩、安山岩、铸石等。水玻璃耐酸混凝土的配合比一般为水玻璃∶耐酸粉料∶耐酸细骨料∶耐酸粗骨料=(0.6~0.7)∶1∶1∶(1.5~2.0)。水玻璃耐酸混凝土养护温度不低于 10 ℃,养护时间不少于 6 d。

水玻璃耐酸混凝土能抵抗除氢氟酸以外的各种酸类的侵蚀,特别是对硫酸、硝酸有良好的抗腐蚀性,且具有较高的强度,其 3 d 强度约为 11 MPa,28 d 强度可达 15 MPa。多用于化工车间的地坪、酸洗槽、贮酸池等。

(2)硫磺耐酸混凝土

它是以硫磺为胶凝材料,聚硫橡胶为增韧剂,掺入耐酸粉料和细骨料,经加热(160~170 ℃)熬制成硫磺砂浆,灌入耐酸粗集料中冷却后即为硫磺耐酸混凝土。其抗压强度可达 40 MPa 以上,常用于地面、设备基础、储酸池槽等。

4.6.7　聚合物混凝土

硬化混凝土的性能可以通过掺入聚合物进行改善,这类混凝土称为聚合物混凝土。聚合物混凝土是由有机聚合物、无机胶凝材料和集料结合而成的新型混凝土。依据处理工艺,聚合物混凝土可以分为聚合物浸渍混凝土、纯聚合物混凝土和聚合物改性混凝土。

(1)聚合物浸渍混凝土

将已硬化的混凝土干燥后浸入有机单体中,用加热或辐射等方法使混凝土孔隙内的单体聚合,使混凝土与聚合物形成整体,称为聚合物浸渍混凝土。

只要单聚物能进入混凝土的孔隙中,不管其具有何种形状、尺寸、取向或质量,混凝土都可以被浸渍到一定的程度。可以通过去除混凝土孔隙中的主要自由水,以增加聚合物的浸渍孔隙。孔隙中单聚合物的填充程度决定了混凝土是属于部分浸渍或是完全浸渍。完全浸渍一般要求有 85% 的孔隙被填充,部分浸渍的孔隙填充率则小于 85%,且一般只有邻近表面的区域被浸渍。经浸渍且含有单聚物的混凝土还需进行处理,以便将单聚合物转变成聚合物。这一聚合作用使单聚合物分子通过化学键连接成多重键式结构并具有较大的分子量,也即称为聚合物。两种常用的聚合方法包括热催化法和促进催化法。聚合后形成的新型复合材料由两个相互穿插的网络结构组成,即最初的水泥水化产物网络和新形成的聚合物网络。

由于聚合物填充了混凝土内部的孔隙和微裂缝,从而增加了混凝土的密实度,提高了水泥与集料之间的黏结强度,减少了应力集中,因此具有高强、耐蚀、抗冲击等优良的物理力学性能。与基材(混凝土)相比,抗压强度可提高 2~4 倍,一般可达 150 MPa。

浸渍所用的单体有:甲基丙烯酸甲酯(MMA)、苯乙烯(S)、丙烯腈(AN)、聚酯-苯乙烯等。对于完全浸渍的混凝土应选用黏度尽可能低的单体,如 MMA、S 等,对于部分浸渍的混凝土,可选用黏度较大的单体如聚酯-苯乙烯等。

聚合物浸渍混凝土适用于要求高强度、高耐久性的特殊构件,特别适用于输送液体的有筋管道、无筋管道和坑道。

不管含有何种骨料、水泥和外加剂,几乎所有的混凝土都可以进行浸渍处理,这种制备工艺简单,可以在任何龄期下进行,但复合材料的最终性能则取决于材料的性质及养护条件。另外,高质量的致密混凝土仅需要较少的单聚物即可完全浸渍。

(2)纯聚合物混凝土

纯聚合物混凝土是一种集料由单聚合物黏结的复合材料。该复合材料不含水化水泥产物,故若掺入水泥,仅是作为骨料或填料。纯聚合物混凝土有如下特性:在 $-18\sim40$ ℃温度条件下可快速养护,抗拉、抗弯和抗压强度高,轻质,有很好的耐久性和抗冻融循环能力,渗透性低和化学侵蚀性高等。

纯聚合物混凝土主要用于普通混凝土材料的修补、混凝土外层保护、建筑装饰板、管道及容器内壁等。纯聚合物混凝土可以作为快速养护、高强修补材料,用于混凝土构件的修补,这种应用多集中于高速公路构件的修补,因关闭交通时间不能太长。纯聚合混凝土的应用多种多样,但其实际应用和性能则取决于特定的单聚合物种类以及集料的种类和粒径。

(3)聚合物改性混凝土

聚合物改性混凝土由水泥和集料与混合有机聚合物的水进行搅拌而成。在水泥水化时,聚合物也开始聚合,导致在混凝土中产生水化产物和聚合膜两种基体共存。这有助于改善混凝土的黏聚性能,提高抗渗性、耐久性和强度特性。

聚合改性混凝土的搅拌和浇筑与普通混凝土的相同,但搅拌时间可稍短一些,以减少气体含量。聚合改性混凝土的养护制备则与普通混凝土的不同,湿养护仅需在早期的 $1\sim2$ d 内进行,以防止混凝土的塑性收缩。养护时间过长,会延缓聚合作用,并导致强度下降。

聚合改性混凝土主要用于改善黏聚性和抗水性。实际应用包括增强钢筋的防锈保护,防止轻微的化学侵蚀及混凝土的表面修补等。

复习思考题

1. 普通混凝土的组成材料有哪些?各组成材料在混凝土中起什么作用?

2. 细骨料级配及粗细程度的含义是什么?如何判定细骨料级配及粗细程度?考虑细骨料级配及粗细程度有何意义?

3. 石子最大粒径的选择要考虑哪些问题?

4. 为什么要限制砂石材料中有害杂质的含量?

5. 制作混凝土时采用碎石和采用卵石有何区别?

6. 什么是合理砂率?并评价合理砂率的技术经济意义。

7. 什么是混凝土的和易性?分析影响混凝土和易性的因素?

8. 分析影响混凝土强度的因素?如何提高混凝土的强度?

9. 试述混凝土耐久性的内容及其影响因素。

10. 分析引起混凝土开裂的因素。

11. 混凝土配合比设计的基本要求和基本原理有哪些?

12. 简要说明配合比的设计步骤。

13. 什么是减水剂、引气剂、缓凝剂?常用的类型有哪些?使用这些外加剂各有何技术经济效益?

14. 用 500 g 干砂做筛分试验,各筛筛余量如表 4.37 所示。通过计算判定级配及粗细程度。

表 4.37　某砂的筛分试验结果

筛孔尺寸/mm	9.50	4.75	2.36	1.18	0.60	0.30	0.15
筛余量/g	0	25	70	78	98	124	103

15. 某实验室试拌混凝土,经调整后各材料的用量为:普通水泥 4.5 kg、水 2.7 kg、砂 9.9 kg、碎石 18.9 kg,拌和物表观密度为 2 380 kg/m³,若施工现场砂子含水率为 3.5%,碎石含水率为 1%,试求施工配合比。

16. 混凝土的配合比为 1∶2.1∶4.4,水灰比为 0.60,已知普通水泥密度为 3.10 g/cm³,中砂表观密度为 2.60 g/cm³,碎石表观密度为 2.70 g/cm³。试计算 1 m³ 混凝土中各材料的用量。

17. 尺寸为 100 mm×100 mm×100 mm 的某组混凝土试件,标准养护 7 d 后,测得其破坏荷载分别为 160 kN、140 kN、175 kN,试计算该组试件的混凝土 28 d 标准立方体抗压强度。若已知该混凝土由水泥强度等级 32.5(富余系数 1.10)的普通硅酸盐水泥和卵石配制而成,试估计所用的水灰比。

18. 某高层建筑结构需用 C40 混凝土,要求坍落度为 30～50 mm,已知材料情况为:

(1)水泥:强度等级为 42.5,密度为 3.15 g/cm³;

(2)砂:中砂,表观密度为 2.60 g/cm³;

(3)碎石:表观密度为 2.7 g/cm³。

试求初步配合比。

第5章 砂　浆

砂浆由胶结材料、细集料和水,有时也掺入某些外掺材料,按一定比例配合调制而成,与混凝土相比,无粗集料,所以它又可以看作是一种细集料混凝土。

建筑砂浆按照所用的胶凝材料分为:水泥砂浆、石灰砂浆、石膏砂浆、混合砂浆、聚合物砂浆等。另外,还有两种胶凝材料形成的混合砂浆,如水泥石灰砂浆、水泥黏土砂浆和石灰黏土砂浆等。

砂浆根据其主要功能分为:砌筑砂浆、抹面砂浆以及具有特殊功能的装饰砂浆、保温砂浆、吸声砂浆、防水砂浆、防腐蚀砂浆、耐酸砂浆等。砌筑砂浆是将砖、石、砌体等黏结成为砌体的砂浆;抹面砂浆是涂抹在建筑物或建筑构件表面,兼有保护基层,满足使用要求和增加美观的作用。

砂浆在建筑工程中用途广泛,用量也大,其主要用途是:将砖、石及砌块等建材制品黏结成整体;用作管道、大板等接头或接缝材料;用于室内外的基础、墙壁、梁柱、地板和顶棚等的表面抹灰;用作粘贴大理石、瓷砖、贴面砖、水磨石、马赛克等饰面层的黏结材料;配制具有特殊功能的砂浆。

5.1 砂浆组成材料

5.1.1 胶凝材料

常用的胶凝材料有水泥、石灰、有机聚合物等。胶凝材料的品种应根据砂浆的使用环境和用途来选择,对于干燥环境下的结构物,可以选用气硬性胶凝材料,如石灰、石膏等;处于潮湿环境或水中的砂浆,则必须选用水硬性胶凝材料,即水泥。为了提高砂浆与基层材料黏结力,还可以在水泥砂浆中掺入有机聚合物。

(1)水泥

常用的水泥品种都可用来配制砂浆,水泥品种选择与混凝土相同。配制砌筑砂浆用水泥的强度等级应根据设计要求进行选择。由于对砂浆的强度要求并不很高,一般采用中等强度等级的水泥就能够满足要求。水泥砂浆采用的水泥,其强度等级不宜大于 32.5 级;水泥混合砂浆采用水泥强度等级不宜大于 42.5 级。如果水泥强度等级过高,可适当掺入掺合料。

(2)石灰

为了改善砂浆的和易性和节约水泥,常在砂浆中掺入适量的石灰。配制石灰砂浆和水泥石灰混合砂浆时,所用石灰都需要经过熟化后使用。生石灰熟化成石灰膏时,应用孔径不大于 3 mm×3 mm 的网过滤。熟化时间不得少于 7 d,用于抹灰砂浆不得少于 30 d,磨细生石灰粉的熟化时间不得小于 2 d。沉淀池中贮存的石灰膏,应采取防止干燥、冻结和污染的措施,严禁使用脱水硬化的石灰膏,消石灰粉不得直接用于砌筑砂浆中。

(3)石膏

石膏可以掺入石灰砂浆中,以改善石灰砂浆的性质,以石膏配制的石膏砂浆可以用作高级抹灰层,石膏砂浆具有调温调湿作用(因为石膏热容量大,吸湿性大),且粉刷后的墙体表面光滑、细腻、洁白美观。

(4)聚合物

由于聚合物为链型或体型高分子化合物,且黏性好,在砂浆中可呈膜状大面积分布,因此可提高砂浆的黏结性、韧性和抗冲击性。同时也有利于提高砂浆的抗渗、抗碳化等耐久性能,但是可能会使砂浆的抗压强度下降,常用的聚合物有聚乙烯醇缩甲醛(107胶)、聚醋酸乙烯乳液、甲基纤维素醚、聚酯树脂、环氧树脂等。

5.1.2 掺和料

在施工现场为改善砂浆的和易性,节约胶凝材料用量,降低砂浆成本,在配制砂浆时可掺入石灰膏、电石膏、粉煤灰、黏土膏等掺合料。石灰的要求同前。采用黏土或亚黏土制备黏土膏时,宜采用搅拌机加水搅拌,通过孔径不大于 3 mm×3 mm 的网过筛。用比色法鉴定黏土中的有机物含量时应浅于标准色。制作电石膏的电石渣应用孔径不大于 3 mm×3 mm 的网过滤,检验时应加热至 70 ℃并保持 20 min,没有乙炔气味后,方可使用。粉煤灰的品质指标和磨细生石灰的品质指标应符合国家标准《用于水泥和混凝土中的粉煤灰》(GB 1596—2005)及行业标准《建筑生石灰》(JC/T 479—2013)的要求。石灰膏、黏土膏和电石膏试配时的稠度,应为(120±5)mm。

5.1.3 细骨料

配制建筑砂浆的细骨料常用的是天然砂,用砂除应符合混凝土用砂的技术要求外,还要注意下面两点:

(1)砂的最大粒径的限制

理论上不应超过砂浆层厚度的 1/4~1/5。例如砖砌体用砂宜选用中砂,最大粒径从不大于 2.36 mm 为宜;石砌体用砂宜选用粗砂,砂的最大粒径以不大于 4.75 mm 为宜;光滑的抹面及勾缝的砂浆宜采用细砂,其最大粒径以不大于 1.18 mm 为宜。

(2)砂的含泥量的规定

砌筑砂浆的砂含泥量不应超过 5%,强度等级为 M2.5 的水泥混合砂浆用砂的含泥量不应超过 10%,配制高强度砂浆时,为保证砂浆质量应选用洁净的砂。

5.1.4 水

拌制及养护砂浆用水与混凝土拌和用水的要求相同,均需满足《混凝土用水标准》(JGJ 63—2006)的规定。

5.1.5 外加剂及其他材料

为改善砂浆的和易性、保温性、防水性、抗裂性等性能,常在砂浆中掺入外加剂。水泥黏土砂浆中不得掺入有机塑化剂。

若掺入塑化剂(微沫剂、减水剂、泡沫剂等)可以提高砂浆的和易性、抗裂性、抗冻性及保温性,减少用水量,且塑化剂还可以代替大量石灰。塑化剂有皂化松香、纸浆废液、硫酸盐酒精废液等。掺量由试验确定。

若掺入石棉纤维、玻璃纤维等材料可以提高砂浆的抗拉强度、抗裂性。

若掺入膨胀珍珠岩砂或引气剂等可以提高砂浆保温性。

若掺入防水剂,可以提高砂浆的防水性和抗渗性等,若掺入氯化钠、氯化钙可以提高冬季施工砂浆的抗冻性。

5.2 砂浆的主要技术性质

砂浆与混凝土相比,只是在组成上没有粗集料,因此有关混凝土性质的规律,如和易性和强度理论等大都适用于砂浆,但必须注意到,砂浆在使用中常为一薄层,并且在建筑中大多是涂铺在多孔而吸水的基底上,由于这些应用上的特点,对砂浆性质的要求及影响因素与混凝土不尽相同。

建筑砂浆的主要技术性质包括新拌砂浆的和易性、硬化后砂浆的强度、黏结性和收缩等。

5.2.1 新拌砂浆的性质

新拌砂浆与新拌混凝土一样,必须具有良好的和易性,和易性良好的砂浆,不仅在运输和施工过程中不易产生分层、离析现象,而且容易在砖石基底上铺成均匀的薄层,并能与基底紧密黏结,砂浆和易性的好坏,主要取决于它的流动性和保水性。

(1)流动性

砂浆的流动性也叫稠度,是指在自重或外力作用下是否易于流动的性能。

施工时,砌筑砂浆铺设在粗糙不平的砖、石砌块表面上,需要能很好地铺成均匀密实的砂浆层;抹面砂浆要能很好地抹成均匀薄层;采用喷涂施工需要泵送砂浆,这都需要砂浆具有一定流动性。

砂浆的流动性一般可由施工操作经验来掌握,也可在实验室中,用砂浆稠度仪测定其稠度值(即沉入量)来表示砂浆的流动性,试验方法参阅砂浆试验部分。

影响砂浆流动性的因素与混凝土相同,即胶凝材料种类和用量、用水量,细集料种类、颗粒粗细、形状、级配、用量,塑化剂种类、用量,掺合料用量以及搅拌时间等。

砂浆流动性的选择与砌体材料种类、施工方法以及天气情况有关,砌筑多孔吸水的砌体材料,要求砂浆的流动性比砌筑密实不吸水砌体材料的大一些,天气潮湿或寒冷天气施工则可采用较小值,一般情况可参考表5.1、表5.2选择。

表 5.1 砌筑砂浆流动性要求

砌 体 种 类	砂浆稠度/mm
烧结普通砖砌体	70～90
石砌体	30～50
轻集料混凝土小型空心砌块砌体	60～90
烧结多孔砖、空心砖砌体	60～80
烧结多孔砖平拱式过梁	50～70
空心墙、筒拱	
普通混凝土小型空心砌块砌体	
加气混凝土砌块砌体	

表 5.2 抹面砂浆流动性要求

抹灰工程	机械施工	手工操作
	砂浆稠度/mm	砂浆稠度/mm
准备层	80～90	110～120
底层	70～90	70～80
面层	70～90	90～100
石膏浆面层	—	90～120

（2）保水性

砂浆保水性是指砂浆保存水分的能力,也表示砂浆中各组成材料不易分离的性质。保水性不好的砂浆,在运输过程中容易泌水离析,砌筑时水分易被表面所吸收,砂浆变得干涩,难于铺摊均匀。同时也影响胶凝材料的正常硬化,而且与底面黏结不牢,致使砌体质量不良。为了保证砌体质量,要求砂浆具有良好的保水性。

砂浆的保水性用分层度表示,测定时将搅拌均匀的砂浆测其沉入度后,装入分层度桶内,静置 30 min,去掉上节 20 mm 砂浆,剩余的 10 mm 砂浆取出放在拌和桶内拌 2 min,再按规定的稠度试验方法测其稠度,两次结果的差值即为分层度值。保水性良好的砂浆其分层度较小,一般分层度为 10～20 mm 的砂浆,砌筑与抹面均可使用,砌筑砂浆的分层度不得大于 30 mm。

若分层度太小,说明保水性很强,上下无分层现象,但这种情况往往是胶凝材料用量过多或者砂过细,致使砂浆干缩值大,尤其不宜作抹灰砂浆;若分层度太大,说明保水性不良,水分上升,砂及水泥颗粒等重质成分沉降较多,易产生离析,不便施工。

砂浆保水性的优劣与材料组成有关,如果砂浆中砂和水用量过大,胶凝材料不足,则砂浆保水性就不好,若掺入适量的保水性良好的无机掺合料,如石灰膏、黏土膏或粉状工业废料等,则砂浆保水性可得到显著改善,如果砂子过粗,易于下沉,使水分上浮,也容易分层离析。在砂浆中掺入塑化剂或引气剂,可以有效地改善砂浆的流动性、保水性,与混凝土相似。

5.2.2　硬化砂浆的性质

（1）抗压强度与强度等级

砂浆强度等级是以 70.7 mm×70.7 mm×70.7 mm 的 3 个立方体试块,按标准条件制作并养护至 28 d 的抗压强度代表值确定。根据《砌筑砂浆配合比设计规程》(JGJ/T 98—2010)的规定,水泥砂浆及预拌砌筑砂浆的强度等级分为 M5、M7.5、M10、M15、M20、M25、M30;水泥混合砂浆的强度等级可分为 M5、M7.5、M10、M15。

实际工作中,多根据具体的组成材料,采用试配的办法,经过试验确定其抗压强度,因为影响砂浆抗压强度的因素较多,其组成材料的种类也较多。因此,很难用简单的公式准确地计算出其抗压强度,但一般可按下面两种情况考虑。

①当基底为不吸水材料(如致密的石材)时,则砂浆的强度与混凝土相似,主要取决于水泥强度和水灰比,即砂浆的强度与水泥强度和灰水比成正比关系。

②当基底为吸水材料(如砖、砌块等多孔材料)时,由于基体的吸水性较强,即使砂浆用水量不同,但因砂浆具有一定保水性能,经过吸水后保留在砂浆中的水分几乎是相同的。因此,砂浆的强度主要取决于水泥强度及水泥用量,而与水灰比无关,其强度可按式(5.1)计算:

$$f_{m,0}=\frac{\alpha Q_c f_{ce}}{1\ 000}+\beta \tag{5.1}$$

式中　$f_{m,0}$——砂浆 28 d 抗压强度,MPa;

　　　f_{ce}——水泥的实测强度,MPa;

　　　Q_c——每立方砂浆中水泥用量,kg/m³;

　　　α、β——砂浆特征系数,其中 $\alpha=3.03$,$\beta=-15.09$。

（2）黏结性

由于砖、石、砌块等材料是靠砂浆黏结成一个坚固整体并传递荷载的,因此,要求砂浆与基材之间应有一定的黏结强度。黏结力的大小直接影响整个砌体的强度、耐久性、稳定性和抗震能力。

一般来说,砂浆的黏结力随着抗压强度的增大而提高。此外,黏结力也与砌体材料的表面状态、清洁程度、润湿情况以及施工养护条件有关,如砌砖先喷水湿润,使其表面干净,就可以提高砂浆与砖之间的黏结力,加入聚合物也可使砂浆的黏结力大为提高。

(3)变形

砂浆在承受荷载或温度、湿度条件变化时,容易变形。如果变形过大或变形不均匀,就会降低砌体及抹面层的质量,引起沉陷或开裂。若使用轻集料(如炉渣)拌制砂浆或是混合材料掺量太多也会造成砂浆的收缩变形过大,为了防止抹面砂浆因收缩变形不均匀而开裂,可在砂浆中掺入麻刀、纸筋等纤维材料。

5.3 砌筑砂浆及其配合比设计

5.3.1 砌筑砂浆强度等级及种类

(1)砂浆的强度等级

砌筑砂浆在砌体中主要起传递外力的作用,砌体强度主要取决于砖、石或砌块等建材制品本身的强度,但砂浆层所处的状态不同,对砌体强度影响的大小也不一样。一般砂浆强度降低30%～35%时,砌体强度将降低5%～7%。选择砂浆强度等级,主要考虑砌体受力大小、所处环境及工程的重要性,一般由设计决定。

(2)砂浆种类选择

根据砂浆使用环境和强度指标来确定砂浆的种类。目前常用的砌筑砂浆主要有水泥混合砂浆和水泥砂浆两类。水泥砂浆适用于潮湿环境、水中以及要求砂浆强度等级较高的工程,当砂浆强度等级不高,水泥用量少时,砂浆和易性差,为保证和易性,往往浪费水泥。因此,采用掺入掺合料制成水泥混合砂浆可满足使用要求。

5.3.2 砌筑砂浆配合比确定

1)水泥混合砂浆配合比计算

(1)计算砂浆试配强度 $f_{m,0}$

砂浆的试配强度应按式(5.2)计算。

$$f_{m,0}=kf_2 \tag{5.2}$$

式中 $f_{m,0}$——砂浆的试配强度,精确至 0.1 MPa;

f_2——砂浆强度等级值,精确至 0.1 MPa;

k——系数,按表 5.3 取值。

表 5.3 砂浆强度标准差 σ 及 k 值

施工水平 \ 砂浆强度等级	强度标准差 σ/MPa							k
	M5	M7.5	M10	M15	M20	M25	M30	
优 良	1.00	1.50	2.00	3.00	4.00	5.00	6.00	1.15
一 般	1.25	1.88	2.50	3.75	5.00	6.25	7.50	1.20
较 差	1.50	2.25	3.00	4.50	6.00	7.50	9.00	1.25

注:σ 按照砌筑砂浆现场强度的统计资料确定,无统计资料时,按此表确定。

(2)计算每立方米砂浆中的水泥用量 Q_c

每立方米中的水泥用量应按式(5.3)计算。

$$Q_c = \frac{1\,000(f_{m,0} - \beta)}{\alpha \cdot f_{ce}} \tag{5.3}$$

式中　Q_c——每立方体砂浆中水泥用量,精确至 1 kg;

$f_{m,0}$——砂浆的试配强度,精确至 0.1 MPa;

f_{ce}——水泥的实测强度,精确至 0.1 MPa;

α、β——砂浆特征系数,其中 $\alpha = 3.03$,$\beta = -15.09$。

(3)计算每立方米砂浆中掺合料用量 Q_d

水泥混合砂浆的掺合料用量应按(5.4)式计算。

$$Q_d = Q_a - Q_c \tag{5.4}$$

式中　Q_d——每立方米砂浆的掺合料用量,精确至 1 kg;石灰膏使用时的稠度为(120±5) mm;

Q_c——每立方米砂浆的水泥用量,精确至 1 kg;

Q_a——每立方米砂浆中水泥和掺合料的总量,精确至 1 kg;可为 350 kg。

(4)确定每立方米砂浆中砂子用量 Q_s

每立方米砂浆中的砂子用量,应以干燥状态(含水率小于 0.5%)的堆积密度作为计算值。

(5)每立方米砂浆用水量 Q_w 的选择

每立方米砂浆中的用水量,可根据砂浆稠度等要求选用 210~310 kg。

注:①混合砂浆中的用水量,不包括石灰膏或黏土膏中的水;

②当采用细砂或粗砂时,用水量分别取上限或下限;

③稠度小于 70 mm 时,用水量可小于下限;

④施工现场气候炎热或干燥季节,可酌量增加用水量。

2)水泥砂浆配合比计算

(1)水泥砂浆的材料用量按表 5.4 选用。

表5.4　每立方米水泥砂浆材料用量(kg/m³)

强度等级	水泥	砂	用水量
M5	200~230	1 m³砂子的堆积密度值	270~330
M7.5	230~260		
M10	260~290		
M15	290~330		
M20	340~400		
M25	360~410		
M30	430~480		

注:M15 及以下强度等级的水泥砂浆,水泥强度等级为 32.5 级;M15 以上强度等级的水泥砂浆,水泥强度等级为 42.5 级。

(2)水泥粉煤灰砂浆材料用量按表 5.5 选用。

表 5.5 每立方米水泥粉煤灰砂浆材料用量(kg/m³)

强度等级	水泥和粉煤灰总量	粉煤灰	砂	用水量
M5	210~240	粉煤灰掺量可占胶凝材料总量的15%~25%	1 m³砂的堆积密度值	270~330
M7.5	240~270			
M10	270~300			
M15	300~330			

注:表中水泥强度等级为32.5级。

3)配合比的试配、调整与确定

砂浆试配时应采用工程中实际使用的材料,采用机械搅拌,搅拌时间自投料结束后算起,水泥砂浆和水泥混合砂浆不得小于 120 s,掺用粉煤灰和外加剂的砂浆不得小于 180 s。

按计算或查表选用的配合比应进行试拌,测定其拌合物的稠度和分层度,当不能满足要求时,应调整材料用量,直到符合要求为止,然后确定试配后砂浆基准配合比。

试配时至少应采用三个不同的配合比,其中一个为基准配合比,其他两个配合比的水泥用量应按基准配合比分别增加及减少 10%。在保证稠度、分层度合格的条件下,可将用水量或掺合料用量作相应调整,对三个不同的配合比进行调整后,应按《建筑砂浆基本性能试验方法》(JGJ/T 70—2009)的规定成型试件,测定砂浆强度,并选定符合试配强度要求的且水泥用量低的配合比作为砂浆配合比。

当砂浆的实测表观密度值 ρ_t 与理论表观密度值 ρ_c 之差的绝对值超过理论值的 2% 时,应将试配配合比中各项材料用量乘以校正系数 δ($\delta = \rho_t/\rho_c$)后,确定为砂浆设计配合比,当不超过 2% 时,不需校正。

5.4 普通抹面砂浆

普通抹面砂浆对建筑物和墙体起到保护作用。它可以抵抗风、雨、雪等自然环境的侵蚀,并提高建筑物的耐久性,同时经过抹面的建筑物表面或墙面又可以达到平整、光滑、美观的效果。

常用的普通抹面砂浆有水泥砂浆、石灰砂浆、水泥混合砂浆、麻刀石灰砂浆(简称麻刀灰)、纸筋砂浆(简称纸筋灰)等。

普通抹面砂浆通常分为两层或三层进行施工。底层抹灰的作用是使砂浆与基底能牢固地黏结,因此要求底层砂浆具有良好的和易性、保水性和较好的黏结强度。中层抹灰主要是找平,有时可省略。面层抹灰是为了获得平整、光滑的表面效果。各层抹灰面的作用及要求不同,因此每层所选用的砂浆也不一样,同时不同的基底材料和工程部位,对砂浆技术性能要求也不同,这也是选择砂浆种类的主要依据。

水泥砂浆宜用于潮湿或强度要求较高的部位,混合砂浆多用于室内底层或中层或面层抹灰,石灰砂浆、麻刀灰、纸筋灰多用于室内中层或面层抹灰,水泥砂浆不得涂抹在石灰砂浆层上。

5.5 特种砂浆

在土木工程中,一些能满足某种特殊功能要求的砂浆称为特种砂浆。如装饰砂浆、防水砂浆、保温砂浆、吸声砂浆、防辐射砂浆等。

5.5.1　装饰砂浆

装饰砂浆是指涂抹在建筑物内外墙表面,具有美观装饰效果的抹面砂浆。装饰砂浆的底层和中层抹灰与普通抹面砂浆基本相同,但是其面层要选用具有一定颜色的胶凝材料和集料或者经各种加工处理,使得建筑物表面呈现出各种不同的色彩、线条和花纹等装饰效果。

(1)装饰砂浆的组成材料

①胶凝材料。装饰砂浆所用胶凝材料与普通抹面砂浆基本相同,只是灰浆类装饰砂浆较多地采用白色水泥或彩色水泥。

②集料。装饰砂浆所用集料除普通天然砂外,石渣类装饰砂浆常使用石英砂、彩釉砂、着色砂、石渣等。

③着色剂。装饰性砂浆的着色剂应选用具有较好耐候性的矿物颜料。

(2)装饰砂浆的类型

装饰砂浆按饰面方式可分为灰浆类装饰砂浆和石渣类装饰砂浆两大类。

①灰浆类装饰砂浆

灰浆类装饰砂浆是用各种着色剂使水泥砂浆着色,或对水泥砂浆表面进行艺术处理,获得一定色彩、线条、纹理质感的表面装饰砂浆。其主要优点是材料来源广泛,工艺简单,造价低廉,而且借助不同的艺术加工,可以创造出不同的装饰效果。灰浆类装饰砂浆常用的饰面方式有以下几种:

a.拉毛灰。拉毛灰是用铁抹子或木蟹,将罩面灰轻压后顺势用力拉起,形成凹凸质感很强的饰面方式。拉细毛时用棕刷黏着灰浆拉成细的凹凸花纹。拉毛灰不仅具有装饰作用,还有一定的吸声作用,一般用于外墙及影剧院等公共建筑的室内墙壁和天棚的饰面。

b.甩毛灰。甩毛灰是用竹丝刷等工具将罩面灰浆甩在墙面上,形成大小不一而又有规律的云朵状毛面饰面层。

c.仿面砖。仿面砖是在掺有着色剂的水泥砂浆抹面上,用特制的铁钩或靠尺,按设计要求的尺寸进行分格处理,形成表面平整、沟纹清晰的装饰效果,酷似贴面砖饰面,多用于外墙装饰。

d.喷涂。喷涂是用挤压式砂浆泵或喷斗,将掺有聚合物的水泥砂浆喷涂在墙面基层或底面上,形成波浪、颗粒或花点质感的饰面层。为了提高墙面的耐久性和减少污染,再在表面上喷一层甲基硅醇钠或甲基硅树脂疏水剂。喷涂一般用于外墙装饰。

e.弹涂。弹涂是将掺有107胶的水泥砂浆,用电动弹力器,分次弹涂到墙面上,形成1~3 mm圆状的带色斑点,获得不同色点相互交错、相互衬托、色彩协调的饰面层。最后再刷一道树脂面层起保护作用。弹涂可用于内外墙饰面。

f.拉条。拉条是在面层砂浆抹好后,用一凹凸状的轴辊在砂浆表面上滚压出条纹的一种饰面方式。拉条饰面的立体感强,适用于会场、大厅等内墙装饰。

②石渣类装饰砂浆

石渣由天然的大理石、花岗岩及其他天然石材经破碎而成,俗称米石。常用的规格有大八厘(粒径为8 mm)、中八厘(粒径为6 mm)、小八厘(粒径为4 mm)。石渣类饰面的装饰方式是用水泥、石渣、试拌成石渣浆,同时采用不同的加工手段除去表面水泥浆皮,使石渣呈现不同的外露形式以及水泥浆与石渣的色泽对比,构成不同的装饰效果。石渣类饰面比灰浆类饰面色泽鲜明,质感丰富,不易褪色,耐光性和耐污染性也较好。石渣类装饰砂浆常用的饰面方式有以下几种:

a. 水刷石。水刷石是将水泥石渣浆涂抹在基面上,待水泥浆初凝后,用毛刷刷洗,或用喷枪以一定的压力水冲刷表层水泥浆,使石渣外露,达到饰面效果。一般用于外墙饰面。

b. 干黏石。干黏石,又称甩石子,是将石渣、彩色石子等黏在掺有水泥或 107 胶的水泥砂浆黏结面上,再拍平压实而成的饰面。施工时,可采用手工甩黏或机械甩喷,石子一定要黏结牢固,不掉渣,不露浆,且石渣的 2/3 应压入砂浆黏结层内。一般用于外墙饰面。

c. 水磨石。水磨石由水泥、白色大理石石渣或彩色石渣及水按一定比例配制,需要时掺入适量颜料,经搅拌、浇筑、养护,待其硬化后,在表面打磨,洒草酸冲洗,干燥后上蜡而成的饰面。石磨石可现场制作,也可预制。一般用于地面、窗台、墙裙等。

d. 斩假石。斩假石又称剁斧石,是以水泥、石渣及水按适当比例拌制成石渣浆,进行面层抹灰,待硬化到一定强度时,用斧子或凿子等工具,在面层上剁斩出纹理,获得类似天然石材经雕琢后的纹理质感。一般用于室外柱面、栏杆、踏步等的装饰。

5.5.2　防水砂浆

防水砂浆是用作防水层的砂浆,是一种具有高抗渗性能的砂浆,可用于不受振动作用的(混凝土、砖石结构等稳定的基底上铺设)刚性防水层。它是用特定的施工工艺或在普通水泥中加入防水剂等以提高砂浆的密实性或改善抗裂性,使硬化后的砂浆层具有防水、抗渗等性能。

防水砂浆常用的施工方式有两种:

(1)利用高压喷枪将砂浆以 100 m/s 的高速喷到建筑物的表面,砂浆被高压空气压实后,密度大,抗渗性能好,但由于施工条件的限制,目前应用还不广泛。

(2)分工多层抹压法。将砂浆分几层压实,以减少内部的连通孔隙,提高密实度,达到防水的效果。就单层砂浆来说,大面积施工总是或多或少存在缺陷,但是如果将砂浆层双层重叠,两层缺陷部位重合的几率就会减少,层数越多,缺陷集中出现的几率就越小,抗渗能力随之提高。防水砂浆一般采用四、五层施工,其原因就在于此。但这种防水层的施工方法,对施工操作的技术要求很高。

防水砂浆配合比为水泥:砂≤1:2.5,水灰比应为 0.50~0.60,稠度不应大于 80 mm。水泥宜选用 32.5 级以上的水泥,砂子应选用洁净的中砂。防水剂的掺量按生产厂家推荐的最佳掺量掺入,进行试配,最后确定适宜的掺量。

5.5.3　保温砂浆

保温砂浆又称绝热砂浆,是以水泥、石膏等胶凝材料与轻质多孔集料(膨胀珍珠岩、膨胀蛭石、浮石、陶粒等)按一定比例配制的砂浆。具有轻质、保温的特性,主要用于屋面、墙体绝热层和热水、空调管道的绝热层。

常用的保温砂浆有水泥膨胀珍珠岩砂浆、水泥膨胀蛭石砂浆、水泥石灰膨胀蛭石砂浆等。

5.5.4　吸声砂浆

吸声砂浆又称吸声砂浆,是采用轻质集料拌制而成的保温砂浆。由于集料内部孔隙率大,因而具有良好的吸声性能。若在吸声砂浆内掺入锯末、玻璃纤维、矿物棉等松软的材料能获得更好的吸声效果。吸声砂浆主要用于室内的吸声墙面和顶面。

5.5.5　耐酸砂浆

耐酸砂浆一般是由水玻璃、氟硅酸钠、石英砂、花岗岩砂、铸石等按适当的比例配制而成的砂浆。具有较强的耐酸性,主要作为衬砌材料、耐酸地面或内壁防护层等。

5.5.6　防辐射砂浆

防辐射砂浆是在重水泥(钡水泥、锶水泥)中加入重集料(黄铁矿、重晶石、硼砂等)配制而成的具有防 X 射线的砂浆。其配合比一般为水泥∶重晶石粉∶重晶石砂=1∶0.25∶(4～5)。在配制中加入硼砂、硼酸可制成具有防中子辐射能力的砂浆。这类砂浆主要用于射线防护工程中。

复习思考题

1. 新拌砂浆的和易性有哪两方面的内容? 如何判定?
2. 影响砂浆抗压强度的因素有哪些?
3. 与砌筑砂浆相比,抹面砂浆有何特点和技术要求?
4. 普通黏土砖在抹面前为什么一定要浇水?
5. 某工程要求配制强度等级为 M5 的水泥石灰混合砂浆。已知水泥的堆积密度为 1.2 g/cm³,强度等级为 32.5 级;中砂,含水率为 1‰,堆积密度为 1.50 g/cm³,石灰膏表观密度为 1.35 g/cm³,试计算砂浆的体积配合比。
6. 某砌筑砂浆进行 28 d 抗压强度测试,试件破坏荷载分别为 38 kN、35.8 kN、39.2 kN、39.8 kN、40.4 kN、44.2 kN、38.7 kN,试问该砂浆是否满足 M7.5 的要求?

第6章 建筑钢材

建筑钢材是指土木建筑工程中所用的各种钢材。钢材是在严格的技术控制条件下生产的,与非金属材料相比,具有品质均匀致密、强度高、塑性及韧性好、能承受冲击和振动荷载等优点;同时具有优良的可加工性能,可以锻压、焊接、铆接及切割,便于装配。但易锈蚀,需定时维护,成本及维护费用大,耐火性差。

目前,建筑、市政结构大部分采用钢筋混凝土结构,此种结构用钢量少,成本较低,但自重大。建筑中的超高层结构为减轻自重,往往采用钢结构;一些小型的工业建筑和临时用房为缩短施工周期,采用钢结构的比重也很大;在大跨度桥梁工程中钢结构也具有优势。因此,钢结构适用于大跨度结构、多层及高层结构、受动力荷载的结构及重型工业厂房结构等。

6.1 钢材的生产及钢的分类

6.1.1 钢材的生产

钢材的生产可大致分为钢的冶炼、铸锭和压力加工等三个过程。

(1)钢的冶炼

钢、铁的主要成分是铁和碳。含碳量大于2.11%的为生铁,小于2.11%的为钢。

生铁是含有较多碳和杂质的铁碳合金的总称,是由铁矿石、焦炭、石灰石(熔剂)和少量锰矿石在高炉中经高温冶炼,铁从铁矿石中还原出来后再吸收碳而成。在炼铁过程中,原料中的杂质与石灰石等化合成矿渣。因铁水中残存有铁矿石中的硅、锰、硫、磷以及焦炭中的碳和硫,故炼得的生铁不仅含碳量高,而且硫、磷杂质含量也较多。因此,生铁性硬而脆,塑性差,抗拉强度低,在建筑上难以应用。

钢由生铁精炼而得,是将炼钢生铁和废钢材等原料在炼钢炉内经高温氧化作用使含碳量降低到预定范围、杂质含量降低到允许范围的铁碳合金的总称。钢具有较高的抗拉强度,能承受冲击、振动荷载,容许较大的弹塑性变形,故应用极广。

钢的大规模冶炼方法主要有两种:

①转炉炼钢法。有空气转炉法和氧气转炉法两种。氧气转炉法是目前最主要的炼钢方法。冶炼时以铁水(直接来自高炉)做原料,用高压纯氧(99.5%)吹入铁液中使碳和杂质(P,S)迅速氧化除去。该法不需燃料,冶炼速度快,生产效率高,避免了气体杂质混入钢中,钢质较好,主要用于熔炼碳素钢和低合金钢。

②电弧炉炼钢法。以废钢做原料,利用电极与炉料之间的电弧所产生的热量来完成熔炼。熔炼过程中温度可自由调节,成分能精确控制,杂质含量极小,钢质最好,但容积小,耗电大,成

本最高,一般只用来炼制优质碳素钢及特殊合金钢。

(2)脱氧与铸锭

冶炼过程中,杂质氧化的同时使钢水中不可避免地残留有部分氧化铁。氧含量超出0.05%时会严重降低钢的机械性能。因此铸锭前要先进行脱氧,即在炼钢的后一阶段加少量脱氧剂于炉内或盛钢桶内的钢水中达到去氧目的。常用的脱氧剂有锰铁、硅铁和铝等,铝的脱氧效果最佳,硅铁和锰铁次之。

根据脱氧程度不同,钢可分为沸腾钢、镇静钢和特殊镇静钢。

沸腾钢仅用锰铁脱氧,脱氧不完全。因钢水注入锭模后,在冷凝时其中残留的 FeO 与碳发生化学反应生成 CO 气泡外逸,造成钢水似水沸腾状而得名。生成的气泡少部分逸出,大部分仍存留在钢中,其中绝大多数在热轧时能够焊合,但少量的皮下气泡接触到外界空气已被氧化,不再能被热轧焊合而形成微小裂缝。沸腾钢的偏析较大、致密程度较差,因此钢的抗腐蚀性、冲击韧性和可焊性差,特别是低温冲击韧性更差,但钢锭收缩孔减少,成品率较高,成本低。可广泛用于一般建筑结构,不宜用于重要结构。

镇静钢采用锰铁、硅铁和铝进行脱氧,脱氧较完全,钢水注入后在锭模内平静地凝固,成分偏析集中于缩孔附近,当加工切除缩孔后,钢的成分均匀、组织致密。由于脱氧剂兼有脱硫及脱氮作用,因而镇静钢质量好,具有较好的耐蚀性、可焊性及塑性,脆性和时效敏感性较小,多用于承受冲击荷载及其他重要结构和焊接结构。但镇静钢钢锭缩孔大,成品率低,成本高。特殊镇静钢比镇静钢脱氧更充分彻底,适用于特别重要的结构工程。

精炼后的钢水除极少部分直接铸成铸件外,一般都浇铸成柱状的钢锭(坯)供加工使用。

在铸锭冷却过程中,溶于钢水中的各种杂质,由于在铁的固、液相中溶解度不同,随着钢水的逐渐凝固,将向凝固较迟的中心部分富集,导致化学成分在钢锭截面上的分布不均匀,形成所谓偏析现象,其中以硫、磷偏析最为严重。偏析将增加钢的脆性和时效敏感性,降低可焊性,影响钢质。

(3)热压力加工

钢锭(坯)经过冷、热机械加工而得的各种定型产品即为钢材。建筑钢材主要经热压力加工而成。

热压力加工是将钢锭加热至塑性状态(再结晶温度以上),依靠外加压力来改变形状的加工方法,常用方式有锻造、热压、轧制等。铸成的钢锭晶粒粗细不均,存在着成分偏析、气孔及裂纹。钢锭经热压力加工后,不仅得到形状和尺寸合乎要求的钢材,而且还在高温和压力作用下,使内部的气泡和裂纹焊合、疏松组织密实、晶粒细化以及成分均化,如图 6.1

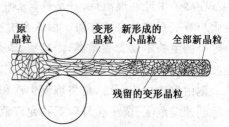

图 6.1　钢材在热轧时的变形和再结晶

所示,钢材质量得以提高。碾轧的次数愈多,强度提高的程度愈大,故同成分的小截面钢材比大截面钢材强度高。沿一个方向进行热压力加工轧制出的钢材具有各向异性,如单向轧制成的轧边钢板,强度沿轧制方向的高于非轧制方向的,使用时应加以注意。停轧温度高,则钢材强度稍低。

6.1.2　钢的分类

钢的分类根据《钢分类 第 1 部分:按化学成分分类》(GB/T 13304.1—2008)、《钢分类 第

2 部分:按主要质量等级和主要性能或使用特性的分类》(GB/T 13304.2—2008)的规定进行。

(1)按化学成分分

钢按合金元素规定含量界限值分为非合金钢、低合金钢和合金钢三大类。

①非合金钢。以铁和碳为主要元素,也称为碳钢或铁碳合金。其含碳量为 0.02%～2.0%,其中,小于 0.25%的为低碳钢;在 0.25%～0.6%的为中碳钢;大于 0.6%的为高碳钢。此外还含有炉料带入的极少量的合金元素硅、锰和微量的杂质元素硫、磷等。

②合金钢和低合金钢。合金钢是在碳钢的基础上,为了改善钢的性能,或为了获得某种物理、化学或力学特性而有意向钢中加入一种或几种合金元素,并使其含量超过碳钢的允许含量的一类钢种。其中,合金元素总含量小于 5%的为低合金钢;合金元素总含量在 5%～10%的为中合金钢;合金元素总含量大于 10%的为高合金钢。

(2)按主要质量等级分

分为普通质量、优质和特殊质量三大类,其中普通质量仅限于非合金钢和低合金钢。钢的质量包括对钢中磷、硫杂质含量和最低机械性能等方面的要求。在同一化学成分类别的钢中,普通质量和特殊质量以外的钢为优质钢。普通质量钢在生产过程中不规定需要特别控制质量要求;优质钢需要特别控制质量;特殊质量钢需要特别严格控制质量和性能。

(3)按主要性能或使用特性分

钢按用途分为结构钢、工具钢和特殊钢。

①结构钢。又分为工程结构钢和机械结构钢。工程结构钢指建筑、铁路、桥梁、容器等工程构件用钢,构件大多不再进行热处理;机械结构钢指机床、武器等零构件用钢,构件大多要进行热处理。

②工具钢。主要用来制造各种工具,如量具、刃具、模具,对工具钢制成的工具都要进行热处理。一般为高碳钢。

③特殊钢。是指制成的零构件在特殊条件下工作,对钢有特殊的物理、化学、机械等性能要求,如不锈钢、耐热钢、耐磨钢等。

低碳钢和低合金钢是建筑用钢的主要品种。

钢材的产品一般分为型材、板材、线材和管材以及钢门窗和各种建筑五金等。型材包括钢结构用的圆钢、角钢、槽钢、工字钢、吊车轨、钢板桩等;板材包括用于建造房屋、桥梁及建筑机械的中、厚钢板,用于屋面、墙面、楼板等的薄钢板;线材包括钢筋混凝土和预应力混凝土用钢筋、钢丝和钢绞线等;管材包括钢桁架和供水、供气(汽)管线等。

6.2　建筑钢材的主要技术性质

钢材作为主要的受力结构材料,需要同时具备良好的力学性能和工艺性能。

6.2.1　力学性能

建筑钢材的主要力学性能有抗拉性能、抗冲击性能、耐疲劳性能、硬度和应力松弛等。力学性能又称机械性能。

(1)抗拉性能

拉伸是建筑钢材的主要受力形式,故抗拉性能是表示钢材性能和选材的重要指标。

抗拉性能可用低碳钢(软钢)的拉伸应力—应变图(图 6.2)来阐明。根据材料变形的性质,拉伸应力—应变曲线可细分为比例弹性阶段($O \rightarrow p$)、非比例弹性阶段($p \rightarrow e$)、弹塑性阶段($e \rightarrow s$)、屈服(塑性)阶段($s \rightarrow s'$)、应变强化阶段($s' \rightarrow b$)和颈缩破坏阶段($b \rightarrow f$)6个阶段。

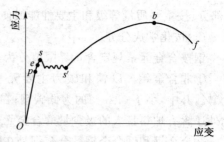

图 6.2 低碳钢单轴拉伸应力—应变示意图

①弹性模量和比例极限

钢材受力初期,应变随应力成比例增长,外力取消后形变能完全恢复。应力与应变之比称为弹性模量 E,即 $E = \sigma/\varepsilon$。在此阶段 E 为常数,最大应力(p 点对应值)称为比例极限。

弹性模量反映材料受力时抵抗弹性变形的能力,即材料的刚度,它是钢材在静荷载作用下计算结构变形的重要指标。弹性模量大,钢材抵抗变形能力强,产生的弹性变形小。对变形要求严格的构件,为了把弹性变形控制在一定限度内,应选用刚度大的钢材。碳素结构钢 Q235 的弹性模量 $E = (2.0 \sim 2.1) \times 10^5$ MPa,比例极限为 $180 \sim 200$ MPa。

②弹性极限

应力超过比例极限后,应力—应变曲线($p \rightarrow e$ 段)略有弯曲,应力与应变不再成正比关系,但变形仍为弹性变形。不产生残留塑性变形的最大应力(e 点对应值)称为弹性极限。

③屈服强度

应力超过弹性极限后,变形增加较快,此时除产生弹性变形外,还产生部分塑性变形。当应力达到 s 点后,塑性应变急剧增加,应力则在不大的范围内波动,直到 s' 点为止,这种现象称为屈服。屈服阶段的最大、最小应力分别称为上屈服点和下屈服点。上屈服点与试验过程的许多因素有关。下屈服点比较稳定易测,所以规范规定以它作为材料抗力的指标,称为屈服点或屈服强度。中、高碳钢没有明显的屈服现象,规范规定以发生残余变形为 $0.2\% L_0$(L_0 为原标距长度)时对应的应力作为屈服强度,称为条件屈服强度,用 $\sigma_{0.2}$ 表示,如图 6.3 所示。

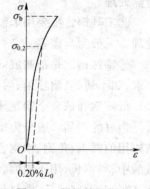

图 6.3 硬钢的屈服点

屈服点是钢材力学性能最重要的指标。当构件的实际应力超过屈服强度时,钢材虽未断裂,但会产生不允许的结构变形,一般不能满足使用上的要求。另一方面,当应力超过屈服强度时,受力较高部位的应力不再提高,而自动将荷载重新分配给某些应力较低的部位。因此在结构设计时,屈服点是确定钢材容许应力的主要依据。

④极限强度

钢材在屈服到一定程度后,由于内部晶粒重新排列,其抵抗塑性变形的能力又重新提高,此时变形发展虽很快,但却只能随着应力的提高而提高,直至应力达最大值。此后,钢材抵抗变形的能力明显下降,应变迅速增加,而应力反而下降,变形不再是均匀的。钢材被拉长,并在变形最大处发生"颈缩",直至断裂破坏(f 点)。

钢材受拉断裂前的最大应力(b 点对应值)称为强度极限或抗拉强度。在结构设计中抗拉强度不能直接利用,因为钢材的抗拉强度与其质量有关,相同牌号的钢材由于质量不同,其抗拉强度值不同。但钢材的屈强比(屈服强度与抗拉强度的比值)却能反映钢材的安全可靠程度和利用率,对工程应用有较大意义。屈强比愈小,结构安全度愈大,不易发生脆性断裂和因局部超载引起的破坏;但屈强比过小,则钢材强度的有效利用率低,造成浪费。

拉伸试验测得的是钢材的抗拉强度,钢材同样具有高的抗压强度和抗弯强度。钢材抗压强度仅比混凝土大十几倍,但抗拉强度却要高数百倍。相对于其他材料,钢材高强的显著性顺序为:抗拉强度＞抗弯强度≥抗压强度。从这点来看,把钢材用于抗拉、抗弯构件,更能发挥其特性。

⑤伸长率

伸长率 δ 反映钢材拉伸断裂前经受塑性变形的能力,是衡量钢材塑性的重要技术指标,按式(6.1)计算:

$$\delta = \frac{L_1 - L_0}{L_0} \times 100\% \tag{6.1}$$

式中　L_0——试件原始标距长度,mm;

　　　L_1——试件拉断后原标距两点间的长度,mm。

标准拉伸试验的标距长度为 $L_0 = 10d_0$ 或 $L_0 = 5d_0$(d_0 是试件原直径),其伸长率相应地被记为 δ_{10} 或 δ_5。

塑性良好的钢材,一旦发生偶尔超载,会使结构内部应力重新分布,不致由于应力集中而发生脆断;同时钢材在塑性破坏前,有很明显的变形和较长的变形持续时间,便于及时发现和补救。

(2)冲击韧性

冲击韧性是指钢材抵抗冲击荷载的能力。钢材的冲击韧性用标准试件(中部加工有 V 形或 U 形缺口)在摆锤式冲击试验机上进行冲击弯曲试验确定,如图 6.4 所示。以试件折断时缺口底部处单位面积上所消耗的功,作为冲击韧性指标,用冲击韧性值 α_k(J/cm²)表示,可按式(6.2)计算。

$$\alpha_k = \frac{mg(H-h)}{A} \tag{6.2}$$

式中　m——摆锤质量,kg;

　　　g——重力加速度,数值为 9.81 m/s²;

　　　H,h——摆锤冲击前后的高度,m;

　　　A——试件缺口处截面积,cm²。

α_k 愈大,表示冲断试件消耗的能量愈大,钢材冲击韧性愈好,脆性破坏的危险性愈小。对于重要的或承受动荷载作用的结构,特别是其处于低温环境下,为防止脆性破坏发生,应保证钢材具有一定的冲击韧性。

钢材的冲击韧性对钢的化学成分、内部晶体组织状态、有害杂质、各种缺陷、应力状态以及环境温度和时效等都较敏感。对钢材进行冲击试验,能较全面地反映材料的品质。温度对冲击韧性的影响规律为:常温下,随着温度的下降,冲击韧性平缓降低,钢件破坏断口呈韧性断裂状;当温度降到某一温度时,冲击韧性突然发生大幅度下降,钢材呈脆性断裂,如图 6.5 所示。这种性质称为冷脆性,发生冷脆性时的温度(范围)称为脆性转变温度(范围)。转变温度愈低,说明钢的低温冲击韧性愈好。在负温下使用的结构,设计时必须对钢材的冷脆性进行评定,应选用脆性转变温度低于最低使用温度的钢材。由于脆性转变温度的测定很复杂,规范中通常根据气温条件规定了−20 ℃或−40 ℃的负温冲击韧性值的指标。

(3)耐疲劳性

钢材受交变荷载作用,在应力远低于其抗拉强度时突然发生脆断的现象称为疲劳破坏。疲劳破坏的危险应力称为疲劳强度或疲劳极限。它是指在疲劳试验中试件经无穷次交变荷载

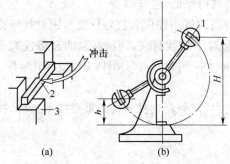

图 6.4　冲击韧性试验示意图
(a)试件装置；(b)摆锤式试验机工作原理图
1—摆锤；2—试件；3—台座

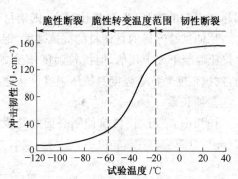

图 6.5　温度对低合金钢冲击韧性的影响

作用不发生断裂所能承受的最大循环应力,实际测定时常以 $2×10^6$ 次应力循环为基准。

疲劳破坏一般由拉应力引起,先是在局部缺陷处形成细小的疲劳裂纹,由于反复作用,裂纹尖端产生应力集中,使疲劳裂纹逐渐扩展而发生突然断裂。从断口处可明显分辨出疲劳裂纹扩展区和残留部分的瞬时断裂区。因疲劳破坏是在低应力状态下突然发生的,所以危害极大,往往造成灾难性的事故。

钢材疲劳强度的大小与其内部组织、成分偏析及各种缺陷有关。一般抗拉强度高,其疲劳极限也高。钢材表面质量、截面变化和受腐蚀程度等都可影响其耐疲劳性能。

对承受重复荷载、需进行疲劳验算的结构进行设计时,应了解所用钢材的疲劳极限。

(4)硬度

硬度表示钢材表面局部体积内抵抗另一更硬物体压入产生塑性变形的能力。一般硬度高时,耐磨性能好,但脆性亦大。建筑钢材硬度常用测定方法为布氏法。

布氏法是在布氏硬度机上用一规定直径的钢球或硬质合金球,在规定的试验力作用下压入钢材表面,持续一定时间后卸除荷载,测量试样表面的压痕直径。将压力除以压痕球形表面积所得的应力值,即为布氏硬度,如图 6.6 所示,数值愈大表示钢材愈硬。布氏法的特点是压痕较大,试验简便,操作方便迅速,数据稳定准确,属无损检验。

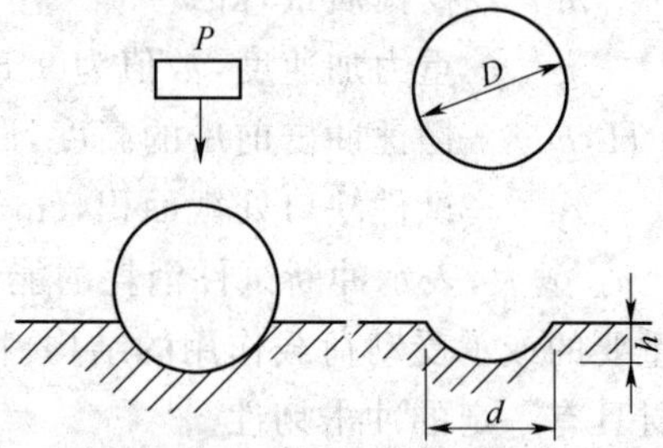

(5)应力松弛

图 6.6　布氏硬度测定示意图

在高温条件下受力的钢构件,若保持其总变形不变,可发生构件中的应力随着时间的延长自行降低的现象,这种现象称为应力松弛。发生原因一般认为是金属在高温下由于晶界的扩散和晶粒内部缺陷的变化,使弹性变形逐步转变为塑性变形,从而使应力不断降低。

处于高应力状态下的钢丝,在常温下也发生应力松弛现象。应力松弛的发展是先快后慢,头 2 d 内可完成全部应力松弛的 80% 以上,约在两个月内即可全部完成。随着温度升高,应力松弛增大。应力的大小、钢材的品种对应力松弛也有一定影响。

应力松弛对消除应力集中有利,但将造成预应力钢筋混凝土中钢丝的预应力损失。在预应力钢筋混凝土结构设计和施工中,必须考虑这一因素。

6.2.2　工艺性能

工艺性能表现钢材在各种加工过程中的行为。良好的工艺性能是钢制品或构件的质量保证，也关系到成品率的提高和成本的降低。

（1）可焊性

焊接是把两个分离的金属进行局部加热，使其接缝部分迅速呈熔融或半熔融状态而牢固地连接起来的方法。基本方法有两种：

①电弧焊。焊接接头是由基体金属和焊条金属通过电弧高温熔化连接成一体。

②接触对焊。是通过电流把被焊金属接头端面加热到熔融状后，立即将其对接加压而成一体。

在焊接过程中，局部金属在短时间内达到高温熔融，焊接后又急剧冷却，导致焊件出现急剧的膨胀、收缩，焊缝及其附近区域的钢材晶体组织结构发生变化，产生局部变形、内应力和局部硬脆倾向，降低了钢材的质量。

经常发生的焊接缺陷有：

焊缝金属缺陷。裂纹（主要是热裂纹）、气孔、夹杂物（脱氧生成物和氮化物）。

基体金属热影响区的缺陷。裂纹（冷裂纹）、晶粒粗大和析出脆化（碳、氮等原子在焊接过程中形成碳化物和氮化物，于缺陷处析出，使晶格畸变加剧所引起的脆化）。

焊接件在使用过程中的主要力学性能要求有强度、塑性、韧性和耐疲劳性。因此，对性能影响最大的焊接缺陷是焊件中的裂纹、缺口和由于硬化而引起的塑性及冲击韧性的降低。

可焊性良好的钢材，用一般的焊接方法和工艺施焊时不易形成裂纹、气孔、夹渣等缺陷，焊接接头牢固可靠，焊缝及其附近受热影响区局部硬脆倾向小，没有质量明显降低现象，仍能保持与母材基本相同的性质。含碳量大于 0.3% 的钢材，可焊性变差；硫、磷及气体杂质会使可焊性降低，特别是硫（S）能显著增加焊缝脆性；加入过多的合金元素，也将降低可焊性。

焊接结构在建筑工程中广泛应用，如钢结构构件的连接以及钢筋混凝土的钢筋骨架、接头及预埋件、连接件等，这就要求钢材具有良好的焊接性能。焊接施工方便，节约钢材，现已逐渐取代铆接。建筑工程中的焊接结构用钢，应选用含碳量低的氧气转炉镇静钢；结构焊接用电弧焊，钢筋连接用接触对焊。对于高碳钢和合金钢，为改善焊接质量，一般需要进行焊前预热和焊后热处理。此外，正确的焊接工艺也是保证焊接质量的重要措施。

（2）冷弯性能

冷弯性能是指钢材在常温下承受弯曲变形的能力。建筑上常把钢筋、钢板弯曲成要求的形状，需要钢材有较好的冷弯性能。冷弯性能合格是指钢材在规定的弯曲角度（90°、180°）、弯心直径 d 与试件厚度 a（或直径）条件下承受冷弯试验后，试件弯曲的外拱面和两侧面不发生裂缝、断裂或起层等现象。弯曲角度愈大，弯心直径对试件厚度（或直径）的比值 d/a 愈小，表示钢材冷弯性能愈好。

冷弯性能与伸长率一样表现了钢材在静荷载作用下的塑性，但钢材冷弯时在受弯处产生的是局部不均匀塑性变形，在一定程度上比伸长率更能揭示钢材是否存在内部组织不均匀、内应力和夹杂物等缺陷，在拉伸试件中，这些缺陷常因塑性变形导致应力重分布而得不到充分反映。工程中，冷弯试验还被作为对钢材焊接质量进行严格检验的一种手段。

6.3　钢的组成与结构

6.3.1　钢的基本晶体组织

钢是铁碳合金。温度不同时,随着钢中含碳量的变化,铁以不同的晶格类型与碳按不同的方式结合形成了钢的基本晶体组织。钢的晶体组织不同,其性能有着显著的差异。

(1)金属的结晶概念

金属属于晶体材料。晶体是由离子、原子或分子等质点,在三维空间按一定方式重复排列而成的固体。把质点所在的中心位置用直线人为连接,称线条所构成的几何空间格架为"格子构造"。因而晶体也被定义为是具有格子构造的固体。空间格子的基本组成单元称为"晶格"。晶格是按一定原则选取出来的平行六面体,其三边长 a_0、b_0、c_0 以及其相互间的交角 α、β、γ 是表征晶格本身形状、大小的一组参数,谓之"晶格常数",如图 6.7 所示。金属的晶格有体心立方体、面心立方体和六角柱体三种,如图 6.8 所示。在实际的晶体结构中引入相应于晶格的划分单位时,这个划分单位称为"晶胞"。显然,晶胞是实际晶体结构的基本组成单元。

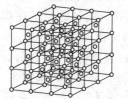

图 6.7　体心立方晶体的格子构造

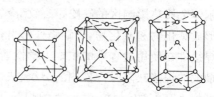

图 6.8　金属晶格类型图

金属的结晶分为晶核形成及晶核长大两个过程。在不自主结晶的条件下,各个晶体将在长大过程中互相接触和制约而形成不规则的形状。这种不规则的单个小晶体称为"晶粒",晶粒与晶粒间的分界面称为"晶界"。单个晶粒组成的材料为"单晶体";而多个晶粒组成的材料称为"多晶体",如图 6.9 所示。单晶体是各向异性的,多晶体是各向同性的。很多金属材料包括钢铁在内都是多晶体构造,表现出各向同性。

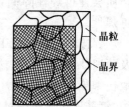

图 6.9　多晶体构造

(2)纯铁的同素异晶转变

某些金属结晶后,其晶格类型会随温度的变化而变化。这种在固态下晶格类型产生的变化称为同素异晶转变,晶格发生转变的温度称为临界温度。纯铁在冷却或加热过程中会依次形成 3 种同素异晶体:

$$\text{液态铁} \underset{1\,535\,℃}{\rightleftharpoons} \underset{\substack{\delta\text{-Fe}\\ \text{体心立方晶体}}}{} \underset{1\,390\,℃}{\rightleftharpoons} \underset{\substack{\gamma\text{-Fe}\\ \text{面心立方晶体}}}{} \underset{910\,℃}{\rightleftharpoons} \underset{\substack{\alpha\text{-Fe}\\ \text{体心立方晶体}}}{}$$

体心立方晶格中,在立方体的各角顶和重心处各有一个质点,晶格内质点占有的空间为68%,存在的空隙体积占32%;面心立方晶格中,在立方体的各角顶和各侧平面的中心处各有一个质点,晶格内质点占有的空间为74%,存在的空隙体积占26%。δ-Fe、α-Fe 均为体心立方晶格,但晶格常数不同。面心立方晶格的 γ-Fe 晶粒中,存在较多的原子密集面。在外力作用下,晶格容易沿原子密集面产生相对滑移,因此 γ-Fe 比 α-Fe 具有更好的塑性,如图 6.10所示。

纯铁的同素异晶转变是理解铁碳合金相图和热处理的基础。

（3）铁碳合金的晶体组织

合金是指熔合两种或两种以上元素（其中至少一种是金属元素）所组成的具有金属特性的物质。铁碳合金中碳原子与铁原子的基本结合形式有固溶体、化合物和机械混合物 3 种。由单一或多种结合形式构成的具有一定形态的聚合体，称作合金的晶体组织，其微观形貌图像能在显微镜下被观察到，故也称显微组织。

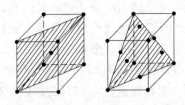

(a) 体心立方晶格   (b) 面心立方晶格

图 6.10 纯铁的晶格及其滑移面示意图

①固溶体

固溶体是以铁为溶剂，碳为溶质，共溶后所形成的固态溶液。固溶体中的溶剂元素仍保持原来晶格，而溶质原子则可置换溶剂的个别原子或间隙嵌入溶剂晶格中，形成所谓置换固溶或间隙固溶，如图 6.11 所示。铁和碳所形成的固溶体主要有铁素体和奥氏体两种。

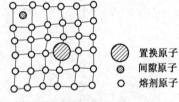

置换原子
间隙原子
熔剂原子

图 6.11 固溶体

a. 铁素体（α）。铁素体是碳在 α-Fe 中的固溶体。α-Fe 内原子间空隙较小，溶碳能力较低，常温下仅溶碳 0.006%，基本上还是纯铁；在 723℃ 时溶碳量最大，但也只有 0.02%。所以铁素体的塑性、韧性好，但强度和硬度较低，伸长率 δ_5 约为 50%，冲击韧性值达 300 J/cm²，抗拉屈服强度约为 120 MPa，抗拉极限强度为 245 MPa，布氏硬度 HB 为 80~100。

b. 奥氏体（γ）。奥氏体是碳在 γ-Fe 中的固溶体，一般只在高温下存在，在 1 148 ℃ 时碳的溶解度最大，为 2%。奥氏体塑性很好，故钢在红热时进行轧制。奥氏体随着温度降低分解析出铁素体和珠光体。

②化合物（Fe_3C）

化合物主要是 Fe_3C，称为渗碳体。渗碳体中的铁和碳完全失去自身在化合前的晶体结构，按比例结合成了一种新的、复杂的结构，因而也完全失去了铁和碳的性质。渗碳体的含碳量为 6.67%，布氏硬度 HB 达 800，塑性和韧性非常低，伸长率几乎为零，其性能特点是脆而硬。渗碳体是碳钢中的主要强化组分。

③机械混合物

机械混合物是指在一定含碳量下，铁碳合金的基本组织保持各自原有晶格和性质，以不同比例组合形成的聚合体。有珠光体和莱氏体两种。

a. 珠光体（P）。珠光体是铁素体和渗碳体组成的机械混合物。珠光体常为层状结构，即在铁素体内分布着片状渗碳体，有光泽似珍珠，含碳量为 0.8%，性质介于铁素体和渗碳体之间。若珠光体在较低温度下形成，渗碳体层片的厚度较薄，铁素体与渗碳体间界面增多，钢的强度、硬度较高，塑性和韧性也较好。珠光体伸长率为 20%，冲击韧性值为 35 J/cm²，抗拉强度约为 760 MPa，布氏硬度约为 200。

b. 莱氏体（L）。当温度高于 723℃ 时，莱氏体是奥氏体与渗碳体的机械混合物；温度低于 723℃ 时，莱氏体是以渗碳体为基体的珠光体与渗碳体的机械混合物。莱氏体含碳量为 4.3%，性能介于珠光体和渗碳体之间。

（4）钢的基本晶体组织与钢材性能的关系

①铁碳合金相图的概念

　　铁碳合金相图,又称铁碳合金平衡图,是表示不同含碳量的铁碳合金处于平衡状态时在不同温度下晶体组织变化的一种图示,用于研究各晶体组织随温度和含碳量变化的规律。相图由铁碳合金在极缓慢冷却条件下获得。

　　Fe-Fe₃C 的合金相图如图 6.12 所示。图中横坐标表示含碳量的百分数,纵坐标表示温度。左端含碳量为 0% 的纵轴,反映了纯铁的状态,即纯铁在不同温度下同素异晶变化的规律。右端含碳量为 6.67% 的纵轴,则代表碳化铁 Fe₃C。图中 E 点,含碳量为 2.11%,是钢和生铁的分界点。分界点左侧属于钢的范围,右侧属于生铁范围。图中 P 点以左,含碳量小于 0.02% 的部分,称为工业纯铁,由于太软,建筑上无实用价值。

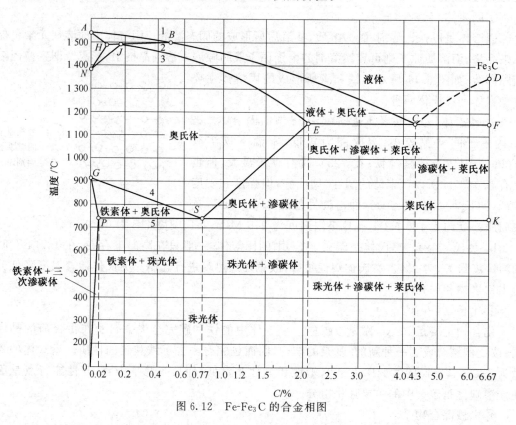

图 6.12　Fe-Fe₃C 的合金相图

　　图中上部的 $ABCD$ 线是铁碳合金的液相线,表示液态合金冷却到此线将开始结晶,析出固相。$AHJECF$ 线是铁碳合金的固相线,表示液态合金冷却到此线,将全部结晶为固相。GSE 线是奥氏体开始分解温度线,又称上临界温度线,其中左端 GS 段表示合金冷却到此线时,奥氏体开始分解出铁素体;而右端 SE 段则表示奥氏体冷却到此线时,开始析出二次渗碳体 Fe₃C_II。PSK 线是下临界温度线,即奥氏体存在的下限温度,表示合金冷却到此线时,奥氏体将同时析出铁素体和二次渗碳体,两者以片状相间共存于同一晶粒内组成含碳量为 0.77% 的珠光体。这一过程称为共析,此时温度为 723℃。S 点称为共析点。

　　下面举例说明液态合金在缓慢冷却过程中各阶段的晶体组织的情况,如图 6.12 所示,对含碳量为 0.4% 的液态铁碳合金进行极缓慢冷却。液相冷却至点 1 时,开始析出碳在 δ-Fe 中的固溶体,继续冷却,析出物数量渐增并在到达点 2 时转变为奥氏体。点 2 以下为奥氏体与液相的混合物,且液相渐少而奥氏体渐增。冷却至点 3 时剩余液相全部转变为奥氏体。到点 4,奥氏体开始析出铁素体。从点 4 以下是奥氏体与铁素体的混合物,且奥氏体渐少而铁素体渐多。由于含碳量极低的铁素体的析出,使奥氏体的含碳量沿 *GS* 线逐渐升高。冷却到点 5(即 723℃)时,剩余奥氏体的含碳量恰为 0.77%,便一次性全部转变为珠光体。以后温度下降,组织基本不再变化。这样,铁碳合金在含碳量 0.4% 时的常温晶体组织是铁素体和珠光体。

　　②钢的基本晶体组织与钢材性能的关系

　　钢的常温基本晶体组织有铁素体、渗碳体和珠光体。钢材性能随钢中基本晶体组织的种类、含量和分布状况不同而变化。

　　钢从同样的奥氏体缓慢冷却下来,在相图所示温度发生变态得到的组织称为标准组织,如图 6.13 所示。钢在不同含碳量时的力学性质与标准组织的关系为:

纯铁×80　　　亚共析钢×80　　　共析钢×500　　　过共析钢×80
　　　　　　　白色:铁素体　　　全部成为珠光　　白色:渗碳体
　　　　　　　暗色:珠光体　　　体(已放大)　　暗色:珠光体

图 6.13　钢的标准组织图

　　钢的含碳量在 0.02%～0.77% 之间时,晶体组织为铁素体和珠光体。具有这两种组织的钢通称为亚共析钢。亚共析钢随着含碳量的增加,铁素体比例逐渐减少,珠光体比例逐渐增加。因而钢的强度、硬度逐渐提高,而塑性、韧性逐渐降低。建筑钢材都是亚共析钢。

　　钢的含碳量为 0.77% 时,晶体组织全部是珠光体。这种钢称为共析钢。

　　钢的含碳量在 0.77%～2.11% 之间时,晶体组织为珠光体和渗碳体。具有这两种组织的钢通称为过共析钢。过共析钢随着含碳量的增加,珠光体逐渐减少而渗碳体逐渐增加,相应钢的强度和硬度也逐渐增大(但含碳量超过 1.0% 后,抗拉强度下降),塑性和韧性则逐渐降低。

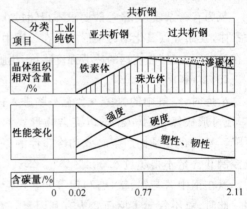

图 6.14　铁碳合金的含碳量、晶体组织与性能之间的关系

　　图 6.14 显示在缓慢冷却的铁碳合金中各种晶体组织的百分含量与含碳量的关系。

6.3.2　钢的化学成分及其对钢材性能的影响

　　除铁、碳元素外,由于原料、燃料以及冶炼过程的影响,钢材组织中还存在着一定量的其他元素,与铁、碳一起对钢材的结构和性能产生重要影响。

　　(1)碳(C)

　　碳是决定钢材性能的主要元素,通常以固溶体、化合物及机械混合物等形式存在。随着含碳量的增加,钢的强度和硬度提高,而塑性和韧性降低。但当含碳量超过 1% 时,钢的强度极限开始下降,如图 6.14 所示。由于共析钢中的渗碳体,是以网状形式分布在珠光体晶界上的。当含碳量达到 1% 时,这种渗碳体网络已有相当厚度并互相连成整体,钢因而变得硬脆,抗拉强度极限开始下降。此外,含碳量过高,还会增大钢的冷脆性和时效敏感性,降低抵抗大气腐蚀性;含碳量大于 0.3% 时,可焊性显著下降。

工程中常用的碳素结构钢和低合金高强度结构钢的含碳量分别小于 0.25% 和 0.2%。

(2)磷(P)

磷是有害杂质,应严格控制其含量。磷由原料带来,能溶于 α-Fe 中形成固溶体;含量较大时能与铁化合成为 Fe_3P 以夹杂物的形式存在于钢中。钢中含磷量较高时,屈服点、抗拉强度增高,但塑性、韧性降低,特别是低温下的冲击韧性显著下降,即造成冷脆性,而且磷的偏析较大,分布不均匀,更增加了冷脆的危害。磷还使可焊性显著降低。但磷可提高钢材的耐磨性和耐蚀性,在低合金钢中可配合其他元素作为合金元素使用。

(3)硫(S)

硫是非常有害的杂质,应严格控制其含量。硫由原料带入,在钢中多以硫化铁(FeS)形式存在。FeS 是一种低强度的脆性夹杂物,钢材的强度、韧性和疲劳强度将因之降低。FeS 熔点(1 190 ℃)较低,尤其是 FeS 与 Fe 形成熔点更低(985 ℃)的共晶体,在钢锭冷凝时最后结晶,分布在晶界上,形成网状物。当热加工或焊接温度达到 800~1 200 ℃时,晶界上的硫化物及其共晶物已开始熔化,使钢出现裂纹,产生脆性。这种现象称为热脆性或热裂,它显著降低了钢的热加工性能和可焊性。硫是钢中偏析最严重的杂质之一。为消除硫的危害,可在钢中加入适量的锰。

(4)氧(O)

氧为有害杂质,含量一般要求不得超过 0.05%。氧因炼钢氧化过程而残留在钢中,少量溶于铁素体,大部分以氧化物夹杂形式存在。钢中的 FeO 与其他夹杂物形成低熔点的复合化合物聚集在晶界面上时,会使钢的疲劳强度降低,热脆性、时效敏感性增大,焊接、冷弯性能变差。

(5)氮(N)

冶炼时,空气中的氮多少会有一些进入钢水中而被残留下来。氮能溶于 α-Fe 中形成固溶体,还可形成氮化物(Fe_4N)以夹杂物形式存在。氮使钢的强度提高,但塑性特别是韧性显著下降。氮的存在是钢产生时效和冷脆性的原因,同时也引起热脆使热加工性能和可焊性变坏。应控制其含量不得超过 0.008%。

氮在钢中若与铝、钒、锆和铌等元素反应生成氮化物,则能细化晶粒,得到强度较高的细粒钢。此时,氮不仅无害反而变为有利因素。

(6)氢(H)

钢中即使存在微量的氢,也会大大降低钢的塑性和韧性,使钢变脆。氢气(H_2)在高温时的溶解度较大,但在温降过程中却不能充分溢出,致使氢气积集在钢中产生显著的高压。当临近室温时,气压往往超过钢的极限强度而在钢中形成微细裂纹。这就是在显微镜下看到的"白点"疵病(圆圈状的断裂面),也是对钢进行焊接时在焊珠下方产生裂纹的原因。

(7)锰(Mn)

锰是作为脱氧剂被加入钢中的。在炼钢过程中,锰与钢中的硫和氧化合生成固体 MnS、MnO 进入钢渣被排除,起到脱氧去硫作用,能消除钢的热脆性,改善热加工性。未化合的锰大部分进入铁素体使其强化,从而显著提高钢的强度和硬度。但钢中含锰量过高时,会降低钢材的塑性、韧性和可焊性。锰是我国低合金钢的主要合金元素。

(8)硅(Si)

硅是炼钢时采用硅铁脱氧残留下来的。硅的脱氧能力比锰还要强,其大部分进入铁素体中使其强化，能显著提高钢的强度极限及较小程度上提高屈服强度，并提高抗腐蚀能力，且对钢的塑性和冲击韧性影响不大。但含硅量过高（＞1.0％）时，会显著降低钢材的塑性和韧性，增大冷脆性和时效敏感性，并降低可焊性。硅是我国低合金钢的主要合金元素。

（9）钛（Ti）

钛是较强的脱氧剂。钢中加入少量的钛，可以显著提高其强度，塑性略为降低。钛能细化晶粒从而改善钢的韧性；同时还能减小钢的时效敏感性，改善可焊性，提高抗大气腐蚀性，故常作为合金元素。

（10）钒（V）

钒是弱脱氧剂。在钢中形成碳氮化钒，减弱碳和氮的不利作用，并能强化铁素体、细化晶粒，故在提高强度的同时，还能提高其韧性、减小冷脆性和时效敏感性。但对可焊性有所降低。钒是一个很有发展前途的合金元素。

此外，铝（Al）、铜（Cu）、镍（Ni）、铬（Cr）和钼（Mo）等都可作为钢的合金元素。不同元素对钢的作用各有利弊，在炼制合金钢时常将几种元素合理配合共同加入，以便取得优良的综合技术性能。

6.3.3　钢材的结构

钢材属于晶体结构，其宏观力学性能基本上是晶体力学性能的表现。而晶体的力学性能取决于晶体结合、晶体构造、晶体滑移和晶体缺陷等。

钢材的晶体结构中，各个原子以金属键方式结合，这是钢材具有较高强度和良好塑性的根本原因。

钢材是多晶体材料，即由许多晶粒无秩组成。因而，钢材是各向同性材料。

钢材晶体的晶格中有些平面的原子较密集、结合力较强，这些面与相邻面之间的原子间距大、结合较弱。这种晶格在外力作用下，容易沿原子密集面之间产生相对滑移。在铁素体晶格中具有较多容易发生滑移的面，这导致了钢材具有较大的塑性变形能力。

钢材晶体中存在很多的缺陷，如点缺陷——空位、间隙原子；线缺陷——刃型位错；晶粒间的面缺陷——晶界，如图 6.15 所示。

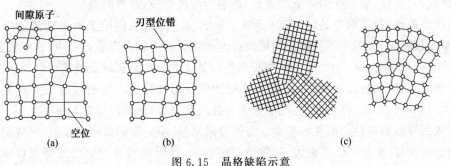

图 6.15　晶格缺陷示意

(a)点缺陷；(b)线缺陷；(c)面缺陷

晶格缺陷从两方面影响钢材的宏观性能：一方面晶体受力滑移时，不是平行的若干个滑移面同时移动，而是缺陷处滑移面部分原子的移动，这导致钢材的实际强度远小于其理论强度；另一方面缺陷造成了晶格畸变，在初步滑移后缺陷会进一步增多、密集，反过来对进一步滑移起阻碍、限制作用。这就是低碳钢在拉伸时出现"屈服"和"强化"的原因。晶格畸变在钢材的生产、加工中有许多具体应用。如在合金钢中有意加入某些元素,制造一些缺陷。一些元素还可以细化晶粒,形成众多的晶界。晶界有阻止裂纹扩展的作用,晶粒愈细,晶界总面积愈大愈曲折,愈不利于裂纹的扩展,材料因而在断裂前能承受较大的塑性变形,使韧性、塑性愈好。同时晶界处能量较高,受力时晶界能阻碍晶体的滑移,提高了塑性变形的抗力,即材料的强度、硬度增加。所以细化晶粒是对金属及其合金进行强化韧化的重要手段,称之为细晶强化。一些元素,如碳或氧、氢、氮等半径小的原子,可以在 α-Fe 晶格的空隙中形成间隙固溶体,原子半径接近的如锰、铬、铝、镍、硅等可以形成置换固溶体,这样增多晶体内的缺陷而产生的强化作用,称为固溶强化。但固溶强化后,钢材塑性、韧性有所降低。此外还有冷加工强化、时效强化、热处理强化等。

6.4 钢材的冷加工和热处理

6.4.1 冷加工强化与时效处理

冷加工是指在再结晶温度下(一般为常温)进行的机械加工,包括冷拉、冷拔、冷扭、冷轧、刻痕等方式。在冷加工过程中,钢材产生了塑性变形,不但使形状和尺寸得以改变,而且还使晶体结构改变,从而使屈服强度提高,这种现象称为冷加工强化。通常冷加工变形愈大,强化现象愈明显。

冷加工强化的原理是:钢材在塑性变形中,晶粒间产生滑移,晶粒形状改变,被拉长或压扁甚至变成纤维状;同时滑移区域内的晶粒破碎、晶格歪扭,于是钢材的内能增大,晶格缺陷和晶界增多,形成了对继续滑移的较大阻力,所以屈服强度有所提高,但因可利用的滑移面减少,故钢的塑性降低。由于塑性变形中产生了内应力,使钢材的弹性模量也降低。

为提高强度、节约钢材,工地或预制厂在钢筋混凝土施工中常对钢筋或低碳钢盘条按一定制度进行冷拉或冷拔加工。钢筋冷拉后,可提高屈服强度。盘圆钢筋可使开盘、矫直、冷拉三道工序合成一道工序,直条钢筋则可使矫直和冷拉合成一道工序,并使钢筋锈皮自行脱落。

有些钢材,尤其是经过冷加工的钢材,在常温下放置时,随着时间的延长,会自发地呈现出强度、硬度提高,塑性、韧性逐渐降低的现象,称之为应变时效,简称时效。

时效产生的原因是:钢中的氮、氧原子溶于 α-Fe 晶格中,它们的溶解度随温度降低而减小,如钢水冷却较快,会因来不及析出而成为过饱和状态。钢材在存放过程中,这些氮、氧原子以 Fe_4N 与 FeO 的形式从 α-Fe 固溶体中析出并向晶体的内应力区域及缺陷处移动和聚集,使晶格畸变加剧,阻碍晶粒发生滑移,增加了抵抗塑性变形的能力。钢材经冷加工产生塑性变形,或受动载的反复振动,都会促进氮、氧原子的移动和聚集,加速时效的发展。

因时效而导致钢材性能改变的程度称为时效敏感性,用应变时效敏感系数(时效前后冲击韧性值的变化率)C 表示。C 值愈大,时效敏感性愈大,即时效后冲击韧性的降低愈明显。钢中氮、氧含量高(如沸腾钢)时效敏感性大。承受动荷载作用或经常处于较低温度下的钢结构,为避免脆性断裂,应选用 C 值小的钢材。

对工程中大量使用的钢筋同时采用冷拉与时效处理,钢筋屈服点可提高 20%～50%,钢材节约 20%～30%,具有明显的经济效益。常通过试验选择恰当的冷拉应力和时效处理措施。钢筋冷拉时效时的应力应变过程如图 6.16 所示。将钢筋拉伸超过屈服强度 σ_s(s 点对应值)至冷拉控制应力 σ_{s1}(s_1 点对应值),使之发生一定的塑性变形,然后卸载即得到冷拉钢筋。

如果卸载后立即再拉伸,曲线将沿 $O's_1bf$ 变化,表明冷加工对钢筋产生了强化作用,其屈服点提高到 σ_{s1},但抗拉强度基本不变,塑性、韧性相应降低。如果第一次冷拉后,不立即张拉,而是经过一段时间后再继续拉伸,此时钢筋的应力-应变曲线沿 $O's'b'f'$ 发展,表明屈服点进一步提高到 $\sigma_{s'}$(s'点对应值),抗拉强度也提高到 $\sigma_{b'}$(b'点对应值),其塑性、韧性进一步降低,表明经冷加工和时效后对钢筋产生了更大的强化作用。由于时效过程中内应力消减,故弹性模量可基本恢复。

将冷拉钢筋于常温下存放 15~20 d 或加热到 100~200 ℃后保持 2~3 h,这个过程称为时效处理,前者称为自然时效,后者称为人工时效。一般强度较低的钢筋,采用自然时效即可达到时效目的;强度较高的钢筋,对自然时效几乎无反应,必须进行人工时效。

用强力拉拔钢筋使其通过截面小于钢筋截面积的拔丝模(图 6.17)叫做冷拔加工。冷拔作用比纯拉伸的作用强烈,钢筋在受拉的同时还受到挤压作用。经一次或多次冷拔后的冷拔低碳钢丝,其屈服点可提高 40%~60%,但会失去软钢的塑性和韧性,而具有硬钢的特点。

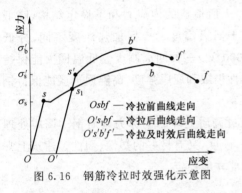

图 6.16　钢筋冷拉时效强化示意图

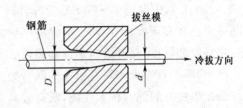

图 6.17　冷拔加工示意图

冷轧是将圆钢在轧钢机上轧成断面形状规则的钢筋,可提高强度以及其与混凝土的握裹力。钢筋在冷轧时,纵向和横向同时产生变形,因而能较好地保持塑性和内部结构的均匀性。

6.4.2　热 处 理

铁碳合金相图中的晶体组织,是在极缓慢冷却条件下得到的。如果将钢加热到高温,并保持一定时间,然后以不同的速度冷却下来,则会形成与相图中完全不同的晶体组织。这种对钢进行加热、保温和冷却的综合操作工艺过程,叫做钢的热处理,如图 6.18 所示。其目的是通过对冷却速度的控制来改变钢的晶体组织最终实现对钢材性能的改善。工程所用钢材一般只在生产厂进行热处理并以热处理状态供应。在施工现场,有时需对焊接件进行热处理。热处理有下列几种基本形式:

(1)退火。钢材加热至 GSK 线以上 20~30 ℃,保温一段时间后以极缓慢速度冷却(随炉冷却),以获得接近平衡状态组织的操作叫做退火。退火后,钢中的

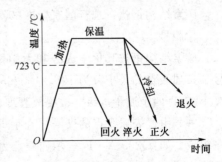

图 6.18　热处理工艺示意图

晶体组织重新结晶,可以细化晶粒,消除成分偏析以及在热加工或热处理中所形成的组织缺陷和内应力,改善钢在铸造或锻造热加工中产生的粗大不均匀组织,使钢材的塑性和冲击韧性提

高、硬度降低,便于切削加工。

(2)正火。指钢材加热至 GSE 线以上 30～50 ℃,保温一段时间后置于空气中冷却的工艺。正火可细化晶粒,调整碳化物的大小和分布,消除热轧过程中形成的带状组织和内应力,使钢材塑性和韧性提高,获得强度、塑性和韧性三者间的良好配合。对于经过压延难以除掉的应力和淬火、回火有困难的大型钢件,特别是铸钢件,正火是重要的热处理工艺。正火冷却速度快,钢在正火后的硬度和强度较之退火的要高。含碳量低的钢常用正火方法来提高强度。

(3)淬火。指将钢加热到 GSK 线以上 30～50 ℃,保温一段时间后置于盐水、冷水或油中急速冷却的工艺。此时钢中的奥氏体转变为一种针状晶体马氏体,这种组织硬度和强度极高,但塑性和冲击韧性很差。淬火主要用来提高钢材的硬度和耐磨度。钢材经淬火后脆性和内应力很大,一般要及时进行回火处理。

(4)回火。指将钢加热到下临界温度以下某一适当温度,保持一定时间后置于空气中冷却的工艺。回火主要是与淬火配合使用,用来消除淬火所造成的内应力和不稳定结构,降低硬度,提高韧性。钢材回火后的力学性质主要取决于回火温度。根据加热温度不同,分低温(150～250 ℃)、中温(350～500 ℃)和高温(500～650 ℃)三种回火制度。低温回火能保持钢材的高强度和高硬度;中温回火能保持钢材的高弹性极限和屈服强度;高温回火既能保持钢材有一定强度和硬度,又有适当塑性和韧性。

(5)调质。指淬火和高温回火的联合处理。经过调质处理的钢称为调质钢。调质处理可以使钢获得良好的综合技术性能,既有较高的强度、硬度,又有良好的塑性、韧性。建筑上常用的一些低合金钢或高强度钢丝要经过调质处理,性能才能稳定。

6.5　建筑用钢及钢材的标准和选用

建筑工程使用的钢材主要由碳素结构钢、优质碳素结构钢和低合金高强度结构钢加工而成,可分为钢结构用钢材和钢筋混凝土结构用钢材两大类。

6.5.1　建筑用钢

(1)碳素结构钢

碳素结构钢执行现行国家标准《碳素结构钢》(GB/T 700—2006)的规定。

①牌号

碳素结构钢按其化学成分和力学性能(屈服点)划分为 Q195、Q215、Q235、Q275 四个牌号。按屈服点的大小分为 195、215、235、275 四个强度等级。按硫、磷杂质含量由多到少分为A、B、C、D 四个质量等级。按脱氧程度分为沸腾钢(F)、镇静钢(Z)、特殊镇静钢(TZ)。

牌号由代表屈服点的汉语拼音字母"Q"、屈服点数值、质量等级、脱氧程度等 4 部分按顺序组成。如:Q235-A·F,表示屈服点为 235 MPa 的 A 级沸腾碳素结构钢。在牌号组成表示方法中,"Z"、"TZ"符号可予以省略。

②技术要求

a. 化学成分。化学成分应符合表 6.1 的规定。

b. 力学性能。拉伸和冲击试验数据应符合表 6.2 的规定;冷弯试验应符合表 6.3 的规定。

c. 脱氧程度。对不同牌号、不同质量等级的碳素结构钢均规定了相应的脱氧方法。

d. 冶炼方法。有氧气转炉或电炉冶炼。一般以热轧状态交货。

对表面质量的要求:不得有裂纹、折叠、结疤、夹杂,端头不得有分层及缩孔痕迹等。

由表 6.1～表 6.3 可知,碳素结构钢随着牌号的增大,其含碳量及含锰量增高,屈服点、抗拉强度增大,但冷弯性能及伸长率却降低,也即钢的强度和硬度增加,塑性、韧性和可加工性能逐步降低。同一牌号内质量等级愈高,钢的质量愈好。

表 6.1　碳素结构钢的化学成分

牌号	统一数字代号	等级	厚度(或直径)/mm	化学成分(质量分数)/%					脱氧方式
				$w(C)$	$w(Mn)$	$w(Si)$	$w(S)$	$w(P)$	
						不大于			
Q195	U11952	—	—	0.12	0.50	0.30	0.040	0.035	F,Z
Q215	U12152	A	—	0.15	1.20	0.35	0.050	0.045	F,Z
	U12155	B					0.045		
Q235	U12352	A		0.22	1.40	0.35	0.050	0.045	F,Z
	U12355	B		0.206			0.045		
	U12358	C	≤0.17				0.040	0.040	Z
	U12359	D	≤0.17				0.035	0.035	TZ
Q275	U12752	A		0.24	1.50	0.35	0.050	0.045	Z
	U12755	B	≤40	0.21			0.045	0.045	
			>40	0.22					
	U12758	C		0.20			0.040	0.040	Z
	U12759	D					0.350	0.350	TZ

注:a. 表中为镇静钢、特殊镇静钢牌号的统一数字,沸腾钢牌号的统一数字代号如下:

Q195F—U11950;　　Q215AF—U12150;　　Q215BF—U12153;　　Q235AF—U12350;　　Q235BF—U12353;

Q275AF—U12750。

b. 经需方同意,Q235B 的碳含量可不大于 0.22%。

表 6.2　碳素结构钢的拉伸与冲击试验指标

牌号	等级	拉　伸　试　验													冲击试验	
		屈服强度 R_{eH}/MPa ≥						抗拉强度 R_m/MPa	断后伸长率 A/% ≥					温度/℃	V 形冲击功(纵向)/J ≥
		钢材厚度(直径)/mm							钢材厚度(直径)/mm						
		≤16	>16~40	>40~60	>60~100	>100~150	>150~200		≤40	>40~60	>60~100	>100~150	>150~200		
Q195	—	195	185	—	—	—	—	315~430	32						
Q215	A	215	205	195	185	175	165	335~450	30	29	28	27	26	—	—
	B													+20	27
Q235	A	235	225	215	215	195	185	375~500	26	25	24	22	21	—	—
	B													+20	27
	C													0	
	D													−20	

续上表

牌号	等级	屈服强度 R_{eH}/MPa ≥						抗拉强度 R_m/MPa	断后伸长率 A/% ≥					冲击试验	
		钢材厚度(直径)/mm							钢材厚度(直径)/mm					温度/℃	V形冲击功(纵向)/J, ≥
		≤16	>16~40	>40~60	>60~100	>100~150	>150~200		≤40	>40~60	>60~100	>100~150	>150~200		
Q275	A	275	265	255	245	225	215	410~540	22	21	20	18	17	—	
	B													+20	27
	C													0	
	D													−20	

注:牌号 Q195 的屈服点仅供参考,不作交货条件。

表 6.3　碳素结构钢的冷弯性能

牌号	试样方向	冷弯试验 B=2a,180°	
		钢材厚度(直径)a/mm	
		≤60	>60~100
		弯心直径 d/mm	
Q195	纵	0	—
	横	0.5a	—
Q215	纵	0.5a	1.5a
	横	a	2a
Q235	纵	a	2a
	横	1.5a	2.5a
Q275	纵	1.5a	2.5a
	横	2a	3a

注:B 为试件宽度;a 为钢材厚度(直径)。钢材厚度(或直径)大于 100 mm 时,弯曲试验由双方协商确定。

③性能及应用

碳素结构钢冶炼方便,成本较低。其力学性能稳定,塑性好,在各种加工(如轧制,加热或迅速冷却)过程中敏感性较小,构件在焊接、超载、受冲击和温度应力等不利的情况下能够保证安全。目前在建筑工程应用中还占有相当的份额。

工程中主要应用的是 Q235 号钢。这种钢强度较高,具有良好的塑性与韧性、焊接性与可加工性等综合性能,可轧制成各种型钢、钢板、钢管与钢筋,用于钢结构的屋架、闸门、管道、桥梁及一般钢结构中。Q235 中的 A、B 级钢属于普通质量的非合金钢,一般仅用于承受静荷载作用的结构;C、D 级钢属于优质非合金钢,适用于重要焊接结构。特别是 Q235-D 钢,由于晶粒较细,S、P 含量控制严格,故其冲击韧性很好,具有较强的抗冲击和振动荷载的能力,尤其适合在较低温度下使用。

Q195、Q215 号钢的强度较低,塑性、韧性及冷加工性能好,建筑上一般用作钢钉、铆钉、螺栓等。Q275 号钢强度高,但塑性、韧性、可焊性稍差,可作为钢筋混凝土的钢筋使用,也可用于机械零件和工具等。

(2)优质碳素结构钢

优质碳素结构钢由氧气碱性转炉和电弧炉冶炼,一般经热处理后再供使用,也称为"热处理钢"。冶炼中对磷、硫有害杂质限制非常严格,其含量均不得超过 0.035%。钢的质量稳定,综合性能好,但成本较高。其性能指标应符合《优质碳素结构钢》(GB/T 699—2015)的要求。

优质碳素结构钢的分类与代号如下:

①按使用方法分。有压力加工用钢 UP(其中热压力加工用钢 UHP,顶锻用钢 UF,冷拔坯料用钢 UCD)和切削加工用钢 UC 两类。

②按表面种类分。有压力加工表面 SPP、酸洗 SA、喷丸(砂)SS、剥皮 SF 和磨光 SP 五类。

优质碳素结构钢共有 28 个牌号,全部都是镇静钢。按含锰量的不同,分为普通含锰量(0.35%~0.80%,共 17 个牌号)和较高含锰量(0.70%~1.20%,共 11 个牌号)两大组。牌号由数字和字母组成。两位数字表示平均含碳量的万分数(以 0.01% 为单位),字母分别表示含锰量、冶金质量等级。含锰量较高的,在数字后面附"Mn"字,如 45Mn,表示平均含碳量为0.45%,较高含锰量的镇静优质碳素结构钢。

优质碳素结构钢的性能主要取决于含碳量。含碳量高,强度高,但塑性和韧性降低。在建筑工程中,30~45 号钢主要用于重要结构的钢铸件和高强度螺栓等,45 号钢用作预应力钢筋混凝土锚具,65~80 号钢用于生产预应力钢筋混凝土用的碳素钢丝、刻痕钢丝和钢绞线。

(3)低合金高强度结构钢

在碳素结构钢的基础上加入总量小于 5% 的合金元素即得低合金高强度结构钢。钢由转炉或电炉冶炼,必要时可进行炉外精炼,是脱氧完全的镇静钢。钢材以热轧、正火、正火轧制或热机械轧制(TMCP)状态交货。其中,正火状态包含正火加回火状态,热机械轧制(TMCP)状态包含热机械轧制(TMCP)加回火状态。

钢材主要合金元素有硅、锰、钒、钛、铌、铬、镍和铜等,其中大多数都既能提高钢的强度和硬度,还能改善塑性和韧性。

①牌号表示方法

根据《低合金高强度结构钢》(GB/T 1591—2018),低合金高强度结构钢分 8 个强度级别、5 个质量等级、16 个牌号(不含 Z 向钢,Z 向是指厚度方向)。钢的牌号由代表屈服强度"屈"的汉语拼音首字母 Q、规定的最小上屈服强度数值(MPa)、交货状态代号、质量等级符号(B、C、D、E、F)四个部分组成。交货状态为热轧时,交货状态代号 AR 或 WAR;交货状态为正火或正火轧制状态时,交货状态代号均用 N 表示。Q+规定的最小上屈服强度数值+交货状态代号,简称为"钢级"。例如:Q355ND,表示最小上屈服强度为 355 MPa,交货状态为正火或正火轧制的质量等级为 D 级的低合金高强度结构钢。当需方要求钢板具有厚度方向性能时,则在上述规定的牌号后加上代表厚度方向(Z 向)性能级别的符号,如 Q355NDZ25。钢的牌号列于表 6.4。

②技术性能与应用

低合金高强度结构钢的化学成分、力学性能(拉伸性能和夏比(V 型缺口)冲击试验的温度和冲击吸收能量)以及工艺性能(弯曲试验)等的要求和指标应符合《低合金高强度结构钢》(GB/T 1591—2018)的规定。

表 6.4　低合金高强度结构钢的牌号

热轧钢		正火、正火轧制钢		热机械轧制钢	
钢级	质量等级	钢级	质量等级	钢级	质量等级
Q355	B、C、D	Q355N	B、C、D、E、F	Q355M	B、C、D、E、F
Q390	B、C、D	Q390N	B、C、D、E	Q390M	B、C、D、E
Q420	B、C	Q420N	B、C、D、E	Q420M	B、C、D、E
Q460	C	Q460N	C、D、E	Q460M	C、D、E
				Q500M	C、D、E
				Q550M	C、D、E
				Q620M	C、D、E
				Q690M	C、D、E

低合金高强度结构钢含碳量较低(≤0.2%),这是为了使钢材具有良好的加工和焊接性能。强度的提高主要由添加合金元素来解决。主要合金元素有硅、锰、钒、钛、铌、铬、镍和铜等,其中大多数都既能提高钢的强度和硬度,还能改善塑性和韧性。通过降碳提锰并在微量合金元素的强化作用下,低合金高强度结构钢具有高强度、高韧性、高焊接性、成型性或耐腐蚀性等特征,其屈服强度、抗拉强度大大高于碳素结构钢,且硬度高、耐磨性好,并具有良好的塑性、冷加工性和较高的低温冲击韧性。

低合金高强度结构钢的应用目的主要是减轻结构质量,延长使用寿命。其应用范围日益扩大,主要用于轧制型钢、钢板、钢管及钢筋,广泛应用于钢结构和钢筋混凝土结构中,特别是大型及重型结构、大跨度结构、高层建筑、桥梁工程、承受动力荷载和冲击荷载的结构等。在诸如大跨度桥梁、大型柱网构架、电视塔、大型厅馆中成为主体结构材料。

在钢结构中,常用牌号是 Q345,其综合性能较好;推荐牌号是 Q390。与 Q235 相比,Q345 号钢的强度和承载力更高,承受动荷载和耐疲劳性能良好,但价格稍高。用低合金高强度结构钢代替 Q235,可节省钢材 15%～25%,结构因而自重减轻,使用寿命增加。

(4)钢的选用

选用钢材时,要根据结构的重要性、受荷情况(动荷载、静荷载)、连接方式(焊接或非焊接)及使用时的温度条件等,综合考虑钢材的牌号、质量等级、脱氧方法加以选择。

建筑结构一般要求钢材的机械强度较高,韧性、塑性及可加工性适宜,质量稳定,成本较低。结构钢材采用氧气转炉钢或电炉钢,最少应具有屈服点、抗拉强度、伸长率 3 项机械性能和硫、磷含量 2 项化学成分的合格保证;对焊接结构还应有含碳量的合格保证。对于较大型构件、直接承受动力荷载的结构,钢材应具有冷弯试验的合格保证。对于大、重型结构和直接承受动力荷载的结构,钢材根据冬期工作温度情况应具有常温或低温冲击韧性的合格保证。

用于高层建筑钢结构的钢材,宜采用 B、C、D 等级的 Q235 碳素结构钢和 B、C、D、E 等级的 Q345 低合金高强度结构钢;抗震结构钢材的强屈比不应小于 1.2,应有明显的屈服台阶,伸长率应大于 20%,具有良好的可焊性。Q235 沸腾钢不宜用于下列承重结构:重级工作制焊接结构;冬期工作温度≤−20 ℃的轻、中级工作制焊接结构和重级工作制的非焊接结构;冬期工作温度≤−30 ℃的其他承重结构。

6.5.2　钢结构用钢材

钢结构用钢材主要是热轧成型的钢板和型钢等;薄壁轻型钢结构中主要采用冷弯薄壁型钢、圆钢和小角钢。钢材所用母材主要是碳素结构钢及低合金高强度结构钢。

(1)热轧型钢

热轧型钢主要采用碳素结构钢的 Q235-Λ、低合金高强度结构钢的 Q345 和 Q390 热轧成型。常用类型有角钢、L 型钢、工字钢、槽钢、H 型钢和 T 型钢等。

型钢截面形式合理,也即材料在截面上的分布对受力最为有利,构件间连接方便,可直接连接或附以钢板连接,连接方式有铆接、螺栓连接或焊接。

①角钢。角钢是两边互相垂直成直角形的长条钢材。通常长度为 3～19 m。分为等边角钢和不等边角钢两种。主要用作承受轴向力的杆件和支撑杆件,也可作为受力构件之间的连接零件。

②L 型钢。L 型钢的外形类似于不等边角钢,其主要区别是两边的厚度不等。通常长度为 6～12 m。

③工字钢。工字钢是截面为工字形、腿部内侧有 1∶6 斜度的长条钢材。通常长度为 5～19 m。工字钢广泛应用于各种建筑结构和桥梁。由于宽度方向的惯性矩相应回转半径比高度方向的小得多,一般宜用于承受单向受弯(腹板平面内受弯)的杆件,而不宜单独用作轴心受压构件或双向弯曲的构件。

④槽钢。槽钢是截面为凹槽形、腿部内侧有 1∶10 斜度的长条钢材。长度为 5～19 m。槽钢翼缘内表面的斜度较工字钢为小,紧固螺栓比较容易,可用作承受轴向力的杆件、承受横向弯曲的梁以及联系杆件,主要用于建筑钢结构、车辆制造等。

⑤H 型钢和剖分 T 型钢。H 型钢由工字钢发展而来,通常长度为 6～35 m。与工字钢相比,H 型钢的翼缘较宽且等厚,截面形状合理,侧向刚度大,抗弯能力强。其翼缘两表面互相平行,便于和其他钢材连接,节省劳力。由《热轧 H 型钢和剖分 T 型钢》(GB/T 11263—2017)可知,H 型钢分为宽翼缘(代号为 HW)、中翼缘(HM)、窄翼缘(HN)和薄壁(HT)几种。对于同样高度的 H 型钢,宽翼缘型的腹板和翼缘厚度最大,中翼缘型次之,窄翼缘型最小。H 型钢适用于要求承载能力大、截面稳定性好的大型建筑(如高层建筑)。

剖分 T 型钢由 H 型钢对半剖分而成,分为宽翼缘(TW)、中翼缘(TM)和窄翼缘(TN)三类。

(2)冷弯型钢

冷弯型钢是指用厚度为 1.5～6 mm 的 Q235 或 Q345 的薄钢板或带钢经冷轧(弯)或模压而成的各种断面形状的成品钢材,属于一种经济的截面轻型薄壁钢材,是制作轻型钢结构的主要材料。它具有热轧所不能生产的各种特薄、形状合理而复杂的截面。与热轧型钢相比较,在相同截面面积情况下,由于壁薄,刚度好,回转半径可增大 50%～60%,截面惯性矩可增大 0.5～3.0 倍,因而能较合理地利用材料强度;与普通钢结构(即由传统的工字钢、槽钢、角钢和钢板制作的钢结构)相比较,可节约钢材 30%～50%左右。

①结构用冷弯空心型钢。空心型钢是用连续辊式冷弯机组生产的,按形状可分为圆形(Y)、方形(F)、矩形(J)、异形(YI)4 种。

②通用冷弯开口型钢。冷弯开口型钢是用可冷加工变形的冷轧或热轧钢带在连续辊式冷弯机组上生产的,按形状分为8种:冷弯等边角钢、冷弯不等边角钢、冷弯等边槽钢、冷弯不等边槽钢、冷弯内卷边槽钢、冷弯外卷边槽钢、冷弯Z型钢、冷弯卷边Z型钢。

(3)钢管

钢结构中常用热轧无缝钢管和焊缝钢管。钢管在相同截面积下,刚度较大,因而是中心受压杆的理想截面。其流线型的表面使之承受风压小,用于高耸结构十分有利。在建筑结构上钢管多用于制作桁架、塔桅等构件,也可用于制作钢管混凝土。钢管混凝土是在钢管中浇注混凝土而形成的构件,这种组合使构件承载力大大提高,且具有良好的塑性和韧性,经济效果显著,施工简单、工期短。钢管混凝土用于厂房柱、构架柱、地铁站台柱、塔柱和高层建筑等。

①结构用无缝钢管。结构用无缝钢管以优质碳素钢和低合金高强度结构钢为母材,采用热轧(挤压、扩)和冷拔(轧)无缝方法制成。热轧(挤压、扩)钢管以热轧状态和热处理状态交货,通常长度为3~12 m。冷拔(轧)钢管以热处理状态交货。

②焊缝钢管。焊缝钢管由优质或普通碳素钢钢板卷焊而成,价格相对较低。分为直缝电焊钢管和螺旋焊钢管,适用于各种结构以及输送管道等。

(4)板材

①钢板。钢板呈矩形平板状,经直接轧制或由宽钢带剪切而成。按轧制方式分为热轧钢板和冷轧钢板。分厚板(厚度>4 mm)和薄板(厚度≤4 mm)两种。厚板主要用于结构,薄板主要用于屋面板、楼板和墙板等。在钢结构中,单块钢板不能独立工作,必须用几块板组合成工字形、箱形等结构来承受荷载。

②花纹钢板。表面轧有防滑凸纹的钢板称为花纹钢板。母材可用碳素结构钢、船体用结构钢、高耐候性结构钢,经热轧成菱形、扁豆形、圆豆形花纹。主要用于平台、过道及楼梯等的铺板。

③压型钢板。建筑用压型钢板属冷弯型钢的另一种形式,是由薄钢板经辊压冷弯而成的波形板,其截面呈梯形、V形、U形或类似的波形。原板材可用冷轧板、镀锌板、彩色涂层板等不同类别的薄钢板。

压型钢板由于曲折的板形大大增加了钢板在其平面外的惯性矩、刚度和抗弯能力,因而具有自重轻、强度刚度大、施工简便和美观等优点。在建筑上主要用作屋面板、墙板、楼板和装饰板等。

④彩色涂层钢板。指以薄钢板为基底,表面涂有各类有机涂料的产品,可用多种涂料和基底板材制作。彩色涂层钢板按用途分为建筑外用(JW)、建筑内用(JN)和家用电器(JD)类;按表面状态分为涂层板(TC)、印花板(YH)、压花板(YaH)。主要用于建筑物的围护和装饰。

(5)棒材

①热轧六角钢和热轧八角钢。是经热轧成型截面为六角形和八角形的长条钢材。常作为建筑钢结构中的螺栓的坯材。

②扁钢。热轧扁钢是截面为矩形并稍带钝边的长条钢材。在建筑上多用作房架构件、扶梯、桥梁和栅栏等。

③圆钢和方钢。热轧圆钢和热轧方钢在普通钢结构中很少采用。圆钢可用于轻型钢结构,用作一般杆件和连接件。

6.5.3　钢筋混凝土结构用钢材

钢筋混凝土结构用钢材,母材为碳素结构钢、低合金高强度结构钢和优质碳素结构钢,主要品种有热轧钢筋、热处理钢筋、冷加工钢筋、预应力混凝土用钢丝和钢绞线等。可按直条或盘条(也称盘圆)供货。钢筋进场时,应按国家现行相关标准的规定抽取试件做力学性能和重量偏差检验,检验结果必须符合有关标准的规定。

(1)热轧钢筋

热轧钢筋是一般钢筋混凝土结构中的主要用筋,应具有较高的强度,一定的塑性、韧性、冷弯性能与可焊性。热轧钢筋按表面形状分为光圆钢筋和带肋钢筋。

①热轧光圆钢筋

根据《钢筋混凝土用钢 第 1 部分:热轧光圆钢筋》(GB 1499.1—2017)规定,热轧光圆钢筋是指用 Q215 或 Q235 经热轧成型,横截面通常为圆形,表面光滑的成品钢筋。光圆钢筋强度较低,塑性、可焊性好,伸长率高,便于弯折成型进行各种冷加工,广泛用于普通钢筋混凝土构件中的非预应力钢筋,作为中小型结构的主要受力钢筋或各种结构的箍筋等。钢筋的公称直径范围为 6~22 mm,推荐尺寸(mm)为 6、8、10、12、16、20,技术要求见表 6.5。

表 6.5　热轧光圆钢筋的牌号、化学成分、力学性能和工艺性能

牌号[a]	化学成分(质量分数)/%,不大于					屈服强度 R_{eL}/MPa	抗拉强度 R_m/MPa	伸长率 A/%	最大力总伸长率 A_{gt}/%	冷弯试验 180°(弯心直径 d 钢筋公称直径 a)
	C	Si	Mn	P	S	不小于				
HPB300	0.25	0.55	1.50	0.045	0.050	300	420	25.0	10.0	$d=a$

a. 牌号由 HPB+屈服强度特征值构成。HPB 为热轧光圆钢筋的英文(Hot rolled Bars)缩写。

②热轧带肋钢筋

热轧带肋钢筋是由低合金钢经热轧成型并自然冷却的成品钢筋,分为按热轧状态交货的普通热轧钢筋和在热轧过程中通过控轧和控冷工艺形成的细晶粒热轧带肋钢筋,是钢筋混凝土结构中使用的主要钢筋类别。钢筋的横截面通常为圆形,表面通常带有两条纵肋和沿长度方向均匀分布的月牙状横肋,如图6.19 所示。月牙状横肋的纵截面呈月牙形,且与纵肋不相交。

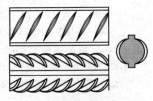

图 6.19　月牙肋钢筋表面及截面形状

《钢筋混凝土用钢 第 2 部分:热轧带肋钢筋》(GB 1499.2—2018)规定,钢筋按屈服强度特征值分为 400、500、600 级。带肋钢筋其强度较高,塑性和焊接性能较好,因表面带肋,加强了钢筋与混凝土之间的黏结力,广泛用于大、中型钢筋混凝土结构的受力钢筋,经过冷拉后可用作预应力钢筋。钢筋的公称直径范围为 6~50 mm。钢筋的性能要求见表 6.6。

钢筋宜采用无延伸装置的设备进行机械调直,也可采用冷拉的方法调直。当采用冷拉方法调直时,应控制冷拉率,以免过度影响钢筋的力学性能。热轧光圆钢筋和热轧带肋钢筋的冷拉率分别不宜大于 4% 和 1%。

(2)钢棒

预应力混凝土用钢棒是由日本高周波热炼株式会社于 20 世纪 60 年代开发的一种技术含量很高的预应力混凝土用钢材,属于预应力强度级别中的中间强度级。它具有高强度韧性、低

松弛性、与混凝土握裹力强,良好的可焊接性、镦锻性、节省材料等特点。

表6.6 热轧带肋钢筋的牌号、化学成分和碳当量(熔炼分析)、力学性能和工艺性能

牌号[a]	化学成分(质量分数)/% 不大于						下屈服强度 R_{eL}/MPa	抗拉强度 R_m/MPa	断后伸长率 A/%	最大力总延伸率 A_{gt}/%	R_m°/R_{eL}	R_{eL}°/R_{eL}	冷弯试验180°	
	C	Si	Mn	P	S	C_{eq}^{b}	不小于					不大于	公称直径 d	弯曲压头直径
HRB400 HRBF400	0.25	0.80	1.60	0.045	0.045	0.54	400	540	16	7.5	—	—	6~25 28~40 >40~50	4d 5d 6d
HRB400E HRBF400E									—	9.0	1.25	1.30		
HRB500 HRBF500						0.55	500	630	15	7.5	—	—	6~25 28~40 >40~50	6d 7d 8d
HRB500E HRBF500E									—	9.0	1.25	1.30		
HRB600	0.28					0.58	600	730	14	7.5	—	—	6~25 28~40 >40~50	6d 7d 8d

注:a.牌号构成:

(1)普通热轧钢筋指按热轧状态交货的钢筋。其牌号由 HRB+屈服强度特征值(或+E)构成。HRB 为热轧带肋钢筋的英文 (Hot rolled Ribbed Bars)缩写。

(2)在热轧过程中,通过控轧和控冷工艺形成的细晶粒钢筋为细晶粒热轧钢筋,其牌号由 HRBF+屈服强度特征值(或+E)构成。HRBF 是在热轧带肋钢筋的英文缩写后加"细"的英文(Fine)首位字母。

(3)E 为"地震"的英文"Earthquake"首位字母。

b. C_{eq} 为碳当量(%),按下式计算:$C_{eq}=C+Mn/6+(Cr+V+Mo)/5+(Cu+Ni)/15$。

c. R_m° 为钢筋实测抗拉强度;R_{eL}° 为钢筋实测下屈服强度。

根据《预应力混凝土用钢棒》(GB/T 5223.3—2017)规定,预应力混凝土钢棒从表面形式分为光圆钢棒、螺旋槽钢棒、螺旋肋钢棒、带肋钢棒四种;代号为:预应力混凝土用钢棒 PCB、光圆钢棒 P、螺旋槽钢棒 HG、螺旋肋钢棒 HR、带肋钢棒 R、低松弛 L。技术性能见有关标准。

(3)冷加工钢筋

常温下对热轧钢筋或盘条按规定的条件进行拉、拔、轧等冷加工而得,目的是提高屈服强度以节约钢材。

①冷轧带肋钢筋

冷轧带肋钢筋是将热轧圆盘条经冷轧减径后形成三面有月牙横肋的钢筋,也可经低温回火处理,简称冷轧钢筋。共有 5 个牌号:CRB550,CRB650,CRB800,CRB970 和 CRB1170,其中 CRB550 为非预应力混凝土用钢筋,其他的为预应力混凝土用钢筋。牌号中的 CRB 为冷轧带肋钢筋之意,数字表示抗拉强度最小值。各牌号钢筋的力学性能和工艺性能应符合《钢筋混

凝土用冷轧带肋钢筋》(GB/T 13788—2008)中的规定。

冷轧钢筋强度高,塑性、焊接性较好,握裹力强,广泛用于中、小型预应力混凝土结构构件和普通钢筋混凝土结构构件中,也可用冷轧带肋钢筋焊接成钢筋网使用于以上构件中。预应力筋除了冷轧带肋钢筋中的 4 个牌号外,常用的还有钢丝、钢绞线、钢棒等。

②冷拉钢筋

常温下对热轧钢筋施加规定的拉应力,解除后,即得到冷拉钢筋。冷拉直条光圆钢筋适用于非预应力受拉钢筋;冷拉热轧带肋钢筋强度较高,可用作预应力混凝土结构的预应力筋。冷拉钢筋由于塑性、韧性较差,易发生脆断,故不宜用于负温及受冲击或重复荷载的结构。

③冷拔低碳钢丝

冷拔低碳钢丝是用 6.5~8 mm 的碳素结构钢 Q235 或 Q215 盘条,通过多次强力拔制而成的直径为 3、4、5 mm 的钢丝。可分为甲、乙两级,甲级钢丝主要用作预应力筋,乙级钢丝用于焊接网、焊接骨架、箍筋和构造钢筋等。冷拔低碳钢丝由于经过反复拉拔强化,强度大为提高,但塑性降低,脆性随之增加,已属硬钢类钢筋。

冷拔低碳钢丝的力学性能应符合《混凝土制品用冷拔低碳钢丝》(JC/T 540—2006)的规定,见表 6.7。冷拔低碳钢丝多在预制构件厂生产时完成,加工方便,成本低,适用于生产中、小预应力混凝土构件。

表 6.7　冷拔低碳钢丝的力学性能

级　别	公称直径 d/mm	抗拉强度 R_m/MPa 不小于	断后伸长率 A_{100}/% 不小于	反复弯曲次数/(次/180°) 不小于
甲级	5.0	650	3.0	4
		600		
	4.0	700	2.5	
		650		
乙级	3.0、4.0、5.0、6.0	550	2.0	

注:甲级冷拔低碳钢丝作预应力筋用时,如经机械调直则抗拉强度标准值应降低 50 MPa。

(4)预应力混凝土用钢丝

小直径钢筋称为钢丝。预应力混凝土用钢丝为高强度钢丝,是用优质碳素结构钢经冷拉或再经回火等工艺处理制成的。根据《预应力混凝土用钢丝》(GB/T 5223—2014),按加工状态有冷拉钢丝(代号为 WCD)和消除应力钢丝两类。消除应力钢丝按松弛性能又分为低松弛级钢丝(WLR)和普通松弛级钢丝(WNR);按外形可分为光圆钢丝(P)、螺旋肋钢丝(H)、刻痕钢丝(I)三种。经低温回火消除应力后钢丝的塑性比冷拉钢丝要高。刻痕钢丝是经压痕轧制而成的,分为两面刻痕和三面刻痕钢丝,如图 6.20 所示,刻痕后与混凝土握裹力大,可减少预应力损失和混凝土裂缝。螺旋肋钢丝的外形如图 6.21 所示。消除应力钢丝应符合表 6.8 所要求的力学性能。预应力混凝土用钢丝强度高,柔性好,无接头,松弛率低,抗腐蚀性强,质量稳定,适用于大跨度屋架及薄腹梁、大跨度吊车梁等大型构件及 V 形折板、桥梁、电杆、轨枕等。使用钢丝可节省钢材,施工方便,安全可靠,但成本较高。

表 6.8　消除应力光圆及螺旋肋钢丝的力学性能

公称直径 d_n/mm	公称抗拉强度 R_m/MPa	最大力的特征值 F_m/kN	最大力的最大值 $F_{m,max}$/kN	0.2%屈服力 $F_{p0.2}$/kN	最大力总伸长率 ($L_0=200$ mm)A_{gt}/% ≥	反复弯曲性能		应力松弛性能	
						弯曲次数/(次/180°) ≥	弯曲半径 R/mm	初始力相当于实际最大力的百分数/%	1 000 h应力松弛率 r/% ≤
4.00		18.48	20.99	16.22		3	10		
4.80		26.61	30.23	23.35		4	15		
5.00		28.86	32.78	25.32		4	15		
6.00		41.56	47.21	36.47		4	15		
6.25		45.10	51.24	39.58		4	20		
7.00		56.57	64.26	49.64		4	20		
7.50	1 470	64.94	73.78	56.99		4	20		
8.00		73.88	83.93	64.84		4	20		
9.00		93.52	106.25	82.07		4	25		
9.50		104.19	118.37	91.44		4	25		
10.00		115.45	131.16	101.32		4	25		
11.00		139.69	158.70	122.59		—	—		
12.00		166.26	188.88	145.90		—	—		
4.00		19.73	22.24	17.37		3	10		
4.80		28.41	32.03	25.00		4	15		
5.00		30.82	34.75	27.12		4	15		
6.00		44.38	50.03	39.06		4	15		
6.25		48.17	54.31	42.39		4	20		
7.00		60.41	68.11	53.16		4	20		
7.50	1 570	69.36	78.20	61.04		4	20		
8.00		78.91	88.96	69.44		4	20	70	2.5
9.00		99.88	112.60	87.89	3.5	4	25		
9.50		111.28	125.46	97.93		4	25	80	4.5
10.00		123.31	139.02	108.51		4	25		
11.00		149.20	168.21	131.30		—	—		
12.00		177.57	200.19	156.26		—	—		
4.00		20.99	23.50	18.47		3	10		
5.00		32.78	36.71	28.85		4	15		
6.00		47.21	52.86	41.54		4	15		
6.25		51.24	57.38	45.09		4	20		
7.00	1 670	64.26	71.96	56.55		4	20		
7.50		73.78	82.62	64.93		4	20		
8.00		83.93	93.98	73.86		4	20		
9.00		106.25	118.97	93.50		4	25		
4.00		22.25	24.76	19.58		3	10		
5.00		34.75	38.68	30.58		4	15		
6.00	1 770	50.04	55.69	44.03		4	15		
7.00		68.11	75.81	59.94		4	20		
7.50		78.20	87.04	68.81		4	20		
4.00		23.38	25.89	20.57		3	10		
5.00	1 860	36.51	40.44	32.13		4	15		
6.00		52.58	58.23	46.27		4	15		
7.00		71.57	79.27	62.98		4	20		

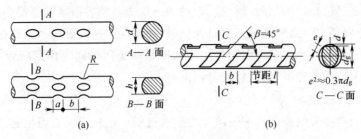

图 6.20　刻痕钢丝外形图

(a)两面刻痕钢丝,(b)三面刻痕钢丝

(5)预应力混凝土用钢绞线

指以数根直径为 2.5～5.0 mm 的优质碳素结构钢钢丝,经绞捻和消除内应力的热处理而制成的钢丝束。钢绞线的力学性能应符合《预应力混凝土用钢绞线》(GB/T 5224—2014)的规定。钢绞线按结构分为以下 8 种类型:1×2:用两根钢丝捻制的钢绞线;1×3:用三根钢丝捻制的钢绞线;1×3I:用三根刻痕钢丝捻制的钢绞线;1×7:用七根钢丝(以一根钢丝为芯,6 根钢丝围绕其周围)捻制的标准型钢绞线;1×7I:用六根刻痕钢丝和一根光圆钢丝捻制的钢绞线;(1×7)C:用七根钢丝捻制又经模拔的钢绞线;1×19S:用十九根钢丝捻制的 1+9+9 西鲁式钢绞线;1×7W:用十九根钢丝捻制的 1+6+6/6 瓦林吞式钢绞线。

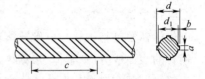

图 6.21　预应力螺旋肋钢丝外形图

a—单肋宽度;b—单肋深度;c—螺旋肋导程

钢绞线具有强度高、柔韧性好、无接头、与混凝土黏结性能好、易于锚固等优点,使用时按要求的长度切割。主要用作重荷载、大跨度的后张法预应力屋架、桥梁、薄腹梁等结构的预应力钢筋。

(6)混凝土用钢纤维

在混凝土中掺入钢纤维,能大大提高混凝土的抗冲击强度、韧性,显著改善其抗裂、抗剪、抗弯、抗拉、抗疲劳等性能。

钢纤维的原材料可以使用碳素结构钢、合金结构钢和不锈钢,生产方式有钢丝切断、薄板剪切、熔融抽丝和铣削等。表面粗糙或表面刻痕,形状为波形或扭曲形,端部带钩或端部有大头的钢纤维与混凝土的黏结较好,有利于混凝土增强。钢纤维直径应控制在 0.45～0.7 mm,长径比控制在 50～80。增大钢纤维的长径比,可提高混凝土的增强效果;但过于细长的在搅拌时容易形成纤维球反而失去增强作用。钢纤维按抗拉强度分为 1 000、600 和 380 三个等级。

6.6　钢材的防护

6.6.1　钢材的锈蚀与防止

(1)钢材的锈蚀

钢材因表面与周围介质发生化学反应而遭到破坏的现象叫做锈蚀。锈蚀现象很普遍,当钢材处于有侵蚀性介质或湿度较大的环境中,如潮湿的空气、土壤、工业废气等时,锈蚀就更为严重。钢材在存放时生锈,会使有效截面减少,材质降低甚至报废,并且除锈困难;在使用中生锈,不仅受力面积减小,而且局部锈坑的产生,可引起应力集中促使结构早期破坏。尤其在冲击、反复荷载作用下,将促使钢材疲劳,出现脆性断裂。

环境中的湿度、氧,介质中的酸、碱、盐,钢材的化学成分及表面状况等都会引起钢材锈蚀。一些卤素离子,特别是 Cl^- 离子能破坏钢材保护膜,使锈蚀迅速发展。锈蚀根据作用原理分为化学锈蚀和电化学锈蚀两类。钢材在大气中的锈蚀是两类锈蚀同时作用所致,但以电化学锈蚀为主。在工业大气的条件下,钢材较容易锈蚀。

①化学锈蚀(干锈蚀)

化学锈蚀是钢材在常温或高温下与氧化性介质接触产生化学反应而引起的锈蚀。氧化性气体有空气、氧、水蒸气、二氧化碳、二氧化硫和氯等,反应后在钢材表面形成疏松的氧化物,反应随温、湿度提高而加快。在干燥环境下锈蚀缓慢;在温、湿度较高条件下,锈蚀很快;干湿交替环境下,锈蚀更为厉害。

②电化学锈蚀(湿锈蚀)

电化学锈蚀是指钢材与电解质溶液接触后在化学反应发生的同时有电流产生而造成的锈蚀。钢材的表面成分(铁素体、渗碳体、游离碳和其他成分)或受力变形等是不均匀的,这使得表面相邻局部间存有电极电位差。在潮湿环境中,钢材因吸附作用覆盖了一层极薄的电解质水膜,表面层在电解质溶液中构成许多以铁素体为阳极、渗碳体为阴极的微电池。在阳极,铁失去电子被氧化成 Fe^{2+} 进入水膜;在阴极,溶于水膜中的氧被还原成 OH^-。两者结合生成不溶于水的 $Fe(OH)_2$,并进一步氧化成为疏松易剥落的红棕色铁锈 $Fe(OH)_3$。随着铁素体基体的逐渐锈蚀,钢组织中的渗碳体等暴露出来的愈来愈多,形成的微电池数目也愈来愈多,钢材的锈蚀愈发加速。

(2)钢材的防锈

防止钢材锈蚀,是延长钢结构物使用寿命、节约钢材的重要手段。目前防锈方法有:

①合金化。在碳素钢中加入铬、镍、锡、钛和铜等合金元素生成合金钢,能有效地提高钢材的抗锈蚀能力。如在碳素钢和低合金钢中加入少量的铜、铬、镍、钼等合金元素可制成耐候钢(耐大气锈蚀钢)。耐候钢的牌号、化学成分、力学性能和工艺性能可参见《焊接结构用耐候钢》(GB 172)和《高耐候性结构钢》(GB 4171)。

②金属覆盖。用耐锈蚀性能好的金属,以电镀或喷镀的方法覆盖在钢材表面来提高钢材的耐锈蚀能力。如镀锌、镀铬、镀铜和镀镍等。这是使用较多的一种方法。

③非金属覆盖。在钢材表面用非金属材料作为保护膜,与环境介质隔离,以避免或减缓锈蚀。如喷涂涂料、搪瓷和塑料等。

④阴极保护。是在钢铁结构上接一块较钢铁更为活泼的金属板如锌板、镁板。因为锌和镁比钢铁的电位低,所以成为锈蚀电池的阳极遭到破坏(牺牲阳极),而钢铁结构成为阴极而得到保护。这种方法在不容易或不能用覆盖保护层的地方,如蒸汽锅炉、轮船外壳、地下管道、港工结构、道桥建筑等处常被采用。

钢结构最多用的防锈方法是表面油漆。应用时一般为两道底漆(或一道底漆和一道中间漆)与两道面漆,要求高时可增加一道中间漆或面漆。常用的底漆有红丹防锈底漆、环氧富锌漆、云母氧化铁底漆和铁红环氧底漆等。常用面漆有灰铅漆、醇酸磁漆和酚醛磁漆等。

(3)混凝土用钢筋的防锈

正常的混凝土中 pH 值约为 12 左右,在钢筋表面能形成碱性氧化膜(钝化膜),对钢筋起保护作用。若混凝土发生碳化,由于碱度降低会失去对钢筋的保护作用。此外,混凝土中 Cl^-

离子达到一定浓度,也会破坏钢筋表面的钝化膜。钢筋锈蚀时体积增大,最严重的可达原体积的 6 倍,使钢筋周围的混凝土胀裂。一般混凝土配筋的防锈措施是:保证混凝土的密实度以及钢筋外侧混凝土保护层的厚度,限制氯盐外加剂的掺量或使用防锈剂,采用环氧树脂涂层钢筋或镀锌钢筋等。预应力混凝土用钢筋由于易被锈蚀,故应禁止使用氯盐类外加剂。

6.6.2　钢材的防火

钢是不燃性材料,但并不表明钢材能够抵抗火灾。耐火试验与火灾案例调查表明:以失去支持能力为标准,无保护层时钢柱和钢屋架的耐火极限只有 0.25 h,而裸露钢梁的耐火极限仅为 0.15 h。温度在 200 ℃以内,可以认为钢材的性能基本不变;超过 300 ℃以后,弹性模量、屈服点和极限强度均开始显著下降,应变急剧增大;到达 600 ℃时已失去承载能力。所以没有防火保护层的钢结构是不耐火的。

钢结构防火保护的基本原理是采用绝热或吸热材料,阻隔火焰和热量,推迟钢结构的升温速率。防火方法以包覆法为主,即以防火涂料、不燃性板材或混凝土和砂浆将钢构件包裹起来。

复习思考题

1. 钢按化学成分可分为哪些种类? 建筑工程中主要采用哪些钢种?

2. 钢在冶炼过程中,炉型和脱氧程度对钢质有什么影响?

3. 试述钢材的屈服强度、抗拉强度、伸长率、冲击韧性的物理意义和实际意义。

4. 下列符号表示的意义是什么:$\sigma_{0.2}$,δ_5,δ_{10},α_k?

5. 钢的冲击韧性与哪些因素有关? 何谓脆性转变温度和时效敏感性?

6. 钢材冷弯性能的表示方法及其实际意义是什么?

7. 在常温下碳素钢的含碳量、晶体组织与建筑性能之间有何关系?

8. 简述化学成分对钢材性能的影响。

9. 碳素结构钢如何划分牌号? 牌号与性能之间有何关系? 为什么 Q235 号钢被广泛应用于建筑工程?

10. 低合金高强度结构钢较之碳素结构钢有何优点? 建筑上常用哪些牌号?

11. 请解释下列钢牌号的含义(所属钢种及各符号、数字的意义):Q235-A·F,Q390-D,45Mn。

12. 选择结构用钢的主要依据是什么? 对于承受冲击、振动荷载和在低温下工作的结构应采用什么钢?

13. 热轧钢筋共有几个牌号? 技术要求有哪些方面? 对热轧钢筋进行冷拉及时效处理的主要目的和主要方法是什么?

14. 钢是不燃性材料,为何要作防火处理?

15. 从进货的一批热轧钢筋中抽样,并截取两根钢筋作拉伸试验,测得如下结果:屈服下限荷载分别为 42.4 kN、41.5 kN;抗拉极限分别为:62.0 kN、61.6 kN,钢筋公称直径为 12 mm,标距为 60 mm,拉断时长度分别为 71.1 mm 和 71.5 mm。试确定其牌号,并说明其利用率及使用中的安全可靠程度。

第7章 墙体材料

7.1 墙体材料概述

用来砌筑、拼装或用其他方法构成承重或非承重墙体的材料称为墙体材料。墙体在房屋中起承重、隔断及围护作用。在一般的房屋建筑中,墙体占整个建筑物重量的1/2,占用工量、造价的1/3。所以,墙体材料是房屋建筑的物质基础,属房建材料中的结构材料兼功能材料。同时,墙材生产是我国建材工业的重要组成部分,其产值约占建材工业总产值的1/3。墙材的生产、应用和发展要适应并促进国民经济和社会的发展。

根据历史的不同阶段和各地的实际情况,墙材的品种和性能不断地被更新和变化,以适应社会发展要求且与建筑结构及形式相匹配。在农业社会,墙材主要是生产粗放的实心黏土砖;第一次工业革命后,开始发展为工业合成品,如加气混凝土、混凝土空心砌块、精制的黏土空心砖等;进入信息社会以来,发展为复合轻板。在发达国家已完成了墙体材料体系的转变,即基本形成以各种轻质、节能、环保、高效能材料为主的新型墙体材料体系。随着建筑科技的发展和节能的需要,墙体由单一材料向复合材料发展,即采用各具特殊性能的材料和合理的结构复合而成一板多功能的墙体——复合墙体。

为实施可持续发展战略,墙材工业必须走资源、能源、环境协调发展的绿色之路;建设小康住宅,发展绿色建筑、生态建筑,也对墙体材料提出了绿色要求。

绿色墙体材料首先应具有一般绿色材料的特征。如采用低能耗制造工艺和不污染环境的生产技术;产品设计以改善环境、提高生活质量为宗旨;不仅不损害身体健康,还应对人体健康有益;产品具有多功能,如防霉、防火、阻燃、隔声、防射线等。因为墙材产品体积大、质量大,在建筑物中起隔断和围护作用,所以墙体材料还应同时具备如下特点:

(1)节约土地。墙材的生产既不毁地毁田取土,其产品又可增加建筑的有效使用面积。

(2)节约资源。尽量少用甚至不用天然资源,大量利用工、农业废料和生活废弃物。

(3)节约能源。既节约生产能耗,又降低建筑物的使用能耗。

(4)保护环境。生产过程中少排放甚至不排放废气、废渣、废水;墙体有较高的绝热性,可大量减少耗热量,并可相应减少有害气体的排放量。

(5)多功能化。外墙材料要有足够的抗冲击强度和较好的防火、绝热、抗震、隔声、抗渗、抗反复干湿与抗反复冻融等性能,并能达到一定的装饰效果。内墙材料要求质轻,有一定的强度,并兼具较好的防水、隔声、防潮、防霉等性能。

(6)可再生利用。墙体拆除后可再生循环使用,不成为污染环境的废弃物。

7.2 砖

根据《墙体材料术语》(GB/T 18968—2003),建筑用长度不超过 365 mm,宽度不超过

240 mm,高度不超过 115 mm 的人造小型块材,称为砖。

制砖的原料相当广泛,包括黏土、页岩和天然砂以及一些工业废料如粉煤灰、煤矸石和炉渣等。砖的形式有实心砖、多孔砖和空心砖,还有装饰用的花格砖。制砖工艺有两类:一类通过烧结工艺获得,称为烧结砖;一类通过蒸养(压)方法获得,称为蒸养(压)砖。

7.2.1　烧结砖的原料及生产简介

(1)烧结砖原料

烧结砖的原料以黏土为主,还有页岩及粉煤灰、煤矸石和炉渣等工业废渣。

黏土是由天然岩石(主要是含长石的岩石)经长期风化而成的多种矿物的混合体。主要组成矿物为黏土矿物,其成分以高岭石($Al_2O_3 \cdot 2SiO_2 \cdot 2H_2O$)为主,可赋予黏土以塑性和黏结性;其次是由石英砂、云母、碳酸钙、碳酸镁、铁质矿物,以及一些有机杂质和可溶性盐类等组成的杂质矿物,它使黏土的熔化温度降低。

页岩是原先较为疏松的黏土,由于天然的造岩作用,固结较弱的黏土经挤压、脱水、重结晶和胶结作用形成的具有一定页片状构造的岩石,属沉积岩。生产页岩砖可完全不用黏土。

煤矸石是采煤和洗煤时剔除的废石。热值较高的黏土质煤矸石适合烧砖,但煤矸石需粉碎成适当的细度,根据煤矸石的含碳量和可塑性进行配料,焙烧不需外投煤。

粉煤灰是发电厂排出的工业废料,主要成分与黏土相近。粉煤灰的可塑性较差难以成型,一般要掺加 30%～70%的黏土作为黏合料。

用煤矸石和粉煤灰制砖,可以大量利废、节约能源。烧结页岩砖以及在原料中掺有不少于30%的煤矸石、粉煤灰生产的烧结砖,是国家提倡发展的新型墙体材料产品。

(2)烧结砖生产简介

烧结普通砖、黏土空心砖生产工艺流程为:采土→配料调制→制坯→干燥→焙烧→成品。

黏土原料经粉碎,按适当组成调配后,加适量水拌匀成适合成型的坯料,再通过成型可制成各种形状、尺寸的生坯。成型方法主要有:

①塑性法。将含水率为 15%～25%的可塑性良好的坯料,通过挤泥机挤出一定断面尺寸的泥条,再切割成型。此法适用于成型烧结普通砖和空心砖。

②半干压法或干压法。将含水率低(半干压法为 8%～10%,干压法为 4%～6%)、塑性差的坯料,用压力成型机在钢模中成型。生坯含水率低,有时不经干燥即可焙烧,简化了工艺。此法适用于生产盲孔多孔砖。

生坯须进行干燥将含水率降低至 8%～10%才能入窑焙烧。干燥分自然干燥(先在露天阴干后,再在阳光下晒干)和人工干燥(利用焙烧窑的余热,在室内进行)。干燥过程要防止生坯因脱水不均匀或过快而出现干缩裂缝。

焙烧是生产工艺的关键阶段,直接影响产品质量和生产能耗。生坯经焙烧形成人造石材,吸水率降低,具有化学稳定性,强度、耐水性和抗冻性提高。烧结普通砖及其多孔烧土制品的焙烧温度为 950～1 000 ℃,焙烧在窑炉中进行。窑炉按操作方式分连续式和间歇式两种。目前国内一般都采用连续式(如轮窑、隧道窑等)生产,即装窑、预热、焙烧、冷却、出窑等过程可同时进行。间歇式窑炉的烧成制度可灵活变更,煅烧出不同类型的制品,但热耗大,生产周期长,产量低,劳动强度大,除用于烧制特殊制品(如仿古制品)外不宜采用。

7.2.2　烧结普通砖

烧结普通砖是指以黏土、页岩、煤矸石、粉煤灰为主要原料经焙烧而成的普通砖。按主要原料分别命名为黏土砖(N)、页岩砖(Y)、煤矸石砖(M)和粉煤灰砖(F)。

(1)主要技术性质

烧结普通砖产品的技术要求,应符合《烧结普通砖》(GB 5101—2003)的规定。

①规格。烧结普通砖的外形为直角六面体,其公称尺寸为:长240 mm、宽115 mm、高53 mm。

②质量等级。根据抗压强度分为 MU30、MU25、MU20、MU15、MU10 五个强度等级。强度、抗风化性能和放射性物质合格的砖,根据尺寸偏差、外观质量、泛霜和石灰爆裂分为优等品(A)、一等品(B)和合格品(C)三个质量等级。优等品适用于清水墙和墙体装饰,一等品和合格品适用于混水墙。产品中不允许有欠火砖、酥砖和螺旋纹砖。

③抗风化性能。通常将干湿变化、温度变化和冻融变化等气候对砖的物理作用称为"风化"。抗风化性能是先根据风化指数划分风化区,再按风化区的不同,做出是否需经抗冻性检验以及相应检测指标的规定。我国的东北、华北和西北地区基本上处于严重风化区。抗风化性能强,则经久耐用,使用寿命长。

④泛霜。指黏土原料中的可溶性盐类随砖内水分蒸发而沉积于砖的表面形成的白色粉状物(又称盐析)。泛霜影响建筑物的美观。如果溶盐为硫酸盐,当水分蒸发呈晶体析出时,产生膨胀,使砖面剥落。经检验的砖不应出现起粉、掉屑和脱皮现象。

⑤石灰爆裂。指砖坯中夹杂有石灰石,当砖焙烧时石灰石分解为生石灰,砖吸水后生石灰熟化产生体积膨胀而使砖发生胀裂的现象。

抗风化性能、泛霜、石灰爆裂和吸水率是衡量烧结黏土制品耐久性的指标。砖的吸水率反映其开口孔隙率的大小,也同时反映砖的导热性、抗冻性和强度的大小。

烧结普通砖按焙烧方法不同分为内燃砖和外燃砖。内燃砖是将煤渣、含碳量高的粉煤灰等可燃性工业废渣掺入制坯黏土原料中,作为内燃料,当砖坯在窑内被烧到一定温度后,坯体内的燃料燃烧而烧结成砖。内燃砖可节省外投燃料,减少黏土用量5%～10%。由于焙烧时热源均匀、内燃料燃烧后留下封闭孔隙,因此砖的表观密度减小,强度提高20%左右,导热系数降低,也利用了大量工业废料。黏土砖砖坯在轮窑、隧道窑中焙烧时,窑内为氧化气氛,黏土中铁的化合物被氧化成红色的三价铁(Fe_2O_3),砖呈红色。如在间歇式土窑中焙烧,当达到烧结温度后(1 000℃左右),采取措施使窑内为还原气氛,红色的三价铁被还原成青灰色的二价铁(FeO),即制成青砖。青砖的耐久性比红砖高。

(2)应用

烧结普通砖被大量用作墙体材料,以及用来砌筑柱、拱、窑炉、烟囱、沟道及基础等。由于烧结普通砖绝大多数采用黏土制作,浪费土地资源和能源,污染环境,目前我国各地已分别制定了在城镇建筑中禁止使用烧结黏土普通砖的期限。

7.2.3　烧结空心砖

一般习惯将有孔洞的砌墙砖统称为空心砖,空心砖的品种规格很多,仅墙体烧结空心砖就有三大类:承重多孔砖、非承重(围护墙、隔断墙)空心砖和装饰(花格、贴面)空心砖。砖孔可为竖向或水平,一般都贯通。不贯通的称为盲孔砖。

空心砖节能、节土、轻质,其强度、抗震性能、保温隔热性能、施工效率等各方面均优于普通黏土砖。把黏土实心砖逐步改造为空心砖,可利用原有设备,改造资金少,生产厂家容易接受,建筑施工也无需大的改动,与我国的经济发展水平较为匹配。发展及推广应用空心砖和空心砌块制品,是比较适合我国墙材工业现状的墙材革新的突破口和捷径。

(1)烧结多孔砖和多孔砌块

烧结多孔砖和多孔砌块是以黏土、页岩、煤矸石、粉煤灰、淤泥及其他固体废弃物等为主要原料,经焙烧制成,主要用于建筑物承重部位。其技术性能指标参见《烧结多孔砖和多孔砌块》(GB 13544—2011)。

烧结多孔砖(图 7.1)和多孔砌块(图 7.2)的孔型为矩形孔或矩形条孔;孔为竖孔,孔小而数量多;孔洞率分别≥28%(多孔砖)和≥33%(多孔砌块)。外型一般为直角六面体,在与砂浆的结合面上设有增加结合力的粉刷槽和砌筑砂浆槽;规格大的砖和砌块应设手抓孔,手抓孔尺寸为(30~40)mm×(75~85)mm。

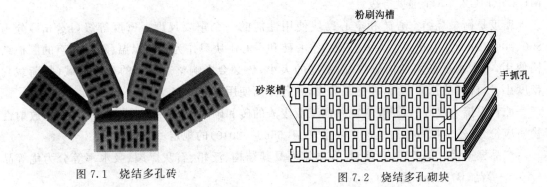

图 7.1 烧结多孔砖　　　　图 7.2 烧结多孔砌块

烧结多孔砖根据抗压强度分为 MU30、MU25、MU20、MU15、MU10 五个强度等级。强度等级判定用抗压强度平均值和强度标准值评定方法。

多孔砖的密度等级(kg/m³)分为 1 000、1 100、1 200、1 300 四个等级;多孔砌块的密度等级分为 900、1 000、1 100、1 200 四个等级。

强度和抗风化性能合格的砖,根据尺寸偏差、外观质量、孔型及孔洞排列、泛霜、石灰爆裂分为优等品(A)一等品(B)和合格品(C)三个质量等级。

多孔砖用于一般工民建的多层砖混结构,以多孔砖作外墙主体,配以适量的钢筋混凝土构造柱的组合墙砖结构,可代替实心砖砌筑 8 层以下砖混结构的建筑。多孔砖也用作框架结构的填充墙;还可与其他轻质保温材料(如聚苯板、岩棉、保温石膏板等)复合砌筑墙体,建造节能住宅,以取得更好的保温隔热效果。

(2)非承重烧结空心砖和空心砌块

它是以黏土、页岩、煤矸石、粉煤灰为主要原料,经焙烧而成的主要用于建筑物非承重部位的空心砖和空心砌块,其技术性能应符合《烧结空心砖和空心砌块》(GB 13545—2014)规定。随着高层框架建筑的发展,烧结空心砖和空心砌块不仅只起框架的填充作用,还必须具备轻质高强、隔声保温的性能。

烧结空心砖和烧结空心砌块的外型为直角六面体,其长度、宽度、高度尺寸(mm)为:390、290、240;190、180(175)、140;115,90。一般在与砂浆的接合面上设有增加结合力的深度1 mm 以上的凹线槽。其孔型为矩形条孔,水平孔;孔大而数量少,孔洞率≥40%。产品的形状如图7.3 所示。

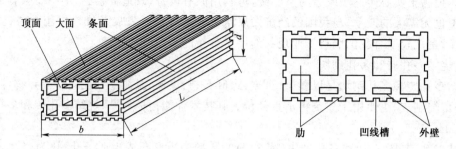

图 7.3 烧结空心砖和空心砌块

烧结空心砖和空心砌块按条面和大面的抗压强度分为 MU10.0、MU7.5、MU5.0、MU3.5、MU2.5 5 个强度等级。

密度是衡量烧结空心砖和空心砌块使用性能的一个重要尺度。密度等级(kg/m³)分为 800、900、1 000、1 100 四个等级。烧结空心砖和空心砌块只作为隔热保温、隔声吸声的围护结构使用,不需承受任何结构荷载,而密度的大小,势必会影响整个建筑的自重荷载(静荷载)。密度小时,材料的孔隙率大,导热系数小,其各方面使用性能就好。

原料中掺入煤矸石、粉煤灰或其他工业废渣的砖和砌块,应进行放射性物质检测。放射性物质应符合《建筑材料放射性核素限量》(GB 6566—2010)的规定。

产品根据尺寸偏差、外观质量、孔洞排列及其结构、泛霜、石灰爆裂、吸水率等分为优等品(A)、一等品(B)和合格品(C)。

①泛霜。每块砖和砌块应符合下列规定:优等品:无泛霜;一等品:不允许出现中等泛霜;合格品:不允许出现严重泛霜。

②吸水率。应符合表 7.1 的规定。

③抗风化性能。严重风化区中的 1、2、3、4、5 地区的砖和砌块必须进行冻融试验;其他地区砖和砌块的抗风化性能符合表 7.2 的规定时可不做冻融试验,否则也必须进行冻融试验。冻融试验后,每块砖或砌块不允许出现分层、掉皮、缺棱掉角等冻坏现象;产品中不允许有欠火砖、酥砖。

表 7.1 吸水率

等 级	吸水率/%	
	黏土砖和砌块、页岩砖和砌块、煤矸石砖和砌块	粉煤灰砖和砌块*
优等品	16.0	20.0
一等品	18.0	22.0
合格品	20.0	24.0

*:粉煤灰掺入量(体积比)小于 30% 时,按黏土砖和砌块规定判定。

表 7.2 抗风化性能

分 类	饱和系数≤			
	严重风化区		非严重风化区	
	平均值	单块最大值	平均值	单块最大值
黏土砖和砌块	0.85	0.87	0.88	0.90
粉煤灰砖和砌块				
页岩砖和砌块	0.74	0.77	0.78	0.80
煤矸石砖和砌块				

烧结空心砖和空心砌块主要是作为非承重填充材料和轻质墙体材料使用。空心砖质轻、保温性能好、强度高,最适合作建筑的保温外墙和隔墙,以及其他结构的轻质保温和复合外围护墙。

7.2.4 非黏土砖

非黏土砖是指采用黏土以外的原料,如水泥、天然砂石、石灰以及粉煤灰、煤矸石、页岩、煤渣等工业废渣生产的砌墙砖。生产工艺有蒸压、蒸养、烧结、自然养护等。非黏土砖的生产能耗低,一般仅为黏土实心砖的 1/2,既节省了能源、黏土,而且可利用大量工业废渣,保护环境。

(1)混凝土多孔砖

混凝土多孔砖是以水泥为胶结材料,砂、石等为主要集料,加水搅拌、成型、养护制成的一种多排小孔混凝土砖。这是近年来"禁实"、"限黏"后,向墙材市场推出的一种非黏土类新型墙材,是适应目前建筑体系、节土节能、替代烧结黏土砖的新产品,其外观尺寸见图 7.4。

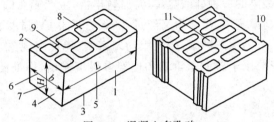

图 7.4 混凝土多孔砖

1—条面;2—坐浆面(外壁、肋的厚度较小的面);3—铺浆面(外壁、肋的厚度较大的面);4—顶面;
5—长度(L);6—宽度(b);7—高度(H);8—外壁;9—肋;10—槽;11—手抓孔

混凝土多孔砖主要用于工业与民用建筑的承重部位,在建筑设计上是以黏土多孔砖的设计参数为基础的,其技术性能指标参见《混凝土多孔砖》(JC 943—2004)。它的外形特征类似烧结多孔砖,而材料性能应归于普通混凝土小型空心砌块,兼具黏土砖与混凝土砌块的一些优势:

①主块型尺寸为 240 mm×115 mm×90 mm,与目前应用时间较长、应用量较大的黏土多孔砖一致。

②原材料较丰富,节土利废、不毁坏农田、不用燃煤,生产耗能不足烧结黏土砖的一半,生产技术相对简单,生产线投资成本不大,符合国家经济节能发展战略。

③表观密度、热工性能等物理力学性能达到或高于黏土多孔砖,抗剪强度较高。强度等级根据抗压强度分为 MU30、MU25、MU20、MU15、MU10 五级。

④重量轻,砌筑方便,可降低施工强度及地基荷载,在增加使用面积的同时不增加工程造价;比黏土多孔砖的外观尺寸规整,节约砂浆,有利于砌体平整度的控制;灰缝饱满,现场破损率低,抗冻性能好,保温效果好,耐久。

⑤块体尺寸较砌块小,半封底孔型,有利于控制墙体裂缝,减少砌体收缩。

对产品质量和砌体施工质量控制不当时,也容易出现"裂"、"渗"、"热"、"冷"等问题,特别是开裂问题。

多孔砖的墙体热工性能较差,其原因在于,混凝土多孔砖的导热系数是黏土实心砖的 2 倍,虽然其孔洞率大有利于保温,但是其有一定宽度的混凝土肋及在接缝处、转角处的混凝土构造柱或芯柱有薄弱点,易形成热桥,影响外墙保温性能,造成能源损耗大,甚至出现局部墙面结露现象。预防措施有:①恰当选择合理厚度的混凝土多孔砖;②从建筑设计上对于一些薄弱部位采取保温隔热措施,改善建筑的热工性能,如采用保温砂浆或外墙采用抗渗防裂纤维砂浆等。

(2)蒸压灰砂砖

蒸压灰砂砖是以石灰、砂为主要原材料,经坯料制备、压制成型、蒸压养护而制成的实心砖和孔洞率大于 15% 的空心砖。技术指标参见《蒸压灰砂砖》(GB 11945—1999)与《蒸压灰砂空心砖》(JC/T 637—2009)。

①蒸压灰砂实心砖。根据抗压强度和抗折强度分为 MU25、MU20、MU15、MU10 四个强度级别;质量等级根据尺寸偏差和外观质量、强度及抗冻性分为优等品(A)、一等品(B)和合格品(C)三级。

②蒸压灰砂空心砖。根据抗压强度将强度级别分为 MU30、MU25、MU20、MU15 四个等级。根据强度级别、尺寸偏差和外观质量将产品分为优等品(A)、一等品(B)和合格品(C)。

蒸压灰砂砖是发展最早的一种硅酸盐砖,其原料丰富,生产能耗低,周期短,不受气候条件影响。砖块通过蒸压釜高温蒸压,出釜后又经过 28 天自然养护,强度高;产品外形光洁规则,砌筑后的墙体平整度高,节约抹灰砂浆;砖组织均匀密实、无烧缩现象,颜色淡雅可调,特别是耐久性能尤为突出,广泛应用于砖混承重墙和框架多层填充墙,标准砖已应用于 ±0.00 线以下的基础、下水道等部位。

灰砂砖在应用中要注意:

①灰砂砖含有较多的游离氧化钙和高碱性水化物,对酸性物质的抗蚀能力较差;耐水性良好,但对流水冲刷的抗力甚弱,因为流水冲刷会浸析出砖内的胶凝物质而使砖的结构破坏;同时在高温作用下,砖内水化硅酸钙会脱水分解,失去胶结力。因而灰砂砖不得用于长期受热高于 200℃、受急冷急热交替作用或有酸性介质的建筑部位,也不能用于有流水冲刷的建筑部位,如落水管出水处和水龙头下面等。

②灰砂砖是压制成型的,表面光滑,与砂浆黏结力差,故砌筑砂浆宜用混合砂浆,不宜用微沫砂浆。当用于高层建筑、地震区或筒仓构筑物等时,除应有相应结构措施外,还应有提高砖和砂浆黏结力的措施,如采用高黏度的专用砂浆,以防止渗雨、漏水和墙体开裂。

③灰砂砖自生产之日起,应放置 1 个月以后方可用于砌体施工。砌筑灰砂砖砌体时,砖的含水率宜为 8%~12%,严禁使用干砖或含水饱和砖。灰砂砖不宜与烧结砖或其他品种砖同层混砌。

另外,灰砂砖还有吸水慢、出水慢、绝干收缩率大于黏土砖等特点,需要在施工过程中加以注意。

(3)粉煤灰砖

粉煤灰砖是指以粉煤灰、石灰或水泥为主要原料,掺加适量石膏和集料经坯料制备、压制成型、高压或常压蒸汽养护或自然养护而成的实心砖,分为蒸压粉煤灰砖(外观见图 7.5)和蒸养粉煤灰砖两种。两种砖的原材料和制作过程基本一样,但养护工艺不同,使得性能也不同。

蒸压粉煤灰砖在饱和蒸汽中养护时,可使砖中的活性组成部分充分进行水热反应,因此砖的抗压强度高,能经受 15 次冻融循环的抗冻要求,性能趋于稳定。而蒸养粉煤灰砖则易出现墙体开裂等现象。

图 7.5　蒸压粉煤灰砖

粉煤灰砖是一种具有潜在活性的水硬性材料,在潮湿环境中能继续产生水化反应而使砖的内部结构更为密实,有利于强度的提高。按照《蒸压粉煤灰砖》(JC/T 239—2014)规定:根据抗压强度和抗折强度将粉煤灰砖强度级别分 30、25、20、15、10 五个等级。砖的外型为直角六面体，规格尺寸为：240 mm×115 mm×53 mm。规范对粉煤灰砖有较高的要求：线性干燥收缩值应不大于 0.5 mm/m；碳化系数应小于 0.85；吸水率应不大于 20% 等。

蒸压粉煤灰砖与普通黏土砖在性能上有较大差别，应在使用中采取相应的措施。压制成型的粉煤灰砖表面光滑、平整，可能有少量起粉，使砂浆的黏结力降低，减弱砌体抵抗横向变形的能力，应设法提高砖与砂浆的黏结力，尽可能采用专用砌筑砂浆。粉煤灰砖须提前湿水，保持砖的含水率在 10% 左右。还要求砂浆的保水性较好，在承重结构中，不能采用强度等级低于 M7.5 的砂浆砌筑。粉煤灰砖出釜后 3 d 内收缩较大，应在出釜后存放一周以上再用于砌筑。为避免或减少收缩裂缝的产生，应对用粉煤灰砖砌筑的建筑物，在窗台、门、洞口等部位适当增设钢筋，以防止这些部位的裂缝发生。还应适当增设圈梁，减少伸缩缝间距，或采取其他措施。

7.3 建 筑 砌 块

建筑砌块是指砌筑墙体的人造块材，外形多为直角六面体，也有各种异型的。砌块系列中主规格的长度、宽度、高度有一项或一项以上分别大于 365 mm、240 mm 或 115 mm，但高度不大于长度和宽度的 6 倍，长度不超过高度的 3 倍。砌块常以其主要原料命名，如普通混凝土砌块、轻集料混凝土砌块、蒸压加气混凝土砌块、石膏砌块等。一般在工厂预制。按高度(h)不同分为大型($h>$980 mm)、中型($h=$380~980 mm)、小型(115 mm$<h<$380 mm)砌块，我国以中、小型砌块使用较多。有空心(空心率≥25%)、实心(无孔洞或空心率$<$25%)砌块两种。按用途可分为承重砌块和非承重砌块；按集料的品种可分为普通砌块和轻集料砌块；按用途可分为结构型砌块、装饰型砌块和功能型砌块；按胶凝材料的种类可分为硅酸盐砌块和水泥混凝土砌块。

砌块具有可减少土地资源的耗用、减少能耗、减少环境污染、应用面广泛、降低建筑物自重、降低成本等特性。

7.3.1 普通混凝土小型砌块

普通混凝土小型砌块是以水泥、矿物掺合料、砂、石、水等为原材料，经搅拌、振动成型、养护等工艺制成的小型砌块，适用于工业与民用建筑。

《普通混凝土小型砌块》(GB 8239—2014)规定，砌块的外型宜为直角六面体，常用块型的规格尺寸(mm)为：长度 390；宽度 90、120、140、240、290；高度 90、140、190。

砌块按空心率分为空心砌块(空心率不小于 25%，代号 H)和实心砌块(空心率小于 25%，代号 S)；按使用时砌筑墙体的结构和受力情况，分为承重结构用砌块(代号 L)和非承重结构用砌块(代号 N)。常用空心砌块外形如图 7.6 所示。

砌块按其抗压强度的平均值和单块最小值分为 MU5.0、MU7.5、MU10.0、MU15.0、MU20.0、MU25.0、MU30.0、MU35.0 和 MU40.0 九个强度等级，其中空心承重砌块有 MU7.5、MU10.0、MU15.0、MU20.0 和 MU25.0 五个强度等级，空心非承重砌块有 MU5.0、MU7.5 和 MU10.0 三个强度等级，实心承重砌块有 MU15.0、MU20.0、MU25.0、MU30.0、MU35.0 和 MU40.0 六个强度等级，实心非承重砌块有 10.0、15.0 和 20.0 三个强度等级。砌块的抗压强度取决于混凝土的强度和空心率，抗折强度随抗压强度的增加而提高，但并非是直

图 7.6　混凝土小型空心砌块

线关系。抗折强度是抗压强度的 0.16～0.26 倍。

砌块的抗冻性应符合标准规定；L 类砌块的吸水率应不大于 10%，线性干燥收缩值应不大于 0.45 mm/m，N 类砌块的吸水率应不大于 14%，线性干燥收缩值应不大于 0.65 mm/m。干燥收缩值的大小直接影响墙体的裂缝情况，因此应尽量提高强度减少干缩；砌块的软化系数应不小于 0.85，属于耐水性材料；砌块的碳化系数应不小于 0.85。

混凝土砌块就地取材，可利废，建厂投资少，生产能耗只有黏土砖的 50% 左右；砌体墙身薄，抗震力好；制品尺寸大，砌筑时砂浆用量少，施工效率可较普通砖提高 50%～100%，施工能耗低。但由于混凝土砌块本身干缩性较黏土砖大，对温度的敏感性强，因而砌块建筑墙体裂缝问题较砖混结构显得突出。在使用功能上砌块建筑存在着在南方易渗漏雨水、北方易形成热桥等问题，既热、裂、渗问题。除了严格保证砌块本身的质量外，尚需采取相关措施加以解决和改进。

砌块应用时应注意：①保持砌块干燥；砌块在砌筑时一般不宜浇水，但在气候特别干燥炎热时，可在砌筑前稍喷水湿润。②砌块砂浆要保持良好的和易性；③采取墙体防裂措施；④清洁砌块。

7.3.2　轻集料混凝土小型空心砌块

它是指用轻粗集料、轻砂（或普通砂）、水泥和水等原材料配制而成的干表观密度不大于 1 950 kg/m³ 的轻集料混凝土来制成的小型空心砌块，代号 LB。

《轻集料混凝土小型空心砌块》(GB/T 15229—2011)规定：主规格尺寸为 390 mm×190 mm× 190 mm。按孔的排数分类为：单排孔、双排孔、三排孔和四排孔等。砌块密度等级分为八级：700、800、900、1 000、1 100、1 200、1 300、1 400 kg/m³，除自燃煤矸石掺量不小于砌块质量 35% 的砌块外，其他砌块的最大密度等级为 1 200 km/m³。砌块强度等级按抗压强度平均值和最小值分为五级：MU2.5、MU3.5、MU5.0、MU7.5、MU10.0；同一强度等级砌块的密度等级范围要符合规定要求。

轻集料混凝土的吸水率比普通混凝土大，以其制成的小砌块的吸水率也较大，但应不大于 18%；干燥收缩率应不大于 0.065%；相对含水率应符合国家标准规定。小砌块的耐久性包括抗冻性、抗碳化性及耐水性。抗冻性要求，对于温和与夏热冬暖地区、夏热冬冷地区、寒冷地区、严寒地区，其抗冻标号分别要达到 D15、D25、D35、D50，质量损失率均要求不大于 5%，强度损失率均要求不大于 25%；碳化系数和软化系数均应不小于 0.8。掺工业废渣的砌块其放射性应符合 GB 6566 要求。

施工技术要点包括：设置钢筋混凝土带，墙体与柱、墙、框架采用柔性连接；隔墙门口处理采取相应措施;砌筑前一天,注意在与其接触的部位洒水湿润。

7.3.3 蒸压加气混凝土砌块

蒸压加气混凝土砌块简称加气块。是以砂、粉煤灰等硅质材料和水泥、石灰等钙质材料为主要原料,掺入加气剂等辅助材料,与水混合,经搅拌、浇注、发气、成型、切割、蒸养等工艺制成的多孔结构的建筑砌块。

根据《蒸压加气混凝土砌块》(GB/T 11968—2006)规定,强度级别有:A1.0、A2.0、A2.5、A3.5、A5.0、A7.5、A10 七个级别。体积密度级别有:B03、B04、B05、B06、B07、B08 六个级别。如表 7.3 所示。

表 7.3 砌块的强度级别

体积密度级别		B03	B04	B05	B06	B07	B08
强度级别	优等品(A)	A1.0	A2.0	A3.5	A5.0	A7.5	A10.0
	合格品(B)			A2.5	A3.5	A5.0	A7.5

加气块按尺寸偏差与外观质量、体积密度和抗压强度分为:优等品(A)、合格品(B)两个等级。

加气块的干体积密度应符合表 7.4 的规定。砌块的干燥收缩、抗冻性和导热系数(干态)应符合表 7.5 的规定。掺用工业废渣为原料时,所含放射性物质应符合 GB 6566—2010 的规定。

表 7.4 砌块的干体积密度

体积密度级别		B03	B04	B05	B06	B07	B08
体积密度	优等品(A)≤	300	400	500	600	700	800
/(kg·m^{-3})	合格品(B)≤	325	425	525	625	725	825

表 7.5 干燥收缩、抗冻性和导热系数

体积密度级别			B03	B04	B05	B06	B07	B08
干燥收缩值	标准法≤	mm/m			0.50			
	快速法≤				0.80			
抗冻性	质量损失/%,≤				5.0			
	冻后强度/MPa,≥	优等品(A)	0.8	1.6	2.8	4.0	6.0	8.0
		合格品(B)	0.8	1.6	2.0	2.8	4.0	6.0
导热系数(干态)/[W·(m·k)$^{-1}$],≤			0.10	0.12	0.14	0.16	0.18	0.20

注:(1)规定采用标准法、快速法测定砌块干燥收缩值,若测定的结果发生矛盾不能判定时,则以标准法测定的结果为准。

(2)用于墙体的砌块,允许不测导热系数。

加气块适用于高层框架建筑、抗震地区建筑、严寒地区建筑、软质地基建筑等民用与工业建筑物墙体。可用作低层建筑的承重墙、多层建筑的间隔墙和高层框架结构的填充墙。作为保温隔热材料时也可用于复合墙和屋面保温隔热层。

加气混凝土的主要缺点是收缩大、弹性模量低、怕冻害,故不适合下列场合使用:温度大于80℃的环境;有酸、碱危害的环境;长期潮湿的环境。特别是严寒地区应注意冻害。用加气块砌墙宜采用混合砂浆,砌筑时应上下错缝,搭接长度不应小于砌块长度的1/3。

7.4 墙 板

墙板包括轻质板材及轻质复合板,主要用于框架轻板建筑体系。框架轻板建筑的特点是将建筑物中的承重和围护两大部分明确分工,采用强度高的钢筋混凝土材料制作梁、柱、桩和整间一块的楼板,组成框架,承受建筑物的自重和外力;采用轻质、建筑功能良好的板材做内外墙板,通过各种构造措施支承在框架上,墙板不承重,只起围护和分隔作用。框架轻板建筑的优点是大大减轻建筑物自重,增加建筑物的有效面积,提高抗震能力,加快施工速度,实现机械化施工。

轻质复合板由不同功能的材料或板材组合在一起制成,有承重和非承重之分。它将结构材料与保温材料复合使用,充分发挥各种材料的特长,适用于多层、高层以及工业建筑的内、外围护墙体。

7.4.1 石膏板系列

(1)纸面石膏板

它是以建筑石膏为主要原料,掺入适量纤维增强材料和外加剂等构成芯材,并与护面纸牢固地黏接在一起的建筑板材。适用于建筑物中非承重墙体和吊顶。

纸面石膏板(GB/T 9775—2008)按其功能分为:普通纸面石膏板(代号 P)、耐水纸面石膏板(代号 S)和耐火纸面石膏板(代号 H)以及耐水耐火纸面石膏板(代号 SH)四种。

纸面石膏板的生产采用连续成型机组,生产工业化和自动化程度高,生产速度快,效率高,产品质量稳定,能耗低。

用纸面石膏板现装分室墙和分户墙时,将纸面石膏板竖向排列,连接和固定在轻钢龙骨(用螺钉)或石膏龙骨(用黏接剂)上;用纸面石膏板作墙、柱、梁上的覆面板时,用黏接剂涂抹在石膏板的背面予以黏接。若为保温外墙的覆面板,可将其保温材料安装在工字龙骨内,再将板黏贴在龙骨上。纸面石膏板的墙面装饰主要有喷浆、油漆和贴墙纸等。纸面石膏板在厨房、厕所及空气湿度经常大于70%的潮湿环境中使用时,除选用耐水纸面石膏板外还可采取相应的防治措施。

(2)石膏空心条板

石膏空心条板(JC/T 829—2010)是以建筑石膏为主要原料,掺以无机轻集料、无机纤维增强材料,加入适量添加剂而制成的条形板材,代号 SGK。石膏空心条板的外形和断面(图 7.7)与 GRC 轻质多孔隔墙条板相似,板的长边应设榫头和榫槽或双面凹槽;规格尺寸一般为(2 400~3 000)mm × 600 mm × (60~120)mm,7 孔或 9 孔。

石膏空心条板重量轻、强度高、隔热、隔声、防水、施工简便,可锯、可刨、可钻,主要用作建筑非承重内隔墙,其墙面可做喷浆、涂料、贴瓷砖、贴壁纸等各种饰面。与传统的黏土实心或

图 7.7 石膏空心条板

空心砖相比,用石膏条板制成的墙体,每平方米墙体重量只有两面抹灰砖墙的 1/6～1/7,且减少墙身占用面积 50%～70%,这使得建筑物自重减轻,基础承载变小,有效降低了建筑造价;条板长度随建筑物的层高确定,施工效率更高。与纸面石膏板相比,石膏用量少、不用纸和胶黏剂,最大特点是墙体安装时不需龙骨,降低了墙体造价,工艺设备简单,所以造价更低。

(3)石膏保温板

《复合保温石膏板》(JC/T 2077—2011)规定,石膏保温板是以 α 型或 β 型半水石膏为主要原料,加入填充材料(粉煤灰或短切纤维)和外加剂(气泡分散稳定剂、调凝剂等),经充气工艺制成的芯板与面层浇注复合而成的一种建筑外墙内保温材料。石膏保温板用于外墙内保温的墙体构造为:主墙、空气层、保温板、玻璃纤维布、增强层、内饰面。主墙可以是砖砌外墙,也可以是现浇或预制混凝土外墙。

石膏保温板规格为 600 mm×600 mm×40(50) mm;热阻为 0.4(0.5)(m² · K)/W;导热系数小于 0.1W/(m · K);密度为 500～600 kg/m³;断裂荷载大于 800 N;收缩值小于 0.02%。

20 mm 厚砂浆＋200 mm 钢筋混凝土＋20 mm 空气层＋50 mm 保温石膏板的复合墙体,主断面总热阻值 R_0＝0.953m² · K/W,与 620mm 砖墙相当。

7.4.2 玻璃纤维增强水泥(简称 GRC)轻质多孔隔墙条板

它是以耐碱玻璃纤维与低碱度水泥为主要原料预制的非承重轻质多孔内隔墙条板。GRC 板适用于非承重的墙体部位,主要用作多层居住建筑的分室分户墙、厨房卫生间隔墙及阳台分户墙;公共建筑内隔墙;工业厂房的内隔墙;工业建筑围护外墙(经增强、保温或隔热处理)。

根据《玻璃纤维增强水泥轻质多孔隔墙条板》(GB/T 19631—2005)规定,GRC 板按板的厚度分为 90 型、120 型;按板型分为普通板(PB)、门框板(MB)、窗框板(CB)、过梁板(LB);按其外观质量、尺寸偏差及物理力学性能分为一等品(B)、合格品(C)。GRC 板的外形和断面如图 7.8 所示。

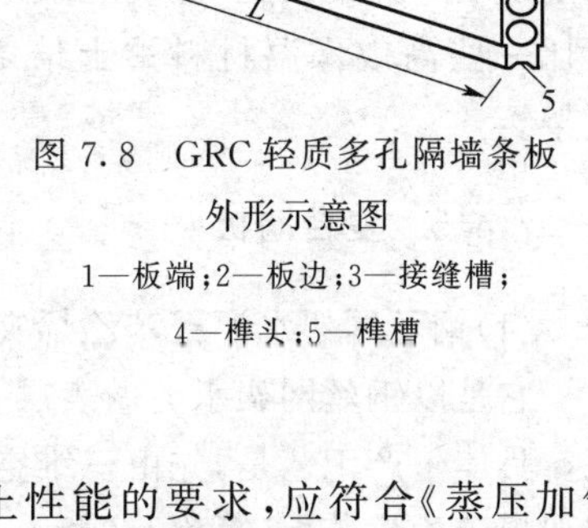

7.4.3 蒸压加气混凝土板

蒸压加气混凝土板是以钙质材料(水泥、石灰等)、硅质材料(石英砂或粉煤灰)、石膏、铝粉、水和钢筋等为原料,经蒸压养护制成的轻质板材。品种有屋面板(代号 JWB)、外墙板(代号 JQB)、隔墙板(代号 JGB)。

图 7.8 GRC 轻质多孔隔墙条板
外形示意图

1—板端;2—板边;3—接缝槽;
4—榫头;5—榫槽

加气混凝土板的性能应符合《蒸压加气混凝土板》(GB 15762—2008)的要求;对加气混凝土板的加气混凝土性能的要求,应符合《蒸压加气混凝土砌块》(GB 11968—2006)中对产品的干密度、抗压强度、干燥收缩、抗冻性和导热系数的规定值。

蒸压加气混凝土板含有大量微小的、非连通的气孔,孔隙率达 70%～80%,具有自重轻、绝热性好、隔声吸声等特性,同时条板还有较好的耐火性与一定的承载能力,可用作内墙板、外墙板、屋面板与楼板。板属不燃材料,在高温下也不会产生有毒气体,厚度为 150 mm 板的耐火极限可达 4 h。加气混凝土隔墙的隔声量,按隔墙的做法与厚度不同,可在 39.3～54.0 dB 之间。

加气混凝土板与其他轻质板材相比,在产品生产规模、产品材性与质量稳定性等方面均具有很大的优势,国外多数工业发达国家生产加气混凝土制品均以板材为主,且在建筑使用上占有很大的比例。

7.4.4　发泡水泥保温板

发泡水泥保温板也称发泡混凝土保温板或无机防火保温板(图 7.9),是目前墙体保温和墙体保温防火隔离带较理想的保温材料。其突出特征是混凝土内部分布有大量直径为 1～3 mm 的封闭泡沫孔,使板材轻质化和保温隔热化。

发泡水泥保温板导热系数低,保温效果好,不燃烧,防水,与墙体黏结力强,强度高,无放射物质,环保,与建筑物使用寿命同期,而且施工简便快捷,可以克服以往采用泡沫隔热材料所产生的保温差、热传感率高、易产生龟裂等现象,技术性能优于泡沫玻璃、泡沫陶瓷、酚醛泡沫板、聚苯颗粒、聚苯板、挤塑板等墙体保温材料。但由于采用了发泡技术,使得材料密度

图 7.9　切割好的发泡水泥保温板

减少,空气间层增大,板材因而较脆,且吸水率高,另外导热系数比有机保温板要大。

发泡水泥保温板广泛应用在大跨度工业厂房、仓库、大型机车库、体育场馆、展览馆、飞机场、大型公用设施、活动房及住宅夹层、民用住宅等各个领域的土木建筑工程中,主要用于建筑外围护墙体保温工程、屋面保温板、防火门芯板和其他形式外墙保温的防火隔离带。需要注意的是,发泡水泥保温板因传热系数小而具有良好的保温性能,继而广泛应用于墙体节能改造工程中,它属于轻质墙体,主要适用于北方地区;而对于夏季需要隔热的地区,由于其热惰性小,将使室内温度过高,不适合使用。

板材施工铺贴时,基层墙体外侧宜采用水泥砂浆找平,以改善发泡水泥板粘贴的平整度。当基层墙体为混凝土、加气混凝土时,其表面应涂刷界面剂,以提高其黏结性。由于发泡水泥板比一些高效保温材料重十倍之多,为保证安全性,故应采用满粘法并设置锚固件和支承托架。

7.4.5　复合墙板

(1)钢丝网架水泥聚苯乙烯夹芯板

它是以钢丝网架水泥做表层,阻燃型聚苯乙烯泡沫塑料作内芯的轻质板材,多用于房屋建筑。具体生产工艺是,先由三维空间焊接钢丝网架和阻燃型聚苯乙烯泡沫塑料板条构成钢丝网架聚苯乙烯芯板(简称 GJ 板),然后再在 GJ 板两面分别喷抹水泥砂浆,这样形成的构件即为钢丝网架水泥聚苯乙烯夹芯板(简称 GSJ 板,也称泰柏板)。板的加工一般是将芯板安装后,在现场喷抹砂浆成墙,也有的在工厂事先喷抹水泥砂浆后,再运至工地安装。GSJ 板的规格如表 7.6 所示,具体技术要求见《钢丝网架水泥聚苯乙烯夹芯板》(JC 623—1996)。其他网架轻质夹芯板可参照执行。

GSJ 板适用于高层建筑的围护外墙及内隔墙,低层建筑的承重墙、楼板、屋面板及保温墙、

吊顶等;更适合楼房接层。夹芯板内部聚苯乙烯本为自熄性材料,再用非燃烧体的水泥砂浆进行覆面,已属难燃烧体,故板材具有良好的耐火性。组成的墙体将轻质高强、绝热隔声、保温防震、防潮和抗冻等性能结合于一身;可增加房屋使用面积。缺点是湿作业量较大,二次抹灰较麻烦。

表 7.6 GSJ 板的规格

板厚/mm	两表面喷抹层做法	芯板构造
100	两面各有 25 mm 厚水泥砂浆	各类 GJ 板
110	两面各有 30 mm 厚水泥砂浆	
130	两面各有 25 mm 厚水泥砂浆加两面各有 15 mm 厚石膏涂层或轻质砂浆	

(2)GRC 夹芯复合墙板

GRC 夹心复合墙板是以低碱度水泥砂浆为基料,耐碱玻璃纤维作增强材料制成面层,中间填充聚苯乙烯(或聚氨酯、岩棉、矿棉)等隔热吸声材料作内芯,一次成型制成的轻质复合墙板。产品品种有用于内隔墙的普通型隔墙夹芯板,用作外墙内保温墙体的内保温夹芯板,用作外墙外保温墙体和屋面的外保温夹芯板。

250 mm 混凝土墙＋60 mmGRC 内保温板＋20 mm 空气层的复合外墙,其平均传热系数为 0.762～0.797 W/(m^2 · k)。

由 10 mm GRC 面层＋40 mm 聚苯乙烯泡沫板＋20 mm 板肋空气层复合的保温板,热阻为 1.012 m^2 · k/W,具有造价低、热阻大、抗冻融、抗渗、抗震性能好,以及粘贴、勾缝施工快,粘贴牢固不裂纹等优点。

由 10 mm 防水层＋40 mm 夹芯板保温层＋120 mm 预制空心板复合的屋面,热阻为 1.494 m^2 · k/W。具有造价低,找坡施工快,无需作找平层,几乎干施工等优点。

GRC 内、外保温夹芯板施工安装时,用黏结剂将板粘贴在墙体或屋面上,并用钉子固定。

(3)金属面夹芯板

金属面夹芯板是指上下两层面材为金属薄板,芯材为有一定刚度的保温吸声材料,如岩棉、硬质泡沫塑料等,在专用的自动化生产线上用黏结剂复合而成的具有承载力的结构板材,也称为"三明治"板。

产品的面层材料有:镀锌钢板、热镀锌彩钢板、电镀锌彩钢板、镀铝锌彩钢板和各种合金钢薄板。芯材有:泡沫塑料,如聚氨酯、聚苯材料等;无机纤维材料,如岩棉、矿棉、玻璃棉等。

金属面夹芯板的主要特点是:①重量轻、强度高,具有高效绝热性;②施工方便、快捷;③可多次拆卸,可变换地点重复安装使用,有较高的耐久性;④带有防腐涂层的彩色金属面夹芯板有较高的耐久性。

金属面夹芯板根据用途不同,分为屋面板、墙板、隔墙板、吊顶板等,被普遍用于仓储式超市、商场、办公楼、冷库、仓库、工厂车间、活动房、战地医院、展览场馆和体育场馆及候机楼的建造。选用时应考虑的主要技术指标为:黏结性能、剥离性能、抗弯承载力、导热系数、耐火极限、燃烧性能。

其他还有聚苯夹芯轻质隔墙板、岩棉夹芯轻质隔墙板、水泥发泡夹芯轻质隔墙板、岩棉与聚苯复合夹芯轻质隔墙板、水泥发泡与聚苯复合夹芯轻质隔墙板等,主要适用于高层住宅、宾馆、酒店、洗浴中心、商铺等建筑的卫生间及内隔墙。

7.4.6　复合保温墙体

在我国寒冷、严寒地区以及夏热冬冷地区,使用目前的一些单一墙体材料(如加气混凝土砌块、黏土空心砖和砌块、混凝土小型空心砌块等)砌筑的墙体,其保温隔热性能难以满足建筑节能指标要求,或综合经济指标不够合理,如造成墙体过厚、整体结构重量过大等。为了达到国家规定的第四阶段建筑节能指标,即在 1980～1981 年当地通用设计能耗水平基础上节约采暖能耗 75% 的要求,从能满足建筑节能的观点来看,要达到保温和隔热的效果,采用承重材料与高效保温材料组成的复合墙体结构方案比较合理可行,是节能墙体的主要发展方向。发达国家的新建建筑已基本上采用复合墙体,我国也在迅速加大采用力度。

外墙保温节能体系中,根据保温材料所处的相对位置不同,有内保温复合墙体、夹芯保温复合墙体和外保温复合墙体之分。

(1)外墙内保温墙体

它是指将高效保温材料敷设于墙体结构层内侧的墙体。其结构分为保温层和饰面层,一般有两种做法。一种是将保温层与饰面材料在工厂复合制成板材,运至现场安装,再做好接缝;另一种是直接在现场安设保温板,再作面层,逐层施工。保温材料可采用聚苯乙烯泡沫塑料板(简称聚苯板)、岩棉板、玻璃棉板、充气石膏板、水泥膨胀珍珠岩板、膨胀珍珠岩保温砂浆层、加气混凝土砌块等;饰面材料主要用纸面石膏板、玻璃纤维增强水泥板、玻璃纤维增强饰面石膏、纤维增强聚合物砂浆等。

粉刷石膏聚苯板内保温墙体是一种在施工现场直接制作的外墙内保温技术。

①保温结构层基本构造

主墙体。空心砖、混凝土砌块、钢筋混凝土、加气混凝土等。

空气层。20 mm(用黏结石膏找出)。

保温层。阻燃型聚苯板,厚 30～45 mm,用在墙体内侧。

饰面层。在已被黏结的聚苯板面满抹一层底层粉刷石膏,厚度为 5 mm,在此砂浆初凝前满贴玻纤网格布一层(横向粘贴),再在玻纤网格布表面满抹一层厚度为 3 mm 的面层粉刷石膏。结构层构造立面如图 7.10 所示。

②安装工艺流程

材料准备→基层墙体处理→粘贴防水保温踢脚板→粘贴聚苯板→抹底层粉刷石膏→埋入玻纤网格布→抹面层粉刷石膏→门窗口护角→满刮腻子→验收。

(2)外墙夹芯保温墙体

夹芯保温外墙一般是由两层砌筑的墙体,中间夹保温层构成。

保温材料可用岩棉板、聚苯板、玻璃棉板或袋装膨胀珍珠岩等。外侧墙体采用饰面砖或清水墙砖。内侧墙体可采用承重的普通混凝土砌块、多孔砖或灰砂砖等。内外两层墙间距以 50～70 mm 为宜。外侧墙体与保温层之间要预留 25～50 mm 的空气层(必须大于 25 mm)。内外两叶墙体的连接除了要设置钢筋混凝土圈梁外,还应每隔一定高度和距离用水平的金属件将两叶墙体连接起来。

图 7.11 为夹芯保温墙的基本构造形式,其外侧墙体采用饰面砖,内侧墙体采用承重的混凝土空心砌块。

(3)外墙外保温饰面体系

外保温复合外墙是将高效保温材料敷设于墙体结构层外侧。从热工原理看,外保温方案最为合理,但要求防护层的质量较高。

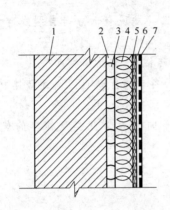

图 7.10　内保温结构层构造剖面图
1—主体外墙;2—空气层(20 mm);3—粘接石膏;4—聚苯板;5—底层粉刷石膏砂浆;6—玻纤网布;7—面层粉刷石膏

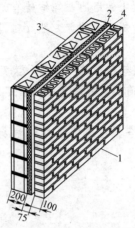

图 7.11　夹芯保温墙体的基本构造
1—饰面砖;2—绝热材料;
3—混凝土砌块;4—空气层

外墙外保温饰面体系的基本构造主要由黏结层(如黏结胶浆等)、绝热层(如阻燃型聚苯板等)、增强层(或称保护层,如抹面胶浆加表面做耐碱涂塑的玻纤网格布,厚度 3 mm 左右,等)与饰面层(如高弹丙烯酸型面层涂料等)四部分组成,该体系与基层墙体是在现场进行复合的。如图 7.12 所示。基层墙体包括钢筋混凝土、混凝土空心砌块、黏土多孔砖及空心砖和石膏板等外围护墙体。

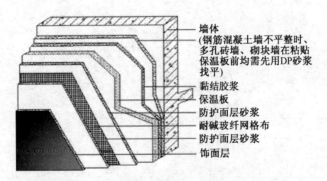

墙体
(钢筋混凝土墙不平整时、多孔砖墙、砌块墙在粘贴保温板前均需先用DP砂浆找平)
黏结胶浆
保温板
防护面层砂浆
耐碱玻纤网格布
防护面层砂浆
饰面层

图 7.12　外墙外保温饰面体系的基本构造

施工工艺:基层墙体处理→粘贴聚苯板→敷设网格布→特殊部位处理→装饰件安装→面层涂料施工。

复习思考题

1. 烧结砖的种类主要有哪些?烧结普通砖的技术性质是什么?

2. 烧结普通砖、烧结多孔砖和烧结空心砖的强度等级和产品等级如何确定?

3. 普通黏土砖在砌筑施工前为什么一定要浇水湿润? 浇水过多或过少有什么影响?

4. 何谓烧结砖的泛霜和石灰爆裂? 它们对建筑物有何影响?

5. 什么叫内燃砖? 在砖性质上有何改进?

6. 用工业废渣代替黏土制备烧结砖有何重要意义?

7. 建筑上常用的非烧结砖有哪些种类?

8. 某建筑工地储存一批红砖,两个月后尚未砌筑施工就发现有部分砖自裂成碎块,试解释其原因。

9. 墙用建筑砌块有哪些种类? 砌块与烧结普通黏土砖相比,有什么优点?

10. 目前所用的墙体材料有哪几类? 试举例说明它们各自的优缺点。简述墙体材料的发展方向。

11. 复合保温墙体根据保温材料所处的相对位置不同分为哪几类? 各自的优缺点是什么?

第 8 章 木 材

木材是传统的建筑材料,在建筑上应用木材的历史悠久,而且在木材建筑技术和木材装饰艺术上都有很高的水平和独特的风格,如世界闻名的天坛祈年殿完全由木材建造。过去木材是重要的结构用材,而现在则主要用于室内装修、家具及地板。

我国林木资源较为贫乏,森林覆盖率较低,因此,在加速林木资源发展的同时,对土建技术人员来说,应该正确了解木材的性质,合理使用木材和节约木材。

木材是天然的有机材料,与其他常用材料相比,具有的优点为:

①比强度大。木材的表观密度较低,通常为 $400 \sim 600$ kg/m³,而其抗弯强度可达 100 MPa,比强度可达到 0.2,比普通钢材(比强度为 0.054)高数倍,具有轻质高强的特点。因此,自古以来,木材就是各种土木工程中优良的结构材料。

②弹性韧性好。木材良好的韧性使其能承受各种冲击和震动的作用而不会产生脆性破坏。而当木材用作地面与墙面装饰时,这种良好的弹性会使其获得舒适与安全的使用效果。

③对热、声、电的绝缘性好。木材内部为多孔结构,孔隙率很大,可达 50% 以上,因此,导热系数低[一般为 0.3 W/(m·K)左右],保温、隔热性能好。并具有一定隔声性能,电的绝缘性也好。

④在适当的保养条件下,有较好的耐久性。如在长期干燥或浸水环境中木材可保持上百年而性能并不发生显著恶化。

⑤装饰性好。具有纹理美观、色调温和、风格典雅的特点,极富装饰性。

⑥加工性好。木材轻软易于加工,接合构造简单,加工制作不受季节和工具限制。

另外木材是绿色环保的材料,无毒性,木材的弹性、绝热性和暖色调的结合,给人以温暖和亲切感。但是木材的组成和构造由树木生长的需要决定,因此,受到木材自然属性的限制,木材也有不少的缺点,使用时要加以克服。木材的缺点表现为:

①构造不均匀,呈各向异性。

②湿胀干缩大,处理不当易翘曲和开裂。

③天然缺陷较多,如木节、弯曲等,降低了材质和利用率。

④耐火性差,易着火燃烧。

⑤使用不当,易腐朽、虫蛀。

8.1 木材的分类和构造

8.1.1 木材的分类

木材产自木本植物中的乔木,主要包括针叶树材和阔叶树材两大类。

（1）针叶树材

针叶树的树叶一般呈针状（如松木）或鳞片状（如柏木），大多生长在寒冷雨水小的地方。针叶树生长较快，树干通直高大，枝杈较小分布较密，易得大材；其纹理顺直，材质均匀。大多数针叶树材的木质较轻软而易于加工。故针叶树材又称软木材。针叶树材含树脂较多，耐腐蚀性较阔叶树好；表观密度和胀缩变形较小，强度较高，为土建工程中的主要用材，建筑上广泛用做承重构件和装修材料。我国常用针叶树树种有陆均松、红松、红豆杉、云杉、冷杉和福建柏等。

（2）阔叶树材

阔叶树的树叶多数宽大呈大小不同的片状，大多生长在温暖而又雨水充足的地方。阔叶树大都生长缓慢，树干通直部分一般较短，枝杈较大，数量较少。阔叶树的材质坚硬密实，加工较困难，故阔叶树材又称硬木材。阔叶树材强度较高，胀缩变形较大，容易翘曲开裂，不宜用作承重构件，建筑上仅可作尺寸较小的构件。阔叶树材板面刨削后纹理较美观，有光泽，具有很好的装饰作用，适于做家具、室内装修及胶合板等。我国常用阔叶树树种有水曲柳、栎木、樟木、黄菠萝、榆木、核桃木、酸枣木、梓木和檫木等。

8.1.2　木材的构造

木材的构造是决定木材性质的主要因素，由于树种和树木生长环境不同，构造差异颇大，因而性质也不同。

木材的构造分为宏观构造和微观构造。

（1）木材的宏观构造

木材的宏观构造是指肉眼或借助放大镜可以看到的木材内部组织。生长的木材有树根、树干和树枝三部分，工程上所用木材主要取决于树干，由树干可获取 $60\%\sim90\%$ 的木材，为便于了解木材的宏观构造，一般从树干的三个切面上进行观察，如图 8.1 所示。

从横切面上可以观察到树干由树皮、木质部和髓心组成。

木质部是指位于髓心和树皮之间的部分，是树木的主体，是建筑材料使用的主要部分，木材的构造也主要是指木质部的构造。某些树种的木质部可以明显看到有深浅不同的内外两圈，靠近髓心的部分木质颜色较深，称为心材。心材是树干中心较早生成的细胞，随着树龄增加而生活机能逐渐丧失的部分，无生理活性，仅起支撑作用。它比边材储存的树脂多，含水率较低，抗腐朽能力较强，翘曲变形较小，所以心材比边材的利用价值大，但其力学性能与边材差别不大。靠近树皮的部分木质颜色较浅，称为边材。边材具有生理功能，能运输和贮藏水分、矿物质和营养物，边材逐渐老化而转变成心材。具有心材和边材的树种称为心材类，如红松、落叶松、水曲柳等。一些树种木质部的颜色基本一致，无心材与边材之分，这些树种称为边材类，如杉、杨、桦等。

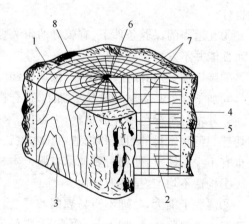

图 8.1　木材的宏观构造

1—横切面；2—径切面；3—弦切面；4—树皮；
5—木质部；6—髓心；7—髓线；8—年轮

树木生长呈周期性,在一个生长周期内所产生的一层木材环轮称为一个生长轮。树木在温带气候一年仅有一度的生长,所以生长轮又称为年轮。从横切面上看,年轮是木质部上围绕髓心、深浅相间的同心圆环。年轮的圈数可以表明树木的年龄,从年轮的宽窄可以了解树木的生长速度。

每一年轮中,春天细胞分裂速度快,树木生长快,此时树木的树液较多,所以构成的木质较松软,颜色较浅,称为早材或春材;夏秋两季细胞分裂速度慢,树木生长渐缓,构成的木质较致密坚硬,颜色较深,称为晚材或夏材。一年中形成的早、晚材合称为一个年轮。相同的树种,年轮分布越细密、越均匀,则材质越好。同样,晚材含量(称晚材率)越高,则木材的表观密度越大,强度也越大。有的树种,年轮不能分辨;而在热带、亚热带生长的树木,一年内往往有两个或两个以上的年轮。

髓心,位于树干的中心,是木材中最早生成的木质部,其细胞已无生理机能,其质地疏松而脆弱,强度低,易受腐蚀和虫蛀。加工锯制的板面如含有髓心,易从髓心处发生磨损、破坏、腐朽或虫蛀。

髓线(又称木射线),在横切面上,髓线以髓心为中心,呈放射状分布;从径切面上看,髓线为横向的带条。髓线实际上是由横贯年轮呈径向分布的横向薄壁细胞所组成,它长短不一,主要功能是为树木横向传递或储存养分。因为这些薄壁细胞与周围细胞组织连接较弱,所以木材干燥时容易沿髓线方向产生放射状的裂纹。

树皮由外皮、软木组织和内皮组成,有些树种(如栓皮栎、黄菠萝)的软木组织较发达,可用做绝热材料和装饰材料。树皮起保护树木的作用,建筑上很少使用。

(2)木材的细观构造

借助于显微镜可以观察到的木材内部组织称为木材的细观构造。从显微镜下可以看到木材由无数不同的管状细胞紧密组合而成,如图 8.2、图 8.3 所示,绝大部分细胞沿树干纵向排列,只有少数髓线的细胞呈横向排列。每个细胞分细胞壁和细胞腔两部分。细胞腔是空的;细胞壁由微细纤维组成,其纵向连接较横向牢固。细胞壁坚韧,使木材具有强度和硬度,且纵向强度高,横向强度低。微细纤维间极小的间隙能吸附和渗透水分,若木材散失水分使微细纤维靠拢,则木材发生收缩。木材的细胞壁愈厚,细胞腔愈小,说明微细纤维愈多,木材愈致密,表观密度和强度也愈大,但湿胀干缩现象愈严重。早材生长快,腔大壁薄;而晚材则腔小壁厚。所以晚材率越高,木材强度愈高。

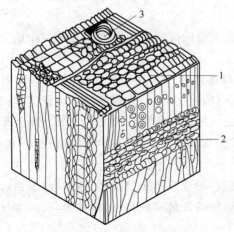

图 8.2　针叶树(马尾松)细观构造

1—管胞;2—髓线;3—树脂道

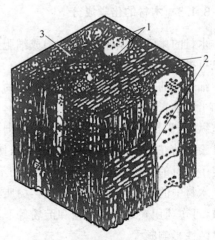

图 8.3　阔叶树(柞木)细观构造

1—导管;2—髓线;3—木纤维

木材细胞因功能不同,可分为许多种,树种不同,其构成细胞也不同。

针叶树的细观构造简单有规则,主要由管胞、髓线和树脂道组成,如图 8.2 所示。管胞是沿树干纵向分布的细胞组织,树干生长时,管胞起支撑和输送养分的作用;另有少量横向薄壁细胞(髓线)起储存和输送养分作用。树脂道是大部分针叶树种所特有的构造,它是由泌脂细胞围绕而成的孔道,富含树脂。树脂道流出的树脂对树木起保护作用,可防腐蚀。

阔叶树的细观构造较复杂,主要由导管、木纤维、髓线组成,如图 8.3 所示。导管是一串纵向细胞复合生成的管状构造,是腔大壁薄的细胞,起输送养分的作用。导管仅存在于阔叶树中,因为针叶树的营养输送和支撑作用皆由管胞承担着。木纤维是一种壁厚腔小的细胞,起支撑作用,其体积占木材体积的 50% 以上。阔叶树的髓线发达,粗大而明显。

木材在生长、采伐、储运、加工和使用过程中会产生一些缺陷(疵病),如节子、裂纹、夹皮、斜纹、弯曲、伤疤、腐朽和虫害等。这些缺陷不仅降低木材的力学性能,而且影响木材的外观质量。其中节子、裂纹和腐朽对材质的影响最大。

① 节子

埋藏在树干中的枝条称为节子。活节由活枝条所形成,与周围本质紧密连生在一起,质地坚硬,构造正常。死节由枯死枝条所形成,与周围木质大部或全部脱离,质地坚硬或松软,在板材中有时脱落而形成空洞。材质完好的节子称为健全节,腐朽的节子称为腐朽节。漏节不但节子本身已经腐朽,而且深入树干内部,引起木材内部腐朽。木节对木材质量的影响随木节的种类、分布位置、大小、密集程度及木材的用途而不同。健全活节对木材力学性能无不利影响,死节、腐朽节和漏节对木材力学性能和外观质量影响最大。

② 裂纹

木材纤维与纤维之间分离所形成的缝隙称为裂纹。在木材内部,从髓心沿半径方向开裂的裂纹称为径裂,沿年轮方向开裂的裂纹称为轮裂,纵裂是沿材身顺纹理方向、由表及里的径向裂纹。木材裂纹主要是在立木生长期因环境或生长应力等因素或伐倒木因不合理干燥而引起的。裂纹破坏了木材的完整性,影响木材的利用率和装饰价值,降低木材的强度,也是真菌侵入木材内部的通道。

8.1.3　木材的化学成分

木材的化学成分可归纳为:构成细胞壁的主要化学组成;存在于细胞壁和细胞腔中的少量有机可提取物;含量极少的无机物。

细胞壁的主要化学组成是纤维素(约 50%)、半纤维素(约 24%)和木质素(约 25%)。纤维素和半纤维素为链长短不同的长链分子,化学结构为 $(C_6H_{10}O_5)_n$,在细胞壁中呈螺旋状围绕细胞纵轴,并与纵轴成不同角度延伸排列。木质素是一种无定形物质,其作用是将纤维素和半纤维素黏结在一起,构成坚韧的细胞壁,使木材具有强度和硬度。细胞壁中纤维的排列方式,决定了木材的物理力学性质在各方向的不一致性。

木材中的有机可提取物一般有:树脂(松脂)、树胶(黏液)、单宁(鞣料)、精油(樟脑油),生物碱(可作药用)、蜡、色素、糖和淀粉等。这些可提取物的数量和种类,随树种而异,对木材的耐腐蚀性影响颇大。

木材燃烧时,有机物烧尽,只剩下约 1% 的无机灰分。灰分主要是钾、钠、钙的碳酸盐。

8.2　木材的物理力学性质

8.2.1　木材的物理性质

(1)木材的基本物理性质

木材的密度要比矿物材料的低,木材的密度也就是细胞壁物质的密度。因为木材的分子结构基本相同,故木材的密度波动不大,平均值约为 1.54 g/cm³。

木材的表观密度一般随树种、取材部位等不同有较大波动。普通结构用的木材中,约有40%～50%的孔隙,故在气干状态下,木材的表观密度一般都小于1,平均为 0.5 g/cm³。因随着木材含水率的变化,木材的重量与体积均会变化,表观密度也会改变。为具有可比性,通常以含水率为 15%(称为标准含水率)时的表观密度作为木材的标准表观密度。常用木材中表观密度较大者有麻栎(0.98 g/cm³),较小者有泡桐(0.28 g/cm³)。我国最重的木材是广西的蚬木,表观密度达 1.128,最轻的木材要数台湾的无色轻木,只有 0.186。

根据木材表观密度的大小,可以评价木材的物理、力学性质,可以鉴别木材的品种及估计木材的工艺性质。

(2)木材的含水率

水是极性物质,木材因细胞壁中存在大量的羟基,也是极性物质,故木材对于水,不论是气态还是液态均有高度的亲和力,所以木材是一种亲水性材料,它的吸水性或吸湿性很强。木材中含水的多少随所处环境的温度和相对湿度的不同而变化。

木材的含水率,以木材所含水的质量占木材干燥质量的百分率表示。

木材吸水的能力很强,所含水分由自由水、吸附水、化合水三部分组成。自由水是存在于细胞腔和细胞间隙内的水分,木材干燥时自由水首先蒸发,自由水的存在将影响木材的表观密度、抗腐蚀性等;吸附水是存在于细胞壁中的水分,木材受潮时其细胞壁首先吸水,吸附水的变化对木材的强度和湿胀干缩性影响很大;化合水是木材化学成分中的结合水,它随树种的不同而异。

水分进入木材后,首先形成吸附水,吸附饱和后,多余的水成为自由水。木材干燥时,首先失去自由水,然后才失去吸附水。当吸附水已达饱和状态而又无自由水存在时,木材的含水率称为该木材的纤维饱和点。其值随树种而异,一般为 25%～35%,平均值为 30%。它是木材强度和湿胀干缩性是否随含水率而发生变化的转折点。

木材长时间处于一定温度和湿度的空气中,其水分的蒸发和吸收趋于平衡,含水率相对稳定,此时的含水率称为平衡含水率。木材的平衡含水率随大气的温度和相对湿度变化而变化。

为了避免木材在使用过程中因含水率变化太大而引起变形或开裂,木材使用前,须干燥至使用环境常年平均的平衡含水率。我国平衡含水率平均为 15%(北方约为 12%,南方约为 18%)。

(3)木材的湿胀干缩

木材细胞壁内吸附水含量的变化会引起木材的变形,即湿胀干缩。

木材含水量大于纤维饱和点时,表示木材的含水率除吸附水达到饱和外,还有一定数量的自由水。此时,木材如受到干燥或受潮,只是自由水改变,不发生木材的变形。但含水率小于纤维饱和点时,则表明水分都吸附在细胞壁的纤维上,它的增加或减少才能引起体积的膨胀或收缩,即只有吸附水的改变才影响木材的变形,而且由于木材构造的不均匀性,木材的变形在各个方向上也不同;顺纹方向最小,径向较大,弦向最大,如图 8.4 所示。

湿的木材干燥后,其截面尺寸和形状会发生明显的变化,如图 8.5 所示。图 8.5 展示出木材干燥时在横切面上由于各方向收缩不同而造成的变形。从圆木锯下的板材,距离髓心较远的一面,其横向更接近于典型的弦向,因而收缩较大,使板材背离髓心翘曲。

　　湿胀干缩将影响木材的使用。干缩会使木材翘曲、开裂、松动,拼缝不严。湿胀可造成表面鼓凸,所以木材在加工或使用前应预先进行干燥,使其接近于与环境湿度相适应的平衡含水率。

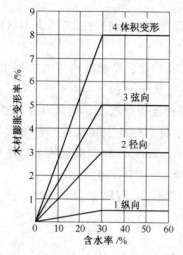

图 8.4　松木含水率对其膨胀的影响

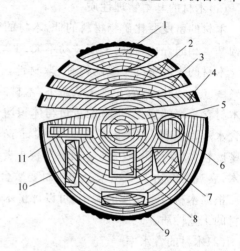

图 8.5　木材干燥后截面形状的改变

1—弓形成橄榄核状;2、3、4—瓦形反翘;5—通过髓心的径锯板两头缩小成纺锤形;6—圆形变成椭圆形;7—与年轮成对角线的正方形变成菱形;8—两边与年轮平行的正方形变成矩形;9—长方形呈瓦形收缩;10—长方形呈不规则形状翘曲;11—边材径锯板变形较均匀

8.2.2　木材的力学性质

　　木材按受力状态分为抗拉、抗压、抗弯和抗剪四种强度。而抗拉、抗压和抗剪强度又有顺纹和横纹之分。顺纹是指作用力方向与纤维方向平行;横纹是指作用力方向与纤维方向垂直。木材的顺纹和横纹强度有很大差别。木材各强度的特征及应用如表 8.1 所示。

　　影响木材强度的主要因素如下:

　　(1)含水率

　　含水率在纤维饱和点以下变化时,随着水分减少、含水率降低,木材各种强度会随之增加,这是由于吸附水减少,细胞壁趋于紧密所致,其中抗弯强度和顺纹抗压强度提高较明显,对顺纹抗拉强度影响最小。在纤维饱和点以上,由于自由水的增加对细胞壁的状态不再产生影响,因此也不会影响其强度,故强度基本为一恒定值。

　　(2)环境温度

　　温度对木材强度有直接影响。试验表明,温度从 25℃ 升至 50℃ 时,将因木纤维和木纤维间胶体的软化等原因,使木材顺纹抗压强度降低 20%～40%,抗拉和抗弯强度下降 12%～20%;温度升至 150℃ 时,其中的木质细胞会产生较快的分解,并开始碳化;当温度达到 275℃ 时,木材开始燃烧。因此,在长期受热(温度长期超过 50℃)环境中不宜采用木结构。此外,木材长时间受干热作用可能出现脆性。在木材加工中,常通过蒸煮的方法来暂时降低木材的强度,以满足某种加工的需要(如胶合板的生产)。

（3）荷载作用时间

木材对长期荷载的抵抗能力低于对瞬时荷载的抵抗能力，荷载持续时间越长，抵抗破坏的能力越低。因为木材长期受力后会产生塑性流变，使木材强度随荷载持续时间的增长而降低。木材在长期荷载作用下不致引起破坏的最大强度，称为持久强度。木材的持久强度仅为短期荷载作用下极限强度的 $50\% \sim 60\%$。土木工程中的木结构设计，应以持久强度作为强度依据。

（4）疵病

木材的强度是以无缺陷标准试件测得的，而实际木材在生长、采伐、加工和使用过程中会产生一些疵病，如变色、木节、斜纹、裂纹、腐朽、虫眼、伤疤及树脂囊等，这些疵病影响了木材材质的均匀性，破坏了木材的构造，从而使木材的强度降低，其中对抗拉和抗弯强度影响最大。

表 8.1　木材各强度的特征及应用

强度类型	受力破坏原因	无缺陷标准试件强度相对值	我国主要树种强度值范围/MPa	缺陷影响程度	应　　用
顺纹抗压	纤维受压失稳，甚至折断	1	25～85	较小	木材使用的主要形式，如柱、桩
横纹抗压	细胞腔被压扁，所测为比例极限强度	1/10～1/3		较小	应用形式有枕木和垫木等
顺纹抗拉	纤维间纵向联系受拉破坏，纤维被拉断	2～3	50～170	很大	受拉构件连接处首先因横纹受压或顺纹受剪破坏，难以利用
横纹抗拉	纤维间横向联系脆弱，极易被拉开	1/2～1/3			不允许使用
顺纹抗剪	剪切面上纤维纵向连接破坏	1/7～1/3	4～23	大	大构件的榫、销连接处
横纹抗剪	剪切面平行于木纹，剪切面上纤维横向联结破坏	1/14～1/6			不宜使用
横纹切断	剪切面垂直于木纹，纤维被切断	1/2～1			构件先被横纹受压破坏，难以利用
抗弯	在试件上部受压区首先达到强度极限，产生皱褶；最后在试件下部受拉区因纤维断裂或撕裂而破坏	3/2～2	50～170	很大	应用广泛，如梁、桁架、地板等

8.3　木材的防腐与防火

木材作为土木工程材料最大的缺点是易腐蚀、虫蛀及燃烧，且吸湿性大、尺寸不稳定，这不仅降低了木材的使用价值，而且严重影响其使用寿命。因此，在土木工程应用中必须针对木材的这些特点进行适当的防腐、防火及防水处理，满足工程的使用要求及耐久性要求。

8.3.1　木材的腐朽与防腐

（1）木材的腐朽

木材腐朽是由真菌或虫害所造成的内部结构破坏。可腐蚀木材的常见真菌有霉菌、变色菌和腐朽菌三种。霉菌一般只寄生在木材表面，是一种发霉的真菌，并不破坏细胞壁，对木材强度几乎无影响,通常对木材内部结构的破坏很小,经表面抛光后可去除。变色菌则以木材细胞腔内所含有机物为养料,它多寄生于边材,一般不会破坏木材的细胞壁,不会明显影响其力学性质,但侵入木材较深,难以除去,损害木材外观质量。对木材起破坏作用最严重的是腐朽菌,它以木质素为养料,并利用其分泌酶来分解木材细胞壁组织中的纤维素、半纤维素。腐朽初期,木材仅颜色改变;以后真菌逐渐深入内部,木材强度开始下降;至腐朽后期,木材呈海绵状、蜂窝状或龟形状等,颜色大变,材质极松软,甚至可用手捏碎,直到使木材结构溃散。

真菌在木材中生存和繁殖必须同时具备适宜的温度、空气和水分。通常,温度为25～30℃、木材含水率在30％～50％和一定量的空气含量是最适合真菌生长繁殖的条件。只要设法破坏其中一个条件,则真菌即无法生存,就能防止木材腐朽。例如,当温度大于60℃或小于5℃时,则真菌不能生长;含水率小于20％,真菌也难以生存;浸没水中或深埋地下的木材因缺氧而不易腐朽,俗语有"水浸千年松"之说。因此,在地下或水中的木桩不易腐烂,而反复受到干湿作用的地上木结构却很快被腐蚀破坏。

木材除受真菌腐蚀破坏外,还容易受到昆虫的蛀蚀,如白蚁、天牛和蠹虫等。它们在树皮内或木质部内生存、繁殖,会导致木结构的疏松或溃散。特别是白蚁,它常将木材内部蛀空,而外表仍然完好,其破坏作用往往难以被及时发现。白蚁喜温湿,在我国南方地区种类多、数量大,常对建筑物造成毁灭性的破坏。甲壳虫(如天牛、囊虫等)则在气候干燥时猖獗,它们危害木材主要在幼虫阶段。木材中被昆虫蛀蚀的孔道称为虫眼或虫孔。

(2)木材的防腐与防蛀

可从破坏菌虫生存条件和改变木材的养料方面着手,进行防腐防虫处理,延长木材的使用年限。

①干燥。采用气干法或窑干法将木材干燥至较低的含水率,并在设计和施工中采取各种防潮和通风措施,如在地面设防潮层,木地板下设通风洞,木屋顶采用山墙通风等,使木材经常处于通风干燥状态。

②涂料覆盖。涂料种类很多,作为木材防腐应采用耐水性好的涂料。涂料本身无杀菌杀虫能力,但涂刷涂料可在木材表面形成完整而坚韧的保护膜,从而隔绝空气和水分,并阻止真菌和昆虫的侵入。

③化学处理。化学防腐是将对真菌和昆虫有毒害作用的化学防腐剂注入木材中,使真菌、昆虫无法寄生。防腐剂主要有水溶性、油溶性和油质防腐剂三大类。室外应采用耐水性好的防腐剂。防腐剂注入方法主要有表面喷涂法、浸渍法、冷热槽法和压力渗透法等。

8.3.2 木材的防火

木材的防火是将木材经过具有阻燃性的化学物质处理后,变成难燃的材料,使其遇小火能自熄,遇大火能延缓或阻滞燃烧蔓延,从而赢得扑救时间。

木材防火处理的方法有表面处理法和溶液浸渍法两种。

(1)表面处理法。将防火涂料涂刷或喷洒于木材表面,待涂料凝结后即构成防火保护层。防火效果与涂层厚度或每平方米涂料用量有密切关系。

(2)溶液浸渍法。用阻燃剂对木材进行浸渍处理,为了达到要求的防火性能,应保证一定的吸药量和透入深度。

8.4 木材的综合利用

我国木材资源有限,工程中供不应求,因此,对木材进行节约使用、合理使用和综合利用显得十分重要。所谓综合利用就是将木材及加工过程中的边角、碎料、刨花、木屑、锯末、植物纤维材料等经过再加工处理,制成各种人造板材,有效提高木材的利用率。

8.4.1 人造板

人造板的种类很多,建筑工程中常用的有薄木贴面板、胶合板、纤维板、刨花板、细木工板等。

人造板是利用木材或含有一定量纤维的其他植物做原料,采用一般物理和化学的方法加工而成的。这类板材与天然木板相比,板面宽,表面平整光洁,没有节子、虫眼和各向异性等缺点,不开裂、不翘曲,经加工处理还具有防水、防火、防腐、防酸等性能。

(1)薄木贴面板

薄木贴面板是一种高级装饰材料,它是将珍贵树种(如柚木、水曲柳、柳桉等)的木材经过一定的加工处理,制成厚度为 0.1~1 mm 之间的薄木切片,再采用先进的胶黏工艺和胶黏剂,黏贴在基板上而制成的。

薄木贴面板花纹美丽动人,材色悦目,真实感和立体感强,具有自然美的特点。采用树根瘤制作的薄木贴面板,具有鸟眼花纹的特色,装饰效果更佳。薄木贴面板主要用作高档建筑的室内墙、门及橱柜等家具的饰面,这种饰面材料在日本采用得较为普遍。

装饰工程中常用的薄木贴面板品种有水曲柳、枫木板、柚木板和北欧雀眼板等。薄木贴面板的拼装图案如图 8.6 所示。

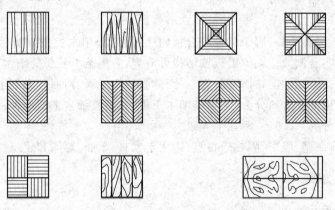

图 8.6 薄木贴面板的拼接图案

(2)胶合板

胶合板是将椴、桦、松、水曲柳以及部分进口原木,沿年轮旋切成大张薄片,再将各片按纤维方向互相垂直叠放,用胶黏剂加热压制成的板材,通常以奇数层组合,并以层数命名,最高层数可达 15 层。常见的有三合板、五合板和七合板等。图 8.7 是胶合板构造的示意图。胶合板多数为平板,也可经一次或几次弯曲处理制成曲形胶合板。

胶合板克服了木材的天然缺陷和局限,大大提高了木材的利用率,其主要特点是:消除了天然疵点、变形、开裂等缺点,各向异性小、材质均匀,强度较高;纹理美观的优质材做面板,普通材做芯板,增加了装饰木材的出材率;因其厚度小、幅面宽大,产品规格化,使用起来很方便。胶合板常用做门面、隔断、吊顶、墙裙等室内高级装修。

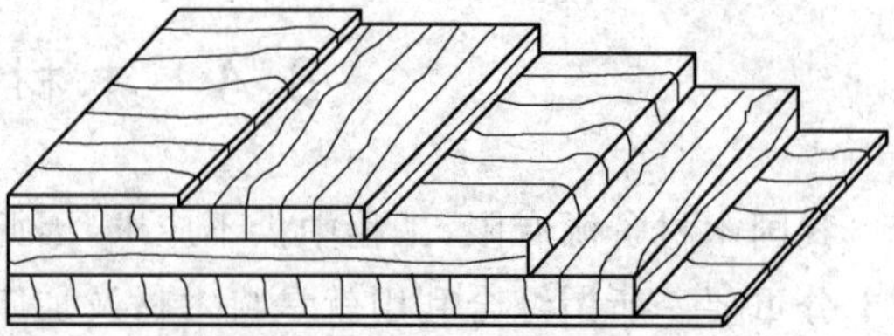

图 8.7　胶合板构造示意图

(3)纤维板

纤维板是用木材废料(如板皮、刨花、树枝等),经破碎、浸泡、研磨成木浆,再经热压成型、干燥处理等工序制成的板材。为了提高纤维板的耐燃性和耐腐性,可在浆料里施加或在湿板坯表面喷涂耐火剂或防腐剂。纤维板材质均匀,完全避免了节子、腐朽、虫眼等缺陷,且胀缩性小、不翘曲、不开裂,各向强度一致,抗弯强度高,耐磨,绝热性好。

表观密度大于 800 kg/m³ 的硬质纤维板,强度高,在建筑工程中应用最广。它可代替木板使用,主要用作室内壁板、门板、地板、家具等。通常在板表面施以仿木纹油漆处理,可达到较好的装饰效果。中密度纤维板的表观密度为 400~800 kg/m³,它是家具制造和室内装修的优良材料,若制成带有一定孔型的盲孔板,板表面再施以白色涂料,就兼具吸声和装饰作用,多用作宾馆等室内顶棚材料。软质纤维板表观密度小于 400 kg/m³,可作为吸声或绝热材料使用。

(4)刨花板、木丝板和木屑板

刨花板、木丝板和木屑板是利用刨花碎片、木丝、木屑等短小废料经干燥、拌和胶料,经热压成型而制得的板材。所用胶结材料有动植物胶、合成树脂、水泥、石膏和菱苦土等。若使用无机胶结材料,则可大大提高板材的耐火性。表观密度小、强度低的板材主要作为绝热和吸声材料,表面喷以彩色涂料后,可以用于天花板;表观密度大、强度较高的板材可粘贴装饰单板或胶合板做饰面层,用做隔墙等。

(5)细木工板

细木工板是一种夹心板,属于特种胶合板的一种,芯板用木板条拼接而成,两个表面胶贴木质单板,经热压黏合制成。细木工板按结构可分为:芯板条不胶拼的细木工板和芯板条胶拼的细木工板两种;按表面加工状态可分为:一面砂光细木工板、两面砂光细木工板、不砂光细木工板三种;按所使用的胶合料分为:Ⅰ类胶细木工板、Ⅱ类胶细木工板两种;按面板的材质和加工工艺质量不同,分为一、二、三等三个等级。

细木工板具有质坚、吸声、隔热等特点,适用于家具、车厢、船舶和建筑物内装修等。

8.4.2　木质地板

(1)实木 UV 淋漆地板

这种地板由实木烘干后经过机器加工,表面经过淋漆固化处理而成。常见的种类有:柞木淋漆地板、橡木淋漆地板、水曲柳淋漆地板、枫木淋漆地板、樱桃木淋漆地板、花梨木淋漆地板、紫檀木淋漆地板及其他稀有贵重树种淋漆地板。

实木 UV 淋漆地板是纯木制品,材质性温,脚感好,真实自然。表面涂层光洁均匀,尺寸多,选择余地大,保养方便。实木 UV 淋漆地板缺点是地板木质细腻,干缩湿胀现象明显,安装比较麻烦,价格较高。

(2)实木复合地板

实木复合地板由木材切刨成薄片,几层或多层纵横交错,组合黏结而成。基层经过防虫防霉处理,基层上加贴多种厚度 1～5 mm 不等的木材单皮,经淋漆涂布作业,均匀地将涂料涂布于表层及上榫口后的成品木地板上。

实木复合地板基层稳定干燥,不助燃,防虫,不反翘变形,铺装容易,材质性温,脚感舒适,耐磨性好,表面涂布层光洁均匀,保养方便。缺点是表面材质偏软。

(3)强化木地板

强化木地板一般由表面层、装饰层、基材层以及平衡层组成。表面层常用高效抗磨的三氧化二铝作为保护层,具有耐磨、阻燃、防腐、防静电和抵抗日常化学药品的性能。装饰层具有丰富的木材纹理色泽,给予强化木地板以实木地板的视觉效果。基材层一般是高密度的木质纤维板,确保地板具有一定的刚度、韧性、尺寸稳定性。采用三聚氰胺的平衡层具有防止水分及潮湿空气从地下渗入地板、保持地板形状稳定的作用。

强化木地板花色品种多,质地硬,不易变形,防火,耐磨,维护简单,施工容易。缺点是材料性冷,脚感偏硬。

复习思考题

1. 从构造上分析木材各向异性的特点?

2. 木材湿胀干缩变形有何特点?

3. 影响木材强度的因素有哪些?

4. 木材腐朽的原因是什么? 应采取哪些防腐措施?

5. 木材的顺纹抗拉强度最高,但在实际工程中却很少用于抗拉构件,试说明原因。

6. 试述木材的优缺点,并阐述木材在工程中应用的现状和发展前景。

7. 人造板有哪些类型? 各类型有何构造特点?

第 9 章 防水材料及沥青混合料

沥青是土木工程建设中不可缺少的一种有机胶凝材料,它是由一些极为复杂的高分子碳氢化合物及其非金属(氧、硫、氮等)衍生物所组成的混合物,在常温下呈固体、半固体或黏稠液体的形态。沥青是憎水性材料,几乎不溶于水,且构造致密,具有良好的不透水性;沥青能抵抗一般酸、碱、盐类等侵蚀液体和气体的侵蚀,具有较强的抗腐蚀性;沥青能紧密黏附于矿物材料的表面,具有很好的黏结力;同时,它还具有一定的塑性,能适应基材的变形。因此,沥青被广泛应用于防水、防潮、防腐工程及道路工程、水工建筑等。

沥青按产源可分为地沥青(包括天然沥青、石油沥青)和焦油沥青(包括煤沥青、页岩沥青)。土木工程中常用的主要是石油沥青,另外还使用少量的煤沥青。

(1)天然沥青,指存在于自然界中的沥青矿(如沥青湖或含有沥青的砂岩等),经提炼加工后得到的沥青产品。其性质与石油沥青相同。

(2)石油沥青,是石油原油经分馏提出各种石油产品后的残留物,再经加工制得的产品。

(3)煤沥青,是煤焦油经分馏提出油品后的残留物,再经加工制得的产品。

(4)页岩沥青,是油页岩炼油工业的副产品。页岩沥青的性质介于石油沥青与煤沥青之间。

防水材料是保证建筑物及构筑物免受雨水、地下水及其他水分的侵蚀、渗透的重要材料,是土木工程中不可缺少的材料。

防水材料品种繁多,按其基本成分,可分为:沥青基防水材料、橡胶基防水材料、树脂基防水材料。

按其形状和用途,防水材料又可分为:防水涂料、防水卷材、密封材料。

传统的沥青基防水材料,如石油沥青纸胎油毡、沥青防水涂料等因其使用寿命较短,容易渗漏,返修率高等缺陷,已逐渐趋于被淘汰。新型防水材料层出不穷,总的发展趋势是:

(1)向橡胶基和树脂基防水材料或高聚物改性沥青系列发展;

(2)油毡的胎体由纸胎向化纤胎方向发展;

(3)密封材料和防水涂料由低塑性产品向高弹性、高耐久性产品的方向发展;

(4)防水层的构造亦由多层向单层防水发展;

(5)施工方法则由热熔法向冷粘贴法发展。

通常将防水涂料、防水卷材、密封材料等称作柔性防水材料,而将掺有防水剂等的防水混凝土、防水砂浆称作刚性防水材料。

采用沥青作胶结料的沥青混合料是公路路面、机场道面结构的一种主要材料,也可用于建筑地面或防渗坝面。

9.1　石油沥青与煤沥青

9.1.1　石油沥青

石油沥青是石油原油经蒸馏提炼出各种轻质油(如汽油、柴油等)及润滑油后的残留物,再经加工而得的产品,颜色为褐色或黑褐色。采用不同产地的原油及不同的提炼加工方式,可以得到组成、性质各异的多种石油沥青品种。按用途不同将石油沥青分为道路石油沥青、建筑石油沥青、防水、防潮石油沥青和普通石油沥青。

(1)石油沥青的组分

由于沥青的化学组成十分复杂,对组成进行分析很困难,且化学组成并不能反映其性质的差异,所以一般不作沥青的化学分析,而是从使用角度将沥青中化学成分及物理力学性质相近的成分划分为若干个组,称之为组分(组丛)。各组分含量的多少与沥青的技术性质有着直接的关系。石油沥青的组分简介如下:

①油分

油分为淡黄色至红褐色的油状液体,是沥青中分子量最小、密度最小的组分,密度介于$0.7 \sim 1 \text{ g/cm}^3$之间。在170℃较长时间加热,油分可以挥发。油分能溶于石油醚、二硫化碳、三氯甲烷、苯、四氯化碳和丙酮等有机溶剂中,但不溶于酒精。石油沥青中油分的含量为40%~60%,油分赋予沥青流动性。

②树脂

树脂又称为沥青脂胶,为黄色至黑褐色黏稠状物质(半固体),分子量比油分大(600~1 000),密度介于$1.0 \sim 1.1 \text{ g/cm}^3$之间。沥青脂胶中绝大部分属于中性树脂。中性树脂能溶于三氯甲烷、汽油和苯等有机溶剂,但在酒精和丙酮中难溶解或溶解度很低。中性树脂含量增加,石油沥青的延度和黏结力等品质愈好。另外,沥青树脂中还含有少量的酸性树脂,即地沥青酸和地沥青酸酐,颜色较中性树脂深,是油分氧化后的产物,具有酸性。它易溶于酒精、氯仿而难溶于石油醚和苯,能为碱皂化,是沥青中的表面活性物质。它改善了石油沥青对矿物材料的浸润性,特别是提高了对碳酸盐类岩石的黏附性,并有利于石油沥青的可乳化性。石油沥青中脂胶的含量为15%~30%,沥青脂胶使沥青具有良好的塑性和黏性。

③地沥青质

地沥青质为深褐色至黑色固态无定形(固体粉末),分子量比树脂更大(1 000以上)。密度大于1 g/cm^3,不溶于酒精、正戊烷,但溶于三氯甲烷和二硫化碳,染色力强,对光的敏感性强,感光后就不能溶解。石油沥青中地沥青质含量在10%~30%,其含量越高,沥青的温度敏感性越小,软化点越高,黏性越大,也越硬脆。

此外,石油沥青中还含有2%~3%的沥青碳和似碳物,沥青碳和似碳物呈无定形黑色固体粉末状,在石油沥青组分中分子量最大,它会降低石油沥青的黏结力。石油沥青中还含有蜡,蜡也会降低石油沥青的黏结力和塑性,同时对温度特别敏感,即温度稳定性差,故蜡是石油沥青的有害成分。

(2)石油沥青的胶体结构

在石油沥青中,油分、树脂和地沥青质是石油沥青中的三大主要组分。油分和树脂可以互相溶解,树脂能浸润地沥青质,从而在地沥青质的超细颗粒表面形成树脂薄膜。所以石油沥青的结构是以地沥青质为核心,周围吸附部分树脂和油分,构成胶团,无数胶团分散在油分中而形成胶体结构。在这个分散体系中,分散相为吸附部分树脂的地沥青质,分散介质为溶有树脂的油分。在胶体结构中,从地沥青质到油分是均匀的逐步递变的,并无明显界面。

石油沥青的性质随各组分数量比例的不同而变化。当油分和树脂较多时,胶团外膜较厚,胶团之间相对运动较自由,这种胶体结构的石油沥青,称为溶胶型石油沥青。溶胶型石油沥青的特点是,流动性和塑性较好,开裂后自行愈合能力较强,而对温度的敏感性强,即温度稳定性较差,温度过高会流淌。

当油分和树脂含量较少时,胶团外膜较薄,胶团靠近聚集,相互吸引力增大,胶团间相互移动比较困难,这种胶体结构的石油沥青称为凝胶型石油沥青。凝胶型石油沥青的特点是,弹性和黏性较高,温度敏感性较小,开裂后自行愈合能力较差,流动性和塑性较低。

当地沥青质不如凝胶型石油沥青中的多,而胶团间靠的又较近,相互间有一定的吸引力,形成一种介于溶胶型和凝胶型二者之间的结构,称为溶凝胶型结构。溶凝胶型石油沥青的性质也介于溶胶型和凝胶型二者之间。

溶胶型、溶凝胶型及凝胶型胶体结构的石油沥青的胶体结构如图9.1所示。

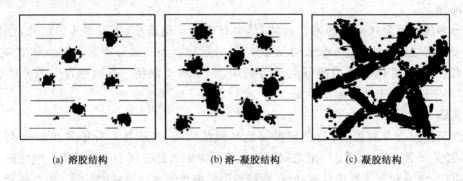

(a) 溶胶结构　　(b) 溶-凝胶结构　　(c) 凝胶结构

图9.1　石油沥青胶体结构

(3)石油沥青的技术性质

①防水性

石油沥青是憎水性材料,不溶于水,而且本身构造致密,加之它与矿物材料表面有很好的黏结力,能紧密黏附于矿物材料表面,同时,它还具有一定的塑性,能适应材料或构件的变形,所以石油沥青具有良好的防水性,故广泛用作土木工程的防潮、防水材料。

②黏滞性

黏滞性又称为黏性或稠度,它所反映的是沥青材料内部阻碍其相对流动和抵抗剪切变形的一种特性,也是沥青材料软硬、稀稠程度的表征。黏滞性的大小与组分及温度有关,若地沥青质含量较高,又有适量树脂,而油分含量较少时,则黏滞性较大;在一定温度范围内,当温度升高时,则黏滞性随之降低,反之则增大。

沥青黏滞性大小的表示有绝对黏度和相对黏度(条件黏度)两种。绝对黏度的测定方法因材而异,较为复杂,不便于工程上应用,工程上常用相对黏度来表示。测定相对黏度的主要方法有标准黏度法和针入度法。

黏稠石油沥青(固体或半固体)的相对黏度用针入度来表示。针入度是在规定温度(25±0.1)℃条件下,以规定质量的标准针,测定经历5 s贯入试样中的深度,以1/10 mm为单位表示。针入度值越小,表示黏度越大。

对于液体石油沥青或较稀的石油沥青的相对黏度,可用标准黏度表示。标准黏度是用标准黏度计测定的指标,即在规定温度(20℃、25℃、30℃或60℃)、规定直径(3 mm、5 mm或10 mm)的孔口流出 50 cm³ 沥青所需的时间秒数,用符号"C_t^d"表示,d 为流孔直径,t 为试验温度,所测指标为流出 50 cm³ 沥青所需的时间。

③塑性

塑性是石油沥青在外力作用下产生变形而不破坏,除去外力后,仍有保持变形后形状的性质。塑性表示沥青开裂后自愈能力及受机械应力作用后变形而不破坏的能力。沥青之所以能被制造成性能良好的柔性防水材料,在很大程度上取决于这种性质。

塑性好的沥青适应变形的能力强,在使用中能随建筑结构的变形而变形,沥青层保持完整而不开裂。当受到冲击、振动荷载时,能吸收一定的能量而不破坏,还能减少摩擦产生的噪声。故塑性好的沥青不仅能配制成性能良好的柔性防水材料,也是优良的道路路面材料。

石油沥青的塑性用延度来表示。延度越大,塑性越好。延度测定是把沥青制成"∞"形标准试件,置于延度仪内(25±0.5)℃水中,以(5±0.25) cm/min的速度拉伸,用拉断时的伸长度(cm)表示。

④温度敏感性

温度敏感性是指石油沥青的黏滞性和塑性随温度的升降而变化的性能。由于沥青是一种高分子非晶态热塑性物质,故没有固定的熔点。当温度升高时,沥青由固态或半固态(或称高弹态)逐渐软化,内部分子间产生相对滑动,即产生黏性流动,这种状态称为黏流态。反之,温度降低时,沥青从黏流态逐渐凝固为固态,甚至变硬变脆,成为玻璃态。

沥青的温度敏感性大,则其黏滞性和塑性随温度的变化幅度就大。而工程中希望沥青材料具有较高的温度稳定性。因此,实际应用中,一是选用温度敏感性较小的沥青,二是通过加滑石粉、石灰石粉等矿物填料,来减小其温度敏感性。

温度敏感性以软化点指标表示。由于沥青材料从固态至液态有一定的变态间隔,故规定以其中某一状态作为从固态转变到黏流态的起点,相应的温度称为沥青的软化点。

沥青软化点一般采用环球法测定。把沥青试样装入规定尺寸的铜环内,上置一直径9.5 mm、质量为(3.50±0.05) g的标准钢球,浸入水或甘油中,以规定的速度升温(5℃/min),当沥青软化下垂至规定距离(25.0 mm)时的温度即为软化点,以℃计。

沥青在低温时常表现为脆性破坏,因此,沥青的脆点是反映其温度敏感性的另一个指标,它是指沥青从高弹态转变到玻璃态过程中某一规定状态的相应温度。通常采用的费拉斯(frass)脆点是指涂于金属片的试样薄膜在特定条件下,因被冷却和弯曲而出现裂纹时的温度,以℃表示。该指标主要反映沥青的低温变形能力。寒冷地区应考虑所用沥青的脆点。沥青的软化点越高,脆点越低,其温度敏感性越小。

⑤大气稳定性

大气稳定性是指石油沥青在热、阳光、氧气和潮湿等因素的长期综合作用下抵抗老化的性能,即沥青材料的耐久性。

热可以加速沥青分子的运动,引起轻质油分挥发,并促进化学反应进行,导致沥青技术性能降低。尤其是在施工加热(160~180℃)时,由于有空气中的氧参与共同作用,会使沥青性质产生严重的劣化。因此,施工中加热温度不能过高,时间不能过长。

日光(特别是紫外线)对沥青照射后,会产生光化学反应,促使氧化速度加快。

空气中的氧在加热的条件下,会促使沥青组分对其吸收,并产生脱氧作用,使沥青组分发生递变。

水与光、氧、热共同作用时能起催化剂的作用。

在以上因素的综合作用下,沥青中各组分将不断发生递变,低分子化合物将逐渐转变为高分子物质,即油分和树脂逐渐减少,而地沥青质逐渐增多。因此,石油沥青随着时间的推移,流动性和塑性会逐渐减小,硬脆性会逐渐增大,直至脆裂,这个过程称为石油沥青的"老化"。大气稳定性好的石油沥青抗老化性能强。

石油沥青的大气稳定性以加热蒸发损失百分率和加热前后针入度比来评定。其测定方法是:先测沥青试样的质量及其针入度,然后将试样置于烘箱中,在163℃下加热蒸发5h,待冷却后再测定其质量及针入度。计算出蒸发损失质量占原质量的百分数,称为蒸发损失百分率;标出蒸发后针入度占原针入度的百分数,称为蒸发后针入度比。蒸发损失百分率越小及蒸发后针入度比越大,则表示沥青的大气稳定性越好,即老化越慢。

黏滞性、塑性、温度敏感性及大气稳定性这四种性质是石油沥青材料的重要技术性质,针入度、延度及软化点等三项指标是划分石油沥青牌号的依据。此外,还应了解石油沥青的其他性质,如溶解度、闪点及燃点,以评定沥青的品质和保证施工安全。

溶解度是指石油沥青在有机溶剂(如三氯乙烯、四氯化碳等)中溶解的百分率,用以表示石油沥青中有效物质的含量,即纯净程度。

闪点(也称闪火点)是指加热沥青至挥发出的可燃气体与空气的混合物在规定条件下与火焰接触,初次闪火(有蓝色闪光)时的沥青温度(℃)。

燃点(也称着火点)指加热沥青产生的气体与空气的混合物,与火焰接触能持续燃烧5s以上,此时沥青的温度即为燃点(℃)。燃点温度比闪点温度约高10℃。

闪点和燃点的高低表明沥青引起火灾或爆炸的可能性大小,在运输、储存和加热使用时应予以注意。沥青加热温度不允许超过闪点,更不能达到燃点。例如建筑石油沥青闪点约230℃,在熬制时一般温度为185~200℃,为安全起见,沥青还应与火焰隔离。

(4)石油沥青的技术标准及选用

①石油沥青的技术标准

表9.1列出了各品种石油沥青的技术标准。由表9.1可看出,道路石油沥青和建筑石油沥青都是按针入度指标划分牌号。同一品种石油沥青材料中,牌号越小,沥青越硬;牌号越大,沥青越软。同时随着牌号增大,沥青的黏性减小(针入度增大),塑性增大(延度增大),温度敏感性增大(软化点降低)。

②石油沥青的选用

选用沥青材料时,应根据工程性质(道路、房屋、防腐等)及当地气候条件,所处工程部位(屋面或地下等)来选用不同品种和牌号的沥青。

沥青路面采用的沥青标号,宜按照公路等级、气候条件、交通条件、路面类型及在结构层中的层位及受力特点、施工方法等,结合当地的使用经验,经技术论证后确定。

建筑石油沥青黏性大,耐热性较好,可用于制造油毡、油纸、防水涂料和沥青胶,主要用于屋面及地下防水、沟槽防水、防腐蚀及管道防腐等工程。一般屋面防水用沥青材料的软化点应比当地夏季屋面最高温度高20℃以上,以避免夏季沥青软化流淌,但软化点也不宜过高,否则冬季易发生低温冷脆开裂。

表 9.1　各品种石油沥青的技术标准

质量指标	重交通道路石油沥青 (GBT 15180—2010)					建筑石油沥青 (GB/T 494—2010)			
	AH-130	AH-110	AH-90	AH-70	AH-50	AH-30	40 号	30 号	10 号
针入度(25℃,100 g, 1/10 mm)	120～140	100～120	80～100	60～80	40～60	20～40	36～50	26～35	10～26
延度(15℃)/cm, 不小于	100	100	100	100	80	报告	3.5	2.5	1.5
软化点(环球法) /℃	38～51	40～53	42～55	44～57	45～58	50～65	≮60	≮75	≮95
针入度指数,不小于	—	—	—	—	—	—	—	—	—
溶解度/%,不小于	99.0	99.0	99.0	99.0	99.0	99.0	99.5	99.5	99.5
蒸发损失(163℃,5 h)/%, 不大于	1.3	1.2	1.0	0.8	0.6	0.5	1	1	1
蒸发后针入度比,/℃, 不小于	45	48	50	55	58	60	65	65	65
闪点/℃,不低于	230					260	230	230	230
脆点	—	—	—	—	—	—	报告	报告	报告

③石油沥青的掺配与稀释

当不能获得合适牌号的沥青时,可采用两种牌号的石油沥青掺配使用,但不能与煤沥青掺配使用。两种石油沥青的掺配比例可用式(9.1)、式(9.1)估算:

$$Q_1 = \frac{T_2 - T}{T_2 - T_1} \times 100\% \tag{9.1}$$

$$Q_2 = 100 - Q_1 \tag{9.2}$$

式中　Q_1——较软石油沥青用量,%;

　　　Q_2——较硬石油沥青用量,%;

　　　T——掺配后的石油沥青软化点,℃;

　　　T_1——较软石油沥青软化点,℃;

　　　T_2——较硬石油沥青软化点,℃。

以估算的掺配比例和其邻近的比例(±5%～±10%)进行试配。将沥青混合熬制均匀,测定其软化点,然后绘制掺配比例—软化点关系曲线,即可从曲线上确定所要求的掺配比例,也可采用针入度指标按上述办法估算及试配。

当沥青过于黏稠影响使用时,可以加入溶剂进行稀释,但必须采用同一产源的油料作稀释剂。如石油沥青采用汽油、煤油、柴油等石油产品系列的轻质油料作稀释剂,而煤沥青则采用煤焦油、重油、蒽油等煤产品系列的油料作稀释剂。

9.1.2　煤　沥　青

煤沥青是生产焦炭和煤气的副产物。烟煤在干馏过程中的挥发物质,经冷凝而成的黑色黏性液体称为煤焦油,再经分馏加工提取轻油、中油、重油及蒽油之后所得残渣即为煤沥青。

根据蒸馏程度不同,煤沥青分为低温沥青、中温沥青和高温沥青三种。土木工程中所采用的煤沥青多为黏稠或半固体的低温沥青。

煤沥青的主要组分为油分、脂胶、游离碳等,还含有少量酸、碱物质,与石油沥青相比,煤沥青的性能特点如下:

(1)温度敏感性较大。其组分中所含可溶性树脂多,由固态或黏稠态转变为黏流态(或液态)的温度间隔较窄,夏天易软化流淌,冬天易脆裂。

(2)大气稳定性较差。所含挥发性成分和化学稳定性差的成分较多。在热、阳光、氧气等长期综合作用下,煤沥青的组成变化较大,易硬脆。

(3)塑性较差。所含游离碳较多,容易因变形而开裂。

(4)因为含表面活性物质较多,所以与矿料表面黏附力较强。

(5)防腐性好。因含有酚、蒽等有毒性和臭味的物质,防腐能力较强,故适用于木材的防腐处理。但防水性不如石油沥青(因为酚易溶于水)。施工中要遵守有关操作和劳保规定,防止中毒。

9.2 防 水 卷 材

防水卷材是一种可卷曲的片状防水材料,是土木工程防水材料的重要品种之一。根据其主要防水组成材料可分为沥青防水卷材、高聚物改性沥青防水卷材和合成高分子防水卷材三大类。沥青防水卷材属传统的防水卷材,在性能上存在着一些缺陷,有的甚至是致命的缺点,与工程建设发展的要求不相适应,正在逐渐被淘汰,如石油沥青纸胎油毡,基本上已在防水工程中停止使用。但由于沥青防水卷材价格低廉,货源充足,对胎体材料进行改进后,性能有所改善,故在防水工程中仍有一定的使用量。而高聚物改性沥青防水卷材和合成高分子防水卷材由于其性能优异,应用日益广泛,是防水卷材的发展方向。

9.2.1 防水卷材的基本性能要求

防水卷材必须具备以下性能,才能满足防水工程的要求。

(1)耐水性

指在水的作用下和被水浸润后其性能基本不变,在压力水作用下具有不透水的性能。常用不透水性、吸水性等指标表示。

(2)温度稳定性

指在高温下不流淌,不起泡,不滑动,以及低温下不脆裂的性能。即在一定的温度变化下,保持原有性能的能力。常用耐热度、耐热性等指标表示。

(3)强度、抗断裂性及延伸性

指防水卷材承受一定荷载、应力,或在一定变形的条件下不断裂的性能。常用拉力、拉伸强度和断裂伸长率等指标表示。

(4)柔韧性

指在低温条件下,保持柔韧性的性能。它对于保证施工不脆裂十分重要。常用柔度、低温弯折性等指标表示。

(5)大气稳定性

指在阳光、热、臭氧及其他化学侵蚀介质等因素的长期综合作用下,抵抗老化变质的能力。常用耐老化性、热老化保持率等指标表示。

9.2.2　沥青防水卷材

沥青防水卷材是用纤维织物、纤维毡等胎体浸涂沥青,表面撒布粉状、粒状或片状材料制成的可卷曲的片状防水材料。传统的沥青纸胎防水卷材由于纸胎抗拉能力低,易腐烂,耐久性差,极易造成建筑物防水层渗漏,现已基本上被淘汰。目前常用的胎体材料有玻纤布、玻纤毡、黄麻毡、铝箔等,但由于沥青材料的低温柔性差,温度敏感性强,在大气作用下易老化,防水耐用年限短,因而沥青防水卷材属低档防水卷材。常用沥青卷材特点及实用范围如表 9.2 所示。

表 9.2　沥青防水卷材的特点及适用范围

卷材名称	特　点	适用范围	施工工艺
玻璃布沥青油毡	抗拉强度高,胎体不易腐烂,材料柔韧性好,耐久性比纸胎油毡提高一倍以上	多用作纸胎油毡的增强附加层和突出部位的防水层	热玛蹄脂、冷玛蹄脂粘贴施工
玻纤毡沥青油毡	有良好的耐水性、耐腐蚀性和耐久性,柔韧性也优于纸胎沥青油毡	地下防水工程	热玛蹄脂、冷玛蹄脂粘贴施工
黄麻胎沥青油毡	抗拉强度高,耐水性好,但胎体材料易腐烂	常用作屋面增强附加层	热玛蹄脂、冷玛蹄脂粘贴施工
铝箔胎沥青油毡	有很高的阻隔蒸汽的渗透能力,防水功能好,且具有一定的抗拉强度	与带孔玻纤毡配合或单独使用,宜用于隔气层	热玛蹄脂粘贴施工

9.2.3　高聚物改性沥青防水卷材

高聚物改性沥青防水卷材是以合成高分子聚合物改性沥青为涂盖层,纤维织物或纤维毡为胎体,粉状、粒状、片状或薄膜材料为覆面材料制得的可卷曲片状防水材料。

高聚物改性沥青防水卷材克服了沥青防水卷材温度稳定性差、延伸率小的缺点,具有高温不流淌,低温不脆裂,拉伸强度高,以及延伸率较大等优异性能,且价格适中,属中档防水卷材。

(1)弹性体改性沥青防水卷材(SBS卷材)

SBS改性沥青防水卷材是以聚酯毡或玻纤毡为胎基,苯乙烯—丁二烯—苯乙烯(SBS)热塑性弹性体改性沥青浸渍和涂覆胎基,两面覆以隔离材料所制成的建筑防水卷材(简称"SBS卷材")。按国家标准《弹性体改性沥青防水卷材》(GB 18242—2008)的规定,SBS卷材按胎基分为聚酯胎(PY)、玻纤胎(G)和玻纤增强聚酯毡(PYG)三类,按上表面隔离材料分为聚乙烯膜(PE)、细砂(S)与矿物粒(片)料(M)三种,下表面隔离材料为细砂(S)或聚乙烯膜(PE)。按材料性能分为Ⅰ型和Ⅱ型。

SBS卷材的物理力学性能如表 9.3 所示。产品标记按以下顺序进行:名称、型号、胎基、上表面材料、下表面材料、厚度、面积和本标准编号顺序标记,例:10 m² 面积、3 mm 厚、上表面为矿物粒、下表面为聚乙烯膜聚酯毡、Ⅰ型弹性体改性沥青防水卷材,标记为:SBS Ⅰ PY M PE 3 10 GB 18242—2008。

SBS卷材广泛适用于土木工程中的各类防水、防潮工程,尤其适用于寒冷地区和结构变形频繁的建筑物防水。

表 9.3　SBS 卷材物理力学性能

序号	项目			指标 I		指标 II		
				PY	G	PY	G	PYG
1	可溶物含量/(g·m⁻²) ≥		3 mm	2 100				—
			4 mm	2 900				
			5 mm	3 500				
			试验现象	—	胎基不燃	—	胎基不燃	—
2	耐热性		℃	90		105		
			≤	2				
			试验性	无流淌、滴落				
3	低温柔性/℃			−20		−25		
				无裂缝				
4	不透水性 30 min			0.3 MPa	0.2 MPa	0.3 MPa		
5	拉力	最大峰拉力/(N/50 mm) ≥		500	350	800	500	900
		次高峰拉力/(N/50 mm) ≥						800
		试验现象		拉伸过程中,试件中部无沥青涂盖层开裂或与胎基分离现象				
6	延伸率	最大峰时延伸率/% ≥		30	—	40	—	—
		第二峰时延伸率/% ≥						15
7	浸水后质量增加/% ≤	PE、S		1.0				
		M		2.0				
8	钉杆撕裂强度/N ≥							300
9	接缝剥离强度/(N/mm) ≥			1.5				
10	渗油性	张数 ≤		2				
11	矿物粒料黏附性/g ≤			2.0				
12	卷材下表面沥青涂盖层厚度/mm			1.0				
13	人工气候加速老化	外观		无滑动、流淌、滴落				
		拉力保持率/% ≥		80				
		低温柔度/℃		−15		−20		
				无裂缝				

(2)塑性体改性沥青防水卷材(APP 卷材)

APP 改性沥青防水卷材是以聚酯毡或玻纤毡为胎基,以无规聚丙烯(APP)或聚烯烃类聚合物(APAO、APO)热塑性塑料改性沥青浸渍和涂覆胎基,两面覆以隔离材料所制成的建筑防水卷材(统称 APP 卷材)。

APP 卷材的物理力学性能如表 9.4 所示,产品标记按以下顺序进行:塑性体改性沥青防水卷材、型号、胎基、上表面材料、厚度和本标准号,例:3 mm 厚砂面聚酯胎 I 型塑性体改性沥青防水卷材,标记为:APP I PY S3 GB 18243—2008。

APP 卷材广泛适用于土木工程中的各类防水、防潮工程,尤其适用于高温或有强烈太阳辐射地区的建筑物防水。

表 9.4 APP 卷材物理力学性能

序号	项 目			指 标				
				I		II		
				PY	G	PY	G	PYG
1	可溶物含量/(g·m⁻²) ≥		3 mm	2 100				—
			4 mm	2 900				—
			5 mm		3 500			
			试验现象	—	胎基不燃	—	胎基不燃	—
2	耐热性		℃	110		130		
			≤	2				
			试验性	无流淌、滴落				
3	低温柔性/℃			−7		−15		
				无裂缝				
4	不透水性 30 min			0.3 MPa	0.2 MPa	0.3 MPa		
5	拉力	最大峰值拉力/(N/50 mm) ≥		500	350	800	500	900
		次高峰拉力/(N/50 mm) ≥		—	—	—	—	800
		试验现象		拉伸过程中,试件中部无沥青涂盖层开裂或与胎基分离现象				
6	延伸率	最大峰时延伸率/% ≥		25	—	40	—	—
		第二峰时延伸率/% ≥		—	—	—	—	15
7	浸水后质量增加/% ≤		PE、S	1.0				
			M	2.0				
8	钉杆撕裂强度/N ≥			—				300
9	接缝剥离强度/(N/mm) ≥			1.5				
10	矿物粒料黏附性/g ≤			2.0				
11	卷材下表面沥青涂盖层厚度/mm			1.0				
12	人工气候加速老化	外观		无滑动、流淌、滴落				
		拉力保持率/% ≥		80				
		低温柔性/℃		−2		−10		
				无裂缝				

9.2.4 合成高分子防水卷材

合成高分子防水片材(习惯上也称为卷材)是以合成橡胶、合成树脂或两者的共混体为基料,加入适量的化学助剂和填充料等,经混炼、压延或挤出等工序加工而成的可卷曲的片状防水材料。其分类及代号如表 9.5 所示。

合成高分子防水片材具有较高的拉伸强度和抗撕裂强度,断裂伸长率大,耐热性和低温柔性好,耐腐蚀,耐老化等一系列优异的性能,它是新型的高档防水材料。

182 土木工程材料(第二版)

表 9.5　高分子防水片材的分类

分　类		代号	主要原材料
均质片	硫化橡胶类	JL1	三元乙丙橡胶
		JL2	橡胶(橡塑)共混
		JL3	氯丁橡胶、氯磺化聚乙烯、氯化聚乙烯等
	非硫化橡胶类	JF1	三元乙丙橡胶
		JF2	橡塑共混
		JF3	氯化聚乙烯
	树脂类	JS1	聚氯乙烯
		JS2	乙烯醋酸乙烯、聚乙烯等
		JS3	乙烯醋酸乙烯改性沥青共混等
复合片	硫化橡胶类	FL	(三元乙丙、丁基、氯丁橡胶、氯磺化聚乙烯等)/织物
	非硫化橡胶类	FF	(氯化聚乙烯、三元乙丙、丁基、氯丁橡胶、氯磺化聚乙烯等)/织物
	树脂类	FS1	聚氯乙烯等/织物
		FS2	(聚乙烯、乙烯醋酸乙烯等)/织物
自黏片	硫化橡胶类	ZJL1	三元乙丙/自黏料
		ZJL2	橡塑共混/自黏料
		ZJL3	(氯丁橡胶、氯磺化聚乙烯、氯化聚乙烯等)/自黏料
		ZFL	(三元乙丙、丁基、氯丁橡胶、氯磺化聚乙烯等)/织物/自黏料
	非硫化橡胶	ZJF1	三元乙丙/自黏料
		ZJF2	橡塑共混/自黏料
		ZJF3	氯化聚乙烯/自黏料
		ZFF	氯化聚乙烯、三元乙丙、丁基橡胶、氯磺化聚乙烯等/织物/自黏料
	树脂类	ZJS1	聚氯乙烯/自黏料
		ZJS2	(乙烯醋酸乙烯共聚物、聚乙烯等)/自黏料
		ZJS3	乙烯醋酸乙烯共聚物与改性沥青共混等/自黏料
		ZFS1	聚氯乙烯/织物/自黏料
		ZFS2	(聚乙烯、乙烯醋酸乙烯共聚物等)/织物/自黏料
异形片	树脂类	YS	高密度聚乙烯,改性聚丙烯,高抗冲聚苯乙烯等
点(条)黏片	树脂类	DS1/TS1	聚氯乙烯等/织物
		DS2/TS1	乙烯醋酸乙烯、聚乙烯等/织物
		DS3/TS1	乙烯醋酸乙烯改性沥青共混等/织物

(1)三元乙丙(EPDM)橡胶防水片(卷)材

三元乙丙橡胶防水片材是以乙烯、丙烯加上少量的双环戊二烯(二聚环戊二烯)共聚而成的三元乙丙橡胶为主体,掺入适量的丁基橡胶经过密炼、挤出或压延成型,硫化,分卷包装等工序制成的防水片材。

由于三元乙丙橡胶分子结构中的主链上没有双键(不饱和键),属于高度饱和的高分子材料,不易受臭氧、紫外线和湿热的影响而发生化学反应或断链,故其耐老化性能优越,化学稳定性也好。因此,三元乙丙橡胶防水片材具有优良的耐候性、耐臭氧和耐热性,其使用寿命可达

20~40 余年,其抗拉强度高,耐酸碱腐蚀,延伸率大,能很好地适应基层伸缩和局部开裂变形。适用温度在−48~−40℃时不脆裂;在 80~120℃不起泡,不流淌,不黏连,能在严寒和酷热的条件下长期使用。这种防水片材适用于防水要求高、耐用年限长的土木建筑防水工程。

(2)聚氯乙烯(PVC)防水卷材

聚氯乙烯防水卷材是以聚氯乙烯树脂为主要原料掺加填充料和适量的改性剂、增塑剂及其他助剂,经捏合、混炼、压延或挤出成型,分卷包装而成的防水材料。

聚氯乙烯防水卷材的拉伸强度高,柔性特别好,结构稳定,耐老化性好,使用期长,可达 20 年,耐腐蚀性、自熄性、耐细菌性好,性能优异,且价格便宜,适用于我国南北广大地区防水要求较高的屋面、地下室、水库、游泳池、水坝、水渠等工程的防水及基层有伸缩或局部开裂的建筑物的防水工程。

(3)氯磺化聚乙烯防水卷材

以氯磺化聚乙烯橡胶为主料,加入增塑剂、稳定剂、硫化剂、耐老化剂、填料、色料等,经辊炼、压延(或挤出),硫化,冷却,包装等工序制得的弹性防水材料,简称 CSP。

由于聚乙烯分子中的双键经氯化和磺酰化后被饱和,结构高度稳定,所以耐老化性能十分优异。同时,聚乙烯的结构经氯化和磺酰化后发生变化,变得柔软而有弹性,能适应基层伸缩或局部开裂变形。产品有很好的自熄性,难燃,色彩丰富,有很好的装饰性,耐化学性能好。

氯磺化聚乙烯防水卷材适用于屋面工程的单层外露防水及地下室、涵洞、贮水池等有保护层的土木工程防水,特别适用于有酸碱介质存在的建筑物的防水和防腐。

除了以上三种典型品种外,合成高分子防水卷材还有很多种类,它们原则上都是塑料或橡胶经过改性,或两者复合以及多种材料复合所制成的能满足土木工程防水要求的制品。

对于屋面防水工程,国家标准《屋面工程技术规范》(GB 50345—2012)规定,重要建筑和高层建筑的防水等级为Ⅰ级(两道防水设防),一般建筑的防水等级为Ⅱ级(一道防水设防)。防水卷材在屋面工程中使用时,每道卷材防水层最小厚度见表 9.6。

表 9.6　每道卷材防水层最小厚度(mm)

防水等级	合成高分子防水卷材	高聚物改性沥青防水卷材		
		聚酯胎、玻纤胎、聚乙烯胎	自粘聚酯胎	自粘无胎
Ⅰ级	1.2	3.0	2.0	1.5
Ⅱ级	1.5	4.0	3.0	2.0

9.2.5　自黏性防水卷材简介

自黏橡胶沥青防水卷材是以高分子树脂、优质沥青为基料,以聚乙烯膜、铝箔为表面材料,采用离黏隔离层的自黏防水卷材。该产品为聚酯胎基胎和无胎性两种。产品具有极强的黏结性能和自愈性,适应高低温环境下施工。分为有胎自黏和无胎自黏两种。有胎自黏由上、下自黏胶中间夹胎基组成,上覆面为乙烯膜、下覆面为可剥起的硅油膜。无胎自黏由自黏胶、上乙烯膜和下硅油膜组合而成。它是一种极具发展前景的新型防水材料,具有低温柔性、自愈性、及黏结性能好的特点,可常温施工、施工速度快、符合环保要求,是地铁、隧道和不可动火现场最佳的防水、防潮和密封材料,还适用于管道的防水、防腐工程。

自黏聚合物改性沥青防水卷材(简称自黏卷材)是指以自黏聚合物改性沥青为基料,非外露使用的无胎基或采用聚酯胎基增强的本体自黏防水卷材。按国家标准《自黏聚合物改性沥青防水卷材》(GB 23441—2009)的规定,自黏卷材按有无胎基增强分为无胎基(N类)和聚酯胎基(PY类),N类按上表面材料分为聚乙烯膜(PE)、聚酯膜(PET)、无膜双面自黏(D),PY类按上表面材料分为聚乙烯膜(PE)、细砂(S)、无膜双面自黏(D),按性能分为Ⅰ型和Ⅱ型。产品标记按:产品名称、类型、上表面材料、厚度、面积、本标准编号顺序标记,例:20 m²、2.0 mm聚乙烯膜面Ⅰ型N类自黏聚合物改性沥青防水卷材标记为:自黏卷材 N Ⅰ PE 2.0 20 GB 23441—2009。

高分子自黏胶膜防水卷材是指符合国标《带自黏层的防水卷材》(GB/T 23260—2009)中高分子卷材类材料。这类材料实际上是在原有的材料上,复合了一层自黏胶,施工工艺改变为自黏施工。三元乙丙卷材、PVC卷材、SBS卷材等都可在一个面上复合自黏胶。对这类材料的性能以原来主体材料的标准,如自PVC材料的性能还是按PVC卷材标准检测,再加上按本标准进行黏结性能的检测,两个方面都要达到要求。带自黏层的防水卷材产品标记按:带自黏层的、主体材料标准标记方法和本标准编号顺序标记,例:规格为 3 mm 矿物料面聚酯胎Ⅰ型,10 m² 的带自黏层的弹性体改性沥青防水卷材标记为:带自黏层 SBS Ⅰ PY M3 10 GB 18242—GB/T 23260—2009。

9.3 防水涂料

防水涂料是一种流态或半流态物质,涂布在基层表面,固化成膜后形成具有一定厚度和弹性的连续薄膜,使基层表面与水隔绝,起到防水、防潮作用。防水涂料特别适合于各种结构复杂的屋面、面积相对狭小的厕浴间、地下工程等的防水施工,以及屋面渗漏维修。所形成的防水膜完整、无接缝,施工十分方便,而且大多数采用冷施工,不必加热熬制,改善了劳动条件。但是,防水涂料必须采用刷子或刮板等逐层涂刷(刮),故防水膜的厚度较难保持均匀一致。

防水涂料按液态类型可分为溶剂型、水乳型和反应型三种;按成膜物质的主要成分可分为沥青类、高聚物改性沥青类及合成高分子类三种。

9.3.1 防水涂料的基本性能要求

防水涂料的品种不同,其性能也各不相同。但无论何种防水涂料要满足防水工程的要求,必须具备以下基本性能:

(1)固体含量

固体含量指防水涂料中所含固体的比例。固体含量多少与成膜厚度及涂膜质量密切相关。

(2)耐热度

耐热度指防水涂料成膜后的防水薄膜在高温下不发生软化变形和不流淌的性能。它反映防水涂膜的耐高温性能。

(3)柔性

柔性指防水涂料成膜后的膜层在低温下保持柔韧性的性能。它反映防水涂料在低温下的施工和使用性能。

(4)不透水性

不透水性指防水涂膜在一定水压(静水压或动水压)和一定时间内不出现渗漏的性能,是防水涂料满足防水功能要求的重要指标。

(5)延伸性

延伸性指防水涂膜适应基层变形的能力。防水涂料成膜后必须具有一定的延伸性,以适应由于温差、干湿等因素造成的基层变形,来保证防水效果。

9.3.2 常用防水涂料

(1)沥青基防水涂料

沥青基防水涂料指以沥青为基料配制而成的水乳型或溶剂型防水涂料。这类涂料的成膜物质就是石油沥青,其对沥青基本性质没有改性或改性作用不大。

①冷底子油

指将石油沥青直接溶于汽油、煤油、柴油等有机溶剂中形成的溶剂型沥青涂料。它涂刷后涂膜很薄,不宜单独作防水涂料用,但它的黏度小,能渗入到混凝土、砂浆、木材等材料的毛细孔隙中,待溶剂挥发后,便可与基材牢固结合,使基层具有一定的憎水性,为黏结同类防水材料创造了有利条件。因多在常温下用作防水工程的打底材料,故命名为冷底子油。该油应涂刷于干燥的基面上,通常要求水泥砂浆找平层的含水率不大于 10%。

冷底子油常随配随用,通常使用 30%~40% 的 30 号或 10 号石油沥青和 60%~70% 的有机溶剂(常用汽油或煤油)配制,首先将沥青加热至 108~200℃,脱水后冷却至 130~140℃,并加入溶剂量 10% 的煤油,待温度降至约 70℃时,再加入余下的溶剂搅拌均匀为止。若储存时,应使用密闭容器,以防溶剂挥发。

②沥青胶

沥青胶又称玛蹄脂,由沥青材料加填充料,均匀混合制成。

填料有粉状的(如滑石粉、石灰石粉、白云石粉等)和纤维状的(如木纤维等)或者用二者的混合物更好。填料的作用是为了提高其耐热性,增加韧性,降低低温下的脆性,也可减少沥青的消耗量,加入量通常为 10%~30%,由试验决定。

沥青胶标号以耐热度表示,分为 S-60、S-65、S-70、S-75、S-80、S-85 六个标号。对沥青胶的质量要求有耐热度、柔韧性、黏结力等,如表 9.7 所示。

表 9.7 石油沥青胶的质量要求

指标名称 \ 标号	S-60	S-65	S-70	S-75	S-80	S-85
耐热度	用 2 mm 厚的沥青玛蹄脂黏合两张沥青油纸,于不低于下列温度(℃)的 1:1 坡度上停放 5 h 的沥青玛蹄脂不应流淌,油纸不应滑动					
	60	65	70	75	80	85
柔韧性	涂在沥青油纸上的 2 mm 厚的沥青玛蹄脂层,在 18℃±2℃时,围绕下列直径(mm)的圆棒,用 2 s 的时间以均衡速度弯成半周,沥青玛蹄脂不应有裂纹					
	10	15	15	20	25	30
黏结力	用手将两张用沥青粘贴在一起的油纸慢慢撕开,从油纸和沥青玛蹄脂粘贴面的任何一面的撕开部分,其沥青胶之间的撕裂面积应不大于粘贴面积的 1/2					

沥青胶的配制和使用方法分为热用和冷用两种。热用沥青胶即热沥青玛蹄脂,是将 70%~90% 的沥青加热至 180~200℃,使其脱水后与 10%~30% 的干燥填料(纤维状填料不超过 5%)热拌混合均匀后,热用施工。冷沥青玛蹄脂是将 40%~50% 的沥青熔化脱水后,缓慢加入 25%~30% 的溶剂(如煤油、柴油、蒽油等),再掺入 10%~30% 的填料,混合拌匀而制

得,在常温下使用。冷用沥青胶比热用沥青胶施工方便,涂层薄,节省沥青,但耗费溶剂。

沥青胶的性质主要取决于沥青的性质,其耐热度不仅与沥青的软化点、用量有关,还与填料种类、用量及催化剂有关。在屋面防水工程中,沥青胶标号的选择,应根据屋面的使用条件、屋面坡度及当地历年极端最高气温,按《屋面工程技术规范》(GB 50345)有关规定选用。若采用一种沥青不能满足配制沥青所要求的软化点时,可采用两种或三种沥青进行掺配。

③石灰乳化沥青

此种沥青以石油沥青为基料,石灰膏为分散体(乳化剂),石棉绒为填料,在机械强制搅拌下将沥青乳化而制得的厚质防水涂料。这种石膏乳化沥青涂料生产工艺简单,成本低。石灰膏在沥青中形成蜂窝状骨架,耐热性好,涂膜较厚,可在潮湿基层上施工。但石油沥青未经改性,所以产品在低温时易碎。它和聚氯乙烯胶泥配合,可用于无砂浆找平层屋面防水。

④膨润土沥青乳液

膨润土沥青乳液以优质石油沥青为基料,膨润土为分散剂,经搅拌而成。这种厚质涂料可在潮湿无积水的基层上施工,涂膜耐水性很好,黏结力强,耐热性好,不污染环境。一般和胎体增强材料配合使用,用于屋面、地下工程、厕浴间等防水防潮工程。

(2)高聚物改性沥青防水涂料

高聚物改性沥青防水涂料是用再生橡胶、合成橡胶或SBS树脂对沥青进行改性而制成。用再生橡胶改性,可改善沥青低温脆性,增加弹性,增加抗裂性;用合成橡胶(氯丁、丁基等)改性,可改善沥青的气密性、耐化学性、耐光及耐候性;用SBS树脂改性,可改善沥青的弹塑性、延伸性、抗拉强度、耐老化性及耐高温性。

①再生橡胶改性沥青防水涂料

再生橡胶改性沥青防水涂料以再生橡胶为改性剂、汽油为溶剂,添加其他填料(如滑石粉等),与沥青加热搅拌而成。原料来源广泛,成本低,生产简单。但以汽油为溶剂,虽然固化迅速,但在生产、储运和使用时都要特别注意防火与通风,而且需多次涂刷,才能形成较厚的涂膜。

这种防水涂料在常温和低温下都能施工,适用于屋面、地下室、水池、冷库、桥梁、涵洞等工程的抗渗、防水、防潮以及旧油毡屋面的维修。

如用水代替汽油,就可避免溶剂型防水涂料易燃、污染环境等缺点,但固化速度稍慢,贮存稳定性稍差一些,适合于混凝土基层屋面及地下混凝土建筑防潮、防水。

②氯丁橡胶改性沥青防水涂料

氯丁橡胶改性沥青防水涂料以氯丁橡胶为改性剂,汽油为溶剂,加入填料、防老化剂等制成。这种防水涂料成膜速度快,涂膜致密,延伸性好,耐腐性、耐候性优良,但施工有污染,应有切实的防火与防爆措施。

③SBS改性沥青防水涂料

SBS改性沥青防水涂料是用SBS(苯乙烯—丁二烯—苯乙烯嵌段共聚物)树脂改性沥青,再加表面活性剂及少许其他树脂等配制而成的水乳型弹性防水涂料。这种涂料具有良好的低温柔性、黏结性、抗裂性、耐老化性和防水性,采用冷施工,操作方便、安全,无毒、不污染环境。施工时可用胎体增强材料进行加强处理。适合于复杂基层如厕浴间、厨房、地下室、水池等的防水与防潮处理。

(3)合成高分子防水涂料

合成高分子防水涂料是以合成橡胶或合成树脂为主要成膜物质,再加入其他添加剂制成的单组分或双组分防水涂料。合成高分子防水涂料比沥青防水涂料和改性沥青防水涂料具有更好的弹性和塑性,更能适应防水基层的变形,从而能进一步提高防水效果,延长其使用寿命。

①聚氨酯防水涂料

聚氨酯防水涂料是一种双组分反应型防水涂料,甲组分为聚氨酯(异氰酸酯基化合物与多元醇或聚醚聚合而成),乙组分为固化剂(胺类或羟基类化合物或煤焦油),加上其他添加剂,按比例配合均匀涂于基层后,在常温下即能交联固化,形成较厚的防水涂膜。

聚氨酯防水涂膜固化无体积收缩,具有优异的耐候、耐油、耐臭氧、不燃烧等特性。涂膜弹性与延伸性好,有较高的抗拉强度和撕裂强度,使用温度从 $-30\sim80℃$ 均可。耐久性好,当涂膜厚度为 $1.5\sim2$ mm 时,耐用年限可达 10 年以上。聚氨酯涂料对材料具有良好的附着力,因此,与各种基材如混凝土、砖、岩石、木材、金属、玻璃及橡胶等均能黏结牢固,且施工操作较简便,是一种高档防水涂料。

聚氨酯防水涂料最适宜在结构复杂、狭窄和易变形的部位,如厕浴间、厨房、隧道、走廊、游泳池等的防水及屋面工程和地下室工程的复合防水。施工时应有良好的通风和防火设施。

②硅橡胶防水涂料

硅橡胶防水涂料是以硅橡胶乳液和其他高分子乳液配制成复合乳液为成膜物质,加上其他添加剂制得的乳液型防水涂料,兼有涂膜防水和渗透性防水材料的双重优点,具有良好的防水性、黏结性、延伸性和弹性,耐高温和低温性好。

硅橡胶防水涂料采用冷施工,施工方便、安全,喷、涂、滚刷皆可,可在较潮湿的基层上施工,无环境污染。可配成各种颜色,装饰性良好。对水泥砂浆、金属、木材等具有良好的黏结性。适用于屋面、厕浴间、厨房、贮水池的防水处理,对于有复杂结构或有许多管道穿过的基层防水特别适用。

③丙烯酸酯防水涂料

丙烯酸酯防水涂料以丙烯酸酯乳液为成膜物质,合成橡胶乳液为改性剂,加入其他添加剂配制而成。其涂膜具有一定的柔韧性和耐候性,具有良好的耐老化性、延伸性、弹性、黏结性及耐高温、低温性。由于丙烯酸酯色浅,故可以配成多种颜色的防水涂料,具有一定的装饰性。

丙烯酸酯防水涂料采用冷施工,无毒,不燃,可喷、刷、滚涂,十分方便。适用于屋面、地下室、厕浴间及异型结构基层的防水工程。因为涂膜连续性好,重量轻,特别适用于轻型薄壳结构的屋面防水。

按《屋面工程技术规范》(GB 50345—2012)规定,每道涂膜防水层最小厚度见表 9.8,复合防水层最小厚度见表 9.9。

表 9.8　每道涂膜防水层最小厚度(mm)

防水等级	合成高分子防水涂膜	聚合物水泥防水涂膜	高聚物改性沥青防水涂膜
Ⅰ级	1.5	1.5	2.0
Ⅱ级	2.0	2.0	3.0

表 9.9　每道涂膜防水层最小厚度(mm)

防水等级	合成高分子防水卷材＋合成高分子防水涂膜	自粘聚合物改性沥青防水卷材(无胎)＋合成高分子防水涂膜	高聚物改性沥青防水涂膜	聚乙烯丙纶卷材＋聚合物水泥防水胶结材料
Ⅰ级	1.2＋1.5	1.5＋1.5	3.0＋2.0	(0.7＋0.3)×2
Ⅱ级	1.0＋1.0	1.2＋1.0	3.0＋1.2	0.7＋1.3

9.4 密封材料

在土木工程中,为了保证建筑物的水密性和气密性,在建筑物构件的接台部位及接缝(伸缩缝、施工缝、变形缝)处,需填充具有一定弹性、黏结性及密封性的材料,即建筑密封材料。如装配门窗玻璃,填嵌公路、水渠、管道、机场跑道和桥面板的接头和接缝等。

密封材料分为定形和不定型两种。定型密封材料具有一定形状和尺寸,按被密封部位的不同制成带、条、方、圆、垫片等形状;不定型密封材料称为密封膏或密封剂,有溶剂型、乳液型或化学反应型等黏稠状的密封材料。本节主要介绍密封膏。

9.4.1 密封材料的基本性能要求

为了保证防水密封的效果,除了要求密封材料具有水密性和气密性之外,还应具有良好的黏结性,耐高、低温性和耐老化性能以及一定的弹塑性和拉伸—压缩循环性能。

密封材料应具有良好的施工性,具体体现在以下四个方面:

(1)挤出性

用挤注枪施工时,应挤出流畅,尤其是低温施工时,更应注意调整密封膏的稠度,以保证施工省力、省时,充满接缝。

(2)抗下垂性

在填充垂直缝和顶板缝时,要求密封膏不流淌,不坍落,不下坠。当施工温度较高或接缝过宽时,不宜一次填完,应分2~3次,以达到抗下垂的目的。

(3)自流平性

在填注水平接缝时,密封膏应有流平及充满缝隙的性能。

(4)密封膏应有适当的固化速度

密封材料的选用,主要考虑其黏结性能和使用部位。应根据被黏基层的材质、表面状态和性质来选择不同的密封材料。室外接缝要求密封材料有较高的耐候性和耐老化性,伸缩接缝要求密封材料要有较好的弹塑性和拉伸—压缩循环性能,对处于酸碱介质环境的建筑物部位的密封则要求有较好的耐腐蚀性能。

9.4.2 常用密封材料

(1)聚氨酯密封膏

聚氨酯密封膏以聚氨酯为主要组分,加入其他组分材料而制成。接组分不同,分为单组分和双组分两种。单组分是制成氨基甲酸酯预聚体,通过端异氰酸酯基和大气中水分反应而固化;双组分是以异氰酸为甲组分(预聚体),含活泼氢的化合物为乙组分(固化剂),按比例混合均匀,在常温下固化而成。

聚氯酯密封膏的预聚体通常为带有苯环的链式结构,与固化剂调和后,能进一步产生化学反应而交联成无规体型结构。因此,这种密封膏的弹性大,黏结力强,防水性能优良。又因为大多数不饱和键存在于苯环中,所以密封膏的耐油性、耐候性、耐磨性及耐久性都很好,与混凝土的黏结性也很好,而且不需要打底。

聚氨酯密封膏可用作混凝土屋面和墙面的水平或垂直接缝的密封材料,也是公路及机场跑道补缝、接缝的好材料,还可用于玻璃、金属材料的嵌缝。特别适用于游泳池工程,是最好的密封材料之一。

(2)聚硫橡胶密封膏

聚硫橡胶密封膏是以液态聚硫橡胶为基料,加入硫化剂、增塑剂、填充料等拌制而成的均匀膏状体。由于聚硫橡胶分子的主链上结合有硫原子,构成结构式为 $HS—(C_2H_4—O—CH_2—O—C_2H_4—S—S—)_m—C_2H_4—O—CH_2—O—C_2H_4—SH$ 的饱和键,因而具有良好的耐油性、耐溶剂性、耐老化性、耐冲击性、耐水性以及良好的低温挠屈性和黏结性,适应温度范围宽($-40\sim80℃$),抗紫外线曝晒及抗冰雪能力强。

聚硫橡胶密封膏无溶剂,无毒,使用安全可靠,适用于混凝土屋面板、墙板、地面板等接缝的密封以及贮水池、地下室、冷库、游泳池接缝密封,还可用于金属幕墙、金属门窗框、汽车车身等的密封防水、防尘,属优质密封材料。

(3)丙烯酸类密封膏

丙烯酸类密封膏是用丙烯酸类树脂掺入填料、增塑剂、分散剂等配制而成,分溶剂型和水乳型两种。目前应用的以水乳型为主。

丙烯酸类密封膏具有优良的抗紫外线性能、耐老化性及低温柔性,延伸性很好,在$-34\sim80℃$温度范围内具有良好的性能,可在表面润湿的混凝土基层上施工,并保持良好的黏结性,无毒、无味,不燃,不污染环境,其价格和性能均属中等。

丙烯酸类密封膏主要用于屋面、墙板、门、窗嵌缝。由于其耐水性不够好,故不宜用于长期浸水的工程,如水池、污水处理厂、灌溉系统、堤坝等水下接缝。

(4)有机硅橡胶(硅酮)密封膏

有机硅橡胶密封膏是以聚硅氧烷为主要成分的单组分和双组分室温固化型的密封材料,单组分应用较多。单组分硅橡胶密封膏是以硅氧烷聚合物为主体,加入硫化剂、填料及其他添加剂,在隔绝空气的条件下,装入不透水的密闭容器中,施工时挤出填充在接缝中,密封膏吸收空气中的水分,即可水解交联固化,形成橡胶弹性体。双组分硅橡胶密封膏则是把主剂(与单组分相同)、填料、助剂等作为甲组分,固化剂作为乙组分分装于不同的容器。使用时,两组分按一定的比例混合搅拌均匀嵌填在接缝中,两组分起交联作用,固化成橡胶状弹性体。

硅橡胶密封膏外观为白、黑、棕、银灰及透明的膏状体,可长期贮存,性能稳定,有优异的耐热、耐寒性、耐候性及耐老化性,与各种材料都有较好的黏结性,耐拉伸压缩疲劳性强,耐水性好,工作温度为$-50\sim150℃$。

硅橡胶密封膏按固化剂的不同分为高模量、中模量及低模量三类。高模量硅橡胶密封膏主要用于建筑物结构型密封部位,如玻璃幕墙、隔热玻璃以及门、窗密封;中模量硅橡胶密封膏除了不能在伸缩极大的接缝部位使用外,其他部位都可以使用;低模量硅橡胶密封膏用于建筑物非结构型部位,如混凝土与金属框架的黏结密封、厕浴间、高速公路的接缝、水泥板、石材等外墙接缝。

(5)聚氯乙烯胶泥(PVC 胶泥)

聚氯乙烯胶泥是以煤焦油为基料,加入少量的聚氯乙烯树脂粉、增塑剂、稳定剂、填料等在$140℃$下塑化而成的热施工的黏稠体,常用品种有 802 和 703 两种。

PVC 胶泥自重轻,价格较低,具有良好的弹性、耐热性、耐寒性、耐老化性、黏结性、耐腐蚀性和抗老化性,能在$-20\sim80℃$的条件下使用,能很好地适应伸缩和结构局部变形,除热用外,也可以冷用,冷用时需加溶剂稀释。适用于各种屋面的嵌缝密封及墙板、水渠、地下工程伸缩缝的密封防水和维修,还适用于生产硫酸、盐酸、硝酸、氢氧化钠等有腐蚀性气体的车间的屋面防水密封。

9.5 沥青混合料

沥青混合料是由矿料与沥青结合料拌和而成的混合料的总称。沥青混合料中矿质混合料(简称矿料)起骨架作用,沥青与填料起胶结和填充作用。沥青混合料经摊铺、压实成型后成为沥青路面,是现代道路路面结构的主要材料之一。它具有良好的力学性质和路用性能,铺筑的路面平整无接缝,减震吸声,行车舒适;路表面具有一定的粗糙度,且无强烈反光,有利于行车安全;沥青路面可采用全部机械化施工,有利于施工质量控制,施工后即可开放交通;便于分期修建和再生利用。由于上述特点,沥青混合料广泛应用于各类道路路面,尤其适合高速行车道路路面。但是沥青混合料也存在高温稳定性和低温抗裂性不足的问题。

9.5.1 沥青混合料的组成结构及其对性能的影响

(1)沥青混合料的分类

工程上最常用的沥青混合料有两类:其一是沥青混凝土混合料,是由适当比例的粗集料、细集料及填料组成的符合规定级配的矿料,与沥青结合料拌和、压实后剩余空隙率小于10%的混合料,简称沥青混凝土,以 AC 表示,采用圆孔筛时用 LH 表示。其二是沥青碎石混合料,是由适当比例的粗集料、细集料及填料(或不加填料)与沥青拌和、压实后剩余空隙率在10%以上的混合料,简称沥青碎石混合料,以 AM 表示。

沥青混合料的分类还可以从不同角度进行,下面介绍常用的几种分类方式:

①按胶结材料种类分

按胶结料种类分为石油沥青混合料和煤沥青混合料。

②按施工温度分

a. 热拌热铺沥青混合料。即沥青与矿质集料(简称矿料)在热态下拌和,热态下铺筑。

b. 常温沥青混合料。即采用乳化沥青或稀释沥青与矿料在常温下拌和、铺筑。

③按集料级配类型分

a. 连续级配沥青混合料。即混合料中的矿质集料是按级配原则,从大到小各级粒径按比例搭配组成的。

b. 间断级配沥青混合料。即集料级配组成中缺少一个或若干个粒级。

④按混合料密实度分

a. 密级配沥青混合料。指连续级配、相互嵌挤密实的集料与沥青拌和、压实后剩余空隙率小于10%的混合料。

b. 开级配沥青混合料。指级配主要由粗集料组成,细集料较少,集料相互拨开,压实后剩余空隙率大于15%的开式混合料。

c. 半开级配沥青混合料。指由粗、细集料及少量填料(或不加填料)与沥青拌和、压实后剩余空隙率在10%~15%的半开式混合料,也称为沥青碎石混合料。

⑤按集料最大粒径分

a. 粗粒式沥青混合料。指集料最大粒径为26.5 mm 或31.5 mm 的混合料。

b. 中粒式沥青混合料。指集料最大粒径为16 mm 或19 mm 的混合料。

c. 细粒式沥青混合料。指集料最大粒径为 9.5 mm 或 13.2 mm 的混合料。

d. 砂粒式沥青混合料。指集料最大粒径等于或小于 4.75 mm 的混合料。

（2）沥青混合料组成材料及结构

①组成材料。沥青混合料的组成材料有沥青、粗集料、细集料和填料。

a. 沥青。应根据当地气候条件、施工季节气温、路面类型、施工方法等具体情况选用沥青标号。煤沥青不宜用于热拌沥青混合料路面的表面层。

b. 粗集料。所用粗集料包括碎石、破碎砾石和矿渣等。粗集料应该洁净、干燥、无风化、无杂质。压碎值和磨耗率等力学性能指标应满足规范要求。碱性的矿料与沥青黏结时，会发生化学吸附过程，在矿料与沥青的接触面上形成新的化合物，使黏结力增强，而酸性矿料表面与沥青不会形成化学吸附，故黏结力较低。为保证与沥青的黏附性符合有关规范要求，应采取下列抗剥离措施：

ⓐ采用干燥的磨细消石灰或生石灰粉、水泥作为填料的一部分，其用量为矿料总量的 1%～2%。

ⓑ在沥青中掺加抗剥离剂。

ⓒ将粗集料用石灰浆处理后使用。

c. 细集料。可采用天然砂、机制砂及石屑。细集料应该洁净、干燥、无风化、无杂质，有适当的颗粒组成，其质量应符合规范要求，并与沥青有良好的黏结能力。与沥青黏结性能较差的天然砂及用花岗石、石英岩等酸性石料破碎的机制砂或石屑，不宜用于高速公路、一级公路、城市快速路、主干路沥青面层。必须使用时，应采用抗剥离措施。

d. 填料。在沥青混合料中起填充作用的粒径小于 0.075 mm 的矿质粉末称为填料。填料宜采用石灰岩或岩浆岩中的强基性岩石（憎水性石料）经磨细得到的矿粉。原石料中的泥土杂质应除去。矿粉要求干燥、洁净，其质量符合规范要求。当采用水泥、石灰、粉煤灰作填料时，其用量不宜超过矿料总量的 2%。

②组成结构

沥青混合料的组成结构有以下三类：

a. 悬浮—密实结构。采用连续型密级配集料与沥青组成的混合料，经过多级密垛虽然可以获得很大的密实度，但是各级集料均被次级集料隔开，不能直接靠拢形成骨架，犹如悬浮于次级集料及沥青胶浆之间，其组成结构如图 9.2(a)所示。这种结构的沥青混合料，虽然黏聚力较强，但内摩擦角较小，因此其高温稳定性差。

b. 骨架—空隙结构。采用连续型开级配集料与沥青组成的沥青混合料，粗集料所占比例较高，细集料则很少，甚至没有。粗集料可以相互靠拢形成骨架，但由于细集料过少，不足以填满粗集料之间的空隙，因此形成骨架　空隙结构，如图 9.2(b)所示。这种结构的混合料具有较大的内摩擦角，但黏结力较弱。

c. 密实—骨架结构。采用间断型密级配集料与沥青组成的沥青混合料，由于缺少中间粒径的集料，较多的粗集料可以形成空间骨架，同时又有相当数量的细集料可将骨架的空隙填满，如图 9.2(c)所示。这种结构不仅具有较强的黏结力，内摩擦角也较大，因此混合料的抗剪强度较高。

（3）沥青混合料强度的影响因素

试验表明：沥青混合料的抗剪强度的内因决定于沥青混合料的内摩擦角和黏聚力，其值越

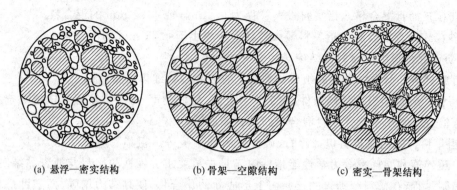

(a) 悬浮—密实结构　　　(b) 骨架—空隙结构　　　(c) 密实—骨架结构

图 9.2　三种典型沥青混合料结构组成示意图

大,抗剪强度越大。其外因决定于温度等因素。

①影响沥青混合料内摩擦角的因素

a. 矿质集料对内摩擦角的影响。矿质集料的尺寸大,形状近似正方体,有一定的棱角,表面粗糙则内摩擦角较大。连续型开级配的矿质混合料,粗集料的数量比较多,形成一定的骨架结构,因此内摩擦角较大。

b. 沥青含量对内摩擦角的影响。沥青含量越少,矿料表面形成的沥青膜越薄,内摩擦角越大。反之亦然。

②影响沥青混合料黏聚力的因素

a. 沥青材料的黏结性对黏聚力的影响。沥青的黏度越大,混合料的黏滞阻力也越大,抵抗剪切变形的能力越强,则混合料的黏聚力就越大。

b. 矿料颗粒间的联结形式对黏聚力的影响。沥青用量过少,沥青不足以包裹矿粉表面,沥青混合料的黏聚力就差。沥青用量过多,自由沥青过多,混合料的黏聚力开始逐渐降低。

9.5.2　沥青混合料的技术性质

沥青混合料构筑的路面除了承受汽车等荷载的反复作用外,同时还要受到各种自然因素的影响,为了保证路面的安全性、舒适性、快速及耐久性,沥青混合料必须满足下列技术要求。

(1)高温稳定性

沥青路面在高温时,由于沥青混合料的抗剪强度不足或塑性变形过大会产生推挤、拥包等破坏。因此,高温稳定性是沥青混合料的一个重要的技术性质。

沥青混合料高温稳定性是指在夏季高温(通常取 60℃)条件下,经车辆荷载反复作用后不产生车辙和波浪等病害的性能。

我国现行《沥青路面施工与验收规范》(GB 50092—1996)规定,采用马歇尔稳定度试验来评价沥青混合料的高温稳定性。对于高速公路、一级公路和城市快速路、主干路沥青路面的上面层和中面层的沥青混合料,还应通过动稳定度试验以检验其抗车辙能力。

a. 马歇尔稳定度试验

马歇尔稳定度试验方法用于测定沥青混合料试件的破坏荷载和抗变形能力。该试验主要测定马歇尔稳定度和流值。

马歇尔稳定度是指标准尺寸试件在规定温度和加荷速度下,在马歇尔试验仪中最大的破坏荷载(kN);流值是达到最大破坏荷载时试件的垂直变形(以 0.1 mm 计)。

b. 车辙试验

目前的方法是用标准成型方法,制成 300 mm×300 mm×500 mm 的沥青混合料试件,在 60℃下(根据需要,如在寒冷地区,也可采用 45℃或其他温度,但应在报告中注明),以一定荷载的橡胶轮(轮压为 0.7 MPa)在同一轨迹上作一定时间的反复行走,测定其在变形稳定期每增加 1 mm 变形的碾压次数,即动稳定度,以次/mm 表示。可按式(9.3)计算:

$$DS = \frac{(t_2 - t_1) \times 42}{d_2 - d_1} \times c_1 \times c_2 \tag{9.3}$$

式中　DS——沥青混合料的动稳定度,次/mm;

　　　d_1——时间 t_1(一般为 45 min)时的变形量,mm;

　　　d_2——时间 t_2(一般为 60 min)时的变形量,mm;

　　　42——每分钟行走次数,次/min;

　　　c_1,c_2——表示试验机、试样的修正系数。

(2)低温抗裂性

当冬季气温降低时,沥青面层将产生体积收缩,并在结构层中产生温度应力。由于沥青混合料具有一定的应力松弛能力,当降温速率较慢时,所产生的温度应力会随着时间逐渐松弛减小,不会对沥青路面产生较大的危害。但气温骤降时,所产生的温度应力来不及松弛,当温度应力超过沥青混合料的容许应力值时,沥青混合料被拉裂,导致沥青路面出现裂缝造成路面的损坏。因此要求沥青混合料具有一定的低温抗裂性能,即要求沥青混合料具有较高的低温强度或较大的低温变形能力。低温抗裂性的指标,目前尚处于研究阶段,未列入技术标准。现在普遍采用的方法是测定沥青混合料的低温劲度和温度收缩系数,计算低温收缩时在路面中所出现的温度应力与沥青混合料的抗拉强度对比,来预估沥青路面的开裂温度。也可用低温弯曲试验所得破坏应变值表征。沥青混合料在低温下破坏弯拉应变越大,低温柔韧性越好,抗裂性越好。

(3)耐久性

沥青混合料的耐久性是指沥青混合料在使用过程中抵抗环境因素及行车荷载反复作用的能力,包括沥青混合料的抗老化性、水稳定性、抗疲劳性等综合性质。它直接关系到沥青路面的使用年限。影响沥青混合料耐久性的因素,除了沥青的化学性质、矿料的矿物成分外,沥青混合料的空隙率、沥青用量也是重要的影响因素。

从耐久性的角度出发,沥青混合料的空隙率应尽量小,以防止水和阳光中紫外线对沥青的老化作用。但从沥青混合料的高温稳定性考虑,空隙率又应大一些,以备夏季沥青材料膨胀。从两个方面考虑,一般沥青混凝土应留有 3%～10%的空隙。

沥青用量与路面耐久性也有很大关系。沥青用量较少时,沥青膜变薄,混合料的延伸能力降低,脆性增加。同时,如沥青用量偏少,将使混合料空隙率增大,沥青膜暴露较多,加速沥青老化,而且增大了渗水率,增强了水对沥青的剥落作用,使沥青与矿料的黏附力降低。而沥青用量过多会使混合料的内摩阻力显著降低,黏结力下降,从而降低了混合料的抗剪强度。因此,需要确定一个沥青最佳用量,通常以马歇尔稳定度试验来确定。

我国现行规范采用空隙率、饱和度和残留稳定度等指标来表征沥青混合料耐久性。

(4)抗滑性

为保证汽车安全快速行驶,要求沥青路面具有一定的抗滑性。路面表层矿料的抗滑性对路面的抗滑性有直接的贡献。我国现行国家标准《沥青路面施工与验收规范》(GB 50092—1996)对抗滑层集料有磨光值、道瑞磨耗值和冲击值三项指标要求。高速公路的抗滑层集料一般选用抗滑性能好的玄武岩、安山岩等材料。沥青用量过多对路面抗滑性不利,沥青含蜡量高对路面抗滑性也有明显的不利影响。

(5)施工和易性

影响沥青混合料施工和易性的主要因素是矿料级配。若粗细集料的颗粒大小差距过大，缺乏中间粒径，混合料容易产生离析；若细料太少，沥青层不容易均匀地分布在粗颗粒表面，反之，细料过多则使拌和困难。

9.5.3 热拌沥青混合料的配合比设计

热拌沥青混合料是由矿料与黏稠沥青在专门设备中加热拌和而成，用保温运输设备运送至施工现场，并在热态下进行摊铺和压实的混合料，简称"热拌沥青混合料"，以 HMA 表示。

沥青混合料配合比设计的主要任务是根据沥青混合料的技术要求，选择粗集料、细集料、矿粉和沥青材料，并确定各组成材料相互配合的最佳组成比例，使沥青混合料既满足技术要求，又符合经济的原则。

(1)沥青混合料组成材料的技术要求

沥青混合料的技术性质随着混合料的组成材料的性质、配合比和制备工艺等因素的差异而改变。因此制备沥青混凝土时，应严格控制其组成材料的质量。沥青混合料所用沥青材料、粗集料、细集料及填料的技术要求要符合《公路沥青路面施工技术规范》(JTG F40—2004)的规定。

(2)热拌沥青混合料配合比设计步骤

高速公路、一级公路沥青混合料的配合比设计应在调查以往同类材料的配合比设计经验和使用效果的基础上，按以下步骤进行。

①目标配合比设计阶段。工程实际使用的材料，按《公路沥青路面施工技术规范》(JTG F40—2004)规定的方法，优选矿料级配、确定最佳沥青用量，符合配合比设计技术标准和配合比设计检验要求，以此作为目标配合比，供拌和机确定各冷料仓的供料比例、进料速度及试拌使用。

②生产配合比设计阶段。对间歇式拌和机，应按规定方法取样测试各热料仓的材料级配，确定各热料仓的配合比，供拌和机控制室使用。同时选择适宜的筛孔尺寸和安装角度，尽量使各热料仓的供料大体平衡，并取目标配合比设计的最佳沥青用量 OAC、OAC(1±0.3%) 等 3 个沥青用量进行马歇尔试验和试拌，通过室内试验及从拌和机取样试验综合确定生产配合比的最佳沥青用量，由此确定的最佳沥青用量与目标配合比设计的结果的差值不宜大于±0.2%。对连续式拌和机可省略生产配合比设计步骤。

③生产配合比验证阶段。拌和机按生产配合比结果进行试拌、铺筑试验段，并取样进行马歇尔试验，同时从试验段上钻取芯样观察空隙率的大小，由此确定生产用的标准配合比。标准配合比的矿料合成级配中，至少应包括 0.075 mm、2.36 mm、4.75 mm 及公称最大粒径筛孔的通过率接近优选的工程设计级配范围的中值，并避免在 0.3～0.6 mm 处出现"驼峰"。对确定的标准配合比，再次进行车辙试验和水稳定性检验。

④确定施工级配允许波动范围。根据标准配合比及质量管理要求中各筛孔的允许波动范围，制订施工用的级配控制范围，用以检查沥青混合料的生产质量。

经设计确定的标准配合比在施工过程中不得随意变更。生产过程中应加强跟踪检测，严格控制进场材料的质量，如遇材料发生变化并经检测沥青混合料的矿料级配、马歇尔技术指标不符合要求时，应及时调整配合比，使沥青混合料的质量符合要求并保持相对稳定，必要时重新进行配合比设计。

二级及二级以下其他等级公路热拌沥青混合料的配合比设计可按上述步骤进行。当材料与同类道路相同时,也可直接引用成功的经验。

(3)沥青混合料目标配合比设计方法

如上所述,全过程的沥青混合料配合比设计包括目标配合比设计、生产配合比设计和生产配合比验证三个阶段。后两个设计阶段是在目标配合比的基础上完成的。本节主要介绍目标配合比设计。

目标配合比设计的主要内容为:矿质混合料的配合组成设计;确定沥青混合料的最佳沥青用量。

①矿质混合料的配合组成设计

矿质混合料配合组成设计的目的,是选配一个具有足够密实度、并且有较高内摩阻力的矿质混合料。可以根据级配理论,计算出需要的矿质混合料的级配范围;但是为了应用已有的研究成果和实践经验,通常是采用规范推荐的矿质混合料级配范围来确定,按下列步骤进行:

a. 确定沥青混合料类型

沥青混合料的类型,根据道路等级、路面类型、所处的结构层位,按表9.10选定。

表 9.10　沥青路面各层的沥青混合料类型

结　构 层　次	高速公路、一级公路、 城市快速路、主干路		其他等级公路		一般城市道路 及其他道路工程	
	三层式沥青 混凝土路面	两层式沥青 混凝土路面	沥青混凝土 路面	沥青碎石 路面	沥青混凝土 路面	沥青碎石 路面
上面层	AC-13 AC-16 AC-20	AC-13 AC-16	AC-13 AC-16	AM-13	AC-5 AC-10 AC-13	AM-5 AM-10
中面层	AC-20 AC-25	— —	—	—	—	—
下面层	AC-25 AC-30	AC-20 AC-25 AC-30	AC-20 AC-25 AC-30 AM-25 AM-30	AM-25 AM-30	AC-20 AC-25 AM-25 AM-30	AM-25 AM-30 AM-40

b. 确定矿质混合料的级配范围

根据已确定的沥青混合料类型,查阅规范推荐的沥青混合料级配及沥青用量范围表即可确定所需的级配范围。

c. 矿质混合料配合比例计算

ⓐ组成材料地原始数据测定。根据现场取样,对粗集料、细集料和矿粉进行筛析试验,按筛析结果分别绘出各组成材料的筛分曲线。同时并测出各组成材料的相对密度,以供计算物理常数备用。

ⓑ计算组成材料的配合比。根据各组成材料的筛析试验资料,采用图解法或计算法,求出符合要求级配范围的各组成材料用量比例。

ⓒ调整配合比。计算得出的合成级配应根据要求作必要的配合比调整:

通常情况下,合成级配曲线宜尽量接近设计级配中限,尤其应使 0.075 mm、2.36 mm 和

4.75 mm 筛孔的通过量尽量接近设计级配范围中限。

对高速公路、一级公路、城市快速路和主干路等交通量大、车辆载重大的道路,宜偏向级配范围的下(粗)限;对一般道路、中小交通量和人行道路等宜偏向级配范围的上(细)限。

合成级配曲线应接近连续或有合理的间断级配,不得有过多的犬牙交错。当经过再三调整,仍有两个以上的筛孔超过级配范围时,必须对原材料进行调整或更换原材料重新设计。

②确定沥青混合料的最佳沥青用量

沥青混合料的最佳沥青用量(Optimum Asphalt Content 简称 OAC),可以通过各种理论计算方法求得。我国目前采用的方法是在马歇尔法和美国沥青学会方法的基础上,结合我国多年研究成果和生产实践总结发展起来更为完善的方法。该法确定沥青最佳用量步骤如下:

a. 制备试件

按确定的矿质混合料配合比,计算各种矿质材料的用量,配制几组矿质混合料,每组按规范推荐的沥青用量范围(或经验的沥青用量范围)加入适量沥青,并按 0.5% 的间隔递增,拌和均匀制成马歇尔试件。

b. 测定物理指标

为确定沥青混合料的最佳沥青用量,需测定沥青混合料的下列物理指标:

ⓐ视密度(ρ_s)。沥青混合料压实试件的视密度,可以采用水中重法、表干法、体积法或蜡封法等方法测定。

ⓑ理论密度(ρ_t)。沥青混合料试件的理论密度,是指压实沥青混合料试件全部为矿料(包括矿料内部孔隙)和沥青所组成(空隙率为零)的最大密度。

ⓒ沥青混合料残留空隙率(VV)。压实沥青混合料试件中,空隙体积占总体积百分率。

ⓓ沥青体积百分率(VA)。压实沥青混合料试件中,沥青的体积与试件总体积的百分率称为沥青体积百分率。

ⓔ矿料间隙率(VMA)。压实沥青混合料试件内部矿料部分以外体积占试件总体积的百分率,称为矿料间隙率,亦即试件空隙率与沥青体积百分率之和。

ⓕ沥青饱和度(VFA)。压实沥青混合料试件中,沥青部分体积占矿料骨架以外的空隙部分体积的百分率,称为沥青填隙率,亦称沥青饱和度。

c. 测定力学指标

为确定沥青混合料的最佳沥青用量,应测定沥青混合料的下列力学指标:

ⓐ马歇尔稳定度(MS)。

ⓑ流值(FL)。

ⓒ马歇尔模数。通常用马歇尔稳定度(MS)与流值(FL)之比值表示沥青混合料的视劲度,称为马歇尔模数。

d. 马歇尔实验结果分析

ⓐ绘制沥青用量与物理—力学指标关系图。以沥青用量为横坐标,以视密度、空隙率、饱和度、稳定度和流值为纵坐标,将试验结果绘制成沥青用量与各项指标关系的曲线图,如图 9.3 所示。

ⓑ根据稳定度、密度和空隙率确定最佳沥青用量初始值 1(OAC₁)。从图中取相应于稳定度最大值的沥青用量 a_1[图 9.3(a)],相应于密度最大值的沥青用量 a_2[图 9.3(b)]和相应于

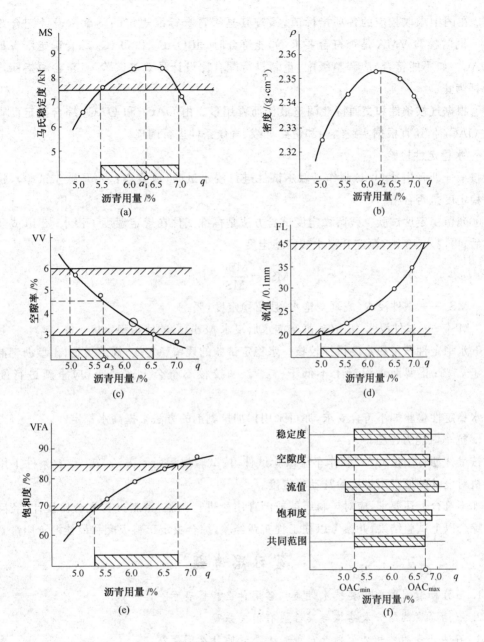

图 9.3　沥青用量与马歇尔试验曲线图

规定空隙率范围中值的沥青用量 a_3 [图 9.3(c)]，求取三者的平均值作为沥青最佳用量的初始值 OAC_1，即

$$OAC_1 = (a_1 + a_2 + a_3)/3 \qquad (9.4)$$

ⓒ根据符合各项技术指标的沥青用量范围确定沥青最佳用量初始值 2（OAC_2）。按图 9.3 求出的各指标应符合沥青混合料技术标准的沥青用量范围 $OAC_{min} \sim OAC_{max}$，其中值为 OAC_2，即

$$OAC_2 = (OAC_{min} + OAC_{max})/2 \qquad (9.5)$$

ⓓ根据 OAC_1 和 OAC_2 综合确定沥青最佳用量（OAC）。按最佳沥青用量的初始值

OAC_1 在图中求取相应的各项指标值,检查其是否符合标准规定的马歇尔设计配合比技术标准。同时检验 VMA 是否符合要求,如能符合时,由 OAC_1 和 OAC_2 综合确定沥青最佳用量 OAC。如不能符合,应调整级配,重新进行配合比设计马歇尔试验,直至各项指标均能符合指标为止。

ⓒ根据气候条件和交通特性调整最佳沥青用量。由 OAC_1 和 OAC_2 综合确定沥青最佳用量 OAC 时,还宜根据实践经验和道路等级、气候条件进行调整。

e. 水稳定性检验

按最佳沥青用量 OAC 制作马歇尔试件进行浸水试验(或真空饱水马歇尔试验),检验其残留稳定度是否合格。

ⓐ残留稳定度试验。残留稳定度试验方法是标准试件在规定温度下浸水 48 h(或经真空饱水后,再浸水 48 h),测定其浸水残留稳定度。

$$MS_0 = \frac{MS_1}{MS} \times 100 \tag{9.6}$$

式中　MS_0——试件浸水(或真空饱水)残留稳定度,%;

　　　MS_1——试件浸水 48 h(或真空饱水后浸水 48 h)后的残留稳定度。

ⓑ水稳定性残留稳定度指标校核。水稳定试验的残留稳定度,规范规定,Ⅰ型沥青混凝土不低于 75%;Ⅱ型沥青混凝土不低于 70%。如校核不符合上述要求,应重新进行配合比设计。

水稳定性检验如不符合要求,亦可采用掺加抗剥剂的方法来提高水稳定性。

f. 抗车辙能力检验

按最佳沥青用量 OAC 制作车辙试验试件,按试验规程所示方法,在 60 ℃条件下用车辙试验机对设计的沥青用量检验其动稳定度。

如不符合上述要求,应对矿料级配或沥青用量进行调整,重新进行配合比设计,经反复调整及综合以上试验结果,并参考以往工程实践经验,综合决定矿料级配和最佳沥青用量。

复习思考题

1. 石油沥青有哪些主要技术性质？各用什么指标表示？

2. 石油沥青的组分及结构与其性质有何关系？

3. 石油沥青的牌号如何划分？牌号大小说明什么问题？

4. 为什么石油沥青使用若干年后会逐渐变得脆硬,甚至开裂？

5. 某防水工程需石油沥青 30 t,要求软化点不低于 80 ℃,现有 60 号和 10 号石油沥青,测得它们的软化点分别是 49 ℃和 98 ℃,试求这两种沥青的掺配比例。

6. 与传统的沥青防水卷材相比较,合成高分子防水卷材有什么突出的优点？

7. 防水涂料应满足的基本性能有哪些？

8. 密封膏的性能要求有哪些？

9. 用于道路路面的沥青混合料的技术性质主要有哪些？

10. 沥青混合料的组成结构有哪几种类型？它们各有何特点？

11. 在热拌沥青混合料配合比设计中,沥青最佳用量(OAC)是怎样确定的？

第 10 章　其他功能材料

土木工程材料按其性能和用途分为建筑结构材料和建筑功能材料。前者是以力学性能为特征,主要用作建筑结构的承重材料,如混凝土、钢材等;后者则是以力学性能以外的功能为特征,它赋予建筑物防水、防火、保温、隔热、采光、防腐等功能。本章主要介绍常用的一些功能材料。

10.1　建筑保温、隔热材料

10.1.1　保温、隔热材料概况

在建筑工程中保温隔热材料主要用于墙体和屋顶保温、隔热;热工设备、热力管道的保温;有时也用于冬季施工的保温;同时,在冷藏室和冷藏设备上也大量使用。

使用建筑保温、隔热材料一方面可改善居住舒适程度,另一方面可以节能,具有重要意义。常用导热系数 λ 描述材料的保温、隔热性能,导热系数越小,保温、隔热性能越好,绝大多数土木工程材料的导热系数介于 $0.023 \sim 3.44$ W/(m·K)之间,通常把 λ 值不大于 0.23 W/(m·K)的材料称为保温隔热材料。

热的传递是通过对流、传导、辐射三种途径来实现的,"导热"是指物体各部分直接接触的物质质点(分子、原子、自由电子)作热运动而引起的热能传递过程。"对流"是指较热的液体或气体因热膨胀使密度减小而上升,冷的液体或气体就补充过来,形成分子的循环流动。这样,热量就从高温的地方通过分子的相对位移传向低温的地方。"热辐射"是一种靠电磁波来传递能量的过程。

保温、隔热材料的结构基本上可分为纤维状结构、多孔结构、粒状结构或层状结构。具有多孔结构的材料中的孔一般为近似球形的封闭孔,而纤维结构、粒状结构和层状结构材料内部的孔通常是相互连通的,这些多孔结构使得热量在固相中传递时,传热路线大大增加,传递速度减缓。通过气孔内气体传热时,由于空气的导热系数仅为 0.023 W/(m·K),远远小于固体的导热系数,故热量通过气孔传递的阻力较大,从而传热速度大大减缓。而常温下对流和辐射传热在总的传热中所占的比例很小。因此,含有大量气孔的材料能起保温隔热的作用。

10.1.2　常见保温隔热材料

一般建筑保温隔热材料按材质可分为两大类:第一类是无机保温、隔热材料,一般是用矿物质原料制成,呈散粒状、纤维状或多孔状构造,可制成板、片、卷材或套管等形式的制品,包括石棉、岩棉、矿渣棉、玻璃棉、膨胀珍珠岩、膨胀蛭石、多孔混凝土等;第二类是有机保温隔热材

料,是由有机原料制成的保温、隔热材料,包括软木、纤维板、刨花板、聚苯乙烯泡沫塑料、聚氨酯泡沫塑料、聚氯乙烯泡沫塑料等。无机保温隔热材料不腐烂、不燃烧,若干无机保温隔热材料还有抵抗高温的能力,但质量较大,成本较高;有机保温隔热材料有些吸湿性大,受潮时易腐烂,有些高温下易分解变质或燃烧,一般温度高于120 ℃时就不宜使用,但堆积密度小,原料来源较广泛,成本较低。

(1)无机保温隔热材料

①散粒状保温隔热材料

粒状保温隔热材料主要有膨胀蛭石和膨胀珍珠岩及其制品。

a. 膨胀蛭石

蛭石是一种复杂的镁、铁含水铝硅酸盐矿物,由云母类矿物经风化而成,具有层状结构,层间有结晶水,将天然蛭石经晾干、破碎、预热后快速通过煅烧带(850～1 000 ℃)后速冷可得到膨胀蛭石。膨胀后的蛭石薄片间形成空气夹层,其中充满无数细小孔隙,表观密度降至80～200 kg/m³,$\lambda=0.047\sim0.07$ W/(m・K)。膨胀蛭石是一种良好的无机保温隔热材料,既可直接作为松散填料,用于填充和装置在建筑维护结构中,也可与水泥、水玻璃、沥青、树脂等胶结材料配置混凝土,现浇或预制成各种规格的构件或不同形状和性能的蛭石制品,如水泥膨胀蛭石是以膨胀蛭石80%～90%,水泥10%～20%(体积比)加水拌和,成型,养护而成的,可用作房屋建筑、冷库建筑等需要绝热的地方的保温层。

b. 膨胀珍珠岩

珍珠岩是一种白色(或灰白色)多孔粒状物料,是由地下喷出的酸性火山玻璃质熔岩(珍珠岩、松脂岩和黑曜岩等)在地表水中急冷而成的玻璃质熔岩,二氧化硅含量较高,含有结晶水,具有类似玉髓的隐晶结构。显微镜下观察基质部分,有明显的圆弧裂开,形成珍珠结构,并具有波纹构造、珍珠和油脂光泽,故称珍珠岩。将珍珠岩原矿破碎,筛分预热后快速通过煅烧带,可使其体积膨胀约20倍。膨胀珍珠岩的堆积密度为40～50 kg/m³,导热系数 λ 为0.047～0.074 W/(m・K),最高使用温度可达800 ℃,最低使用温度为−200 ℃,是一种表观密度很小的白色颗粒物质,具有轻质、绝热、吸声、无毒、无味、不燃、熔点高于1 050 ℃,而且具有原料来源丰富、加工工艺简单、价格低廉等特点。

膨胀珍珠岩除了作为各种颗粒状填料外,主要用来制造各种轻质制品。膨胀珍珠岩制品是以膨胀岩为集料,配以适量的胶结剂,经过搅拌、成型、干燥、养护或焙烧而成的具有一定形状的制品(如板、砖、管、瓦等)。可作为工业与民用建筑的保温、隔热、吸声材料及各种管道及热工设备的保温隔热材料。常见的有膨胀珍珠岩保温混凝土、沥青膨胀珍珠岩制品、水玻璃膨胀珍珠岩制品等。

②纤维质保温隔热材料

a. 石棉及其制品

石棉是天然石棉矿经加工而成的纤维状硅酸盐矿物的总称。纤维长度一般为1～20 cm左右。松散石棉的表观密度约为103 kg/m³,导热系数 λ 为0.049 W/(m・K)。最高使用温度700 ℃左右,具有优良的防火、绝热、耐碱、保温、隔声、防腐、高的抗拉强度等特点。

通常以石棉为主要原料生产的保温隔热制品有:石棉涂料、石棉板、石棉筒和白云石石棉制品等。

b. 岩棉

岩棉属于矿物棉,由玄武岩、火山岩等或其他镁质矿物在冲天炉或电炉中熔化后,用压缩空气喷吹法或离心法制成。表观密度 $100\sim150\ kg/m^3$，纤维平均直径小于等于 $7\ \mu m$，导热系数$\leqslant0.041\ W/(m\cdot K)$，岩棉使用温度不超 700 ℃。岩棉主要被用来制作各种岩棉纤维制品、纤维带、纤维毡、纤维纸、纤维板和纤维筒。岩棉还可制成粒状棉用作填充料，也可与沥青、合成树脂、水玻璃等胶结材配合制成多种保温隔热制品，如：沥青岩棉毡、板、水玻璃、岩棉板壳等。

c. 矿渣棉

矿渣棉以工业废料矿渣为主要原料，熔融后，用高速离心法或压缩空气喷吹法制成的一种棉丝状的纤维材料。表观密度不大于 $150\ kg/m^3$，纤维平均直径不大于 $7\ \mu m$，导热系数不大于 $0.044\ W/(m\cdot K)$，最高使用温度不大于 650 ℃，它具有质轻、热导率低，不燃、防蛀、价廉、耐腐蚀、化学稳定性强、吸声性能好等特点。但矿渣棉直接用作保温隔热材料时，会给施工和使用带来困难，如对人体有刺痛皮肤的特点，因而通常添加适量黏结剂并经固化定型，制成板、毡、管、壳等矿渣棉制品。如矿棉沥青丝、矿棉半硬板、矿棉保温管、矿棉吸声板等。

d. 玻璃纤维

璃璃纤维一般分为长纤维和短纤维。连续的长纤维一般是将玻璃原料熔化后用滚筒拉制而成；短纤维一般由喷吹法和离心法制得。短纤维（$150\ \mu m$ 以下）由于相互纵横交错在一起，构成了多孔结构的玻璃棉，其表观密度为 $100\sim150\ kg/m^3$，导热系数不大于 $0.035\ W/(m\cdot K)$。以玻璃纤维为主要原料的保温隔热制品有：沥青玻璃棉毡和酚醛玻璃棉板，以及各种玻璃毡、玻璃毯等。玻璃纤维制品的最高使用温度：一般有碱纤维为 350℃，无碱纤维为 600℃。玻璃纤维在 -50℃ 的低温下长期使用性能稳定，故常被用作保冷材料。

③多孔保温隔热材料

多孔保温隔热材料主要有加气混凝土、泡沫混凝土、泡沫玻璃等。

a. 加气混凝土

加气混凝土是指由水泥、石灰、粉煤灰和发气剂（如铝粉）等原料制成。利用化学方法产生气体，如利用铝粉与水产生氢气，或白云石（或方解石）与酸反应产生二氧化碳等方法引入气体。其表观密度小（$500\sim700\ kg/m^3$），热导率值比黏土砖小。例如 24 cm 厚的加气混凝土墙体，其保温隔热效果优于 37 cm 厚的砖墙。此外，加气混凝土的耐火性能良好。

b. 泡沫混凝土

泡沫混凝土是用水泥与水制成的浆，再与以泡沫剂制成的泡沫拌和后硬化而成的多孔轻质材料。其中气孔体积可达 85%，表观密度为 $300\sim500\ kg/m^3$。常用泡沫剂是松香泡沫剂。泡沫混凝土是一种容易加工的材料，它可根据需要制成各种不同的制品，如板、半圆瓦或弧形条、硬化后可用工具加工，泡沫混凝土自然养护强度较低，蒸养可以提高强度，若再掺一些工业废料如粉煤灰、炉渣、矿渣等还可以节约水泥。

c. 泡沫玻璃

用玻璃细粉和发泡剂（石灰石、碳化钙和焦炭）经粉磨、混合、装模、煅烧（800 ℃左右）而得到的多孔材料称为泡沫玻璃。

泡沫玻璃是一种粗糙多孔分散体系，孔隙率达 80%～95%，气孔直径为 0.1～5 mm。泡沫玻璃具有表观密度小（$150\sim200\ kg/m^3$），导热系数小[$0.042\sim0.048\ W/(m\cdot K)$]，抗压强度较高（0.16～0.55 MPa），耐久性好，对水分、蒸气和气体具有不渗透性，容易进行机械加工等优点，是一种高级保温隔热材料。在建筑上主要用于高温墙体、地板、天花板及屋顶保温，还可用于寒冷地区建造底层的建筑物。

(2)有机保温、隔热材料

①泡沫塑料

泡沫塑料是高分子化合物或聚合物的一种,是以各种树脂为基料,加入各种辅助料经加热发泡而成的一种轻质、保温、隔热、吸声、防震材料。泡沫塑料制造时大多使用化学发泡剂,其原理是将化学发泡剂混入树脂中,成型时发泡剂遇热分解,放出大量气体,从而使树脂发泡膨胀。泡沫塑料种类繁多,几乎每种合成树脂都可以制成相应品种的泡沫塑料。从各种泡沫塑料在建筑工业及工业保温领域的应用而言,以聚氨酯泡沫塑料、聚苯乙烯泡沫塑料为首。

a. 聚苯乙烯泡沫塑料

聚苯乙烯泡沫塑料是用低沸点液体的可发性聚苯乙烯树脂与适量的发泡剂(如碳酸氢钠)经预发泡后,再放在模具中加压成型而成的。

聚苯乙烯泡沫塑料是由表皮层和中心层构成的蜂窝状结构。表皮层不含气孔,而中心层含大量微细封闭气孔。孔隙率可达98%。由于这种结构,聚苯乙烯泡沫塑料具有质轻、保温、吸声、防震、吸水性小、耐低温性能好等特点,并且有较强恢复变形的能力。

聚苯乙烯泡沫塑料包括硬质、轻质及纸状等几种类型。在制造过程中经预发泡,再在模具中进一步发泡制得的产品称可发性聚苯乙烯泡沫塑料。其表观密度极小,可至15 kg/m³。有优良的绝热性能,导热系数大致为0.0315~0.047 W/(m·K)。有很好的柔性和弹性,是性能优良的绝热缓冲材料。硬质聚苯乙烯泡沫塑料强度大、硬度高,强度比可发性泡沫塑料高10倍以上。将泡沫聚苯乙烯通过压制机压成薄片,可得泡沫苯乙烯纸。具有无毒、色白、富有弹性且具有美丽的珍珠光泽等优良特性。容易进行二次加工、折叠压花、印刷等。

聚苯乙烯泡沫塑料的特点是高温下易软化、变形,安全使用温度为70 ℃,最高使用温度为90 ℃,最低使用温度为-150 ℃,其本身可燃,可溶于苯酯、酮等有机溶剂。这些在使用时应注意,但因其生产过程中毒性小、价格便宜、易加工成各种复杂制件,故仍是当前使用最广的一类硬质泡沫塑料。

b. 聚氨酯泡沫塑料

聚氨酯泡沫塑料是以含有羟基的聚醚树脂或聚酯树脂为基料与异氰酸酯反应生成的聚氨基甲酸酯为主体,以异氰酸酯与水反应生成的二氧化碳(或以低沸点碳化物)为发泡剂制成的一类泡沫塑料。

硬质聚氨酯泡沫塑料中气孔绝大多数为封闭孔(90%以上),故而吸水率低,导热系数不大于0.028 W/(m·K),机械强度也较高,具有十分优良的隔声性能和隔热性能。软质聚氨酯泡沫塑料具有开口的微孔结构,一般用作吸声材料、软垫材料、保温隔热材料,也可与沥青制成嵌缝材料,导热系数不大于0.042 W/(m·K)。

聚氨酯泡沫塑料的使用温度在-100~+100 ℃之间,200 ℃左右软化,250 ℃分解。聚氨酯泡沫塑料耐蚀能力强,可耐碱和稀酸的腐蚀,并且耐油,但不耐浓的强酸腐蚀。聚氨酯泡沫塑料在建筑上可用作保温、隔热、吸声、防震、吸尘、吸油、吸水等材料。但由于本身属可燃性物质,抗燃性能较差,因此在生产、运输和使用过程中应严禁烟火,避免受热。勿与强酸、强碱、有机溶剂等化学药品直接接触,避免日光暴晒和长时间承受压力,避免用尖锐锋利的工具勾画泡沫表面。

②碳化软木板

碳化软木是一种以软木橡树的外皮为原料,经适当破碎后在模型中成型,再经 300 ℃左右热处理而成的一种板材。加热方式一般为过热蒸汽加热。由于软木树皮层中含有大量树脂,并含有无数微小的封闭气孔,所以它是理想的保温、绝热、吸声材料,且具有不透水、无味、无臭、无毒、有弹性、耐用、不起火焰,只能阴燃等特性。碳化软木板的表观密度为 105~437 kg/m³,导热系数一般为 0.044~0.079 W/(m·K),最高使用温度为 130 ℃,由于其低温下长期使用不会引起性能的显著变化,故常用作保冷材料,也可用于墙壁、地板、顶棚、包装箱、冷藏室等。

③纤维板

凡是用植物纤维、无机纤维制成的,或是用水泥石膏将植物纤维凝固成的人造板统称为纤维板。其表观密度为 210~1150 kg/m³,导热系数一般为 0.058~0.307 W/(m·K),纤维板按用途及其性质可分为硬质纤维板和软质纤维板。硬质纤维板质地坚固致密而且强度较高,一般用作壁板、箱板、混凝土模板等。软质纤维板质地较软且较轻,一般用作吸热、吸声板。制造纤维板的主要原料有树脂枝条或碎木材等废材,造纸厂的废纸浆或废纸屑也可以作为原料,还有刨花、锯屑、稻草、麦秸、甘蔗渣等都可以用作原料。纤维板在建筑上用途广泛,可用于墙壁、地板、屋顶等,也可用于包装箱、冷藏库等。

(3)建筑保温隔热材料选用原则

为了正确选择保温隔热材料,除了要考虑材料的热物理性能外,还应考虑材料的强度、耐久性及侵蚀等是否满足使用要求。总的来讲,应根据建筑物的使用性质,建筑物围护结构的构造形式、施工方法及来源等情况加以综合考虑。具体地讲,就是所选的保温隔热材料的导热系数要小[不宜大于 0.23 W/(m·K)],堆积密度应小于 1 000 kg/m³,最好控制在低于 600 kg/m³,块状材料的抗压强度则应大于 0.4 MPa,保温隔热材料的温度稳定性应高于实际使用温度。由于保温隔热材料强度一般都较低,因此除了能单独承重的少数材料外,在围护结构中,常把材料层与承重结构材料层复合使用。另外,由于大多数保温隔热材料都有一定的吸水、吸湿能力,故在实际应用时,需要在其表层加防水层。

①屋面保温隔热材料

工程上为了防止室内热量通过屋面散到室外和室外热量通过屋面传入室内,同时为了防止屋顶的混凝土层由于内外温差过大,在热应力作用下产生龟裂,通常在屋顶设置保温层。膨胀珍珠岩、膨胀蛭石的表观密度和导热系数较小,是较理想的屋面保温隔热材料,具体应用有:

a. 膨胀珍珠岩粉刷灰浆

膨胀珍珠岩粉刷灰浆是以膨胀珍珠岩为集料,以水泥或石灰膏为黏结剂,加水制成的灰浆。可用抹灰或喷涂的方式用于建筑物内外墙和平顶的粉刷及保温层。

b. 膨胀蛭石灰浆

膨胀蛭石灰浆以膨胀蛭石为主体材料,以水泥、石灰、石膏等为胶结料,加水按一定配合比调制而成,可采用人工粉刷或机械喷涂进行施工。

c. 现浇水泥珍珠岩保温隔热层

现浇水泥珍珠岩保温隔热层是以膨胀珍珠岩为集料,水泥为黏结剂,与水按一定的比例混合、搅拌、平铺于屋面上,然后找平、压实,做水泥砂浆层,再进行养护,最后作防水层而成的保温隔热层。

d. 现浇水泥蛭石保温隔热层

现浇水泥蛭石保温隔热层是以蛭石为主体材料,以水泥为黏结剂,按一定比例和水搅拌成浆料,再由现场施工而成的保温隔热层。

②墙体保温隔热材料

加强墙体保温有如下措施：

a. 如外墙是空心墙或混凝土空心制品,则可将保温隔热材料填在墙体的空腔内,此时宜采用散粒材料,如粒状矿渣棉、膨胀珍珠岩、膨胀蛭石等。

b. 可以对外墙不做一般的抹灰,而以膨胀珍珠岩水泥保温砂浆抹面。

c. 在外墙内侧也不做一般抹灰,用石膏板取代并与砌体形成 40 μm 厚的空气层。

d. 外墙板采用复合新型墙板或复合墙体构造形式。

10.2　建筑光学材料

在现代建筑中,玻璃是重要的、不可缺少的建筑光学材料。目前,建筑玻璃已从采光材料发展为具有控光、控温、节能、降噪、隔声、减重、美化环境等多功能的建筑光学材料。

10.2.1　玻璃的概述

(1)玻璃生产简介

玻璃是无定型非结晶体,为均质的各向同性材料。玻璃是以石英砂(SiO_2)、纯碱($NaCO_3$)、长石($R_2O \cdot Al_2O_3 \cdot 6SiO_2$,式中 R_2O 指 Na_2O 或 K_2O)、石灰石($CaCO_3$)等为主要原料,在 1 550～1 600℃高温下熔融,成型并经急冷而制成的固体材料。为满足特种技术环境的需要,常在玻璃原料中再加入某些辅助性原料,或经特殊工艺处理等,则可制得具有各种特殊性能的特种玻璃。

玻璃的化学成分很复杂,其主要成分为 SiO_2(含量 72%左右)、Na_2O(含量 15%左右)和 CaO(含量 9%左右),另外还含有少量的 Al_2O_3、MgO 等物质。

建筑玻璃的制造方法主要有垂直引上法、平控法、浮法等方法。垂直引上法是将玻璃液垂直向上拉引制造平板玻璃的生产工艺过程。优点是工艺简单,缺点是容易产生玻筋、玻璃厚薄不易控制。平控法是通过水平控制手段生产平板玻璃的方法,比垂直引上法生产的玻璃质量好,生产效率高,但易产生麻点。浮法工艺是现代最先进的生产玻璃的方法,是将熔融的玻璃液从熔炉中引出经导辊进入盛有熔锡的浮炉,由于玻璃的密度较锡液小,玻璃溶液便浮在锡液表面上,玻璃液体在其本身的重力及表面张力的作用下,能在熔融金属锡液表面上摊得很平,玻璃表面再受到火磨区的抛光,使两个表面均很平整,最后进入退火炉经退火冷却后,进入引导工作台进行切割。浮法生产玻璃的最大特点是玻璃表面光滑平整,厚薄均匀,不变形,光学畸变极小。

(2)玻璃的基本性质

①玻璃密度。一般普通玻璃的密度为 2.40～3.80 g/cm³,玻璃的密实度接近于 1,孔隙率接近于 0,故可以认为玻璃基本是绝对密实的材料。

②玻璃的力学性质。玻璃的抗压强度一般在 600～1 600 MPa 之间,抗拉强度约为 40～120 MPa,弹性模量(6～7.5)×10⁴ MPa,非常接近其断裂强度,因而脆且易碎,莫氏硬度一般在 4～7 之间。

③玻璃的热性质。普通玻璃在 15～100 ℃范围内,比热为(0.33～1.05)×10³ J/(kg·℃),导热系数约为 0.73～0.92 W/(m·K),热稳定性差、受急冷、急热时易碎。

④玻璃的光学性质

玻璃属各向同性的匀质材料,其均匀程度可与光的波长相比(材料透明的条件之一),且对某些可见光的波长具有吸收能力(材料透明的另一条件),所以玻璃具有优良的光学性质,广泛用于建筑采光,也用于光学仪器和日用器皿等。

当光线入射玻璃时,表现有透射、反射和吸收的性质,透射是指光线能透过玻璃的性质,用透射率或透射系数表示,即光线透过玻璃后的光通量与光透过玻璃前的光通量之比;反射是指光线被玻璃阻挡,按一定角度反射出的性质,用反射系数表示,即反射的光能量与入射的光能量之比;吸收是指光线通过玻璃后,一部分光能量被吸收,用吸收系数表示,即吸收光能量与透射光能量之比。玻璃的反射对光的波长没有选择性,而玻璃的吸收则有选择性,所以在玻璃中加入少量着色剂,便能选择吸收某些波长的光,而使玻璃着色。

⑤化学稳定性

玻璃具有较高的化学稳定性,能抵抗除氢氟酸以外的酸的侵蚀。

10.2.2 建筑玻璃的品种及其特性

建筑工程常用的玻璃品种有:平板玻璃、饰面玻璃、功能玻璃、安全玻璃等。

(1)平板玻璃

平板玻璃是建筑玻璃中用量最大的一类。主要包括普通平板玻璃、磨光玻璃、毛玻璃、压花玻璃。

①普通平板玻璃

普通平板玻璃是未经加工的平板玻璃,主要装配于门窗,起透光(透光率 85%～90%)、挡风雨、保温、隔声等作用,具有一定的机械强度,但性脆、紫外线通过率低。

②磨光玻璃

磨光玻璃又称镜面玻璃,是用普通平板玻璃经过机械磨光、抛光而成的透明玻璃。磨光玻璃具有表面平整光滑且有光泽,物像透过不变形,透光率大于 84% 等特点。磨光玻璃主要用于大型高级建筑的门窗采光、橱窗或制镜。经机械研磨和抛光的玻璃,性能很好,但价格贵,不经济。自从浮法玻璃工艺出现后,作为一般建筑及汽车工业用的磨光玻璃用量已逐渐减少。

③毛玻璃

毛玻璃是指经研磨、喷砂或氢氟酸溶蚀等加工,使表面(单面或双面)成为均匀粗糙的平板玻璃。用硅砂、金刚砂、石榴石粉等作研磨材料,加水研磨制成的称为磨砂玻璃;用压缩空气将细砂喷射到玻璃表面而制成的称为喷砂玻璃;用酸溶蚀而成的称为酸蚀玻璃。

由于毛玻璃表面粗糙,使透过的光线产生漫射,造成透光不透视,使室内光线不炫目、不刺眼。一般用于建筑物的卫生间、浴室、办公室等的门窗及隔断,也可用作黑板及灯罩等。

④压花玻璃

压花玻璃又称花纹玻璃或滚花玻璃,是将熔融的玻璃液在冷却过程中,通过带图案的化纹辊轴连续对辊压延而成。还有真空镀膜压花玻璃、彩色膜压花玻璃等。

压花玻璃兼具有使用功能和装饰效果,适用于要求采光、但需隐秘的建筑物门窗,有装饰效果的半透明室内隔断及分隔,还可作卫生间、游泳池等处的装饰和分隔材料。

(2)饰面玻璃

①釉面玻璃

釉面玻璃是在玻璃表面涂覆一层彩色易溶性色釉。其方法是在熔炉中加热至釉料熔融,使釉层与玻璃牢固结合在一起,再经退火或钢化等不同热处理而制成。

釉面玻璃具有良好的化学稳定性和装饰性。它可用于食品工业、化学工业、商业、公共食堂等室内饰面层,也可用作教学、行政和交通建筑的主要房间、门厅和楼梯的饰面层,尤其适用于建筑和构筑物立面的饰面层。

②彩色玻璃

彩色玻璃又称有色玻璃,分透明的和不透明的两种。透明的彩色玻璃是在玻璃原料中加入一定量的金属氧化物,按平板玻璃的生产工艺进行加工生产而成;不透明的彩色玻璃是用4~6 mm 厚的平板玻璃按照要求的尺寸切割成型,然后经过清洗、喷釉、烘烤、退火而制成。彩色玻璃的颜色有红、黄、蓝、黑、绿、乳白等十余种,彩色玻璃的主要品种有彩色玻璃砖、玻璃贴面砖、彩色乳浊玻璃和本体着色浮法玻璃。

彩色玻璃可拼成各种图案花纹,并有耐蚀、抗冲刷、易清洗等特点,主要用于建筑物的内、外墙、门窗及对光线有特殊要求的部位。

③光栅玻璃

光栅玻璃经特种工艺处理而成,玻璃背面出现全息光栅或其他光栅,在阳光、月光、灯等光源照射下可形成物理衍射分光,经金属层反射后会出现色彩变化,且同一成光点或成光面,将因光源的入射角的不同而出现不同的色彩变化,使被装饰物显得华贵高雅、富丽堂皇、梦幻迷人。

光栅玻璃适用于酒店、宾馆,各种商业、文化、娱乐设施的装饰,如内外墙面、招牌、地砖、桌面、吧台、隔断、柱面、天顶、雕塑贴面、电梯门、艺术屏风、高级喷水泉、发廊、大中型灯饰及电子产品外灯等。

④水晶玻璃

水晶玻璃也称石英玻璃,它是采用玻璃珠在耐火材料模具中制成的一种材料。玻璃珠是以二氧化硅和其他添加剂为主要原料,经配料后用火焰烧熔结晶而制成的。

水晶玻璃的外层是光滑的,并带有各种形式的细丝网状或仿天然石料的不重复的点缀花纹,具有良好的装饰效果、机械强度高、化学稳定性和耐大气腐蚀性较好。水晶饰面玻璃的反面较粗糙,与水泥黏结性好,便于施工。

水晶玻璃饰面板适用于各种建筑物的内墙饰面、地坪面层、建筑物外墙立面或室内制作壁画等。

⑤艺术玻璃

艺术玻璃又称玻璃大理石,是在优质平板玻璃表面涂饰一层化合物溶液,经烘干、修饰等工序,制成与天然大理石相似的玻璃板材。它具有表面光滑如镜、花纹清晰逼真、自重轻、永不变形、安装方便等优点。涂层黏结牢固,耐酸、耐碱、耐水,是玻璃深加工制品中的一支新秀。

(3)安全玻璃

普通平板玻璃的最大弱点是质脆、易碎,破碎后具有尖锐的棱角,容易伤人。为了保障人身安全,可以通过对普通玻璃进行处理,制成安全玻璃。常用的安全玻璃有钢化玻璃、夹层玻璃、夹丝玻璃。

①钢化玻璃

钢化玻璃是平板玻璃的二次深加工产品。按照增强工艺可分为化学钢化玻璃和物理钢化玻璃两种。物理钢化较为常用。物理钢化玻璃采用淬火增强,即将玻璃均匀加热到接近软化温度(650~700 ℃),用高压空气等冷却介质使其骤冷,从而获得高强度钢化玻璃。钢化玻璃的机械强度高,一般钢化玻璃的抗弯强度和抗冲击强度是普通平板玻璃的3~5倍,破碎后无尖锐的棱角,不容易伤人,热稳定性好,但具有不可切割性。

②夹丝玻璃

夹丝玻璃通常采用压延法生产,在玻璃液进入压延辊的同时,将经过化学处理和预热的金属丝(网)嵌入玻璃板中而制成的玻璃制品,也可采用浮法工艺生产浮法夹丝玻璃。

夹丝玻璃具有均匀的内应力和较高的抗冲击强度,因受外力而破裂时,其碎片能黏附在金属丝(网)上,不致脱落伤人;夹丝玻璃受热破碎后,碎片仍不脱落,可暂时隔断火焰,防止火势蔓延;金属丝可编成菱形、方格形、六角形等艺术图案;玻璃可采用彩色玻璃、吸热玻璃,成型时在嵌入金属丝(网)的同时可以进行压花;也可以对夹丝玻璃进行磨光、涂敷彩色膜、吸热膜、热反射膜等,起到特有的效果。

因此,夹丝玻璃不仅具有安全、防火特性,还具有调节光线、美化环境的效果,可广泛用于震动较大的工业厂房的门窗、屋面、采光天窗,需要安全防火的仓库、图书馆的门窗、建筑物复合外墙材料及透明栅栏等。

③夹层玻璃

夹层玻璃是在两片或多片各类平板玻璃之间黏夹了柔软而强韧的中间透明膜而成的平面或弯曲的复合玻璃制品,具有较高的抗弯强度和抗冲击性,受到破坏时产生辐射状或同心圆形裂纹而不易穿透,碎片不易脱落,不易伤人,不影响透明度,并有耐寒、耐湿、耐热、控光、隔声等特殊功能。

夹层玻璃可用普通平板、磨光、浮法、钢化、吸热等玻璃作原片,夹层材料常用的为聚乙烯醇缩丁醛、聚氨酯、聚酯、丙烯酸酯类聚合物、聚醋酸乙烯酯及其共聚物、橡胶改性酚醛等。夹层玻璃属复合材料,具有可设计性,可以根据性能要求人为地去设计和构造某种最新的异型或特种夹层玻璃,如隔声、防紫外线、遮阳、电热、吸波性、防弹、防爆夹层玻璃等。

夹层玻璃主要用于汽车、飞机和船舶的挡风玻璃、防弹玻璃及有特殊安全要求的建筑物门窗、隔墙、工业厂房的天窗及防爆设施和某些地下工程。

(4)热功能玻璃

兼备采光、调制光线、调节热量进入或散失,防止噪音,增加装饰效果,改善居住环境,节约空调能源及降低建筑物自重等多种功能的玻璃制品统称为热功能玻璃,下面介绍几种常用的热功能玻璃。

①吸热玻璃

吸热玻璃是既能吸收大量红外辐射能,又能保持良好的光透过率的平板玻璃。其制造方法有两种:一种是在普通玻璃中加入一定量有吸热性能的着色剂,如氧化铁、氧化铝及硒等;另一种是在玻璃表面喷涂有强烈吸热性能的氧化物薄膜,如氧化锡、氧化锑等,吸热玻璃常见的色彩有蓝色、灰色、茶色、青铜色。

吸热玻璃广泛用于现代建筑物的门窗和外墙,以及用作车、船等的挡风玻璃等,起到采光、隔热、防脆、防紫外线作用。吸热玻璃的色彩具有极好的装饰效果,已成为一种新型的外墙和室内装饰材料。

吸热玻璃还可以按照不同用途进行加工,制成夹层、镜面及中空玻璃等,隔热效果尤为显著。

②热反射玻璃

又称镀膜玻璃,是既具有较高的热反射能力,又保持平板玻璃良好透光性能的玻璃。它是在玻璃表面用加热、蒸汽、化学等方法喷涂金、银、铜、铝、铬、铁等金属氧化物,或粘贴有机薄膜,或以某种金属离子置换玻璃表面中原有离子而制成。颜色有金色、茶色、紫色、灰色、青铜色、浅蓝色、棕色、褐色等品种。

镀金属膜热反射玻璃除具有较高的反射率,热透过率低外,还具有单向透射性。即迎光面具有镜面效应,背光面却如透明玻璃一样,能清晰地观察到室外景物,极具装饰性。

热反射玻璃主要用于避免由于太阳辐射而增热及设置空调的建筑,适用于各种建筑物的门窗、汽车、轮船的玻璃窗及各种艺术装饰。尤其适宜作高层建筑玻璃幕墙,还可用来制成中空玻璃或夹层玻璃窗,以提高其绝热性能。

③中空玻璃

中空玻璃是将两片或多片平板玻璃按一定间距用边框隔开,四周用铰接、焊接或熔接的方法密封,中间充入干燥空气或其他气体的玻璃制品。

中空玻璃的种类按颜色分有无色、绿色、黄色、金色、蓝色、灰色、茶色等,按玻璃层数分为双层和多层等;按玻璃原片的性能分有普通中空、吸热中空、钢化中空、夹层中空、热反射中空玻璃等。

中空玻璃具有隔热保温、隔声、防结露的特点,中空玻璃主要用于需要采暖、空调、防止噪音或结露以及要求无直射阳光的建筑物门窗或幕墙等,它可明显减低冬季和夏季的采暖和制冷费用。由于中空玻璃的价格相对较高,目前主要用于饭店、宾馆、办公楼、学校、医院、高楼等需要室内空调的场合,住宅建筑已逐步在应用。

④电热玻璃

电热玻璃有导电网电热玻璃和导电膜电热玻璃两种。导电网电热玻璃是在两块浇注的玻璃型材中间夹入肉眼几乎难以看到的极细电热丝热压而成;导电膜电热玻璃是将喷有导电膜玻璃与未喷导电膜的厚玻璃经热压而成的。

电热玻璃的使用电压为 $190 \sim 230$ V,玻璃表面最高温度可达 60 ℃,透光率为 80%。这种玻璃具有一定的抗冲击性能,并且当充电加热时,玻璃表面不会结雾结冰霜。

电热玻璃在建筑上常用于陈列窗、橱窗、严寒地区的建筑门窗、瞭望塔窗、工业建筑的特殊门窗、挡风玻璃等。

10.3　建筑防火材料

10.3.1　概　论

火灾是当今世界上常发性灾害中发生频率较高的一种灾害,摧毁过无数的生命和财产,建筑火灾占火灾总数的 79%,死伤占 82%。土木工程材料是建筑工程的物质基础,选用建筑防火材料对建筑物防灾减灾具有重要意义。

土木工程材料的火灾特性包括土木工程材料的燃烧性能、耐火极限、燃烧时的毒性和发烟性。土木工程材料的燃烧性能,是指材料燃烧或着火时所发生的一切物理、化学变化。其中着火的难易程度、火焰传播快慢以及燃烧时的发热量,均对火灾的发生和发展具有较大的影响。

耐火极限是指在标准耐火试验条件下,建筑构件、配件或结构从受到火的作用时起,到失去稳定性、完整性或隔热性时止的这段时间。建筑构件的耐火极限决定了建筑物在火灾中的稳定程度及火灾发展快慢。

材料燃烧时的毒性,包括土木工程材料在火灾中受热发生热分解释放出的热分解产物和燃烧产物对人体的毒害作用。统计资料表明,火灾中死亡人员,主要是中毒所致,或先中毒昏迷而后烧死,直接烧死的只占少数。

燃烧时的发烟性是指土木工程材料在燃烧或热解作用中,所产生的悬浮在大气中可见的固体和液体微粒。固体微粒就是碳粒子,液体微粒主要指一些焦油状的液滴。材料燃烧时的发烟性大小,直接影响能见度,从而使人从火场中逃生发生困难,也影响消防人员的扑救工作。

土木工程材料燃烧性能分为四级,A 级——不燃材料;B_1 级——难燃材料;B_2 级——可燃材料;B_3 级——易燃材料。

不燃性土木工程材料,在空气中受到火烧或高温作用时不起火、不燃烧、不碳化。如花岗石、大理石、水磨石、水泥制品、混凝土制品、石膏板、石灰制品、黏土砖、玻璃、陶瓷、马赛克、钢材、铝合金制品等。但是玻璃、钢材等受火焰作用会发生明显的变形而失去使用功能,所以它们虽然是不燃材料,却是不耐火的。

难燃性土木工程材料,在空气中受到火烧或高温作用时难起火、难微燃、难碳化。当火源移走后,燃烧或微燃立即停止,如纸面石膏板、水泥制天花板、难燃胶合板、难燃中密度纤维板、难燃木材、硬质 PVC 塑料板、酚醛塑料等。

可燃性土木工程材料,在空气中受到火烧或高温作用时,立即起火或微燃,而且火源移走以后仍继续燃烧或微燃。如天然木材、木制人造板、竹材、木地板、聚乙烯塑料制品等。

易燃性土木工程材料,在空气中受火烧或高温作用时,立即起火,且火焰传播速度很快,如有机玻璃、赛璐珞、泡沫塑料等。

本节主要介绍常用的各种建筑防火涂料及建筑防火板材。

10.3.2　建筑防火涂料

防火涂料是指本身为不燃材料,使用于可燃性基材表面,用以降低材料表面燃烧特性、阻滞火灾迅速蔓延,或是使用于建筑构件上,用以提高构件的耐火极限的特种涂料。

防火涂料一般由黏结剂、防火剂、防火隔热填充料及其他添加剂组成。按照防火原理,防火涂料大体可分为非膨胀型和膨胀型两类。非膨胀型防火涂料主要是通过以下途径发挥防火作用的:其一是涂层自身的难燃性或不燃性;其二是在火焰或高温作用下分解释放出不燃性气体(如水蒸气、氨气、氯化氢、二氧化碳等),冲淡氧和可燃性气体,抑制燃烧的产生;其三是在火焰或高温条件下形成不燃性的无机"釉膜层",该釉膜层结构致密,能有效地隔绝氧气,并在一定时间内有一定的隔热作用。膨胀型防火涂料成膜后,常温下与普通漆膜无异,但在火焰或高温作用下,涂层剧烈发泡碳化,形成一个比原膜厚几十倍甚至几百倍难燃的海绵状碳质层。它可以隔断外界火源对底材的直接加热,从而起到阻燃作用。膨胀型防火涂料是一种比较有效的防延燃涂料,它遇小火不燃,离火自熄。在较大火势下能阻止火焰的蔓延,减缓火苗的传播速度。

按照防火涂料的保护对象可分为钢结构防火涂料,预应力混凝土防火涂料和饰面型防火涂料。饰面型防火涂料可涂覆在木材、石膏板、电缆等表面,是一种多用途型防火涂料。常用防火涂料有:

(1)钢结构用防火涂料

钢构件及钢结构是非燃烧体,但未加保护的钢柱、钢梁和屋顶承重构件的耐火极限仅为 0.25 h,要满足规范规定的 1～3 h 的耐火极限要求,必须实施防火保护,钢结构防火涂料是适应钢结构建筑的迅速发展而诞生的。

　　将温度升至某一数值导致钢材失去支撑能力的温度值称为钢材的临界温度,常用建筑钢材的临界温度为500 ℃。在火灾中钢结构温度升高到500 ℃时,其强度降低50%以上,很快软化变形,失去承载能力,导致建筑物毁灭性塌毁。钢结构防火涂料能阻隔热量传向基材,延缓其温度升高。

　　①厚涂层钢结构防火隔热涂料

　　这类涂料又叫无机轻体喷涂材料或耐火喷涂物,属于非膨胀型。主要组成及质量百分数是:胶结料(硅酸盐水泥、氯氧化镁水泥或无机高温黏结剂等)占15%～40%;集料(膨胀蛭石、膨胀珍珠岩、矿棉等)占30%～50%;化学助剂(改性剂、硬化剂、防水剂等)占5%～10%;自来水占10%～30%。涂层厚度视各钢构件耐火极限要求而定,具有表观密度轻,热导率低,耐火绝热性好等优点。

　　②薄涂型钢结构膨胀防火涂料

　　这类涂料又叫膨胀涂料或膨胀油灰,常分为底层(主涂层)和面层(层)涂料,其质量百分组成是:黏结剂(有机树脂或有机与无机复合物)占20%～40%;膨胀阻燃剂和绝热增强材料占30%～60%;颜料及化学助剂占10%～25%;溶剂和稀释剂占10%～30%。涂层厚度一般为3～7 mm,可做成平整光滑的表面,有一定装饰效果,高温时涂层能膨胀增厚到几十毫米,可将钢结构构件的耐火极限由0.25 h提高到0.5～1.5 h。

　　③超薄型钢结构膨胀防火涂料

　　这类涂料构成与性能介于饰面型防火涂料和薄涂型钢结构膨胀防火涂料之间,其中多数品种属于溶剂型,因此有的又叫钢结构膨胀防火漆。基本组成及质量百分数是:基料(酚醛、氨基、醇酸、环氧等树脂)占15%～35%,聚磷脂胺等膨胀阻燃材料占35%～50%,钛白粉等颜料与化学助剂占10%～25%,溶剂和稀释剂占10%～30%。与厚涂型和薄涂型钢结构防火涂料相比,超薄型钢结构防火涂料黏度更小,性能更好,涂层更薄。一般涂刷1～3 mm,耐火极限可达0.5～1.0 h。

　　(2)预应力混凝土楼板防火涂料

　　由于在火灾的高温作用下,预应力混凝土楼板中的钢筋预应力会消失,混凝土也会遭到破坏,其耐火极限只有0.5 h左右。因此,预应力混凝土楼板防火涂料喷涂在预应力楼板配筋一面,遭遇火灾时,涂层能有效地阻隔火焰和热量,降低热量向混凝土及其内部预应力钢筋的传递速度,以推迟其温升和强度变弱的时间,从而提高预应力楼板的耐火极限,达到防火保护目的。主要品种有:

　　①106预应力混凝土楼板防火隔热涂料

　　该涂料以无机和有机复合物作黏结剂,配以膨胀珍珠岩、粉煤灰空心微珠、硅酸铝纤维等多组分多功能原料,用水作溶剂和稀释剂,经机械搅拌混合而成,属于非膨胀型。

　　②SB-1(LG)防火涂料

　　该涂料属于非膨胀预应力混凝土楼板防火涂料,它除适用于保护钢结构外,还适用于保护预应力混凝土楼板。主要由黏结剂(无机和有机复合物)、含SiO_2—Al_2O_3的集料、化学助剂、溶剂和稀释剂组成。

　　③CB膨胀防火涂料

　　该涂料除适用于钢结构防火保护外,还适用于保护预应力混凝土楼板。主要由复合水性树脂、P—N—C阻燃材料、SiO_2—Al_2O_3无机物、自来水组成。它分为底层涂料和面层涂料,属于膨胀型。这种涂料用于喷涂预应力混凝土楼板时,涂层较薄,可根据需要配制成各种适宜的颜色,有一定装饰效果。

④饰面型防火涂料

涂于可燃基材(如木材、塑料、纸板、纤维板)表面,能形成具有防火阻燃保护和装饰作用涂膜的防火涂料。该涂料主要由合成树脂(或乳液)、聚磷酸铵、三聚氰胺、季戊四醇、钛白粉、助剂、颜料组成。其特点是:附着力强,耐火、耐候性好,韧性好;色彩丰富,具有较好的装饰效果,涂料施工简便。适用于各种可燃基材的阻燃防火保护,并具有装饰作用。

10.3.3 建筑防火板材

由于建筑板材有利于大规模工业化生产,现场施工简便、迅速,具有较好的综合性能,而被广泛应用于建筑物的顶棚、墙面、地面等多种部位。近年来,为满足防火、吸声、隔声、保温以及装饰等功能的要求,新的产品不断涌现。常用品种有:

(1)耐火纸面石膏板

纸面石膏板是以熟石膏(半水石膏)为胶凝材料,并掺入适量添加剂和纤维作为板芯,以特制的护面纸作为面层的一种轻质板材,其中耐火纸面石膏板、耐火芯材所用材料为轻集料及无机耐火纤维。

纸面石膏板具有轻质、耐火、加工性好等特点,可与轻钢龙骨及其他配套材料组成轻质隔墙与吊顶。除能满足建筑上防火、隔声、绝热、抗震要求外,还具有施工便利,可调节室内空气湿度以及装饰效果好等优点,适用于各种类型的工业与民用建筑。

(2)纤维增强硅酸钙板

纤维增强硅酸钙板(简称硅钙板)是以粉煤灰、电石泥等工业废料为主,采用天然矿物纤维和其他少量纤维材料增强,以圆网抄取法生产工艺制坯,经高压釜蒸养而制成的轻质、防火建筑板材。

该板纤维分布均匀、排列有序、密实性好,具有较好的防火、隔热、防潮、不霉烂变质、不被虫蛀、不变形、耐老化等优点。板的正表面较平整光洁,可任意涂刷各种油漆、涂料、印刷花纹,粘贴各种墙布、壁纸,并且具有与木板一样能锯、刨、钉、钻等可加工性,可根据实际需要裁截成各种规格尺寸。

(3)钢丝网架水泥夹芯板

钢丝网架水泥夹芯板是由三维空间焊接钢丝网架和内填泡沫塑料板或内填半硬度岩棉板构成的网架芯板,经施工现场喷抹水泥砂浆后形成的板材。具有一定的力学性能,良好的保温隔热、隔声及耐火性能。

(4)纤维增强水泥平板(TK 板)

TK 板的全称是中碱玻璃纤维充气石棉低碱度水泥平板。TK 板是以 I 型低碱度水泥为基材,并用石棉、短切中碱玻璃纤维增强的薄型、轻质、高强、多功能的新型板材。具有良好的抗弯强度、抗冲击强度和不翘曲、不燃烧、耐潮湿等特性。表面平整光滑,有较好的可加工性,能截锯、钻孔、刨削、敲钉和粘贴墙纸、墙布、涂刷油漆、涂料。

TK 板与各种龙骨、填充料复合后可用作多层框架结构体系、高层建筑、旧建筑物加层改造中的隔墙和吊顶,适用于轻型工业厂房、操纵室、试验室,能适应轻质、防震、防火、隔热、隔声等各种要求,是目前国内一种新型建筑轻板。

(5)滞燃性胶合板

滞燃性胶合板是对胶合板表面经涂饰后使其能起到滞燃和自熄灭效果的一种胶合板。但完全防火的木质胶合板是没有的,因为木材可燃性是绝对的,所谓"防火"实质上是阻燃,只是在火灾发生时能起到阻止火焰迅速蔓延的作用,以便争取时间及时扑灭。

(6)难燃铝塑建筑板

难燃铝塑建筑板是以聚乙烯、聚丙烯或聚氯乙烯树脂为主要原料,配以高铝质填料,同时添加发泡剂、交联剂、活化剂、防老剂等助剂加工制成的建筑板材。它具有难燃、质轻、吸声、保温、耐火、防蛀等特点,并具有图案新颖、美观大方、施工方便等优点,性质优于钙塑泡沫装饰板。该材料可广泛用于礼堂、影院、剧场、宾馆饭店、人防工程、商场、医院、重要机房、船舶舱室等的吊顶及墙面吸声板。

(7)防火吸声板

矿棉防火吸声板是以不燃材料矿棉(岩棉)为主要原料,加入适当的黏结剂、防潮剂、防腐剂、增塑剂等,采用湿法生产,经烘干加工而成的板材。

矿棉防火吸声板表观密度小于 500 kg/m³,抗折强度大于 1.2 MPa,吸声系数平均为 0.59,导热系数为 0.046 W/(m·K),吸湿率小于 2%,防火性能达到难燃一级。

矿棉防火板可用于工业与民用建筑需要安装吊顶的场所。

10.4 建筑装饰材料

10.4.1 装饰材料概况

装饰材料是指土建工程完成之后,对建筑物的室内空间和室外环境进行功能和美化处理的材料。装饰材料的作用是装饰建筑物,美化室内外环境。同时,根据使用部位的不同,还应具有一定的功能性。室外装饰材料作为建筑物的外饰面,它对建筑物起保护作用,使建筑物外部结构材料避免直接受到风吹、日晒、雨淋、冰冻等大气因素的影响,以及腐蚀性气体和微生物的作用,从而使建筑物的耐久性提高,使用寿命延长。室内装饰材料主要指内墙、地面、顶棚的装饰材料,它们起保护建筑内部结构的作用,并能调节室内"小环境"。对装饰材料的基本要求是具有一定形状、尺寸、颜色、光泽、透明性、质感。常见的装饰材料有陶瓷、木材、金属材料、塑料、涂料、石材、装饰混凝土等。

10.4.2 建筑陶瓷

(1)陶瓷基础知识简介

凡以黏土、长石、石英为基本原料,经配料、制坯、干燥、焙烧而制成的成品,称为陶瓷制品。用于建筑工程中的陶瓷制品,则称为建筑陶瓷。按陶瓷制品所用原材料种类不同以及坯体的密实程度不同,陶瓷可分为陶器、炻器和瓷器三大类。

陶质制品为多孔结构,通常吸水率较大,断面粗糙无光、不透明,敲击时声粗哑,有施釉和不施釉两种制品,烧成温度低,一般小于 1 300 ℃。陶质制品根据其原料杂质含量不同,又可分为粗陶和精陶两种。粗陶不施釉,建筑上常用的烧结黏土砖、瓦,就是最普通的粗陶制品。精陶一般经素烧和釉烧两次烧成,通常呈白色或象牙色,吸水率为 9%~12%,有的高达 18%~22%,建筑饰面用的釉面砖以及卫生陶瓷和彩陶等均属于此类。精陶因其用途不同,可分别称为建筑精陶、日用精陶和美术精陶。

瓷质制品结构致密,基本上不吸水,颜色洁白,有一定半透明性,具有较高的力学性能,其表面通常施有釉层,烧成温度较高,一般在 1 250～1 450 ℃。瓷质制品按其原料的化学成分与工艺制作不同,又可分为粗瓷和细瓷两种。瓷质制品多为日用餐茶具、陈设瓷、电瓷及美术用品等。

炻质制品是介于陶质和瓷质之间的一类陶瓷制品,也称半瓷。与陶质制品的区别是气孔率低,抗折、抗冲击性能好,烧成温度较高。与瓷质制品的区别是坯体有颜色,断面较粗糙。

炻器按其坯体的细密程度不同,又分为粗炻器和细炻器两种,粗炻器吸水率一般为 4%～8%,细炻器吸水率可小于 2%。建筑饰面用的外墙面砖、地砖和陶瓷锦砖(马赛克)等一般为粗炻制品。细炻器如日用器皿、化工及电器工业用陶瓷等。

建筑工程所用的陶瓷制品,一般都为精陶至粗炻器范畴的产品。

陶器表面常用施釉来提高其效果及力学性能,同时对坯体起一定保护作用。施釉是以石英、长石、高岭石等为原料,再配以多种其他成分研制成浆体,将其喷涂于陶瓷坯体的表面,经高温焙烧时它能与坯体表面之间发生相互反应,在坯体表面形成一层连续玻璃质层,使陶瓷表面具有玻璃般的光泽和透明性。也可在陶瓷制品表面绘上彩色图案、花纹,使陶瓷制品有更好的装饰性。

(2)常用建筑陶瓷制品

建筑陶瓷制品包括釉面砖、墙地砖、琉璃制品等,广泛用作建筑物内外墙、地面和屋面的材料。

①釉面砖

釉面砖又称内墙砖,属于精陶类制品。它是以黏土、石英、长石、助熔剂、颜料以及其他矿物原料,经破碎、研磨、筛分、配料等工序加工成含有一定水分的生料,再经模具压制成型(坯体)、烘干、素烧、施釉和釉烧而成,或坯体施釉一次烧成的陶瓷制品。釉面砖具有色泽柔和而典雅、美观耐用、朴实大方、防火耐酸、易清洁等特点。主要用作建筑物内部墙面,如厨房、卫生间、浴室、墙裙等的装饰和保护。

②墙地砖

墙地砖包括建筑物外墙贴面用砖和室内外地面用砖,由于目前这类砖均为炻质面砖,有的可墙地两用,故常称为墙地砖。

墙地砖是以难熔黏土为原料,加上其他材料后配成生料,经半干法成型后于 1 100 ℃左右焙烧而成的制品。分无釉和有釉两种。

建筑外墙用的炻质面砖,色彩稳定、吸水率低、雨天自涤、不老化、抗腐蚀、维修费用低。

室内地面用的砖一般为同质炻砖,经抛光裁边加工后,尺寸精度高,表面光洁平整,吸水率低,抗渗能力强,易清洁,耐磨、耐腐蚀,随着陶瓷生产技术和设备的不断提高,面砖产品的规格尺寸越来越大。

近年来,随着建筑业的不断发展,新型墙地砖材料品种不断增加,如陶瓷劈离砖、瓷制玻化砖、彩胎砖、麻面砖、陶瓷艺术砖、金属光泽釉面砖等。

③琉璃制品

琉璃制品是一种带釉陶质制品,它以难熔黏土为原料,模塑成各种坯体后,经干燥、素烧、施釉、再釉烧而成。

建筑琉璃制品由于价格高、自重大,一般用于有民族特色的建筑和纪念性建筑中,另外在园林建筑中,常用于建造亭、台、楼、阁的屋面。

琉璃制品质地致密、表面光滑、不易剥釉、不易退色、色彩绚丽、造型古朴,富有我国传统的民族特色。琉璃制品主要有琉璃瓦、琉璃砖、琉璃花窗、栏杆、琉璃兽、绣墩、花盆、花瓶等。其中琉璃瓦是我国古建筑的一种高级屋面材料。

④卫生陶瓷

卫生陶瓷为用于盥洗室、厕所等处的卫生洁具,如洗面器、坐便器、水槽等。卫生陶瓷多用耐火黏土或难熔黏土经配料制浆、灌浆成型、上釉焙烧而成。卫生陶瓷结构形式多样,颜色分为白色和彩色,表面光洁,不透水,易于清洗,并耐化学腐蚀。

10.4.3　建筑石材

石材按照材质的形成方式分为两大类:一类为天然石材,为自然力所形成;一类为人造石材,为人工所造就。

(1)天然石材的基础知识

天然石材是从各种岩石中开采出来经加工而成的材料。岩石是由矿物组成的。矿物是指在地质作用中所形成的具有一定化学成分和一定结构特征的单质或化合物。组成岩石的矿物称造岩矿物。土木工程中常见的造岩矿物有石英、长石、云母、方解石、白云石、石膏、角闪石、辉绿石、橄榄石等。

岩石按照其成因可以分为三类,即岩浆岩(火成岩)、沉积岩(水成岩)、变质岩。

岩浆岩是熔融岩浆在地下或喷出地壳后冷却结晶而成的岩石。在地下深处形成者称为深成岩,在地下浅处形成者称为浅成岩,以火山形式喷出地表冷凝而成的称为喷出岩。火成岩占地壳质量的89%,石材中的花岗岩、安山岩、辉绿岩、片麻岩等均属岩浆岩类。

沉积岩是由露出地面的岩石在水、空气、阳光照射、雨雪及生物的交互作用下受到破坏,破坏后的产物堆积在原地或经水流、风吹和冰川等搬运到其他地方堆积起来,经过长时间的成岩变化而形成的岩石。沉积岩约占地壳质量的5%,但其分布于地壳表面,约占地壳面积的75%,是一种重要的岩石,其主要特点是呈层状产出,常具层理,并往往含有动植物化石。建筑石材中,石灰石、白云岩、砂岩、贝壳岩等属于沉积岩,其中石灰石和白云岩常用作石材。

变质岩是由原生的火成岩或沉积岩,经过地壳内部高温、高压等变化作用后而形成的岩石。变化作用不仅可以改变岩石的结构和构造,甚至生成新的矿物。其中沉积岩变质后,性能变好,结构变得致密,坚实耐久,如石灰岩(沉积岩)变质为大理石;而火成岩经变质后,性质反而变差,如花岗岩(深成岩)变质成的片麻岩,易产生分层剥落,使耐久性变差。

(2)常用天然石材

①花岗石

花岗石为典型的火成岩(深成岩),其矿物组成主要为长石、石英及少量暗色矿物和云母,其中长石含量为40%～60%,石英含量为20%～40%。

花岗石的化学成分随产地不同有所区别,但各种花岗石中 SiO_2 含量均很高,一般为67%～75%,故花岗石属酸性岩石。某些花岗石含微量放射性元素,对这类花岗石应避免用于室内。

花岗石表观密度大(2 500～2 800 kg/m³),结构致密,强度高,抗压强度一般在100～250 MPa,抗折强度8.0～35.0 MPa。孔隙率小,吸水率低,一般≤0.6%,材质坚硬,具有优异耐磨性,化学稳定性好,不易风化变质,耐酸碱能力强,装饰性好,耐久性好,但花岗岩耐火性差。

花岗石是公认的高级建筑结构材料和装饰材料,但由于其开采运输困难,修琢加工及铺贴施工耗工费时,因此造价较高,一般只用在重要的大型建筑中。花岗石可加工成条石用于台阶,制成铺地石砖,用于地面材料,加工成蘑菇石用于大型建筑底座,也可磨光,用于室内外地面、墙面。

②大理石

大理石是由石灰岩、白云岩变质而成,属变质岩。主要矿物成分是方解石、白云石。化学成分以 $MgCO_3$ 和 $CaCO_3$ 为主,其他还有 CaO、MgO、SiO_2 等。

大理石表观密度 $2\,500\sim2\,700\ kg/m^3$。抗压强度大约 $50.0\sim150\ MPa$,抗折强度 $7.0\sim25.0\ MPa$。吸水率小,一般为 $0.1\%\sim0.5\%$。大理石装饰性、耐磨性、耐久性好,但抗风化性较差,一般不宜用作室外。

天然大理石板材为高级饰面材料,主要用于建筑等级要求高的建筑物。大理石适用于纪念性建筑、大型公共建筑室内墙面、柱面、地面的饰面材料。少数质地纯正、杂质少,比较稳定耐久的品种如汉白玉、艾叶青等大理石可用于外墙面饰面。

(3)人造石材简介

人造石材按其所用材料不同,通常可分为树脂型人造石材、水泥型人造石材、复合型人造石材、烧结型人造石材。

①树脂型人造石材

树脂型人造石材是以有机树脂为胶结剂,与天然碎大理石、碎花岗岩、石英砂、石粉及颜料等配制拌成混合料,经浇捣成型,在固化剂、催化剂作用下发生固化,再经脱模、烘干、抛光等工序而制成,它是目前国内、外主要使用的人造石材。

②水泥型人造石材

水泥型人造石材是以白水泥、普通水泥为胶结材料,与碎大理石、碎花岗岩、天然砂及颜料等配制拌和成混合料,经浇捣成型,养护而制成。通过采用装饰手段,可制成连锁砖、水磨石等地面材料,也可用来制作城市雕塑、公园家具等制品。

③复合型人造石材

复合型人造石材是指该种石材的胶结料中,既有无机胶凝材料(如水泥),又采用了有机高分子材料(树脂)。它是先用无机胶凝材料将碎石、石粉等集料胶结成型并硬化后,再将硬化体浸渍于有机单体中,使其在一定条件下聚合而成。若为板材,其底层就用廉价而性能稳定的无机材料制成,面层则采用聚酯和大理石粉制作,这种构造目前采用较普遍。

④烧结型人造石材

烧结型人造石材的生产方法,与陶瓷工艺相似,它是将长石、石英、辉绿石、方解石粉料和赤铁矿粉,以及一定量高岭土共同混合,一般配比为石粉 60%,高岭土 40%,然后用混浆法制备坯料,用半干压法成型,再在窑炉中以 $1\,000℃$ 左右的高温焙烧而成。

10.4.4　金属材料

在建筑装饰工程中,应用最多的金属材料是铝合金、钢材及深加工材料,铜及铜合金材料。

(1)铝及铝合金的基础知识

铝作为化学元素,在地壳组成中占第三位,约占 7.45%,仅次于氧和硅,但铝大多以化合态存在。炼铝的主要原料是铝矾土,其 Al_2O_3 的含量高达 47%～65%。冶炼时先提炼出 Al_2O_3,由 Al_2O_3 通过电解得到金属铝,再通过提纯,分离出杂质,制成铝锭。

铝属于有色金属中的轻金属,质轻,密度 $2.7 g/cm^3$,为钢的 1/3,是各类轻结构的基本材料之一。铝的熔点低,为 660 ℃。铝呈银白色,反射能力强,因此常被用来制造反射镜、冷气设备的屋顶等。铝有很好的导电性和导热性,仅次于铜,所以铝也被广泛用来制造导电材料、导热材料和蒸煮器皿等。铝具有良好的可塑性(伸长率可达 50%),可加工成管材、板材、薄壁空腹型材,还可压延成极薄的铝箔。铝在低温环境中塑性、韧性和强度不下降,因此铝常作为低温材料用于航空和航天工程及制造冷冻食品的储运设备等。但铝的强度和硬度较低(屈服强度 80～100 MPa,HB＝200),为提高其实用价值,常在铝中加入适量的铜、镁、锰、锌等元素组成铝合金,铝合金机械性能明显提高(屈服强度可达 210～500 MPa,抗拉强度可达380～550 MPa),不仅可用于建筑装修,还可用于结构方面。铝合金的主要缺点是弹性模量小(约为钢的 1/3),热膨胀系数大,耐热性低,焊接需采用惰性气体保护等焊接新技术。

在现代建筑工程中,铝合金的用量与日俱增。为提高铝合金的性能,必须进行表面处理,经处理后的铝合金耐腐、耐磨、耐光、耐气候性均好,色泽也美观大方。表面处理包括阳极氧化处理、表面着色处理、封孔处理。

阳极氧化处理一般用硫酸法,实质就是水的电解,水的电解在阴极上生成氢(H),在阳极上生成氧(O),氧和铝结合成 Al_2O_3,通过氧化处理,使铝材表面形成比自然氧化膜(厚度小于 0.1 μm)厚得多的氧化膜(Al_2O_3)(厚度为 5～20 μm),提高了铝材的耐腐蚀性。

表面着色处理一般采用自然着色法,自然着色法是在特定的电解液和电解条件下进行阳极氧化的同时产生着色的方法。

铝及铝合金经氧化处理和着色后,表面膜层为多孔状,容易吸附有害物质,使其表面被污染或腐蚀,故需进行表面封孔处理。建筑铝型材的封孔可利用水合封孔(沸水封孔、常压封孔或高压蒸汽封孔)和有机涂层封孔(电泳或浸渍封孔)等。

铝合金型材的生产是将铝合金锭坯按需要长度锯成坯段,加热到 400～450 ℃,送入专门的挤压机中,连续挤出型材。挤出的型材冷却到常温后,在液压牵引整形机上校直矫正,切去两端料头,在时效处理炉内进行人工时效处理,消除内应力,使内部组织趋于稳定,经检验合格后再进行表面氧化和着色处理,最后制成成品。

(2)建筑铝合金制品

①铝合金门窗

铝合金门窗是将表面处理过的型材,经下料、打孔、铣槽、改丝、制窗等加工工艺制成门窗框料构件,再加连接件、密封件、开闭等五金件一起组合装配而成。

铝合金门窗与其他门窗相比,优点为装饰性强,密封性好,断面轻巧,组装简便,价格适中。缺点为导热系数大、保温性差、绝缘性差、生产能耗高,开关时有噪声。

铝合金门窗按其结构与开启方式,可分为推拉窗(门)、平开窗(门)、悬挂窗、回转窗(门)、百叶窗、纱窗等。其他形式的铝合金门有折叠铝合金门、旋转铝合金门、铝合金自动门、铝合金卷帘门等。

②铝合金板

在建筑上,铝合金制品使用最为广泛的是各种铝合金板。铝合金板是以纯铝或铝合金为原料,经辊压冷加工而成的饰面板材,广泛应用于内外墙、柱面、地面、屋顶、顶棚等部位的装饰。

a. 铝合金花纹板

铝合金花纹板是将铝合金坯料用特制的花纹轧辊轧制而成的板材。其花纹美观大方,筋高适中,不易磨损,防滑性好、防腐能力强,便于冲洗,通过表面处理可得到多种美丽的色泽。花纹板材平整,裁剪尺寸精确,便于安装,广泛应用于现代建筑的墙面、车辆、船舶、飞机的楼梯踏板等处的防滑或装饰部位。

b. 铝合金浅花纹板

铝合金浅花纹板是我国特有的一种新型装饰材料。其筋高比花纹板低,它的花纹精巧别致,色泽美观大方,刚度比普通铝板大 20%,抗污垢、抗划伤、抗擦伤能力均有所提高。对白光的反射率达 45%~75%,热反射率达 85%~95%。对氨、硫、硫酸、磷酸、亚磷酸、浓醋酸等有良好的耐蚀性,其主体图案和美丽的色彩更能为建筑生辉。

c. 铝合金波纹板和压型板

铝合金波纹板和压型板都是将纯铝或铝合金平板经机械加工而成断面异形的板材。由于其断面异形,故比平板增加了刚度,具有质轻、外形美观、色彩丰富、抗蚀性强、安装简便、施工速度快等优点,且银白色的板材对阳光有良好的反射作用,利于室内隔热保温。这两种板材耐用性好,在大气中可使用 20 年,可抗 8~10 级风力不损坏,主要用于屋面和墙面。

d. 铝及铝合金冲孔平板

这类板材采用铝或铝合金平板经机械冲孔而成,经表面处理可获得各种色彩。它具有良好的防腐性,光洁度高,有一定的强度,易于机械加工成各种规格,有良好的防震、防水、防火性能。它最重要的特点是有良好的消音效果及装饰效果,安装简便,主要用于有消音要求的各类建筑中,如影剧院、播音室、会议室、宾馆、饭店、厂房以及机房等。

③塑铝板

塑铝板是一种复合材料,是采用高强度铝材及优质聚氯乙烯或聚乙烯塑料复合而成的,是融合现代高科技成果的新型装饰材料。

塑铝板由上下两层铝板及一层热塑性塑料芯板组成。铝板表面涂装耐候性极佳的聚偏二氟烯(PUDF)或聚酯(polyester)涂层。塑铝板具有质轻、比强度高、耐候性和耐腐蚀性优良、施工方便、易于清洁保养等特点。由于芯板采用优质聚氯乙烯或聚乙烯塑料制成,故同时具备良好的隔热、防震性能。塑铝板外形平整美观,可用作建筑物的幕墙饰面材料,可用于立柱、电梯、内墙等处,亦可用作顶棚、拱肩板、挑口板和广告牌等处的装饰。

④铝蜂窝复合材料

铝蜂窝复合材料是以铝箔材料为蜂窝芯板,面板、底板均为铝的复合板材,在高温高压下,将铝板与铝蜂窝以航空用结构胶黏剂进行严密胶合而成,面板防护层采用氟碳涂料喷涂。

铝蜂窝复合材料具有重量轻、质坚、表面平整、耐候性佳、防水性能好、保温隔热、安装方便等优点,适用于建筑物幕墙,室内外墙面、屋面、包厢、隔间等装修,也可以用作室内装潢、展示框架、广告牌、指示牌、防静电板、隧道壁板及车船外壳、机器内壳和工作台面等要求轻质高强材料的场合。

⑤铝箔

铝箔是指用纯铝或铝合金加工成 6.3~200 μm 的薄片制品。铝箔除具有铝的一般性能外,还具有良好的防潮、绝热性能。在建筑工程中,铝箔以全新的多功能保温隔热材料和防潮材料被广泛地应用。

铝箔做绝热材料时,需要依托层制成铝箔复合绝热材料。依托层可采用玻璃纤维布、石棉纸、塑料等,用水玻璃、沥青、热塑性树脂等做黏合剂,粘贴成卷材或板材。建筑上应用较多的卷材是铝箔牛皮纸和铝箔布,它们的依托层是牛皮纸和玻璃纤维布。铝箔牛皮纸可用在空气间层作绝热材料,铝箔布多用在寒冷地区做保温窗帘,在炎热地区做隔热窗帘。

用于室内装修时,可选用适当色调和图案的板材。如铝箔泡沫塑料板、铝箔波形板、微孔铝箔波形板、铝箔石棉纸夹芯板等,它们强度较高,刚度较好,既有很好的装饰作用,又能起到隔热、保温的作用,微孔铝箔波形板还有很好的吸声功能。

铝箔用在炎热地区的围护结构外表面,可反射大量太阳辐射热,产生"冷房效应";用在寒冷地区则可减少室内向室外的散热损失,提高结构保温能力。常用材料为铝箔油毛毡,它既防水又绝热。

⑥铝合金百叶窗帘、窗帘架(窗帘轨)

铝合金百叶窗是以铝镁合金制作的小叶片,通过梯形尼龙绳串联而成。百叶片的角度可根据室内光线明暗的要求及通风量大小的需要,拉动尼龙绳进行调解(百叶片同时翻转180°)。窗帘开闭灵活,适用方便、经久不锈、造型美观,可用于窗户遮阳或遮挡视线。适用于高层建筑、宾馆、饭店、工厂、医院、学校、办公楼、图书馆等各种民用建筑中需要对光线进行遮挡或调节的场所。

铝合金窗帘架(窗帘轨)是各类宾馆、饭店、办公楼和住宅等广泛使用的供挂窗帘用的制品。常见的窗帘轨道从外形分,有方形、圆形等多种;从结构角度分,有工字式、封闭式、双槽式、电动式等。

⑦铝合金龙骨

铝合金龙骨是以铝合金板材为主要原料、轧制成各种轻薄型材后组合安装而成的一种金属骨架。按用途分为隔墙龙骨和吊顶龙骨两类。隔墙龙骨多用于室内隔断墙,它以龙骨为骨架,两面覆以石膏板或石棉水泥板、塑料板、纤维板等为墙面,表面用塑料壁纸、贴墙布、内墙涂料等进行装饰后组成完整的新型隔断墙,吊顶龙骨用作室内吊顶骨架,面层采用各种吸声吊顶板材,形成新颖美观的室内吊顶。

铝合金龙骨具有强度大、刚度大、自重轻、通用性好、耐火性能好、隔声性能强、安装简单等特点,且可灵活布置和选用饰面材料,装饰美观,是广泛使用于宾馆、厅堂、影剧院、体育馆、商店、计算机房等中高档建筑的吸声顶棚的吊顶构件。

⑧铝合金花格网

铝合金花格网是以铝合金材料经挤压、碾轧、展延、阳极着色等工序加工而成的,以菱形和组合菱形为结构网状图案的新型土木工程材料。铝合金花格具有外形美观、重量轻、机械强度高、规格式样多、耐酸碱腐蚀性好、不积污、不生锈等特点,颜色有银白、古铜、金黄、黑色等多种。

铝合金花格网适用于公寓大厦平窗、凸窗、花架、室内外设置、球场防护网、护沟和学校、工厂、工地围墙等作安全防护、防盗设施和装饰。

(3)建筑装饰用钢材制品

①普通不锈钢制品

不锈钢是以铬元素为主加元素的合金钢,钢中铬含量越高,钢的抗腐蚀性越好。不锈钢中还需加入镍(Ni)、锰(Mn)、钛(Ti)、硅(Si)等元素,以改善不锈钢的性能。不锈钢不但耐腐蚀强,而且还具有金属光泽。高级的抛光不锈钢具有镜面玻璃般的反射能力,为极富现代气息的材料。

不锈钢可制成板材、型材和管材。外部应用最多的是不锈钢薄板,厚度在 0.2~2.0 mm 之间,具有热轧和冷轧两种。不锈钢薄板主要用于不锈钢包柱。由于不锈钢的高反射性及金属质地的强烈时代感,与周围环境中的各种色彩、景物交相辉映,对空间效应起到了强化、点缀和烘托的作用,成为现代高档建筑柱面的流行材料之一。广泛用于大型商店、旅游宾馆、餐馆的入口、门厅、中庭等处,在豪华的通高大厅及四季厅之中也非常普通。

管材、型材的使用也较普遍,如各种弯头规格的不锈钢楼梯扶手,以它轻巧、精致、线条流畅展示了优美的空间造型,使周围环境得到了升华。不锈钢自动门、转门、拉手、五金与晶莹剔透的玻璃的组合,使建筑达到了尽善尽美的境地。不锈钢龙骨是近几年才开始应用的,其刚度高于铝合金龙骨,因而具有更强的抗风压性和安全性,并且光洁、明亮,因而主要用于高层建筑的玻璃幕墙中。

②彩色不锈钢板

彩色不锈钢板是在普通不锈钢板上进行技术性和艺术性的加工,使其表面成为具有各种绚丽色彩的不锈钢板,其颜色有蓝、灰、白、红、青、绿、橙、茶色、金黄等多种,能满足各种装饰的要求。

彩色不锈钢板具有很强的抗腐蚀性,较高的机械性能,彩色面层经久不褪色,色泽随光照角度不同会产生色调变幻,而且色彩能耐 200 ℃的温度,耐烟雾腐蚀性能超过普通不锈钢,耐磨和耐刻画性能相当于箔层涂金的性能。其可加工性能好,当弯曲 90°时,彩色层不会损坏。

彩色不锈钢板的用途很广泛,可用于厅堂墙板、天花板、电梯厢板、车厢板、建筑装潢、广告招牌等处,采用彩色不锈钢板墙面不仅坚固耐用,美观新颖,而且具有浓厚的时代气息。

③彩色涂层钢板

彩色涂层钢板可分为有机涂层、无机涂层和复合涂层三种,以有机涂层钢板发展最快。有机涂层钢板是以冷轧钢板或镀锌钢板为基板,经过刷磨、除油、磷化、钝化等表面处理后,施涂多层有机涂料并经烘烤而成的板材。常用的有机涂料有聚氯乙烯(PVC)、环氧树脂、聚酯、聚丙烯酸酯、酚醛树脂等。其中以环氧树脂的耐酸、碱、盐腐蚀能力最强,黏结力和抗水蒸气渗透能力最优。

彩色涂层钢板既具有有机材料的绝缘、耐磨、耐酸碱、耐侵蚀及装饰效果好等优点,又具有钢板的机械强度高、加工性能好的长处,可切断、弯曲、钻孔、铆接、卷边等。在建筑工程中,彩色涂层钢板可作墙板、屋面板、瓦楞板、防水汽渗透板、排气管、通风管等,既可提高装饰效果,延长使用寿命,也可显著降低建筑物的自重。

④彩色涂层压型钢板

彩色涂层压型钢板是指将彩色涂层钢板辊压加工成 V 形、梯形、小波形等形状。彩色涂层压型钢板具有轻质高强、抗震性能好、施工方便、色彩鲜艳、耐久性强等特点,可代替石棉瓦、玻璃钢瓦及普遍屋面材料,适用于工业和民用建筑的屋面板、墙板和楼层板等,特别适用于大跨度厂房、粮棉库、冷库房、活动房屋等建筑屋顶及墙板等处。

⑤轻钢龙骨

轻钢龙骨是以镀锌带、薄壁冷轧退火卷带钢和彩色涂层钢板(带)为原料,经冷弯冲压而成的骨架支撑材料,用于墙面隔断、顶棚处支承各种面板。

⑥彩钢复合板

彩钢复合板是以彩色压型钢板为面板,轻质、保温材料为芯材,经施胶、热压、固化复合而成的轻质板材。

彩钢复合板的面板可使用彩色涂层压型钢板、彩色镀锌钢板、彩色镀铝钢板、彩色镀铝合金钢板或不锈钢板等。其中以彩色涂层压型钢板应用最为广泛。

彩钢复合板常用的芯材有自熄型聚苯乙烯板、硬质聚氨酯泡沫塑料、岩棉、玻璃棉等。由于岩棉、玻璃棉是阻燃型的,故以其为芯材的轻质板具有较好的耐火极限。

彩钢复合板重量轻(为混凝土屋面的 1/20～1/30),保温隔热 [其导热系数值≤0.035 W/(m·K)],隔声,立面美观,耐腐蚀,可快速装配化施工(无湿作业,不需二次装修),结构造型别致,色彩艳丽,无需装修。彩钢复合板是一种集承重、保温、防水、装修于一体的新型围护结构材料,适用于工业厂房的大跨度结构屋面、公共建筑的屋面、墙面和建筑装修以及组合式冷库、移动式房屋等,使用寿命 20～30 年。

(4)铜及铜合金材料

铜属于有色重金属,密度为 8.92 g/cm³。纯铜具有较高的导电性、导热性、耐蚀性及良好的延展性、塑性。纯铜由于强度不高,不宜制作结构材料。由于纯铜的价格贵,工程中更广泛使用的是铜合金(即在铜中掺入锌、锡等元素形成的铜合金)。铜合金既保持了铜的良好塑性和高抗蚀性,又改善了纯铜的强度、硬度等机械性能。常用的铜合金有黄铜(铜锌合金)、青铜(铜锡合金)等。

铜合金经挤制和压制可形成不同横断面形状的型材,有空心型材和实心型材。铜合金型材也具有铝合金型材类似的优点,可用于门窗的制作。以铜合金型材做骨架,以吸热玻璃、热反射玻璃、中空玻璃等为立面形成的玻璃幕墙,一改传统外墙的单一面貌,可使建筑物乃至城市生辉。另外,利用铜合金板材制成铜合金压型板应用于建筑物外墙,同样可使建筑物金碧辉煌,光亮耐久。

铜合金制品的另一特点是其具有金色感,常代替稀有的、价值昂贵的金在建筑中作为点缀使用。

10.4.5　建筑塑料

(1)塑料基础知识简介

塑料是以合成树脂或天然树脂为主要基料,与其他原料在一定条件下经混炼、塑化、成型,且在常温下保持产品形状不变的材料。用于建筑上的塑料制品称为建筑塑料。

建材塑料与传统建材相比,具有如下特点:

①优良的可加工性。塑料可以用各种方法成型,且加工性能优良。可加工成薄膜、板材、管材,尤其易加工成断面较复杂的异形板材和管材。

②密度小、质轻。塑料的密度一般为 0.9～2.2 g/cm³,约为钢材的 1/8～1/4,铝材的 1/2,混凝土的 1/3,不仅减轻了施工时的劳动强度,而且大大减轻了建筑物的自重。

③功能的可设计性强。可通过改变组成配方与生产工艺,可在相当大的范围内制成具有各种特殊性能的工程材料。如强度超过钢材的碳纤维复合材料;具有承重、质轻、隔声、保温的复合板材;柔软而富有弹性的密封、防水材料等。

④耐化学腐蚀性能优良。一般塑料对酸、碱、盐的侵蚀有较好的抵抗能力,这对延长建筑物的使用寿命很重要。

⑤出色的装饰性能。塑料制品不仅可以着色,而且色彩鲜艳耐久,并可通过照相制版印刷,模仿天然材料的纹理(如木纹、花岗石、大理石纹等),达到以假乱真的程度。塑料制品还可用电镀、热压、烫金制成各种图案和花型,使其表面具有立体感和金属的质感。通过电镀技术处理,还可使塑料具有导电、耐磨和对电磁波的屏障作用等功能。

但塑料也存在易老化、易燃、耐热性差、刚度小的问题,需要采取措施加以改进。随着石油化工的发展,塑料在建筑,特别是在建筑装饰方面的应用将愈来愈广泛,已成为继木材、水泥与钢材后常用的工程材料之一。

建筑上常用塑料制品绝大多数都是以合成树脂为基本材料,再按一定比例加入填充料、增塑剂、着色剂、稳定剂、助剂等材料,经混炼、塑化,并在一定压力和温度下制成的塑料制品。

树脂是塑料组成材料中的基本组分,在一般塑料中约占 30%～60%,有的甚至更多。树脂在塑料中主要起胶结作用,通过胶结作用把填充料等胶结成整体。因此,塑料的性质主要取决于树脂的性质。

填料又称填充剂,它是绝大多数建筑塑料制品中不可缺少的原料,占塑料组成材料的40%～70%。其作用是提高塑料的强度和刚度,减少塑料在常温下的蠕变(又称冷流)现象,降低成本,有的填料还可以提高塑料制品的耐磨性、导热性、导电性及阻燃性,并可改善加工性能,如合成纤维、纤维素、金属氧化物、硅酸盐、碳酸盐、碳等类物质都可以作为塑料的填料。

增塑剂在塑料加工成型中虽添加量不多,但却是不可缺少的助剂之一。它们通常是高沸点、不易挥发的较低分子量的液体或低熔点的固体,要求与树脂能均匀的混溶,一般不发生化学反应。其作用有二:一是提高塑料加工时的可塑性及流动性;二是改善塑料制品的柔韧性,常用的增塑剂为酯类和酮类。

通过选择色料可美色美化塑料,提高其装饰性;选择稳定剂,提高塑料的耐久性;选择偶联剂,可改善填料与树脂表面的结合力。此外还有固化剂、润滑剂、抗静电剂、发泡剂、阻燃剂、防霉剂等助剂。

(2)常用建筑塑料制品

①塑料地面材料

a. 塑料地板

塑料地板是塑料铺地材料中主要的建筑塑料品种之一,绝大部分都是用 PVC 树脂作为主要原料生产的,产品分硬质、半硬质、软质(卷材)及发泡四种。硬质与半硬质地板,均以不同规格的正方形或长方形产品形式供应市场。软质与发泡地板均以卷材形式供应市场,厚度在1～2 mm,宽度为 1 000～2 000 mm。塑料地板的弹性好,脚感舒适,耐磨性和耐污性强,其表面可做出仿木材、天然石材、地面砖等花纹图案,它的施工及维修极为方便。

b. 化纤地板

以人工合成的高分子化合物为原料,经纺丝加工而成的化学纤维编织地毯,称之为合成纤维地毯,又称化学纤维地毯。我国以丙纶、腈纶、尼龙等纤维作为原料,以经簇绒法和机织法制成面层,再以丙纶编织布及胶黏剂黏合作背衬,底层用麻布,经加工制成化纤地毯,其外表及触感均像羊毛地毯,但比羊毛地毯更耐磨且富有弹性,给人以舒适、美观的感觉,已大量用于宾馆、饭店等公共建筑及住宅、办公室等场所。

　　c. 人造草坪

　　人造草坪以合成树脂为基料,仿制成与天然草坪相似的质感、色彩、弹性和细度的纤维状地毯。由于它专门铺设于露天场合(也可铺设于内室),所以要求其耐老化性能、色彩的保鲜艳度、纤维的弹性保持率,要比一般的室内用地毯要求高,由于它可用水冲洗、不霉烂、色彩鲜艳,是铺设于屋顶、阳台、运动场、游泳池、宾馆等地的极好材料。

　　d. 树脂印花胶合板

　　用合成树脂处理后的木材片材,表面印成天然木纹花纹,经浸渍树脂,热压成型形成耐水、防潮性、刚性、耐磨性能优良的印花胶合板,这种地板比天然木地板具有更好的质感和外观,防潮性好,不变形,施工简单,深得用户喜爱。

　　②塑料壁纸

　　塑料壁纸是以一定材料为基材,表面进行涂塑后,再经印花、压花或发泡处理等多种工艺而制成的一种墙面材料。塑料壁纸可分为普通壁纸、发泡壁纸和特种壁纸(也称为功能壁纸)等。

　　a. 普通塑料壁纸

　　这种壁纸是以 80 g/cm^3 的原纸作为基材,涂塑 100 g/cm^3 左右 PVC 糊状树脂,经压花、印花而成。这种壁纸花色品种多,适用面广,价格低,属普及型壁纸。

　　b. 发泡壁纸

　　发泡壁纸是以 100 g/cm^3 的原纸作为基材,涂塑 300～400 g/cm^3 掺有发泡剂的 PVC 糊状树脂,印花后,再加热发泡而成。控制发泡剂掺量和加热温度可以制成高发泡壁纸和低发泡壁纸。高发泡壁纸发泡倍率较大,表面呈富有弹性的凹凸印花花纹,是一种兼具吸声、隔热多种功能的壁纸,常用于影剧院、住宅顶棚的装饰材料。低发泡壁纸又可分为低发泡印花壁纸和低发泡压花壁纸,前者为在发泡平面印有图案的壁纸,后者又叫化学压花壁纸,是用不同抑制发泡作用的油墨印花后再发泡,使表面形成具有不同色彩的凹凸花纹图案,也叫化学浮雕。常用于室内墙裙、客厅和内走廊等装饰。

　　c. 特种塑料壁纸

　　特种塑料壁纸是具有某种特殊功能壁纸的总称,有耐水壁纸、防火壁纸、彩色砂粒壁纸等品种。

　　为提高防水要求,耐水壁纸是以玻璃纤维毡作基材制成的壁纸。防火壁纸用 100～200 g/cm^3 的石棉纸作基材,并在 PVC 树脂中掺用阻燃剂,使壁纸具有一定的阻燃防火功能,适用于防火要求较高的饰面和木制品表面。彩色砂粒壁纸是在基材上撒布彩色砂粒(天然的或人工的),再喷涂胶黏剂,使表面具有砂粒毛面,常用作门厅、柱头、走廊等局部装饰。

　　③塑料板

　　a. 硬质 PVC 护墙板和屋面板

　　作为护墙板和屋面板,首先要求它们有足够的刚性,能较简单的固定。对于硬质 PVC 板这类薄壁(1～2 mm)板材,提高刚性最简单的办法就是将平板加工成波形板、异形板和格子板。

　　波形板包括有圆弧形式及梯形断面的波形板。波形断面赋予表面装饰线条和主体感,而且赋予板材刚性,用于墙面和屋面装饰。硬质 PVC 形板的厚度为 1.2～1.5 mm。有透明和不透明两种,透明板的透光率为 75%～85%,可作采光用的屋面板,不透明的 PVC 波形板可任意着色,还可以印上木纹等图案。彩色硬质 PVC 波形板可于外墙。特别是阳台栏板和窗间墙,色彩鲜艳,使建筑物的立面增色不少。

异形板材是具有异型断面的长条板材。有单层和中空双层之分。主要用作内外墙和平顶板。它的表面光洁、不积灰、容易清洁、机械性能好、不易损伤和磨耗,能起保护和装饰墙体作用,同时提高了整体墙的隔声、隔热功能。

格子板是将硬质 PVC 平板用真空成型的方法使平板变为具有各种立体图案的方形或矩形的建筑装饰板材,这样的板材刚性大大提高,能吸收 PVC 的热变形,且具有立体感强、光彩效果好的特点。格子板常用作大型公共建筑,如体育馆、图书馆、展览馆等的墙面或吊顶装饰。

b. 塑料金属复合板

塑料金属复合板包括塑料与镀锌钢板或铝板用涂布或贴膜法复合而成的钢塑复合板和铝塑复合板及钢丝网泡沫塑料复合夹层板材等多个品种,它们兼有金属板的强度、刚性和塑料表面层优良的装饰、防腐等性能。

钢塑复合板在镀锌钢板的背面和正面都要进行涂装,正面底漆一般用附着力强的环氧树脂,表面涂层常用聚酯树脂、PVC 糊、丙烯酸树脂、氟碳涂料等涂料,涂装钢板的表面涂层厚度一般为 20 μm 左右,而涂 PVC 糊或贴膜的表面厚度可达 100 μm。钢塑复合板大量用于金属家具、汽车、集装箱、家用电器等方面,但在建筑上应用仍占 50% 左右,在建筑上它主要被加工成波形板,作为外墙护墙板和屋面板,特别适用于工业建筑、仓库等大型建筑物。

铝塑复合板(亦称铝塑板)是以铝合金薄板作为表层,以聚乙烯或聚氯乙烯塑料作为芯层或底层复合加工而成的板材。它有铝—塑—铝三层或铝—塑双层复合板等品种。由于采用了复合结构,所以兼有金属材料和塑料的优点,主要特点为重量轻、坚固耐久、弯曲成型方便、粘贴性及装饰性好。铝塑板是一种新型金属塑料复合板材,愈来愈广泛地应用于建筑物的幕墙和室内外墙面和顶面的饰面处理。

c. 夹芯板

降低建筑物自重,提高装配化和预制化程度是现代建筑技术的发展趋势之一。轻板框架结构就是适应这一趋势的新型结构体系。应用塑料与其他轻质材料复合制成的复合夹层建筑板材(或称夹芯板)重量轻,并能满足作为墙体所要求的建筑功能,是理想的框架结构建筑的墙体材料。

夹芯板由面层板和芯材构成。面层板赋予夹芯板强度、防水、围护和装饰。一般彩色钢板、GRP 板、铝板以及石棉水泥板、石膏板等都可以作为面层板。芯材赋予加芯板隔热、隔声性,并提高强度。芯材多为聚苯乙烯(EPS)、硬质聚氨酯(PU)泡沫塑料、硬聚氯乙烯(PVC)泡沫塑料等。作为夹芯板芯材的是硬质闭孔的泡沫塑料。

d. 塑料贴面板

塑料贴面板是以酚醛树脂的纸质压层为胎基,表面用三聚氰胺树脂浸渍过的印花纸为面层,经过热压制成并可覆盖于各种基材上的一种贴面材料。

三聚氰胺板 0.8 mm 厚,因此缺点是没有足够的刚性,一般将它黏贴在其他有足够刚性的板材(如胶合板、纤维板、刨花板等)上,才能作为材料使用。

由于三聚氰胺板采用的是热固性塑料,因此与 PVC 等热塑性塑料相比,具有独特的性能:耐热性高,在 100 ℃ 以上温度条件下不软化,不开裂,不起泡,具有良好的耐烫、耐燃性;骨架是纤维材料厚纸,有较高的机械强度。表面耐磨、光滑致密、具有较强的耐污性,污物很容易清除,卫生性好,同时耐酸、耐碱、耐溶剂的侵蚀,经久耐用。三聚氰胺板常用于墙面、柱面、立面、家具、吊顶等饰面工程。

e. 玻璃钢板

玻璃钢是用热固性不饱和聚酯树脂或环氧树脂为黏结材料,以玻璃纤维织物为增强材料制作而成的一种复合材料。该材料具有重量轻、强度高、透光性及装性好、耐水、耐腐蚀性强等特点。玻璃钢板常用作轻型屋面材料,如货栈、车棚、车站月台等处的屋顶材料,它的外形一般做成波形,品种有大波板、中波板、小波板和背板。玻璃钢材料除了用于制作板外,还可制作玻璃钢屋面采光罩、玻璃卫生浴具、玻璃钢盒子卫生间等。

10.4.6　建筑涂料

(1)涂料的基础知识

涂料是指能均匀涂敷于物体表面,能与物体表面黏结在一起,并能形成连续性涂膜,从而对物体起到保护或使物体具有某种特殊功能的材料。

建筑涂料是按涂料的用途进行分类而得出的一个涂料类别。与其他装饰材料相比,建筑涂料具有色彩鲜艳、造型丰富、质感与效果好、品种多样,可满足各种不同要求的特点。此外,建筑涂料还具有施工方便、易于维修、造价较低、自身重量小、施工效率高,可在各种复杂的墙面上施工等优点,因而是一种很有发展前途的材料。

涂料一般是由多种物质经混合、溶解、分解而组成的材料。按涂料中各组分所起的作用,可分为主要成膜物质、次要成膜物质和辅助成膜物质。

主要成膜物质又称为胶黏剂或固着剂,是涂料中最主要的成分,决定着涂膜的各种性能,是涂料的基础,因此也常被称为基料、漆料或漆基。它的作用是将其他组分黏结成一个整体,并能附着在被涂基层表面形成坚韧的保护膜(亦可单独成膜)。主要成膜物质多属于高分子化合物(如树脂),或成膜后能形成高分子化合物的有机物质(如油料),有时也用无机胶结材料作为主要成膜物质。

次要成膜物主要是指涂料中所用的颜料,它能使涂膜具有各种颜色,能增加涂膜的强度,防止紫外线穿透,提高涂膜的耐久性。有些特殊颜料能使涂膜具有抑制金属腐蚀、耐高温的特殊效果。颜料的品种很多,按其化学组成分为有机和无机颜料,按其来源分为天然与人造颜料,按其主要作用分为着色颜料、体质颜料和防锈颜料等。

辅助成膜物质不能单独构成涂膜,但对涂料的施工和成膜过程有很大影响。辅助成膜物质主要包括溶剂和辅助材料两大类。溶剂是能挥发的液体,具有溶解成膜物质的能力,可降低涂料的黏度以便达到施工的要求。辅助材料可改善涂料的性能,按功能可分为催干剂、增塑剂、润湿剂、消泡剂、硬化剂、紫外线吸收剂、稳定剂等。

(2)建筑涂料的分类

①按主要成膜物质分类

按构成涂膜主要成膜物质的化学成分分为有机涂料、无机涂料、有机与无机复合涂料。有机涂料又分为溶剂型涂料、水溶性涂料、乳胶涂料。

溶剂型涂料是以高分子合成树脂为主要成膜物质,以有机溶剂为稀释剂,加入适量的颜料、填料(体质颜料)及辅助材料,经研磨而成的涂料。

溶剂型涂料形成的涂膜细腻、光洁而坚韧,有较好的硬度、光泽和耐水性、耐候性,气密性好,耐酸碱,对建筑物有较强的保护性,使用温度可以低到零度。它的主要缺点是:易燃,溶剂挥发对人体有害,施工时要求基层干燥,涂膜透气性差而且价格较贵。

水溶性涂料是以水溶性合成树脂为主要成膜物质,以水为稀释剂,加入适量的颜料、填料及辅助材料,经研磨而成的涂料。这类涂料的水溶性树脂,可直接溶于水中与水形成均匀的溶液。它的耐水性较差,耐候性不强,耐洗刷性差,一般只用于内墙涂料。

乳胶涂料又称乳胶漆,它是以合成树脂在乳化剂的作用下,以 $0.1\sim0.5~\mu m$ 极细的微粒分散于水中构成的乳液,并以乳液为主要成膜物,加入适量的颜料、填料、辅助材料经研磨而成的涂料。这种涂料由于以水为稀释剂,价格较便宜,无毒、不燃,有一定的透气性,涂布时不需要基层很干燥,涂膜固化后的耐水、耐擦洗性较好,可作为内外墙建筑涂料。但是施工温度一般应在 $10~℃$ 以上,用于潮湿的部位易发霉,需加防霉剂。

无机涂料是最早采用的一类涂料,传统的石灰水、大白粉、可赛银等,就是以生石灰、碳酸钙、滑石粉等为主要原料,加适量动植物胶配制而成的内墙涂刷材料。它的耐水层差,涂抹质地疏松,易起粉,早已为合成树脂为基料的各种涂料所取代。但硅溶胶、水玻璃的出现,又赋予它新的内容。无机涂料具有价格便宜、耐久性好、耐热性好等特点。

有机与无机复合涂料,综合了无机涂料和有机涂料的优点,克服了它们的缺点,取长补短,发挥其各自的优势。为降低成本,改善建筑涂料的性能,更适应建筑的要求等方面开辟了一条途径。

②按照主要成膜物质分类

可将涂料分为聚乙烯醇系列建筑涂料、丙烯酸系列建筑涂料、氯化橡胶建筑涂料、聚氨酯建筑涂料和水玻璃及硅溶胶建筑涂料等。

③按建筑物的使用部位分类

可将建筑涂料分为外墙涂料、内墙涂料、顶棚涂料、地面涂料和屋面防水涂料等。

④按建筑涂料的功能分类

可将其分为装饰性涂料、防火涂料、保温涂料、防腐涂料、防水涂料、防霉涂料、防结露涂料等。

(3)常用涂料简介

①内墙涂料

内墙涂料的主要功能是装饰及保护室内墙面,使其美观整洁,让人们处于优越的居住环境之中。为了获得良好的效果,内墙涂料应具有以下要求:色彩丰富、细腻、调和;耐碱性、耐水性、耐粉化性良好;透气性良好;涂刷方便,重涂容易;无毒、无污染。

内墙涂料有合成树脂乳胶漆、水溶性涂料、溶剂型涂料。乳胶漆适宜用作内墙涂料,其主要产品有醋酸乙烯乳胶漆、醋酸乙烯—丙烯酸酯内墙乳胶漆、丙烯酸酯内墙乳胶漆等。溶剂型内墙涂料光洁度好,易于冲洗,耐久性好,但透气性差,容易结露,施工时有溶剂挥发,较少用于住宅内墙,可用于厅堂、走廊、卫生间等。水溶性内墙涂料属低档涂料,用于一般民用建筑室内墙面。常用品种有聚乙烯醇、水玻璃内墙涂料(106)、聚乙醇缩甲醛内墙涂料(803)。

②外墙涂料

外墙涂料的主要功能是装饰和保护建筑物的外墙面,使建筑物外貌整洁美观,从而达到美化城市环境的目的,同时能够起到保护建筑物外墙的作用,延长其使用的时间。为了获得良好的装饰与保护效果,外墙涂料一般应具有以下特点:装饰性良好,耐水性良好,耐沾污性好,耐候性良好,施工及维修容易。

溶剂型外墙涂料与树脂的乳液型外墙涂料相比,由于其涂膜较致密,在耐大气污染、耐水和耐酸碱方面比较好,但透气性差,不宜在潮湿基体上施工。常用品种有氯化橡胶外墙涂料、丙烯酸外墙涂料、丙烯酸—聚氨酯外墙涂料和丙烯酸酯有机硅外墙涂料等。

乳液型外墙涂料耐候性、耐沾污性差,不适用于高层建筑。常用品种有醋酸乙烯、丙烯酸酯乳液外墙涂料、苯乙烯丙烯酸乳液外墙涂料、丙烯酸酯乳液外墙涂料等。

无机外墙涂料为水性建筑涂料的一个类别,环保、使用方便,但其涂膜不丰满,装饰性差,使用受到一定限制,常用的有碱金属硅酸盐涂料(A 类)和硅溶胶涂料(B 类)。

碱金属硅酸盐涂料是以硅酸钾、硅酸钠、硅酸锂或其混合物为基料,加入相应的固化剂或有机合成树脂乳液(使涂料的耐水性、耐碱性、耐冻融循环和耐久性得到提高,满足外墙要求),制成的涂料。硅溶胶涂料是在硅溶胶中加入有机合成树脂乳液及辅助成膜材料制成的,既保持有无机涂料硬度和快干性,又有一定的柔软性和较好的耐洗刷性。

③地面涂料

地面涂料的主要功能是装饰与保护室内地面,使地面清洁美观,与室内墙面及其他装饰相对应,让居住者处于优雅的环境中。为了获得良好的效果,地面涂料应具有如下特点:耐碱性良好;与水泥砂浆有良好的黏结性能;耐水性、耐磨性、耐冲击性好;涂刷施工方便,重涂容易。

溶剂型地面涂料常用品种有过氯乙烯地面涂料、环氧地面涂料、聚氨酯地面涂料。另外还有氯乙烯—偏氯乙烯共聚乳液地面涂料、聚乙烯醇缩甲醛水泥地面涂料、聚酯酸乙烯水泥地面涂料。

10.5 建筑声学材料

10.5.1 建筑声学材料基础知识

材料对声音的作用可以分为吸声的、隔声(反射)的和透声的,所有材料都同时具有三种作用,只是作用程度不同。人们将吸声作用较强的材料称为吸声材料;把隔声作用较强的材料称为隔声材料。

根据能量守恒定律,单位时间内入射到构筑物上的总声能 E_0 与反射声能 E_γ、吸声声能 E_α 以及透过构筑物的声能 E_τ 等参量之间存在式(10.1)的关系:

$$E_0 = E_\gamma + E_\alpha + E_\tau \tag{10.1}$$

透射声能与入射声能之比称为透射系数,记为 τ;反射声能与入射声能之比为反射系数,记为 γ;吸声声能与入射声能之比称为吸声系数,记为 α;即

$$\tau = \frac{E_\tau}{E_0}, \quad \gamma = \frac{E_\gamma}{E_0}, \quad \alpha = \frac{E_\alpha}{E_0} \tag{10.2}$$

吸声系数是评定材料吸声性能好坏的主要指标。材料的吸声性能除与声波的方向有关外,还与声波的频率有关。同一种材料,高、中、低不同频率的吸声系数不同,通常取 125 Hz、250 Hz、500 Hz、1 000 Hz、2 000 Hz、4 000 Hz 六个频率的吸声系数来表示材料吸声的频率特性。凡上述 6 个频率的平均吸声系数大于 0.2 的材料称为吸声材料。τ 值小的材料称为隔声材料。

10.5.2　吸声材料及其构造

(1)多孔吸声材料

声波进入材料内部互相贯通的孔隙时,空气分子受大摩擦和黏滞阻力作用,使空气产生振动,从而使声能转化为机械能,最后因摩擦而转变为热能被吸收。材料中开放的、互相连通的、细微的孔越多,其吸声性能越好。

(2)柔性吸声材料

柔性吸声材料是具有密闭气孔和一定弹性的材料,如泡沫塑料。声波引起的空气振动不一定能传至其内部,只能相应地产生振动,在振动过程中由于克服内部的摩擦而消耗声能,引起声波衰减。

(3)帘幕吸声体

帘幕吸声体是用具有通气性能的纺织品,安装在离墙面或窗洞一定距离处,背后设置空气层形成的吸声体。这种吸声体对中、高频声音都有一定的吸声效果。

(4)悬挂空间吸声体

悬挂于空间的吸声体,能增加有效吸声面积,加上声波的衍生作用,大大提高了实际的吸声效果。空间吸声体可设计成多种形式悬挂在顶棚下面。

(5)薄板振动吸声结构

将胶合板、薄木板、纤维板、石膏板等的周边固定在墙或顶棚的龙骨上,并在背后留有空气层,即形成薄板吸声结构。

(6)穿孔板组合共振吸声结构

把穿孔的各种材质薄板周边固定在龙骨上,并在背后设置空气层即构成穿孔板组合共振吸声结构。

常用吸声材料有无机材料的吸声砖、石膏板、水泥蛭石板、石膏砂浆、水泥膨胀珍珠岩板、水泥砂浆等;木质材料中的软木板、木丝板、三夹板、穿孔五夹板、木质纤维板等;泡沫材料中的泡沫玻璃、泡沫塑料、泡沫水泥、吸声蜂窝板;纤维材料中的矿棉板、玻璃棉、酚醛玻璃纤维板、工业毛毡等。

10.5.3　隔声材料

人们要隔绝的声音按其传播途径可分为空气声(由于空气的振动)和固体声(由于固体撞击或振动)两种。对空气声,根据声学中的"质量定律",墙或板传声的大小,主要取决于其单位面积的质量,质量越大,越不易振动,则隔声效果越好。因此,应选用密实、沉重的材料(如黏土砖、钢板、钢筋混凝土等)作为隔声材料。如果采用轻质材料或薄壁材料,则需辅以多孔吸声材料或采用夹层结构,如夹层玻璃就是一种很好的隔声材料。对固体声,最有效的措施是采用不连续的结构激励,即在墙壁和承重梁之间,房屋的框架和墙板之间加弹性衬垫,如毛毡、软木、橡皮等材料或在楼板加弹性地毯。

10.6　胶　黏　剂

胶黏剂是指具有良好的黏结性能,能把两物体牢固地胶连起来的一类物质。随着高分子化工的发展和建筑构件向预制化、装配化、施工机械化方向的发展,特别是各种建筑装饰材料的使用,使得胶黏剂在建筑上的应用十分广泛,也是建筑工程中不可缺少的配套材料之一。它不但广泛应用于建筑室内外装修工程中,如墙面、地面、吊顶工程的装修黏结,还常用于屋面防水、地下防水、管道工程、新旧混凝土的接缝以及金属构件及基础的修补等,还可用于生产各种新型建筑材料。

10.6.1 胶黏剂的基本原理

胶黏剂能够将材料牢固地黏接在一起,是因为胶黏剂与材料间存在有黏接力。一般认为黏接力主要来源于以下几个方面。

(1)机械黏接力

胶黏剂涂敷在材料的表面后,能渗入材料表面的凹陷处和表面的孔隙内,当胶黏剂固化后如同镶嵌在材料内部,正是靠这种机械锚固力将材料黏接在一起。

(2)物理吸附力

胶黏剂分子和材料分子间存在的物理吸附力(即范德华力)将材料黏接在一起。

(3)化学键力

某些胶黏剂与材料分子间能发生化学反应,即在胶黏剂与材料间存有化学键力,是化学键力将材料黏接为一个整体。

对不同的胶黏剂和被黏材料,黏接力的主要来源也不同,当机械黏接力、物理吸附力、化学键力和扩散共同作用时,可获得很高的黏接强度。

10.6.2 胶黏剂的基本要求

为将材料牢固地黏接在一起,无论哪一种类的胶黏剂都必须具备以下基本要求:

①室温下或加热、加溶剂、加水后易产生流动。

②具有良好的浸润性,可很好地浸润被黏材料的表面。

③在一定的温度、压力、时间等条件下,可通过物理和化学作用而固化,从而将被黏材料牢固地黏接为一个整体。

④具有足够的黏接强度和较好的其他物理力学性质。

10.6.3 胶黏剂的组成与分类

(1)胶黏剂的组成

尽管胶黏剂品种很多,但其主要组成一般为黏结料、固化剂、增韧剂、稀释剂、填料和改性剂等几种。对于某一种胶黏剂来说,不一定都含有这些成分,同样也不限于这几种成分。

①黏结料。黏结料简称黏料,它是胶黏料中最基本的组分,它的性质决定了胶黏剂的性能、用途和使用工艺。一般胶黏剂是用黏料的名称来命名的。

②固化剂。有的胶黏剂(如环氧树脂)不加固化剂就不能变成坚硬的固体,因此固化剂也是胶黏剂的主要成分,其性质和用量对胶黏剂的性能起重要作用。

③增韧剂。为了提高胶黏剂硬化后的韧性和抗冲击能力,常根据胶黏剂种类,加入适量的增韧剂。

④填料。填料一般在胶黏剂中不发生化学反应,但加入填料可以改善胶黏剂的机械性能。

同时,填料价格便宜,可显著降低胶黏剂的成本。

⑤稀释剂。加稀释剂主要是为了降低胶黏剂的黏度,便于操作,提高胶黏剂的湿润性和流动性。

⑥改性剂。为了改善胶黏剂某一性能,满足特殊要求,常加入一些改性剂。如为提高胶接强度,可加入偶联剂。另外还有防老化剂、稳定剂、防腐剂、阻燃剂等多种改性剂。

(2)胶黏剂的分类

胶黏剂品种繁多,用途不同,组成各异,如何进行合理分类,尚未统一,目前大都从黏料性质、胶黏剂用途及固化条件等来划分类别。

①按黏料的性质分

胶黏剂按其所用黏料性质不同,可有如图 10.1 所示分类。

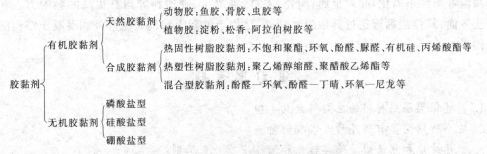

图 10.1　胶黏剂按所用黏料的性质分类

②按胶黏剂用途分

a. 结构型胶黏剂。其胶接强度较高,至少与被黏物本身的材料强度相当。一般剪切强度大于 15 MPa,不均匀剥离强度大于 3 MPa。如环氧树脂胶黏剂。

b. 非结构型胶黏剂。有一定的胶接强度,但不能承受较大的力。如聚酯酸乙烯酯等。

c. 特种胶黏剂。指能满足某种特殊性能和要求的胶黏剂。根据不同用途的需要,可具有导电、导磁、耐腐蚀、耐高温、耐超低温、厌氧、光敏、防腐等特性。

③按固化条件分

按固化条件分为室温固化胶黏剂、低温固化胶黏剂、高温固化胶黏剂、光敏固化胶黏剂、电子束固化胶黏剂等。

10.6.4　常用胶黏剂

(1)热塑性树脂胶黏剂

①聚乙烯醇缩醛胶黏剂

由聚乙烯醇在酸性条件下与醛类缩聚而得,属水溶性聚合物。这种胶的耐水性及耐老化性较差。最常用的是低聚醛度的聚乙烯醇缩甲醛(PVFM),它是市售 107 胶的主要成分。107胶在水中的溶解度很大,且成本低,是目前在建筑装修工程广泛使用的胶黏剂,如用于粘贴塑料壁纸,配制黏接力较高的砂浆等。

②聚醋酸乙烯胶黏剂

聚醋酸乙烯胶黏剂即聚酯酸乙烯(PVAC)乳液,俗称白乳胶或乳白胶。它是一种使用方便、价格便宜,应用广泛的结构胶。它对各种极性材料有较高的黏附力,但耐热性、对溶剂作用的稳定性及耐水性较差,只能作为室温下使用的非结构胶。如用于黏接玻璃、陶瓷、混凝土、纤维织物、木材、塑料层压板、聚苯乙烯板、聚氯乙烯塑料地板等。

(2)热固性树脂胶黏剂

①不饱和聚酯树脂胶黏剂

不饱和聚酯树脂胶黏剂主要由不饱和聚酯树脂、引发剂、填料等组成。改变其组成可以获得不同性质和用途的胶黏剂。不饱和聚酯树脂胶黏剂的黏接强度高、抗老化性及耐热性好，可在室温和常压下固化，但固化时的收缩大，使用时须加入填料或玻璃纤维等。不饱和聚酯树脂胶黏剂可用于黏接陶瓷、玻璃、木材、混凝土、金属等结构构件。

②环氧树脂胶黏剂

环氧树脂胶黏剂主要由环氧树脂、固化剂、填料、稀释剂、增韧剂等组成。改变胶黏剂的组成可以得到不同性质和用途的胶黏剂。环氧树脂胶黏剂的耐酸、耐碱侵蚀性好，可在常温、低温和高温等条件下固化，并对金属、陶瓷、木材、混凝土、硬塑料等均有很高的黏附力。在黏接混凝土方面，其性能远远超过其他胶黏剂，广泛用于混凝土结构裂缝修补和混凝土结构的补强与加固。

复习思考题

1. 简述保温隔热材料的主要特点及类型。
2. 安全玻璃主要有哪几种？各有何特点？
3. 吸热玻璃和热反射玻璃在性能和用途上有什么区别？
4. 中空玻璃的最大特点是什么？适用于什么环境？
5. 试按燃烧性能对常用建筑材料进行分类。
6. 简述常用防火涂料及防火板材的类型。
7. 釉面砖、外墙贴面砖、地砖有何不同点？
8. 简述花岗石、大理石的矿物组成、性能特点及应用。
9. 为什么大理石饰面板材不宜用于室外？
10. 铝合金材料在建筑装饰工程中主要用在哪几个方面？
11. 彩色涂层钢板有哪几种？主要应用在何处？有哪些优点？
12. 简述铜合金用途。
13. 塑料的主要组成是什么？各起什么作用？
14. 建筑塑料的特性是什么？
15. 建筑塑料装饰制品主要由哪些类型？简述其各自用途。
16. 涂料由哪些组分组成？各起什么作用？
17. 内墙涂料应具有哪些特点？常用的内墙涂料有哪些？
18. 外墙涂料应具有哪些特点？常用的外墙涂料有哪些？
19. 简述吸声材料及构造。
20. 简述胶黏剂的胶结原理。
21. 简述胶黏剂的组成及所起作用。

第 11 章 土木工程材料试验

11.1 概 述

通过土木工程材料的试验教学,一方面可使学生了解常规试验操作,熟悉试验设备,学习操作技能,了解材料质量的检验方法与有关技术标准、规范;另一方面可使学生进一步加深对材料各类技术性质的理解。工程材料试验通常包括取样、测试与试验数据的整理、运算与分析等技术。

11.1.1 工程材料试验基础技术

(1)测试技术

①取样。在试验之前首先要选取试样,试样必须具有代表性。取样原则为随机抽样,即在若干堆(捆、包)材料中,对任意堆材料随机抽取试样。取样方法视材料而定。

②仪器的选择。试验中有时需要称取试件或试样的质量,称量时要求具有一定的精度。比如试样称量精度要求为 0.1 g,则应选用感量为 0.1 g 的天平,一般称量精度大致为试样重量的 0.1%。测量试件尺寸,同样有精度的要求,一般对边长大于 50 mm 的,精度可取 1 mm;对边长小于 50 mm 的,精度可取 0.1 mm。对试验机吨位的选择,应使指针停在试验机度盘的第二、三象限内为好。

③试验。将取得的试样经处理、加工或成型,以满足试验要求。制备方法随试验项目而异,应严格按照各个试验所规定的方法进行。测试时,如系标准试验,必须按照标准所规定的步骤与方法实施。如属于新产品或研究性试验,也需要拟订一定的试验方法,并且应相对稳定,否则测试结果无法比较与评定。

④结果计算与评定。对各次试验结果进行数据处理,一般取几次平行试验结果的算术平均值作为试验结果,否则测试结果应满足精度与有效数字的要求。

有效数字由观测值中所有准确数与最末一位欠准确数字组成。在工程材料试验中,一般取三位有效数字,最多取四位就足够了。

试验结果经计算处理后,应给予评定,在某种情况下还应对试验结果进行分析,得出结论。

(2)试验条件

同一材料在不同的试验条件下,会得出不同的试验结果,如试验时的温度、湿度、加荷速度、试件制作情况等都会影响试验数据。

①温度。试验时的温度对某些试验结果影响很大,在常温(15~25 ℃)下进行试验,对一般材料来说影响不大,但对感温性强的材料,必须严格控制温度。

②湿度。试验时试件的湿度也明显地影响着试验数据。一般而言,试件的湿度愈大,测得的强度愈低。而脆性材料的弯曲强度可能出现相反的现象,这是由于不均匀的干燥收缩引起的拉应力会导致干燥试件强度低于潮湿试件的结果。所以,在试验时试件的湿度应控制在规

定的范围内。当然在物理性能测试中,材料的干湿程度对试验结果的影响就更为突出了。

③试件尺寸与受荷面平整度。试件受压时,由于受环箍效应的影响,相同受压面积的试件,高度大的比高度小的测试强度要小。通常大尺寸试件测得的强度总比小尺寸试件测得的强度低。所以试件尺寸大小都有统一规定。

试件受荷面的平整度也大大影响着测试强度。如受荷面粗糙不平整,强度大为降低。上凸下凹引起应力集中更甚,强度下降更大。所以受压面必须平整,如为成型面受压,必须用适当强度的材料找平。

④加荷速率。加荷速率对强度试验结果有较大的影响。加荷速率愈慢,测得的强度愈低,这是由于应变有足够的时间发展,应力还不大时,变形已达到极限应变,试件即破坏。对混凝土试件,以 40 MPa/min 的加荷速率测得的抗压强度要比 1 MPa/min 速率测得的强度提高15%左右。又如按规定速率加荷至极限强度的 90%左右,并保持荷载不变,则过几分钟或更长一些时间,试件也会破坏。因此,对各种材料的力学性能测试,都有加荷速率的规定。

(3)试验报告

试验的主要内容都应在试验报告中反映。试验报告的形式不尽相同,但其内容都应包括:

①试验名称、内容;

②目的与原理;

③试验编号、测试数据与计算结果;

④结果评定与分析;

⑤试验条件与日期;

⑥试验班、组号、试验者等。

11.1.2　试验数据的处理

在取得了原始的观测数据之后,为了达到所需要的科学结论,常需要对观测数据进行一系列的分析和处理,最基本的方法是数学处理方法。为了科学地评价数据资料,首先需要了解有关误差理论,以便确定测试数据的可靠性与精确性。

(1)测量误差

一般说来,测定值并不是观测对象的真正数值(或称真值),只是客观情况的近似结果。虽然任何一个物理量的真值通常都是不知道的,但是可以估计测定值与真值相差的程度,这种测定值与真值之间的差异称为测定值的观测误差,简称误差。

①误差的分类

误差可以有不同的分类方法。按照误差最基本的性质与特点,可以把误差分为三大类:系统误差、随机误差和疏失误差。

a.系统误差。凡恒定不变或者遵循一定规律变化的误差均称为系统误差或确定性误差。产生系统误差的原因来自测量仪器和工具、测量人员、测量方法和条件等三个方面。

来自测量仪器和工具的系统误差,是由于测量所用的仪器和工具本身不完善而产生的误差。例如,天平砝码不准确产生的固定不变的系统误差;等臂天平两臂不等而产生按线性规律变化的系统误差;万能试验机的刻度盘指针轴心不在圆心上而产生周期变化的系统误差。

来自测量人员的系统误差,是由于测量人员的不同习惯(如有人是用左眼观测,有人是用右眼观测,从而造成读数时的视差)所引起的误差。

　　来自测量方法和条件的系统误差,是由于没有按照正确的方法进行,或者由于外界环境的影响而产生的误差。在一个测量中,如果系统误差很小,则表示测量结果是相当准确的,所以测量的准确度是由系统误差来表征的。

　　b. 随机误差。凡误差的出现没有规律性,其数值的大小与性质不固定,误差是随机变化的称为随机误差。任何一次测量中,随机误差是不可避免的,而且在同一条件,重复进行的各次测量中,随机误差的大小、正负各有其特征,但就其总体来说,都具有某些内在的共性,即服从一定的统计规律,出现的正负误差概率几乎相等。

　　随机误差产生的原因是多种多样的,是由于许多互不相干的独立因素引起的,目前尚不完全清楚,但大多数因素与系统误差是一样的,只不过由于变化因素太多或由于影响太微小且复杂,以致无法掌握其具体规律。

　　随机误差不能用试验的方法消除,但其总体是有规律的。根据随机误差的理论分析,一组多次重复测量值的算术平均值是最有代表性的数值。所以在重复测量中,取其算术平均值作为测量结果。

　　在具体测量中,如果数值大的随机误差出现的概率比数值小的随机误差的概率低很多,则表示测量结果较为精密,所以测量的精密度是随机误差弥散程度的表征。

　　c. 疏失误差(差错)。由于观测者的疏忽大意引起操作错误或读数错误、计算错误等,都会使测量数据明显地歪曲,测量结果是完全错误的,这种误差称为疏失误差。疏失误差远远超过同一客观条件下的系统误差与随机误差,凡含有疏失误差的数据应舍去。

　　②绝对误差与相对误差

　　绝对误差表示测定值与真值的偏差。它既表示偏差的大小,又表明了偏差的方向,有正负之分,不是误差的绝对值。绝对误差有时就称为误差,它表示测量的准确度。由于真值一般是无法测得的,故通常采用最大绝对误差表示。

　　相对误差是绝对误差与真值之比,通常可采用百分数(%)表示。相对误差表示测量精密度,具有可比性。同样在具体测量中常采用最大相对误差。例如用 250 kN 万能试验机进行钢材抗拉试验,测得的最大荷载为 198 000 N,如最大绝对误差为 1 000 N,则该观测值的最大相对误差为

$$\delta_1 = \frac{1\,000}{198\,000} \approx 0.5\%$$

又如用 20 kN 电子万能试验机测试纤维增强水泥板的抗折强度,测得的最大荷载为 728 N,如最大绝对误差为 4 N,则该观测值的最大相对误差为

$$\delta_2 = \frac{4}{728} \approx 0.5\%$$

　　上述两个数值,具有相近的最大相对误差,也就是说它们的精密度是相近的。但如各自用最大绝对误差表示准确度,就可能得出错误的结论,误认为后者比前者准确。关于误差传递可参考有关资料。

　　(2)数字修约规则

　　①术语

　　a. 修约间隔

　　它是确定修约保留位数的一种方式。修约间隔的数值一经确定,修约值即应为该数值的整数倍。

例 1:如指定修约间隔为 0.1,修约值即应在 0.1 的整数倍中选取,相当于将数值修约到一位小数。

例 2:如指定修约间隔为 100,修约值即应在 100 的整数倍中选取,相当于将数值修约到"百"的位数。

b. 有效位数

对没有小数位且以若干个零结尾的数值,从非零数字最左一位向右数,得到的位数减去无效零(即仅为定位用的零)的个数即为有效位数;对其他十进位数,从非零数字最左一位向右数而得到的位数就是其有效位数。

例 1:35 000,若有两个无效零,则为三位有效位数,应写为 350×10^2;若有三个无效零,则为两位有效位数,应写为 35×10^3。

例 2:3.2,0.32,0.032,0.003 2 均为两位有效位数;0.032 0 为三位有效位数。

例 3:12.490 为五位有效位数;10.00 为四位有效位数。

c. 0.5 单位修约(半个单位修约)

指修约间隔为指定位数的 0.5 单位,即修约到指定位数的 0.5 单位。例如,将 60.28 修约到个位的 0.5 单位,得 60.5。

d. 0.2 单位修约

指修约间隔为指定数位的 0.2 单位,即修约到指定位数的 0.2 单位。例如,将 832 修约到"百"位数的 0.2 单位,得 840。

②确定修约位数的表达方式

a. 指定位数

ⓐ指定修约间隔为 10^{-n}(n 为正整数),或指明将数值修约到 n 小数;

ⓑ指定修约间隔为 1,或指明将数值修约到个位数;

ⓒ指定修约间隔为 10^n 或指明将数值修约到 10^n 数位(n 为正整数),或指明将数值修约到"十""百""千"……位数。

b. 指定将数值修约成 n 位有效位数。

③近舍规则

a. 拟舍弃数字的最左一位数字小于 5 时,则舍去,既保留的各位数字不变。

例 1:将 12.149 8 修约成一位小数,得 12.1。

例 2:将 12.149 8 修约成两位有效位数,得 12。

b. 拟舍弃数字的最左一位数字大于等于 5 而其后跟有并非全部为 0 的数字时,则进 1,既保留的末位数字加 1。

例 1:将 1 268 修约到"百"位数,得 13×10^2(特定时可写为 1 300)。

例 2:将 1 268 修约成三位有效位数,得 127×10(特定时可写为 1 270)。

例 3:将 10.502 修约到个位数,得 11。

注:"特定时"的含义系指修约间隔或有效数明确时。

c. 拟舍弃数字的最左一位数字为 5,而右面无数字或皆为 0 时,若所保留的末位数字为奇数(1,3,5,7,9)则进 1,为偶数(2,4,6,8,0)则舍弃。

例 1:修约间隔为 0.1。

拟修约数值　　　修约值

1.050　　　　　1.0

| 0.350 | 0.4 |

例 2:修约间隔为 1 000。

拟修约数值	修约值
2 500	$2×10^3$（特定时可写为 2 000）
3 500	$4×10^3$（特定时可写为 4 000）

例 3:将下列数字修约成两位有效位数:

| 拟修约数值 | 修约值 |
| 0.032 5 | 0.032 |

④不许连续修约

a. 拟修约数字应在确定修约位数后一次修约获得结果,而不得多次连续修约。

例如:修约 15.454 5,修约间隔为 1。

正确的方法:15.454 5→15

不正确的方法:15.454 5→15.455→15.46→15.5→16

b. 在具体实施中,有时测试与计算部门先将获得数值按指定的修约位数多一位或几位报出,而后由其他部门判定。为避免产生连续修约的错误,应按下述步骤进行。

ⓐ报出数值最右的非零数字为 5 时,应在数值后面加"＋"或"－"或不加符号,以分别表明已进行过舍、进或未舍未进。

例如:16.50(＋)表示实际值大于 16.50,经修约舍弃成为 16.50;16.50(－)表示实际值小于 16.50,经修约进 1 成为 16.50。

ⓑ如果判定报出值需要进行修约,当拟舍弃数字最左一位数字为 5 而后面无数字或皆为零时,数值后面有(＋)号者进 1,数字后面有(－)号者舍弃,其他仍按规则。

例如:将下列数字修约到个数位后进行判断(报出值多留一位到一位小数)。

实测值	报出值	修约值
15.454 6	15.5(－)	15
16.520 3	16.5(＋)	17
17.500 0	17.5	18
－15.454 6	－(15.5(－))	－15

⑤0.5 单位修约与 0.2 单位修约

a. 0.5 单位修约

将拟修约数值乘以 2,按指定数位依照取舍规则进行修约,所得数值再除以 2。

例如:将下列数字修约到个数位的 0.5 单位(或修约间隔为 0.5)。

拟修约数值 （A）	乘 2 （2A）	2A 修约值 （修约间隔为 1）	A 修约值 （修约间隔为 0.5）
60.25	120.50	120	60.0
60.38	120.76	121	60.5
－60.75	－121.50	－122	－61.0

b. 0.2 单位修约

将拟修约数值乘以 5,按指定数位依照取舍规则进行修约,所得数值再除以 5。

例如:将下列数字修约到"百"数位的 0.2 单位(或修约间隔为 20)。

拟修约数值 （A）	乘5 （5A）	5A 修约值 （修约间隔为100）	A 修约值 （修约间隔为20）
830	4 150	4 200	840
842	4 210	4 200	840
−930	−4 650	−4 600	−920

11.2　水泥试验

本试验根据国家标准《水泥比表面积测定法(勃氏法)》(GB 8074—2008),《水泥细度检验方法》(GB 1345—2005),《水泥标准稠度用水量、凝结时间、安定性检验方法》(GB/T 1346—2011)及《水泥胶砂强度检验方法》(GB/T 17671—1999)测定水泥的有关性能和胶砂强度。

11.2.1　水泥试验的一般规定

(1)取样方法以同一水泥厂、同品种、同强度等级的水泥为一个取样单位,散装水泥一批的总量不得超过 500 t,袋装水泥一批的总量不得超过 200 t,取样要有代表性,可连续取样,也可从 20 个不同部位取等量样品,总量至少 12 kg。

(2)取得的试样应充分搅拌,通过 0.9 mm 方孔筛,记录筛余百分率及性质。

(3)试验室的温度为(20±2)℃,相对湿度大于 50%。标准养护箱的温度为(20±1)℃,相对湿度大于 90%。

(4)试验室用水必须是洁净的淡水。

11.2.2　水泥细度检验

本试验根据国家标准《水泥比表面积测定法(勃氏法)》(GB 8074—2008),《水泥细度检验方法》(GB 1345—2005)进行。

(1)试验目的

水泥细度是水泥的一个重要技术指标,水泥的物理力学性质均与细度有关,因此必须对细度进行检验。

水泥细度检验有比表面积法和筛析法。比表面积法适用于硅酸盐水泥、普通硅酸盐水泥,筛析法适用于其他通用硅酸盐水泥。筛析法又分负压筛法、水筛法和干筛法。在检验中,当其他方法与负压筛法发生争议时,以负压筛法为准。下面主要介绍比表面积法(勃氏法)、负压筛法。

(2)水泥比表面积测定法(勃氏法)

①主要仪器设备

a. 比表面积测定仪。由透气圆筒、压力计、抽气装置三部分组成。

b. 滤纸。采用符合国标的中速定量滤纸。

c. 分析天平分。度值为 1 mg。

d. 计时秒表。精确读数到 0.5 s。

e. 烘干箱。

②试验步骤

a. 试样制备

将在温度为(110±5)℃的烘箱中烘干并在干燥器中冷却到室温的标准试样,倒入 100 mL 的密闭瓶内,用力摇动 2 min,将结块成团的试样振碎,使试样松散。静止 2 min 后,打开瓶盖,轻轻搅拌,使在松散过程中落到表面的细粉分布到整个试样中。

b. 确定试样数量

材料质量按式(11.1)计算:

$$W = \rho V (1-\varepsilon) \tag{11.1}$$

式中 W——需要的试样量,g;

ρ——试样密度,g/cm³;

V——试料层体积,cm³;

ε——试料层空隙率*。

*:空隙率是指试料层中孔的容积与试料层总的容积之比,P·Ⅰ、P·Ⅱ型水泥采用 0.500±0.005,其他水泥或粉料的空隙率选用 0.530±0.005。如有些粉料按式(11.1)算出的试样量在圆筒的有效体积中容纳不下或经捣实后未能充满圆筒有效体积,则允许适当地改变空隙率,空隙的调整以 2 000 g 砝码将试样压实至规定的位置为准。

c. 试料层的制备

将穿孔板放入透气圆筒的突缘上,用一根直径比圆筒略小的细棒把一片滤纸送到穿孔板上,边缘压紧。称取水泥量(W),精确到 0.001 g,倒入圆筒内。轻敲圆筒的边,使水泥层表面平坦。再放入一片滤纸,用捣器均匀捣实试料直至捣器的支持环紧紧接触圆筒顶边并旋转二周,慢慢取出捣器。

d. 透气试验

ⓐ把装有试料层的透气圆筒连接到压力计上,要保证紧密连接不漏气*,并不振动所制备的试料层。

*:为避免漏气,可先在圆筒下锥面涂一薄层活塞油脂,然后把它插入压力计顶端锥形磨口处,旋转两周。

ⓑ打开微型电磁泵慢慢从压力计中抽出空气,直到压力计内液面上升到扩大部下端时关闭阀门。当压力计内液体的凹液面下降到第一个刻度线时开始计时,当液体的凹液面下降到第二个刻度线时停止计时,记录液面从第一刻度线到第二刻度线的时间(以秒记录),并记下试验室的温度(℃)。

e. 计算

ⓐ当被测物料的密度、试料层中空隙率与标准试样相同,试验时温度与校准温度之差不大于 3 ℃时,可按式(11.2)计算比表面积:

$$S = \frac{S_s \sqrt{T}}{\sqrt{T_s}} \tag{11.2}$$

如试验时温度与校准温度之差大于 3 ℃时,则按式(11.3)计算比表面积:

$$S = \frac{S_s \sqrt{T} \sqrt{\eta_s}}{\sqrt{T_s} \sqrt{\eta}} \tag{11.3}$$

式中 S——被测试样的比表面积,cm²/g;

S_s——标准试样的比表面积,cm²/g;

T——被测试样试验时,压力计中液面降落测得的时间,s;

T_s——标准试样试验时,压力计中液面降落测得的时间,s;

η——被测试样试验温度下的空气黏度 Pa·s;

η_s——标准试样试验温度下的空气黏度 Pa·s。

ⓑ当被测试样的试料层中空隙率与标准试样试料层中空隙率不同,试验时温度与校准温度之差不大于 3 ℃时,可按式(11.4)计算比表面积:

$$S=\frac{S_s\sqrt{T}(1-\varepsilon_s)\sqrt{\varepsilon^3}}{\sqrt{T_s}(1-\varepsilon)\sqrt{\varepsilon_s^3}} \tag{11.4}$$

如试验时温度与校准温度之差大于 3 ℃时,则按式(11.5)计算比表面积:

$$S=\frac{S_s\sqrt{T}(1-\varepsilon_s)\sqrt{\varepsilon^3}\sqrt{\eta_s}}{\sqrt{T_s}(1-\varepsilon)\sqrt{\varepsilon_s^3}\sqrt{\eta}} \tag{11.5}$$

式中　ε——被测试样试料层中的空隙率;

ε_s——标准试样试料层中的空隙率。

ⓒ当被测试样的密度和空隙率均与标准试样不同,试验时温度与校准温度之差不大于 3 ℃时,可按式(11.6)计算比表面积:

$$S=\frac{S_s\sqrt{T}(1-\varepsilon_s)\sqrt{\varepsilon^3}\rho_s}{\sqrt{T_s}(1-\varepsilon)\sqrt{\varepsilon_s^3}\rho} \tag{11.6}$$

如试验时温度与校准温度之差大于 3 ℃时,则按式(11.7)计算比表面积:

$$S=\frac{S_s\sqrt{T}(1-\varepsilon_s)\sqrt{\varepsilon^3}\rho_s\sqrt{\eta_s}}{\sqrt{T_s}(1-\varepsilon)\sqrt{\varepsilon_s^3}\rho\sqrt{\eta}} \tag{11.7}$$

式中　ρ——被测试样的密度,g/cm³;

ρ_s——标准试样的密度,g/cm³。

ⓓ水泥比表面积应由二次透气试验结果的平均值确定,如二次试验结果相差 2% 以上时,应重新试验。计算应精确至 10 cm²/g。

ⓔ以 cm²/g 为单位算得的比表面积值换算为 m²/kg 单位时,需乘以系数 0.1。

(3)负压筛法

①主要仪器设备

a. 负压筛。负压筛由原形筛框和筛网组成,筛孔为 0.080 mm。

b. 负压筛析仪。它由筛座、负压筛、负压源及吸尘器组成。

c. 天平。感量 0.05 g。

②试验方法

a. 筛析试验前,应把负压筛清理干净放在筛座上,盖上筛盖,接通电源,检查控制系统,调节负压至 4 000~6 000 Pa 范围内。

b. 称取水泥试样 25 g,置于洁净的负压筛中,盖上筛盖,放在筛座上。

c. 开动筛析仪连续筛析 2 min,在此期间,如有试样附着在筛盖上,可轻轻敲击,使试样落下。筛毕,用天平称量筛余物(精确至 0.1 g)。

d. 按式(11.8)计算水泥细度(精度至 0.1%):

$$F=\frac{R}{W}\times 100\% \tag{11.8}$$

式中　F——水泥试样的筛余百分率,%;

　　　R——水泥过筛后筛余物的质量,g;

　　　W——水泥试样的质量,g。

11.2.3　水泥标准稠度用水量测定

本试验根据国家标准《水泥标准稠度用水量、凝结时间、安定性检验方法》(GB/T 1346—2011)进行。

(1)试验目的

水泥的凝结时间和体积安定性都与用水量有很大关系,为了消除试验条件的差异并有利于比较,测定凝结时间和体积安定性时必须采用标准稠度的水泥净浆。本试验的目的就是测定水泥净浆达到标准稠度时的用水量,为测定水泥的凝结时间和体积安定性做好准备。试验方法分代用法和标准法,有矛盾时以标准法为准。

(2)主要仪器设备

①标准稠度测定仪(标准法维卡仪)。如图 11.1、图 11.2 所示,标准稠度测定用试杆,其有效长度为(50 ± 1)mm,由直径(10 ± 0.05)mm 的圆柱形耐腐蚀金属制成。盛装水泥净浆的试模为深(40 ± 0.2)mm,顶内径为(65 ± 0.5)mm,底内径为(75 ± 0.5)mm 的截顶圆锥体(图11.3),由耐腐蚀并有足够硬度的金属制成,每只试模底部应配备一个大于试模、厚度大于等于2.5 mm 的平板玻璃底板。

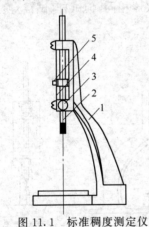

图 11.1　标准稠度测定仪

1—铁座;2—金属棒;3—松动螺丝;4—标尺;5—指针

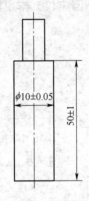

图 11.2　标准稠度的试杆(单位:mm)

②水泥净浆搅拌机。由搅拌叶片、搅拌锅、传递机构和控制系统组成,并应符合以下规定:搅拌锅与搅拌叶片的间隙为(2 ± 1)mm;搅拌程序与时间:低速搅拌 120 s,停 15 s,高速搅拌120 s。

③量水器。最小刻度 0.1 mL,精度 1%。

④天平。能准确称量至 1 g。

(3)试验方法(标准法)

①试验前须保证仪器金属棒应能自由滑动,试锥降至顶面位置时,指针应对应标尺零点,搅拌机运转正常。

②水泥净浆的拌制。用湿布将水泥净浆搅拌机的搅拌锅及叶片擦湿,将称好的 500 g 水泥试样倒入锅内。将锅固定在搅拌机的锅座上,升至搅拌位置。

③开动机器,同时慢慢地加水,慢速搅拌 120 s,停拌 15 s,接着快速搅拌 120 s 停机。

④拌和结束后,立即取适量水泥净浆一次性将其装入已置于玻璃底板上的试模中,浆体超过试模上端,用宽约 25 mm 的直边刀轻轻拍打超出试模部分的浆体 5 次以排除浆体中的孔隙,然后在试模上表面约 1/3 处,略倾斜于试模分别向外轻轻锯掉多余净浆,再从试模边沿轻抹顶部一次,使净浆表面光滑。在锯掉多余净浆和抹平的操作过程中,注意不要压实净浆;抹平后迅速将试模和底板移到维卡仪上,并将试模中心放在试杆下,调整试杆与水泥净浆面接触,拧紧螺丝,1~2 s 后,突然放松,使试杆自由沉入水泥浆中。释放试杆 30 s 时记录试杆与底板的距离,升起试杆,将试杆擦净,整个过程在 1.5 min 内完成。

(4)试验结果

试杆沉入净浆与底板距离为(6±1)mm 时的水泥净浆称标准稠度净浆。其拌和用水量为该水泥标准稠度用水量 P,按水泥质量的百分比计。

11.2.4　水泥凝结时间的测定

本试验根据国家标准《水泥标准稠度用水量、凝结时间、安定性检验方法》(GB/T 1346—2011)进行。

(1)试验目的与要求

测定水泥的凝结时间,判断水泥的质量。测定时,要求采用标准稠度的水泥净浆进行。

(2)主要仪器及设备

①凝结时间测定仪。与用标准法测定标准稠度时所用仪器相同,但试杆(试锥)换成试针,如图 11.3 所示。

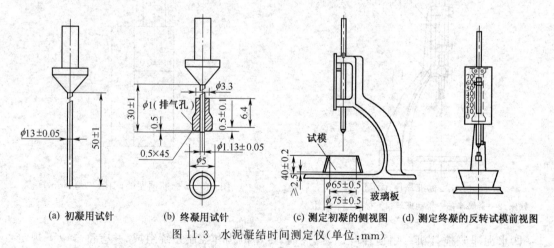

(a) 初凝用试针　　(b) 终凝用试针　　(c) 测定初凝的侧视图　　(d) 测定终凝的反转试模前视图
图 11.3　水泥凝结时间测定仪(单位:mm)

②水泥净浆搅拌机。

③标准养护箱。

(3)试验步骤

①将圆模放在玻璃板上,在内侧涂上一层机油,调整凝结时间测定仪的试针接触玻璃板时,指针应对准标尺零点。

②称取水泥试样 500 g,按标准稠度用水量加水制备标准稠度的水泥净浆,方法同前。将制好的浆体立即一次装入圆模,用手振动数次,刮平,放入标准养护箱内。记录开始加水的时间作为凝结时间的起始时间。

③初凝时间的测定。试样在湿气养护箱中养护至加水后 30 min 时进行第一次测定,从标准养护箱中取出圆模放到试针下,使试针与浆面接触,拧紧螺丝,1～2 s 后放松,试针垂直自由沉入净浆,观察试针停止下沉的指针读数。当试针沉至距底板(4±1)mm 时,即为水泥达到初凝状态;由水泥全部加入水中至初凝状态的时间为水泥的初凝时间,用 min 来表示。

④终凝时间的测定。为了观察试针沉入的情况,换终凝试针,在完成初凝时间测定后,将试模连同浆体以平移的方式从玻璃板上取下,翻转 180°,直径大端朝上,放在玻璃板上,再放入标准养护箱内继续养护,临近终凝时间时每隔 15min 测定一次,当试针沉入试体 0.5 mm 时,即环形附件开始不能在试体上留下痕迹时,水泥达到终凝状态,由水泥全部加入水中至终凝状态的时间为水泥的终凝时间,用 min 来表示。

注:在最初测定的操作时,应轻轻地扶持金属棒,使其徐徐下降以防试针撞弯,但应以自由下落为准;在整个操作过程中试针插入的位置至少要距圆模边缘 10 mm。临近初凝、终凝时,每隔 15 min(或更短时间)测定一次,到达初凝、终凝时应立即重复测一次,当两次结果相同时才能定为初凝或终凝时间。每次测定不得让试针落入原针孔,每次测定完毕须将试针擦净并将圆模放回标准养护箱内。初凝时间用分(min)表示,终凝时间用小时(h)表示。

11.2.5　水泥安定性的测定

本试验根据国家标准《水泥标准稠度用水量、凝结时间、安定性检验方法》(GB/T 1346—2011)进行。

(1)试验目的及要求

检验水泥浆体在硬化时体积变化的均匀性,观察是否有因体积变化不均匀而引起的膨胀、开裂或翘曲的现象,以决定水泥的品质。试验方法为沸煮法,用以检验水泥中游离氧化钙过多造成的体积安定性不良。沸煮法又分试饼法和雷氏法,当两者发生争议时,以雷氏法为准。测定时采用标准稠度水泥净浆。

(2)仪器及设备

①雷氏夹膨胀值测定仪。标尺最小刻度为 0.5 mm;

②雷氏夹由铜质材料制成,其结构如图 11.4 所示。雷氏夹必须符合如下要求:当一根指针的根部用尼龙丝或金属丝悬挂有 300 g 砝码时,两针的间距增加值 $2x$ 应为(17.5±2.5)mm,当卸掉砝码时,指针应回到初始状态,如图 11.5 所示。

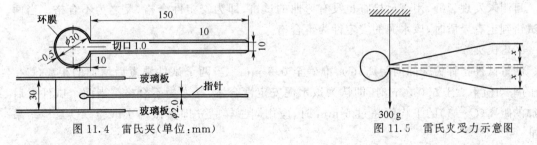

图 11.4　雷氏夹(单位:mm)　　　图 11.5　雷氏夹受力示意图

③沸煮箱。有效容积为 410 mm×240 mm×310 mm,内设箅板和加热器,能在(30±5) min 内将水箱里的水由室温升至沸腾,并可保持沸腾 3 h 而不加水。

④水泥净浆搅拌机。

⑤标准养护箱。

⑥天平。

⑦量水器。

(3)试验步骤

①测定前的准备工作

若采用雷氏法时每个雷氏夹需配备两块边长或直径约 80 mm、厚度 4～5 mm 的玻璃板,若采用试饼法时一个样品需准备两块 100 mm×100 mm 的玻璃板,每种方法每个试样需成型两个试件。凡与水泥净浆接触的玻璃板和雷氏夹表面都要涂上一层油。

②水泥标准稠度净浆的制备

称取 500 g(精确至 1 g)水泥,以标准稠度用水量制作水泥净浆,方法同前面一样。

③试饼的成型方法

将制好的净浆取出一部分后分成两等份,使之成球形,放在准备好的玻璃片上,将其做成直径 70～80 mm、中心厚约 10 mm、边缘渐薄、表面光滑的试饼,接着将试饼放入湿气养护箱内养护(24±2)h。

④雷氏夹试件的制备方法

将雷氏夹放在已擦油的玻璃上,并将已制好的标准稠度净浆一次装满试模,装模时一只手轻轻地扶持试模,另一只手用宽约 25 mm 的直边刀在浆体表面轻轻插捣 3 次,然后抹平,盖上涂油的玻璃板,移到标准养护箱内养护(24±2)h。

⑤沸煮

调整好沸煮箱内的水位,保证在整个沸煮过程中都漫过试件,中途不需加水,同时又能在(30±5)min 内升至沸腾。

⑥试件的检验

脱去玻璃板取下试件。当用试饼法时先检查试饼是否完整(如已开裂翘曲要检查原因,确证无外因时,试饼已属不合格产品,不必沸煮),在试饼无缺陷的情况下,将试饼放在沸煮箱的水中篦板上,然后在(30±5)min 内加热至沸腾,并恒沸 3 h±5 min。

当用雷氏法时,先测量指针之间的距离(A),精确至 0.5 mm,接着将试件放到水中篦板上,然后在(30±5)min 内加热至沸腾,并恒沸 3 h±5 min。沸煮结束,放掉箱中热水,打开箱盖,待箱体冷却至室温,取出试件进行判定。

(4)试验结果

①试饼法

目测未发现裂缝,用直尺检查也没有弯曲的试饼,即为安定性合格,反之为不合格。当两个试饼判定有矛盾时,该水泥的安定性为不合格。

②雷氏夹

测量试件指针尖端间的距离(C),准确至 0.5 mm。当两个试件沸煮后增加的距离($C-A$)的平均值不大于 5.0 mm 时,即认为该水泥安定性合格,反之为不合格。当两个试件煮后增加的距离($C-A$)的平均值超过 5 mm 时,应用同一样品立即重做一次试验。以复检结果为准。

(5)试验结论

根据国家标准评定水泥安定性是否合格。

11.2.6　水泥胶砂强度测定

本试验根据国家标准《水泥胶砂强度检验方法》(GB/T17671—1999)进行。

(1)试验目的及要求

检验水泥的强度,确定水泥的强度等级。

（2）试验材料

水泥、ISO 标准砂、水，其要求同水泥检验的一般规定。

（3）仪器及设备

①行星式搅拌机。应符合《行星式水泥胶砂搅拌机》（JC/T 681—2005）的要求。

②胶砂振实台。胶砂振实台应符合《水泥胶砂试体成型振实台》（JC/T 682—2005）的要求。

③试模。试模为可装卸的三联模，由隔板、端板、底座组成。可同时成型三条截面为 40 mm×40 mm，长 160 mm 的棱柱试体，其材质和制造尺寸应符合 JC/T 726—2005 的要求。

④抗折试验机。抗折试验机为杠杆电动抗折试验机。两支承圆钢柱的距离为 100 mm，游码在丝杆的带动下移动。

⑤恒应力压力试验机。试验机在较大的（即 4/5）量程范围内使用时荷载的误差为±1%，并按（2 400±200）N/s 的加荷速率加荷。抗压夹具由硬质钢材组成，其长度不小于 40 mm，宽度不小于（40±0.1）mm，加压面必须平整。

⑥抗压夹具应符合《40mm×40mm 水泥抗压夹具》（JC/T 683—2005）的要求，受压面积为 40 mm×40 mm。

⑦天平、大小播料器等。

（4）试验方法

①试件成型

a. 成型前将试模擦净，四周的模板与底座的接触面上应涂黄油，紧密装配，防止漏浆，内壁均匀涂一薄层机油。

b. 水泥与标准砂的质量比为 1∶3，硅酸盐水泥、普通硅酸盐水泥、矿渣水泥、火山灰水泥、粉煤灰水泥、复合硅酸盐水泥、石灰石硅酸盐水泥的水灰比均为 0.5。

c. 每成型 3 条试件需称量水泥（450±2）g，标准砂（1 350±5）g，硅酸盐水泥、矿渣水泥、普通硅酸盐水泥、火山灰水泥、粉煤灰水泥、复合硅酸盐水泥、石灰石硅酸盐水泥用水量均为 225 mL。

d. 使搅拌机处于待工作状态，将水加入锅里，再加入水泥，把锅放在固定架上，上升至固定位置，开动搅拌机。低速搅拌 30 s 后，在第二个 30 s 开始时，均匀地将砂子加入。若各级砂是分装时，从最粗粒级开始，依次将所需要的每级砂量加完，把机器调至高速再拌 30 s，停拌 90 s，在第一个 15 s 内，用一胶皮刮具将叶片和锅壁上的胶砂刮入锅中，在高速下继续搅拌 60 s。各个搅拌阶段，时间误差应在±1 s 内。整个搅拌过程可以手动，也可自动。

e. 用振实台成型。用勺子将搅拌好的胶砂分两层装入试模。装第一层时，每个槽里约放 300 g 胶砂，用大播料器垂直架在模套顶部，沿每个模槽来回一次将料层播平，振实 60 次。再装入第二层胶砂，再振实 60 次。移走模套，从振实台上取下试模，将模具上多余胶砂刮去抹平，接着在试体上作标记。

注：试验前或更换水泥品种时，搅拌锅、叶片和下料漏斗等需擦净。

②试件的脱模及养护

将作好标记的试模放入雾室或湿箱的水平架上养护，到规定的养护龄期时取出脱模。脱模前，对试体编号。对 24 h 龄期的，在破型试验前 20 min 内脱模。龄期 24 h 以上的，在成型后 20~24 h 之间脱模。试体脱模后立即放入恒温［即（20±1）℃］水槽中或标准养护箱内养护。

(5)强度试验

①龄期

各龄期的试体必须在规定时间内进行强度试验,具体时间如表 11.1 所示。在强度试验前 15 min将试件从水中取出后,用湿布覆盖。

②抗折强度试验

表 11.1　各龄期的试体必须在规定时间内进行强度试验

龄期	时间
1 d	24 h±15 min
3 d	3 d±45 min
7 d	7 d±2 h
28 d	28 d±8 h

每龄期取出 3 条试体先做抗折强度试验。试验前擦去试体表面的水分和砂粒,清除夹具上的杂物,试体放入抗折夹具内,应使侧面与圆柱接触。试体放入前应使杠杆成平衡状态。试体放入后调整夹具,使杠杆在试体折断时尽可能地接近平衡位置。抗折试验加荷速度为(50±5)N/s。抗折强度按式(11.9)计算:

$$R_f = 1.5 F_f L / b^3 \tag{11.9}$$

式中　R_f——抗折强度,MPa(精确至 0.1 MPa);

　　　F_f——破坏荷载,N;

　　　L——支撑圆柱中心距,100 mm;

　　　b——棱柱体正方形截面的边长,mm。

根据上式计算出的抗折强度,以 3 块试体的平均值为试验结果。当 3 个强度值中有一个超过平均值±10%时,应剔除,将余下的两块计算平均值,并作为抗折强度试验结果,如有两个超过平均值±10%时,应重做试验。

③抗压强度试验

抗折强度试验后的 6 个断块应立即进行抗压强度试验。抗压试验须用抗压夹具来做。试验前应清除试体受压面与加压板间的砂粒或杂物。试验时试体的侧面作为受压面,试体的底面靠紧夹具,并使夹具对准压力机压板中心。压力机加荷速度应控制在(2 400±200)N/s 的范围内,在接近破坏时更应严格控制。抗压强度按(11.10)式计算:

$$R_c = F_c / A \tag{11.10}$$

式中　R_c——抗压强度,MPa(精确至 0.1 MPa);

　　　F_c——破坏荷载,N;

　　　A——受压面积,mm²。

以抗压强度 6 个测定值的算数平均值作为抗压强度试验结果,如 6 个测定值中有一个超出 6 个平均值±10%,就应剔除这个结果,用剩下的 5 个值进行算数平均,如果 5 个测定值中再有超出它们平均数±10%的,则此组结果作废。

④试验结论

根据各龄期的抗折强度和抗压强度试验结果,按标准规定评定水泥强度等级。详见水泥章节。

11.3　混凝土用砂、石集料试验

本试验根据国家标准《建设用砂》(GB/T 14684—2011)、《建设用卵石、碎石》(GB/T 14685—2011)进行。

11.3.1　砂的筛分析

(1)试验目的及要求

测定砂的颗粒级配和粗细程度,作为混凝土用砂的技术依据。

(2)主要仪器设备

①试验筛。孔径为 9.50 mm、4.75 mm、2.36 mm、1.18 mm、0.60 mm、0.30 mm、0.15 mm 的方孔筛及筛的底盘和盖各 1 只。筛框直径为 300 mm 或 200 mm,筛的质量要求应符合《试验筛》(GB/T 6003.1—2012)的规定。

②天平。称量 1 000 g,感量 1 g。

③摇筛机。

④烘箱。烘箱能使温度控制在(105±5)℃。

⑤浅盘、硬(软)毛刷、容器、小勺等。

(3)试样制备

样品经缩分后,先将试样筛除大于 9.5 mm 颗粒(并算出筛余百分率)。若试样中的含泥量超过 5%,应先用水洗后烘干至恒重再进行筛分。取每份不少于 550 g 的试样两份,分别倒入两个浅盘中,置于烘箱烘至恒重(即间隔时间大于 3 h 的两次称量之差小于该项试验所要求的称量精度),冷却至室温后备用。

(4)试验步骤

①将试验筛由上至下按孔径大小顺序叠置,加底盘。

②称取烘干试样 500 g,倒入最上层 4.75 mm 筛内,加盖后,置于摇筛机上摇筛约 10 min。

③将整套筛自摇筛机上取下,按孔径大小顺序在洁净浅盘上逐个进行手筛,至每分钟的筛出量不超过试样总量的 0.1%。通过的颗粒落入下一号筛中,并与下一号筛中的试样一起过筛,每个筛依次全部筛完为止。

④称量各号筛上的筛余试样(精确至 1 g)。所有各筛的分计筛余量和底盘中剩余量的总和与筛分前的试样总量相比,其差值不得超过试样总量的 1%,否则须重做试验。

(5)测定结果

①计算分计筛余百分率,即各号筛上的筛余量除以试样总量的百分率(精确到 0.1%)。

②计算累计筛余百分率,即该号筛上分计筛余百分率与大于该号筛的各号筛上分计筛余百分率的总和(精确至 0.1%)。

③根据各筛的累计筛余百分率,查表或绘制筛分曲线,评定该试样的颗粒级配分布情况。

④按式(11.11)计算砂的细度模数 M_x(精确至 0.01),即

$$M_x = \frac{(A_2 + A_3 + A_4 + A_5 + A_6) - 5A_1}{100 - A_1} \tag{11.11}$$

式中,A_1、A_2、A_3、A_4、A_5、A_6 依次为 4.75 mm、2.36 mm、1.18 mm、0.60 mm、300 μm、150 μm 筛上的累计筛余百分率。

⑤筛分试验采用两份试样平行试验,并以其试验结果的算术平均值作为测定值。若两次试验所得的细度模数之差大于 0.20,应重新取样试验。

⑥根据各号筛的累计筛余百分率,采用修约值比较法评定该试样的颗粒级配。

11.3.2　砂的堆积密度测定与空隙率

(1)试验目的及要求

测定砂的松散堆积密度、紧密堆积密度及空隙率,作为混凝土用砂的技术依据。

(2)主要仪器设备

①天平。称量 10 kg,感量 1 g。

②容量筒。金属制圆柱形筒,容积约 1 L,筒底厚 5 mm,内径 108 mm,净高 109 mm,壁厚2 mm。

③烘箱。能使温度控制在(105±5)℃。

④方孔筛。孔径为 4.75 mm 的方孔筛一只。

⑤标准漏斗、料勺、直尺、浅盘等。

⑥垫棒:直径 10 mm,长 500 mm 的圆钢。

(3)试样制备

用浅盘装样品约 3 L,置于烘箱中烘至恒重,取出冷却至室温,筛除大于 4.75 mm 的颗粒,分成大致相等的两份试样备用(若出现结块,试验前先予捏碎)。

(4)试验步骤

①称容量筒质量(m_1),精确至 1 g。

②松散堆积密度。取试样一份,将筒置于不受振动的桌上浅盘中,用料勺将试样从容量筒中心上方 50 mm 处徐徐装入容量筒内,让试样以自由落体落下,当容量筒上部试样呈锥形体,且容量筒四周溢满时,即停止加料。然后用直尺沿筒口中心线向两边刮平,称出试样和容量筒总质量(m_2),精确至 1 g。

③紧密堆积密度。取试样一份分两次装入容量筒。装完第一层后,在筒底放一根直径为 10 mm 的圆钢,将筒按住,左右交替击地面各 25 次。然后装入第二层,第二层装满后用同样方法颠实(但筒底所垫钢筋的方向与第一层时的方向垂直)后,再加试样直至超过筒口,然后用直尺沿筒口中心线向两边刮平,称出试样和容重筒总质量(m_2),精确至 1 g。

④松散堆积密度(ρ_L)和紧密堆积密度(ρ_c)。按式(11.12)计算(精确至 10 kg/m³):

$$\rho_L(\rho_c)=\frac{m_2-m_1}{V}\times 1\,000 \tag{11.12}$$

式中　m_1——容量筒质量,kg;

　　　m_2——容量筒、砂的质量,kg;

　　　V——容量筒容积,L。

⑤空隙率按式(11.13)、式(11.14)计算(精确至 1%):

$$P'_L=\left(1-\frac{\rho_L}{\rho}\right)\times 100\% \tag{11.13}$$

$$P'_c=\left(1-\frac{\rho_c}{\rho}\right)\times 100\% \tag{11.14}$$

式中　P'_L、P'_c——松散和紧密堆积的空隙率,%;

　　　ρ_0——砂表观密度,kg/m³。

砂的堆积密度试验以两次试验测定结果的算术平均值作为测定值,精确至 10 kg/m³。空隙率取两次试验结果的算术平均值,精确至 1%。采用修约值比较法评定堆积密度和空隙率。

11.3.3　砂的表观密度测定

(1)试验目的及要求

测定砂的表观密度,作为评定砂的质量和混凝土用砂的技术依据。试验应在 15～25 ℃的环境中进行,试验过程温度相差应不超过 2 ℃。

(2)主要仪器设备

①天平。称量 1 000 g,感量 0.1 g。

②容量瓶。500 mL。

③烘箱。能使温度控制在(105±5)℃。

④干燥器、浅盘、料勺、滴管、毛刷、温度计等。

(3)试样制备

将缩分至 660 g 的试样,置于烘箱中烘至恒重,并在干燥器内冷却至室温后,分为大致相等的两份备用。

(4)试验步骤

①称取烘干试样 300 g(m_0),精确至 0.1 g。装入盛有半瓶冷开水的容量瓶中,摇动容量瓶,使试样充分搅拌,排除气泡。

②塞紧瓶塞静止 24 h,再用滴管添水,使水面与瓶颈刻度线平齐,再塞紧瓶塞,并擦干瓶外水分,称其质量(m_1),精确至 1 g。

③倒出瓶中的水和试样,将瓶内外清洗干净,再注入与上项水温相差不超过 2 ℃的冷开水至瓶刻度线,塞紧瓶塞,并擦干瓶外水分,称其质量(m_2),精确至 1 g。

④结果计算与评定。按式(11.15)计算(精确至 10 kg/m³):

$$\rho_0 = \left(\frac{m_0}{m_0 + m_2 - m_1} - \alpha_t \right) \times 1\,000 \tag{11.15}$$

式中　ρ_0 ——砂的表观密度,kg/m³;

　　　m_0 ——试样烘干质量,g;

　　　m_1 ——试样、水及容量瓶总质量,g;

　　　m_2 ——水及容量瓶总质量,g;

　　　α_t ——水温对表观密度影响的修正系数,见表 11.2。

表 11.2　不同水温下集料表观密度的修正系数

水温/℃	15	16	17	18	19	20	21	22	23	24	25
α_t	0.002	0.003	0.003	0.004	0.004	0.005	0.005	0.006	0.006	0.007	0.008

砂的表观密度试验以两次试验测定结果的算术平均值作为测定值,精确至 10 kg/m³;如两次结果之差大于 20 kg/m³,应重新试验。采用修约值比较法评定砂的表观密度。

11.3.4　砂的含泥量测定

(1)试验目的及要求

测定砂中粒径小于 0.075 mm 的尘屑、淤泥和黏土的含量,作为评价砂子质量的依据之一。本方法不适用于人工砂、石屑等石粉成分较多的细集料。

(2)主要仪器设备

①天平。称量 1 kg,感量 0.1 g。

②烘箱。能控温在(105±5)℃。

③方孔筛。孔径 0.075 mm 及 1.18 mm 的方孔筛各一个。

④容器。要求冲洗试样时,保持试样不溅出洗砂筒(深度大于 250 mm)。

(3)试验步骤

①按规定取样,以四分法缩分到 1 100 g,放在烘箱中在(105±5)℃下烘至恒重冷却至室温。

②准确称取试样 500 g 放入冲洗容器里,注入清水,使水面高于试样 150 mm,充分搅拌后,浸泡 2 h,然后用手在水中淘洗试样,约 1 min,把浑水慢慢倒入 1.18 mm 及 0.075 mm 的套筛上(1.18 mm 筛放在 0.075 mm 筛上面),滤去小于 0.075 mm 的颗粒,在整个过程中应小心防止试样流失。

③再次向容器中加入清水,重复上述操作,直至容器内的水目测清洁为止。

④用水冲洗剩余在筛上的细粒,并将 0.075 mm 筛放在水中来回摇动,以充分洗掉小于 0.075 mm 的颗粒,然后将两只筛上剩余的颗粒一并倒入搪瓷盘中,置于烘箱中在(105±5)℃下烘至恒重,待冷却到室温,称试样的重量,精确至 0.1 g。

(4)结果计算与评定。按式(11.16)计算(精确至 0.1%):

$$w_c = \frac{m_0 - m_1}{m_0} \times 100\% \qquad (11.16)$$

式中　w_c——含泥量,%;

　　m_0——试验前烘干试样质量,g;

　　m_1——试验后烘干试样质量,g。

取两次试验测定值的算术平均值作为测定值,采用修约值比较法评定砂的含泥量。

11.3.5　砂的含水率测定

(1)试验目的

测定砂的含水率作为调整混凝土配合比及施工称量的依据。

(2)主要仪器设备

①天平。称量 2 kg,感量 2 g。

②烘箱。能使温度控制在(105±5)℃。

③容器。如浅盘等。

(3)试样的制备

由样品中取两份约 500 g 的试样,分别置于已知质量 m_1 干燥容器中备用。若试验未及时进行,对送来的样品应予密封,以防水分散失。

(4)试验步骤

试样两份分别放入干燥的浅盘中,记下每盘试样与浅盘的总重为 m_2,然后置于烘箱中烘干至恒重,称其烘干后的试样与浅盘的总量为 m_3。

(5)计算结果(精确至 0.1%)。按式(11.17)计算:

$$W_含 = \frac{m_2 - m_3}{m_3 - m_1} \times 100\% \qquad (11.17)$$

式中　$W_含$——砂的含水率,%;

　　m_1——浅盘的质量,g;

　　m_2——烘干前试样与浅盘的质量,g;

　　m_3——烘干后试样与浅盘的质量,g。

砂的含水率试验以两次试验结果的算术平均值作为测定值,精确至 0.1 g;两次试验结果之差大于 0.2% 时,应重新试验。

11.3.6　碎石或卵石的表观密度测定(广口瓶法)

本方法不宜用于最大粒径大于 37.5 mm 的碎石或卵石的表观密度。

(1)试验目的

测定石子的表观密度,作为评定石子的质量和混凝土用石的技术依据。

(2)主要仪器设备

①天平。称量 2 kg,感量 1 g。

②广口瓶。1 000 mL,磨口并带玻璃片。

③方孔筛。孔径为 4.75 mm 筛一只。

④烘箱。能使温度控制在(105±5)℃。

⑤温度计、毛巾、刷子、浅盘等。

(3)试样制备

将样品筛去 4.75 mm 以下的颗粒,用四分法缩分至不少于表 11.3 规定的用量,洗刷干净,分成两份备用。

表 11.3　石子表观密度试验的最少试样质量

最大粒径/ mm	小于 26.5	31.5	37.5	63.0	75.0
试样质量/kg,不小于	2.0	3.0	4.0	6.0	6.0

(4)试验步骤

①称量并记录试样质量(kg)。

②将试样浸水饱和后装入广口瓶中。装试样时广口瓶应倾斜放置,然后注入饮用水并用玻璃片覆盖瓶口,以上下左右摇晃的方法排除气泡。

③气泡排尽后,向瓶中添加饮用水,直至水面凸出瓶口边缘。然后用玻璃片沿瓶口迅速滑行,使其紧贴瓶口水面。擦干瓶外水分后,称出试样、水、瓶和玻璃片总质量(m_1),精确至 1 g。

④将瓶中试样倒入浅盘中,放在烘箱中于(105±5)℃下烘干至恒重,放在带盖的容器中冷却至室温后,称其质量(m_0),精确至 1 g。

⑤将瓶洗净并重新注入饮用水,用玻璃片紧贴瓶口水面,擦干瓶外水分后,称出水、瓶和玻璃片总质量(m_2),精确至 1 g。

注:试验时各项称量可以在 15~25 ℃ 的温度范围内进行,但从试样加水静置的 2 h 起至试验结束,其温度变化不应超过 2 ℃。

(5)结果计算与评定。按式(11.18)计算(精确至 10 kg/m³):

$$\rho_0 = \left(\frac{m_0}{m_0 + m_2 - m_1} - \alpha_t\right) \times 1\,000 \tag{11.18}$$

式中　m_0——烘干后试样质量,g;

　　m_1——试样、水、瓶和玻璃片的总质量,g;

　　m_2——水、瓶和玻璃片的总质量,g;

　　α_t——水温对表观密度影响的修正系数,见表 11.3。

石子的表观密度取两次试验结果的算术平均值,两次试验结果之差大于 20 kg/m³,须重新取样试验。对颗粒材质不均匀的试样,如两次试验结果之差超过 20 kg/m³,可取 4 次试验结果的算术平均值作为测定值,采用修约值比较法评定碎石或卵石的表观密度。

11.3.7　碎石或卵石的堆积密度测定与空隙率

(1)试验目的

测定石子的松散堆积密度、紧密堆积密度及空隙率,作为混凝土配合比设计和一般使用的依据。

(2)主要仪器设备

①台秤、磅秤。台秤称量 10 kg,感量 10 g,磅秤称量 50 kg 或 100 kg,感量 50 g。

②容量筒。金属制,规格如表 11.4 所示。

③烘箱。能使温度控制在(105±5)℃。

④直尺、小铲、垫棒(直径 25 mm,长 600 mm 的圆钢等)。

表 11.4　石子堆积密度试验用容量筒规格要求

最大粒径/ mm	容量筒容积/L	容量筒规格		
		内径/mm	净高/mm	壁厚/mm
9.5,16.0,19.0,26.5	10	208	294	2
31.5,37.5	20	294	294	3
53.0,63.0,75.0	30	360	294	4

容量筒应先校正其容积。以温度为(20±5)℃的饮用水装满容量筒,用玻璃板沿筒口推移,使其紧贴水面,不能夹有气泡。擦干筒外壁水分,然后称出其质量,精确至 1 mL,用式(11.19)计算筒的容积 V(L):

$$V = G_2 - G_1 \tag{11.19}$$

式中　G_1——筒和玻璃板质量,kg;

　　　G_2——筒、玻璃板和水的质量,kg。

(3)试样制备

在料堆上取样时,取样部位应均匀分布。取样时先将取样部位表层铲除,然后从不同部位抽取大致等量的石子 15 份组成样品。按表 11.5 规定用量称取试样放入浅盘,置于烘箱烘干,也可摊在清洁地面上风干拌匀后备用。

表 11.5　石子堆积密度试验取样数量

最大粒径/ mm	9.5	16.0	19.0	26.5	31.5	37.5	63.0	75.0
取样质量/kg,不少于			40.0			80.0		120.0

(4)试验步骤

①称量容量筒质量(m_1)。

②松散堆积密度。取试样一份,用小铲将试样从容量筒口中心上方 50 mm 处徐徐倒下,让试样以自由落体落下,当容量筒上部试样呈锥体,且容量筒四周溢满时,即停止加料。除去凸出筒口表面的颗粒,并以合适颗粒填入凹陷部分,使表面稍凸起部分和凹陷部分的体积大致相等(试验过程应防止触动容量筒),称出试样和容量筒总量(m_2)。

③紧密堆积密度。取试样一份分为三次装入容量筒。装完第一层后,在筒底垫放一根直径为 25 mm 的圆钢,将筒按住,左右交替颠击地面各 25 次,再装第二层,第二层装满后用同样方法颠实(但筒底所垫钢筋的方向与第一层时的方向垂直),然后装入第三层,如法颠实。试样装填完毕,再加试样直至超过筒口,用直尺沿筒口边缘刮去高出的试样,并用合适颗粒填平凹处,使表面

稍凸起部分和凹陷部分的体积大致相等。称出试样和容量筒总量(m_2),精确至10 g。

(5)松散堆积密度和紧密堆积密度结果计算与评定。按式(11.20)计算(精确至 10 kg/m^3):

$$\rho_L(\rho_c) = \frac{m_2 - m_1}{V} \times 1\,000 \tag{11.20}$$

式中　ρ_L——松散堆积密度,kg/m^3;

　　　　ρ_c——紧密堆积密度,kg/m^3;

　　　　m_1——容量筒质量,kg;

　　　　m_2——试样和容量筒质量,kg;

　　　　V——容量筒容积,L。

(6)空隙率计算(精确至 1%)。按式(11.21)、式(11.22)进行计算:

$$P_L = \left(1 - \frac{\rho_L}{\rho_0}\right) \times 100\% \tag{11.21}$$

$$P_c = \left(1 - \frac{\rho_c}{\rho_0}\right) \times 100\% \tag{11.22}$$

式中　P'_L、P'_c——松散和紧密堆积的空隙率,%;

　　　　ρ_0——碎石或卵石表观密度,kg/m^3。

石子的堆积密度试验取两次试验测定结果的算术平均值,精确至 10 kg/m^3。空隙率取两次试验结果的算术平均值,精确至 1%,采用修约值比较法评定碎石或卵石的堆积密度和空隙率。

11.3.8　碎石或卵石筛分析试验

(1)试验目的

测定碎石或卵石的颗粒级配、粒径规格,作为判定石子质量的依据。

(2)主要仪器设备

①试验筛。孔径为 90.0 mm、75.0 mm、63.0 mm、53.0 mm、37.5 mm、31.5 mm、26.5 mm、19.0 mm、16.0 mm、9.5 mm、4.75 mm、2.36 mm 的方孔筛各一只,并附有筛底和筛盖(筛框内径为 300 mm)。

②鼓风干燥箱。能使温度控制在(105±5)℃。

③台秤。称量 10 kg,感量 1 g。

④摇筛机。

⑤搪瓷盘、毛刷等。

(3)试样制备

取样方法同前,并将试样缩分至略大于表 11.6 规定的数量,烘干或风干备用。

表 11.6　颗粒级配试验所需试样数量

最大粒径/ mm	9.5	16.0	19.0	26.5	31.5	37.5	63.0	75.0
最少试样质量/kg	1.9	3.2	3.8	5.0	6.3	7.5	12.6	16.0

(4)试验步骤

①称取按表 11.6 规定数量的试样一份,精确到 1 g。将试样倒入按孔径大小从上到下组

合的套筛(附筛底)上,然后进行筛分。

②将套筛置于摇筛机上,摇 10 min;取下套筛,按筛孔大小顺序再逐个用手筛,筛至每分钟通过量小于试样总量 0.1% 为止。通过的颗粒并入下一号筛中的试样一起过筛,这样顺序进行,直至各号筛全部筛完为止。

　　注:当筛余颗粒的粒径大于 19.0 mm 时,在筛分过程中,允许用手指拨动颗粒。

③称出各号筛的筛余量,精确至 1 g。

(5)结果计算与评定

①计算分计筛余百分率。即各号筛的筛余量与试样总质量之比,精确至 0.1%。

②计算累计筛余百分率。即该号筛的百分率加上该号筛以上各分计筛余百分率之和,精确至 1%。筛分后,如每号筛的筛余量与筛底的筛余量之和同原试样质量之差超过 1% 时,须重新试验。

③根据各号筛的累计筛余百分率,评定该试样的颗粒级配。

11.3.9　碎石或卵石压碎指标值测定

(1)试验目的

测定碎石或卵石抵抗压碎的能力,间接地推测其相应的强度,以鉴定混凝土用粗集料品质。

(2)主要仪器设备

①压力试验机。量程 300 kN,示值相对误差 2%。

②压碎指标值测定仪。如图 11.6 所示。

③天平。称量 10 kg,感量 1 g。

④方孔筛。孔径分别为 2.36 mm、9.5 mm、19.0 mm 的各一只。

⑤垫棒。直径 10 mm,长 500 mm 圆钢。

(3)试验准备

①将风干后试样筛去 9.5 mm 以下及 19.0 mm 以上的颗粒,采用 9.5~19.0 mm 的颗粒作为标准试样,并在气干状态下进行试验。

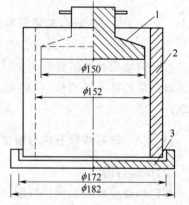

图 11.6　压碎值测定仪(单位:mm)
1—加压头;2—圆模;3—底盘

②用针状和片状规准仪剔除试样中的针状和片状颗粒,然后称取每份 3 kg 的试样 3 份备用(m_0),精确至 1 g。

(4)试验步骤

①置圆筒于底盘上,取试样 1 份,分两层装入筒内,每装完一层试样后,在底盘下面垫放一直径为 10 mm 的圆钢,将筒按住,左右交替颠击地面各 25 下;第二层颠实后(圆钢旋转 90° 后颠实),平整模内试样表面,盖上压头(注意应使加压块保持平正)。

②把装有试样的模子置于试验机上,开动压力机,按 1 kN/s 速度均匀加荷至 200 kN 并稳定 5 s,然后卸荷。取出测定筒,倒出筒中的试样,用孔径为 2.36 mm 的筛筛除被压碎的细粒,称出留在筛上的试样质量(m_1),精确至 1 g。

(5)计算结果及评定

碎石或卵石的压碎指标值按式(11.23)计算:

$$Q_a = \frac{m_0 - m_1}{m_0} \tag{11.23}$$

式中　Q_a——压碎值,%(精确至 0.1%);

　　　m_0——试样的质量,g;

　　　m_1——试验后筛余的试样质量,g。

以三次平行试验结果的算术平均值作为压碎指标的测定值,精确至 1%。

11.3.10　碎石或卵石的含水率试验

(1)试验目的及要求

测定石子的含水率,作为调整混凝土配合比和施工称量的依据。

(2)主要仪器设备

①烘箱。能使温度控制在(105±5)℃。

②天平。称量 10 kg,感量 1 g。

③容器。浅盘、小铲、毛巾、刷子等。

(3)试验步骤

①取样方法同前,按表 11.7 规定数量取样,分成两份备用。

表 11.7　碎石或卵石含水率试验所需试样数量

最大粒径/mm	9.5	16.0	19.0	26.5	31.5	37.5	63.0	75.0
最少试样质量/kg	2.0	2.0	2.0	2.0	3.0	3.0	4.0	6.0

②将试样置于干燥的容器中,称取试样和容器的总质量(m_1),并在(105±5)℃的烘箱烘干至恒重。

③取出试样,冷却后称出试样与容器的总质量(m_2),并称取容器的质量(m_3)。

(4)计算结果与评定

含水率应按式(11.24)计算(精确至 0.1%):

$$W_含 = \frac{m_2 - m_3}{m_3 - m_1} \times 100\% \tag{11.24}$$

式中　$W_含$——含水率,%;

　　　m_2——烘干前试样与容器总质量,g;

　　　m_3——烘干后试样与容器总质量,g;

　　　m_1——容器质量,g。

以两次试验结果的算术平均值作为测定值,精确至 0.1%,采用修约值比较法评定碎石或卵石的含水率。

11.3.11　碎石或卵石中含泥量试验

(1)试验目的及要求

测定碎石或卵石中小于 0.075 mm 的尘屑、淤泥和黏土的含量,作为评价石子质量的依据之一。

(2)主要仪器设备

①天平。称量 10 kg,感量 1 g。

②烘箱。能使温度控制在(105±5)℃。

③方孔筛。直径为 1.18 mm 及 0.075 mm 的各一只。

④容器。容积约 10L 的瓷盘或金属盒。

⑤浅盘、毛刷等。

(3)试样制备应符合下列规定

将样品缩分至表 11.8 所规定的量(注意防止细粉丢失),并置于温度为(105±5)℃烘箱内烘干至恒重,冷却至室温后分成两份备用。

表 11.8　含泥量试验所需的试样最少质量

最大公称粒径/ mm	9.5	16.0	19.0	26.5	31.5	37.5	63.0	75.0
试样量不少于/kg	2.0	2.0	6.0	6.0	10.0	10.0	20.0	20.0

(4)试验步骤

①根据试样的最大粒径,按表 11.8 的规定称取试样一份(m_0)装入容器中摊平,并注入饮用水,使水面高出石子表面 150 mm;浸泡 2 h 后,用手在水中淘洗颗粒,使尘屑、淤泥和黏土与粗颗粒分离,并使之悬浮或溶解于水。缓缓地将混浊液倒入直径为 1.18 mm 及 0.075 mm 的方孔筛(1.18 mm 筛放置上面)上,滤去小于 0.075 mm 的颗粒。试验前筛子的两面应先用水润湿。在整个试验过程中应注意避免大于 0.075 mm 的颗粒丢失。

②再次加水于容器中,重复上述过程,直至洗出的水清澈。

③用水冲洗剩余在筛上的细粒,并将直径为 0.075 mm 的方孔筛放在水中(使水面略高出筛内颗粒)来回摇动,以充分洗掉小于 0.075 mm 的颗粒,然后将两只筛上剩余的颗粒和筒中已洗净的试样一并倒入浅盘,置于温度为(105±5)℃的烘箱中烘至恒重。取出冷却到室温,称试样的质量(m_1)。

(5)计算结果与评定(精确至 0.1%)

按式(11.25)计算:

$$w_c = \frac{m_0 - m_1}{m_0} \times 100\% \tag{11.25}$$

式中　w_c——含泥量,%;

　　　m_0——试验前烘干试样质量,g;

　　　m_1——试验后烘干试样质量,g。

含泥量取两次试验结果的算术平均值,精确至 0.1%。采用修约值比较法评定含泥量。

11.4　混凝土试验

本试验根据《普通混凝土拌和物性能试验方法标准》(GB/T 50080—2002)、《普通混凝土力学性能试验方法标准》(GB/T 50081—2002)进行。主要内容包括:混凝土拌和物和易性试验、混凝土拌和物表观密度试验、混凝土立方体抗压强度试验。

11.4.1　混凝土拌和

(1)目的

掌握混凝土的拌制技术,为确定混凝土配合比或检验混凝土各项性能提供试样。

(2)主要仪器设备

①台秤。称量 50 kg,感量 50 g。

②天平。称量 5 kg,感量 1 g。

③拌板(1.5 m×2.0 m 左右)、量筒(200 mL、1 000 mL)、拌铲等;

④混凝土搅拌机、直尺、抹刀、小铲等。

(3)试验要求

①根据所设计的初步配合比,称取 15 L 混凝土拌和物所需各材料用量,以干燥状态为基准。称量精度要求:砂、石为±1%,水泥、水为±0.5%。

②拌和时环境温度宜处于(20±5)℃。

③拌制前应将搅拌机、铁板、铁铲、抹刀等的表面用湿抹布擦湿。

(4)试验方法与步骤

①人工拌和方法

a. 先把砂和水泥倒在拌板上干拌均匀(用铲在拌板一端均匀翻拌至另一端,再从另一端又均匀翻拌回来,如此重复),再加石子干拌成均匀的干混合物。

b. 将干混合物堆成堆,其中间做一凹槽,将已称量好的水倒入一半左右于凹槽内(不能让水流淌掉),仔细翻拌、铲切,并徐徐加入另一半剩余的水,继续翻拌、铲切,直至拌和均匀。从加水到搅拌均匀的时间为:拌和物体积在 30 L 以下时为 4~5 min;拌和物体积在 30~50 L 时5~9 min;拌和物体积在 50~75 L 时为 9~12 min。

c. 拌好后,立即做和易性测定和试件成型,从开始加水时算起,全部操作必须在 30 min内完成。

②机械拌和方法

a. 拌前先对混凝土搅拌机挂浆,即用按配合比要求的水泥、砂、水和少量石子,在搅拌机中刷膛,然后倒去多余砂浆。其目的在于防止正式拌和时水泥挂失影响混凝土配合比。

b. 将称好的石子、砂、水泥按顺序倒入搅拌机内,干拌均匀,再将需要的水徐徐倒入搅拌机内一起拌和,全部加料时间不得超过 2 min,水全部加入后,再拌和 2 min。

c. 将拌和物从搅拌机中卸出,倾倒在拌板上,再经人工拌和 2~3 次。拌好后,立即做和易性测定和试件成型,从开始加水时算起,全部操作必须在 30 min 内完成。

11.4.2　混凝土拌和物和易性试验

(1)拌和物坍落度与坍落扩展度法试验

①试验目的及要求

通过测定拌和物流动性,观察其黏聚性和保水性,综合评定混凝土的和易性,作为调整配合比和控制混凝土质量的依据。本方法适用于测定集料最大粒径不大于 37.5 mm、坍落度不小于 10 mm 的混凝土拌和物稠度测定。

②主要仪器设备

a. 台秤。称量 50 kg,感量 50 g。

b. 天平。称量 5 kg,感量 1 g。

c. 拌板(1.5 m×2.0 m 左右)、量筒(200 mL、1 000 mL)、拌铲等。

d. 标准坍落度筒。金属制圆锥体形,底部内径200 mm,顶部内径 100 mm,高 300 mm,壁厚大于或等于 1.5 mm(图 11.7)。

e. 弹头形捣棒 ϕ16 mm、长 600 mm(图 11.7)。

f. 装料漏斗与坍落度筒配套。

g. 直尺、抹刀、小铲等。

③试验步骤

a. 坍落度筒装料及插捣方法。将润湿后的坍落度筒放在不吸水的刚性水平板上，然后用脚踩住两边的脚踏，使坍落度筒在装料时保持位置固定。将已拌匀的混凝土试样用小铲装入筒内，数量控制在经插捣后层厚为筒高的 1/3 左右。每层用捣棒插捣 25 次，插捣应沿螺旋方向由外向中心进行，各次插捣点在截面上均匀分布。插捣筒边混凝土时捣棒可以稍稍倾斜，插捣底层时，捣棒应贯穿整个深度，插捣第二层和顶层时，捣棒应插透本层至下一层的表面以下。插捣顶层前，应将混凝

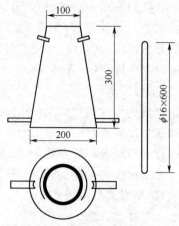

图 11.7　坍落度测定仪(单位:mm)

土灌满高出坍落度筒，如果插捣使拌和物沉落到低于筒口，应随时添加使之高于坍落度筒顶，插捣完毕，用捣棒将筒顶搓平，刮去多余的混凝土。

b. 坍落度测定。清理筒周围的散落物，小心地垂直提起坍落度筒，特别注意平稳，不让混凝土试体受到碰撞或震动，筒体的提离过程应在 5~10 s 内完成。从开始装料到提起坍落度筒的操作不得间断，并应在 150 s 内完成。将筒安放在拌和物试体一侧(注意整个操作基面要保持同一水平面)，立即测量筒顶与坍落后拌和物试体最高点之间的高度差，以 mm 表示，即为该混凝土拌和物的坍落度值。

c. 保水性目测。坍落度筒提起后，如有较多稀浆从底部析出，试体则因失浆使集料外露，表示该混凝土拌和物保水性能不好。若无此现象，或仅只有少量稀浆自底部析出，而锥体部分混凝土试体含浆饱满，则表示保水性良好，并作记录。

d. 黏聚性目测。用捣棒在已坍落的混凝土锥体两侧轻轻敲打，锥体渐渐下沉表示黏聚性良好;反之，锥体突然倒坍、部分崩裂或发生石子离析，表示黏聚性不好，并作记录。

e. 和易性调整。按计算备料的同时，另外还需备好两份为调整坍落度所需的材料量，该数量应是计算试拌材料用量的 5% 或 10%。

若测得的坍落度小于施工要求的坍落度值，可在保持水灰比不变的同时，增加 5% 或 10% 的水泥、水的用量。若测得的坍落度大于施工要求的坍落度值，可在保持砂率不变的同时，增加 5% 或 10%(或更多)的砂、石用量。若黏聚性或保水性不好，则需适当调整砂率，并尽快拌和均匀，重新测定，直到和易性符合要求为止。

(2)拌和物维勃稠度法试验

①试验目的及要求

测定拌和物维勃稠度值，作为调整混凝土配合比和控制其质量的依据。本方法适用于测定集料最大粒径不大于 37.5 mm，维勃稠度在 5~30 s 间的混凝土拌和物稠度测定。

②主要仪器设备

a. 维勃稠度仪(图 11.8)。由下述部分组成:

ⓐ振动台。台面长 380 mm、宽 260 mm，支承在 4 个减震器上。台面底部安有频率(50±3)Hz 的震动器，空载振幅(0.50±0.1) mm。

ⓑ容器。钢板制成，内径为(240±5) mm，高为(200±2) mm，筒壁厚 3 mm，筒底厚7.5 mm。

ⓒ坍落筒。同坍落度与坍落扩展度法试验中的筒的要求和构造相同，但应去掉两侧的踏板。

ⓓ旋转架与测杆及喂料斗相连。测杆下部安装有透明而水平的圆盘,并用测杆螺丝把测杆固定在套管中。旋转架安装在支柱上,通过十字凹槽来转换方向,并用定位螺丝来固定其位置。就位后,测杆或喂料斗的轴线均应与容器的轴线重合。

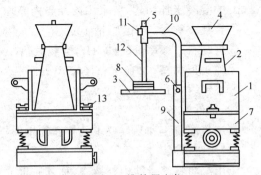

图 11.8 维勃稠度仪

1—容器;2—坍落度筒;3—透明圆盘;4—喂料斗;5—套管;
6—定位螺丝;7—震动台;8—荷重;9—支柱;10—旋转架;
11—测杆螺丝;12—测杆;13—固定螺丝

ⓔ透明圆盘。直径为(230±2)mm,厚度为(10±2)mm,荷重直接放在圆盘上。由测杆、圆盘及荷重组成的滑动部分总质量应调至(2 750±50)g,测杆上有刻度以便读出混凝土的数据。

b. 秒表。精度 0.5 s。

c. 其他同坍落度试验。

③试样制备

配制混凝土拌和物约 15 L 备用。计算、配制方法等同于混凝土坍落度试验。

④测定步骤

a. 将维勃稠度仪平放在坚实的基面上,用湿布把容器、坍落度筒及喂料斗内壁湿润。

b. 将喂料斗提到坍落度筒上方扣紧,校正容器位置,使容器中心与喂料斗中心重合,然后拧紧固定螺丝。

c. 装料、插捣方法同坍落度筒法(略)。

d. 把圆盘喂料斗转离坍落度筒,垂直地提起坍落度筒,此时注意不使混凝土拌和物受到碰撞或震动。

e. 把透明圆盘转到锥体顶面,放松螺丝,降下圆盘,使其轻轻接触到混凝土拌和物顶面,防止坍落的拌和物倒下与容器壁相碰。

f. 拧紧定位螺丝,并检查测杆螺丝是否已经放松。开启振动台,同时以秒表计时。在透明圆盘的底面被水泥浆布满的瞬时停表计时,并关闭振动台。

⑤测定结果

a. 记录秒表上的时间(精确至 1 s)。由秒表读出的时间数表示该混凝土拌和物的维勃稠度值。

b. 如果维勃稠度值小于 5 s 或大于 30 s,说明此种混凝土所具有的稠度已超出本试验仪器的适用范围(可用增实因数法测定)。

11.4.3 混凝土拌和物表观密度(湿)试验

(1)试验目的及要求

测定拌和物捣实后单位体积的质量,作为调整混凝土配合比的依据。

(2)主要仪器设备

①容量筒。对集料最大粒径不大于 37.5 mm 的拌和物宜采用容积不小于 5 L 的容量筒,金属制、带底、筒壁厚不应小于 3 mm。容量筒使用前应予以校正,即用一块玻璃板盖住筒口,称出玻璃板和空筒的总质量。然后向筒内灌入清洁的水,水满至筒口时用玻璃板沿筒口徐徐推过,并继续加水以排除玻璃板底部的气泡,达到盖严的目的,再擦净筒外壁水分。将容量筒连同玻璃板抬上磅秤称其总质量,两次质量的差即容量筒的容积。对集料最大粒径大于

40 mm的混凝土拌和物,应采用内径与内高均大于骨料最大粒径 4 倍的容量筒。

②台秤。称量 50kg,感量 10g。

③振动台。频率(50±3)Hz,空载振幅(0.5±0.1) mm。

④弹头形捣棒。ϕ16 mm×600 mm。

⑤小铲、抹刀、金属直尺等。

(3)试件制备

从满足混凝土和易性要求的拌和物中取样,及时连续试验。

(4)测定步骤

①用湿布将容量筒内外擦净,称其质量 m_1(kg)。

②将拌和物一次装入容量筒,稍加插捣,并稍高于筒口,再移至振动台上振实至拌和物表面出现水泥浆为止。

③用金属直尺沿筒口将捣实后多余的拌和物刮去,仔细擦净筒外壁,再称出容量筒和筒内拌和物的总质量 m_2(kg)。

注:坍落度值超过 90 mm 的拌和物,可用捣棒人工捣实,用 5 L 容量筒时,将拌和物分两层装入容量筒,每层插捣 25 次,并在筒外壁拍打 5~10 次。

(5)测定结果

混凝土拌和物的实测表观密度 $\rho_{b,c}$ 按式(11.26)计算(精确至 10 kg/m³):

$$\rho_{b,c} = \frac{m_2 - m_1}{V_0} \times 1\,000 \qquad (11.26)$$

式中　V_0——容量筒的容积,L;

　　　m_1——容量筒质量,kg;

　　　m_2——容量筒和筒内拌和物的总质量,kg。

11.4.4　混凝土立方体抗压强度试验

(1)试验目的

测定混凝土立方体抗压强度,作为确定混凝土强度等级和调整配合比的依据。

(2)主要仪器设备

①压力试验机或万能试验机。其测量精度为±1%,试验时由试件最大荷载选择压力机量程,使试件破坏时的荷载位于全量程的 20%~80%范围以内。

②钢垫板。平面尺寸不小于试件的承压面积,厚度应不小于 25 mm,承压面的平整度公差为 0.04 mm,表面硬度不小于 55HRC,硬化层厚度约为 0.5 mm。

③试模。由铸铁或钢制成的立方体,试件尺寸根据混凝土中集料最大粒径选用(表11.9)。

④标准养护室。温度(20±1)℃,相对湿度大于95%。

表 11.9　试件尺寸选用表

试件横截面尺寸/mm	石子最大粒径/ mm
100×100	31.5
150×150	37.5
200×200	63.0

⑤振动台。频率(50±3)Hz,空载振幅0.5 mm。

⑥捣棒、小铁铲、金属直尺、镘刀等。

(3)试件制备

①按表 11.9 选择同规格的试模三个组成一组。将试模拧紧螺栓并清刷干净,内壁涂薄层矿物油,编号待用。

②试模内装的混凝土应是同一次拌和的拌和物。坍落度不大于 70 mm 的混凝土,试件成型宜采用振动台振实,坍落度大于 70 mm 的混凝土,试件成型宜采用捣棒,人工捣实。

a. 振动台成型试件时,将拌和物一次装入试模并稍高出模口,用镘刀沿试模内壁略加插捣后移至振动台上,开动振动台振动至表面呈现水泥浆为止,刮去多余拌和物并用镘刀沿模口抹平。

b. 人工捣棒捣实成型试件时,将拌和物分两层装入试模,每层厚度大致相等。沿螺旋方向从边缘向中心均匀进行插捣。插捣底层时,捣棒应贯穿整个深度;插捣上层,捣棒应插入下层深度 20～30 mm。插捣时捣棒应保持垂直不得倾斜,并用抹刀沿试模内壁插入数次,以防止试件产生麻面。每层插捣次数在 10 000 mm² 截面积内不得少于 12 次,然后刮去多余拌和物,并用镘刀抹平,混凝土拌和物拌制后宜在 15 min 内成型。

c. 成型后的试件应覆盖,防止水分蒸发,并在室温(20±5)℃环境中静置 1～2 昼夜(不得超过两昼夜),拆模编号。

d. 拆模后的试件立即放在标准养护室内养护。试件在养护室内置于架上,试件间距离应保持 10～20 mm,并避免用水直接冲刷。

注:当缺乏标准养护室时,混凝土试件允许在温度为(20±1)℃不流动的 Ca(OH)₂ 饱和溶液中养护,同条件养护的混凝土试样,拆模时间应与实际构件相同,拆模后也应放置在该构件附近与构件同条件养护。

(4)测定步骤

试件从养护地点取出后,应尽快进行试验,以免试件内部的温、湿度发生显著变化。

①将试件擦拭干净,测量尺寸,并检查外观。试件尺寸测量精确至 1 mm,据此计算试件的承压面积。如实测尺寸与公称尺寸之差不超过 1 mm 时,可按公称尺寸进行计算。

试件承压面的不平度应为每 100 mm 长不超过 0.05 mm,承压面与相邻面的不垂直度不应超过±0.5°。

②将试件安放在试验机的下压板上,试件的承压面应与成型时的顶面垂直。试件的中心应与试验机下压板中心对准。

③在强度等级不小于 C60 的混凝土抗压强度试验时,试件周围应设防裂网罩。

④开动试验机,当上压板与试件接近时,调整球座,使接触均衡。

⑤应连续而均匀地加荷,预计混凝土强度等级小于 C30 时,加荷速度每秒 0.3～0.5 MPa;混凝土强度等级大于等于 C30 且小于 C60 时,加荷速度每秒 0.5～0.8 MPa;混凝土强度等级大于等于 C60 时,加荷速度每秒 0.8～1.0 MPa。当试件接近破坏而开始迅速变形时,停止调整试验机油门,直至试件破坏,然后记录破坏荷载。

(5)结果及计算与评定

试件的抗压强度 f_{cu} 按式(11.27)计算,即

$$f_{cu}=\frac{P}{A} \tag{11.27}$$

式中　P——破坏载荷,N;

　　　A——试件承压面积,mm²。

取 3 个试件测值的算术平均值作为该组试件的立方体抗压强度代表值(精确至 0.1 MPa)。如果 3 个测值中的最大值或最小值中有一个与中间值的差超过中间值的 15%,则把最大值和最小值一并舍去,取中间值作为该组试件的抗压强度代表值;如果最大值和最小值与中间值的差均超过 15%,则该组试验结果无效。

抗压强度试验的标准立方体尺寸为 150 mm× 150 mm×150 mm,用其他尺寸试件测

得的抗压强度值均应乘以相应的换算系数（表 11.10）。当混凝土强度等级大于等于 C60 时，宜采用标准试件；使用非标准试件时，尺寸换算系数由试验确定。

表 11.10 试件尺寸及其强度折算系数

试件边长/mm	强度折算系数
100	0.95
150	1
200	1.05

11.5 砂浆试验

本试验根据《建筑砂浆基本性能试验方法》(JGJ 70—2009)标准进行砂浆的稠度、分层度及抗压强度试验。

11.5.1 砂浆拌和

（1）目的

掌握砂浆的拌制技术，为确定砂浆配合比或检验砂浆各项性能提供试样。

（2）主要仪器设备

砂浆搅拌机、铁板、磅秤、台秤、铁铲、抹刀等。

（3）试验要求

①拌制砂浆所用的材料，应符合质量要求，当砂浆用于砌砖时，则应筛去大于 2.36 mm 的颗粒。

②按设计配合比称取各项材料用量，称量应准确。

③拌制前应将搅拌机、铁板、铁铲、抹刀等的表面用湿抹布擦湿。

（4）试验方法与步骤

采用机械拌和方法拌和。

①机械拌和时，应先拌适量砂浆，使搅拌机内壁黏附一薄层水泥砂浆。

②将称好的砂、水泥倒入砂浆搅拌机内。

③开动搅拌机，将水徐徐加入（混合砂浆需将石灰膏或黏土膏稀释至浆体），搅拌时间约为 3 min（从加水完毕时算起），至物料拌和均匀。

④将砂浆拌和物倒在铁板上，再用铁铲翻拌两次，使之均匀。

注：搅拌机搅拌砂浆时，搅拌量宜为搅拌机容量的 30%～70%，搅拌时间不宜少于 2 min。掺有掺合料和外加剂的砂浆，其搅拌时间不应少于 3 min。

11.5.2 砂浆稠度、分层度试验

（1）试验目的

通过砂浆的稠度、分层度试验，判定砂浆工作性的好坏。

（2）砂浆稠度试验

①仪器及设备

a. 砂浆稠度仪。由试锥、容器和支座三部分组成（图 11.9）。试锥高度 145 mm，锥底直径 75 mm，试锥连同滑杆重（300±2）g，刻度盘，盛砂浆的圆锥形金属筒，筒高 180 mm，锥底内径150 mm。

b. 钢制捣棒（直径 10 mm、长 350 mm）、拌和锅、拌铲、量筒、秒表等。

c. 秒表等。

②试验步骤

a. 盛浆容器和试锥表面用湿布擦干净,并用少量润滑油轻擦滑杆,让滑杆自由移动。

b. 将砂浆拌和物一次装入金属筒内,其表面约低于筒口 10 mm 左右,用捣棒自筒中心向边缘插捣 25 次,然后轻轻地将筒体摇动或敲击 5～6 下,使砂浆表面平整,然后将筒体放在稠度测定仪的底座上。

c. 拧开试锥杆的制动螺丝,向下移动滑杆,当试锥尖端与砂浆表面接触时,拧紧制动螺丝,使齿条测杆下端刚接触滑杆上端,并将指针对准零点上。拧开制动螺丝,同时记时间。10 s后立即固定螺丝,将齿条测杆下端接触滑杆上端,从刻度盘上读出的下沉深度(精确至1 mm)即为砂浆稠度值。

注:筒内砂浆只允许测定一次稠度,重复测定时必须重新取样。

③试验记录及试验结论

a. 试验记录。取两次试验结果的算术平均值(精确到 1 mm)。若两次试验结果之差大于10 mm,则应重新取样测定。

b. 结论。根据砂浆的稠度判定砂浆工作性的好坏。

(3)分层度试验

①主要仪器及设备

a. 砂浆分层度测定仪。砂浆分层度测定仪由上下两层金属筒及左右两根连接螺栓组成。圆筒内径为 150 mm,上节高度为 200 mm,下节为带底净高 100 mm 的筒,连接时,上下层之间加设橡胶垫圈(图 11.10)。

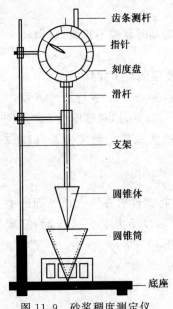

图 11.9　砂浆稠度测定仪

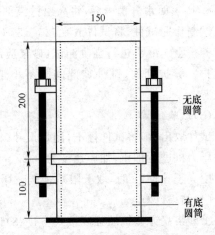

图 11.10　砂浆分层度测定仪(单位:mm)

b. 水泥胶砂振动台。

c. 振动台:振幅(0.5±0.05)mm,频率(50±3)Hz。

d. 稠度仪、木槌等。

②试验步骤

a. 将拌和好的砂浆,一次装入分层度仪中,待装满后,用木槌将筒壁四周轻击数下,最后抹平移到稠度仪上,测定其稠度 H_1。

b. 静置 30 min(标准法)或在振动台上振动 20 s 后(快速法),除去上面 200 mm 砂浆,将剩下的 100 mm 砂浆重新拌和后测定其稠度 H_2。

③试验结果及确定

a. 试验结果。两次所测的稠度值之差(H_1-H_2)即为砂浆的分层度值(精确至 1 mm)。

b. 试验确定。两次分层度试验值之差如大于 10 mm,应重新取样测定。

c. 当结果有争议时,以标准法为准。

11.5.3　砂浆抗压强度试验

(1)主要仪器及设备

①试模。有底,内壁边长为 70.7 mm 的立方体金属试模。

②压力试验机。试验机相对误差不大于 1‰,量程 50~100 kN。

③捣棒(直径 10 mm、长 350 mm)、镘刀等。

(2)试件的制备及养护

①采用立方体试件,每组试件 3 个。

②试模内涂刷薄层机油或脱膜机,将拌好的砂浆一次装满砂浆试模,成型方法根据稠度而定。当稠度≥50 mm 时采用人工振捣成型,当稠度<50 mm 时采用机械振动成型。

a. 人工振捣:用捣棒均匀地由边缘向中心按螺旋方式插捣 25 次,插捣过程中如砂浆沉落低于试模口,应随时添加砂浆,可用油灰刀插捣数次,并用手将试模一边抬高 5~10 mm 各振动 5 次,使砂浆高出试模顶面 6~8 mm。

b. 机械振动:将砂浆一次装满试模,放在振动台上,振动时试模不得跳动,振动 5~10 s 或持续到表面出浆为止,不得过振。

c. 待表面水分稍干后,将高出试模部分的砂浆沿试模顶面刮去并抹平。

③制作完试件,将试件放在(20±5)℃的温度下放置(24±2)h,进行编号拆模,并按下列规定养护至 28d 再进行强度测试:砂浆应放在温度为(20±2)℃,相对湿度为 90%以上的环境下养护。养护期间,试件彼此间隔不小于 10 mm,混合砂浆试件上面应覆盖,以防有水滴在上面。

(3)试验步骤

试件取出后,将试件擦干,测量尺寸(精确至 1 mm),将试件放在压力机下面的中心位置,开动压力机进行加压,加压速度为 0.25~1.5 kN/s(砂浆强度不大于 5 MPa 时,宜取下限;砂浆强度大于 5 MPa 时,取上限),直至破坏,记录破坏荷载。

(4)结果计算

①砂浆立方体抗压强度按式(11.28)计算(精确至 0.1 MPa):

$$f_{m,cu}=\frac{N}{A} \tag{11.28}$$

式中　$f_{m,cu}$——砂浆立方体抗压强度,MPa;

　　　　N——立方体破坏荷载,N;

　　　　A——试件承压面积,mm²。

②以三个试件测值的算术平均值的 1.3 倍作为该组试件的砂浆立方体试件抗压强度平均

值(精确至 0.1 MPa)。

当三个测值的最大值或最小值中如有一个与中间值的差值超过中间值的 15%时,则把最大值及最小值一并舍除,取中间值作为该组试件的抗压强度值;如有两个测值与中间值的差值均超过中间值的 15%时,则该组试件的试验结果无效。

11.6 钢 筋 试 验

本试验根据国家规范《钢筋混凝土用钢 第 1 部分:热轧光圆钢筋》(GB 1499.1—2017)和《钢筋混凝土用钢 第 2 部分:热轧带肋钢筋》(GB 1499.2—2018)的规定进行。试验内容包括钢筋的拉伸试验和弯曲试验。

取样方法如下:

①同一截面尺寸、炉号、牌号、交货状态分批检验和验收,每批质量通常不大于 60 t。

②混凝土用热轧钢筋,必须具有出厂证明书或试验报告单。

③钢筋拉伸和弯曲所用试件不允许车削加工。

④每批钢筋中任取两根,截取两根拉力试件、两根弯曲试件。如其中有一根拉伸试验或弯曲试验中的任一指标不合格,需再从同一批钢筋中任取双倍数量的试件,再进行复检。复检时如有一个指标不合格,则整批不予验收。同时,还需检验钢筋尺寸、表面状态等。如使用过程中有脆断、焊接不良以及机械性能明显不正常时应进行化学成分检验。

11.6.1 拉伸试验

(1)试验目的

检验钢筋的屈服强度、极限拉伸强度和伸长率,作为评定钢筋品质的依据。

(2)主要仪器设备

拉力试验机、钢筋画线机、游标卡尺(精确度为 0.1 mm)、天平等。

(3)试件

①钢筋拉力试件,如图 11.11 所示。

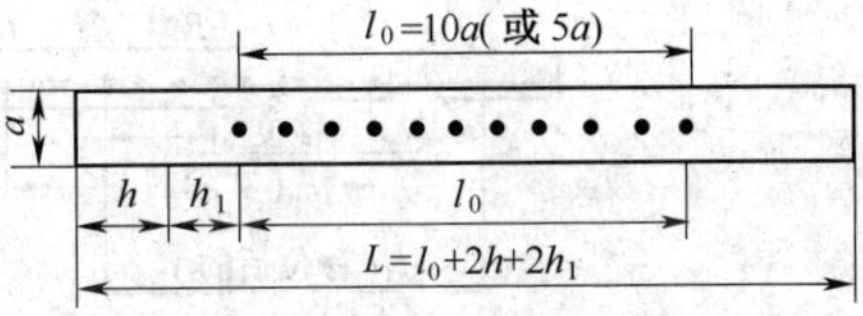

②试件在 l_0。范围内,按 10 等分或 5 等分画线(圆钢为 10 等分、带肋钢筋为 5 等分)定标距长度 l_0,每等分长度为该钢筋直径长度(精确度 0.1 mm)。

③不经车削的试件按质量计算截面面积 A_0 (mm²)。试件的截面面积按式(11.29)计算:

$$A_0 = \frac{m}{7.85L} \qquad (11.29)$$

图 11.11 钢筋拉力试件

a—试件直径;l_0—标距长度;h_1—(0.5~1)a;h—头具长度

式中 m——试件质量,g;

L——试件长度,mm;

7.85——钢材密度,g/cm³。

计算钢筋强度时截面面积采用公称横截面面积,故计算截面面积取靠近公称横截面面积 A 的数值(保留 4 位有效数字),如表 11.11 所示。

表 11.11 钢筋的公称横截面积

公称直径/mm	公称横截面面积/mm²	公称直径/mm	公称横截面面积/mm²
8	50.27	22	380.1
10	78.54	25	490.9
12	113.1	28	615.8
14	153.9	32	804.2
16	201.1	36	1 018
18	254.5	40	1 257
20	314.2	50	1 964

(4)试验步骤

①将试件上端固定在试验机夹具内,调整试验机零点,装好描绘器、纸、笔等,再用下夹具固定试件下端。

②开动试验机进行试验,屈服前应力施加速度为 10 MPa/s;屈服后试验机活动夹头在荷载下移动速度每分钟不大于 $0.5l_0$。(不经车削试件 $L_c = l_0 + 2h_1$ 直至试件拉断)。

③拉伸过程中,描绘器自动绘出荷载变形曲线,由荷载变形曲线和刻度盘指针读出屈服荷载 F_s(N)(指针停止转动或第一次回转时的最小荷载)与最大极限荷载 F_b(N)。

④量出拉伸后的标距长度 l_1,将已拉断的试件在断裂处对齐,尽量使轴线位于一条直线上。如断裂处到邻近标距端点的距离 $> l_0/3$ 时,可用卡尺直接量出 l_1;如断裂处到邻近标距端点的距离 $\leqslant l_0/3$ 时,可按下述移位法确定 l_1:在长段上自断点起,取等于短段格数得 B 点,再取等于长段所余格数[偶数如图 11.12(a)]之半得 C 点,或者取所余格数[奇数如图 11.12(b)]减 1 与加 1 之半得 C 与 C_1 点。移位后的 l_1 分别为 $AB + 2BC$ 或 $AB + BC + BC_1$。

(5)结果计算

①屈服强度 σ_s(精确至 5 MPa)。$\sigma_s = F_s/A$

②抗拉强度 σ_b(精确至 5 MPa)。$\sigma_b = F_b/A$

③伸长率 δ(精确至 1%)。按式(11.30)计算:

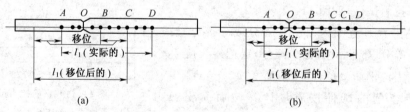

图 11.12 用位移法计算标距

$$\delta_{10}(\delta_5) = \frac{l_1 - l_0}{l_0} \times 100\% \qquad (11.30)$$

式中,δ_{10}、δ_5 分别表示 $l_0 = 10d$ 或 $l_0 = 5d$ 时的伸长率。如拉断处位于标距之外,伸长率无效,应重做试验。

11.6.2 弯曲试验

按国家标准《金属材料弯曲试验方法》(GB/T 232—2010)的规定进行。

（1）试验目的

检验钢筋在常温下承受静力弯曲时所能允许的变形能力。

（2）主要仪器设备

压力机或万能试验机。具有两个支辊，支辊间距离可以调节，具有不同直径的弯心，弯心直径应符合有关标准规定。

（3）试验步骤

①按图 11.13 调整两支辊之间的距离，使 $x = d + 2.5a$。

②选用弯心直径 d。光圆钢筋 $d = a$；热轧带肋钢筋 $d = 4a (a = 6 \sim 25 \text{ mm})$ 或 $d = 5a (a = 28 \sim 40 \text{ mm})$。

③将试件按图 11.13 装置好后，平衡缓慢地加荷。在荷载作用下，钢筋贴着冷弯压头，弯曲到要求的角度 α（圆钢和部分热轧带肋钢筋角度 $\alpha = 180°$），取下试件。

（4）结果

检查试件弯曲的外缘和侧面，如无裂纹、断裂或起层，则评定为冷弯试验合格。

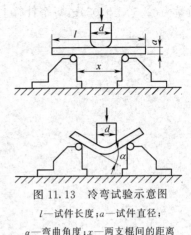

图 11.13　冷弯试验示意图

l—试件长度；a—试件直径；
α—弯曲角度；x—两支辊间的距离

11.7　沥　青　试　验

本试验根据国家标准《沥青针入度测定法》（GB/T 4509—2010）、《沥青延度测定法》（GB/T 4508—2010）、《沥青软化点测定法 环球法》（GB/T 4507—2014）进行。试验内容包括石油沥青的针入度、延度及软化点的测试。

11.7.1　沥青针入度测定

石油沥青的针入度以标准针在一定的荷载、时间及温度条件下垂直穿入沥青试样的深度来表示，单位为 1/10 mm。除非另行规定，标准针、针连杆与附加砝码的总质量为 (100 ± 0.05) g，温度为 $(25 \pm 0.1)℃$，时间为 5 s。特定试验可采用的其他条件，如表 11.12 所示。

表 11.12　针入度特定试验条件规定

温度/℃	荷重/g	时间/s
0	200	60
4	200	60
46	50	5

注：特定试验报告中应注明试验条件。

（1）试验目的

建筑工程中使用的沥青，在常温下大都是固体或半固体状态，可以通过测定沥青的针入度来表示沥青的黏滞性，并以针入度为其主要技术指标来评定沥青的牌号。

（2）主要仪器设备

①针入度仪（图 11.14）。针连杆质量为 (47.5 ± 0.05) g，针和针连杆的总质量为 (50 ± 0.05) g；

②标准针。标准针应由硬化回火的不锈钢制造，针应装在一个黄铜或不锈钢的金属箍中，针露在外面的长度应在 $40 \sim 50$ mm，金属箍的直径为 (3.20 ± 0.05) mm，长度为 (38 ± 1) mm，针应牢固地装在箍里，针尖及针的任何其余部分均不得偏离箍轴 1 mm 以上，针箍及其附件总

质量为(2.50±0.05)g,每个针箍上打印单独的标志号码。

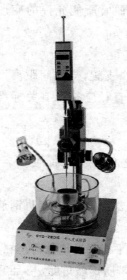

图 11.14 沥青针入度仪

③试样皿。金属或玻璃的圆柱形平底皿,尺寸如表 11.13 所示。

④恒温水浴。容量不小于 10 L,能保持温度在试验温度的±0.1 ℃范围内。

⑤温度计。液体玻璃温度计,刻度范围−8 ℃～55 ℃,分度值为 0.1 ℃。

⑥平底玻璃皿。容量不小于 350 mL,深度要浸过最大的样品皿。内设一个不锈钢三角支架,以保证试样皿稳定。

(3)试验准备

①加热样品时不断搅拌以防局部过热,直到样品能够流动。焦油沥青的加热温度不超过软化点 60 ℃,石油沥青不超过软化点 90 ℃。加热时间不超过 30 min。加热、搅拌过程中应避免试样中进入气泡。

②将试样倒入预先选好的两个试样皿中,试样深度应大于预计穿入深度的 120%。

表 11.13 金属或玻璃的圆柱形平底皿尺寸要求

针入度范围	直径/mm	深度/mm
针入度<200 时	55	35
针入度 200～350 时	55～75	45～70
针入度 350～500 时	55	70

③松松地盖住试样皿以防灰尘落入,在 15～30 ℃的室温下冷却,然后将针插入针连杆中固定,按试验条件放好砝码。然后将两个试样皿和平底玻璃皿一起放入恒温水浴中,水面应没过试样表面 10 mm 以上。在规定的试验温度下冷却,小试样恒温 1～1.5 h,大试样皿恒温 1.5～2 h。

(4)试验步骤

①调节针入度仪使之水平,检查针连杆和导轨,以确认无水和其他外来物,无明显摩擦。用三氯乙烯或其他溶剂将标准针擦干净,再用干净的布擦干,然后将针连杆固定,按试验条件放好砝码。

②将已恒温到试验温度的试样皿和平底玻璃皿取出,放置在针入度仪的平台上。慢慢放下针连杆,使针尖刚刚接触到试样的表面,必要时用放置在合适位置的光源的反射来观察。拉下活杆,使其与针连杆顶端相接触,调节针入度仪上的表盘读数指零。

③手紧压按钮,同时启动秒表,使标准针自由下落穿入沥青试样,到规定时间停压按钮,使标准针停止移动。

注:当采用自动针入度仪时,计时与标准针落下贯入试样同时开始,至 5 s 时自动停止。

④拉下活杆,再使其与针连杆顶端相接触,此时表盘指针的读数即为试样的针入度,准确至 0.5(0.1 mm),用 1/10 mm 表示。

⑤同一试样至少重复测定 3 次,每一试验点的距离和试验点与试样皿边缘的距离都不得小于 10 mm。当针入度超过 200 时,至少用 3 根标准针,每次试验用的针留在试样中,直到 3 次平行试验完成后才能将标准针取出。针入度小于 200 时可将针取下用合适的溶剂擦净后继续使用。

(5)试验结果

3 次测定针入度的平均值,取整数作为试验结果。2 次测定的针入度值相差不应大于表 11.14 数值。若差值超过表 11.14 的数值,可利用第二个样品重复试验。如果结果再次超过允许值,则取消所有的试验结果,重新进行试验。

表 11.14　针入度测定允许最大差值

针入度	0~49	50~149	150~249	250~350
最大差值	2	4	6	8

11.7.2　沥青延度测定

本方法适用于测定石油沥青的延度,也适用于测定煤焦油沥青的延度。试验温度一般为 $(25\pm0.5)℃$,拉伸速度为 (5 ± 0.25)cm/min。

(1)试验目的

通过对沥青延度的测定,了解沥青塑性大小,即沥青产生变形而不破坏的能力。延度也是评定牌号的技术指标。

(2)主要仪器设备

①延度仪。将试件持续浸没于水中,能保持规定的试验温度及按照规定拉伸速度 (5 ± 0.25)cm/min 的速度拉伸试件,无明显震动的仪器均可使用。

②试件模具。黄铜制,由两个弧形端模和两个侧模组成,如图 11.15 所示。

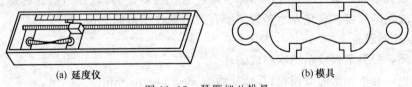

(a) 延度仪　　　　　　　　　(b) 模具

图 11.15　延度仪及模具

③恒温水浴。容量至少为 10 L,能保持试验温度变化不大于 0.1 ℃,试件浸入水中深度不得小于 100 mm,水浴中设置带孔搁架以支撑试件,搁架距水浴容器底部不得小于 50 mm。

④温度计。0~50 ℃,分度值为 0.1 ℃和 0.5 ℃各一支。

⑤金属网。筛孔为 0.3~0.5 mm。

⑥隔离剂。以质量计,由两份甘油和一份滑石粉调制而成。

⑦支撑板。金属板或玻璃板,一面必须磨光至表面粗糙度 R_a 为 0.63。

(3)试验准备

①将隔离剂拌和均匀,涂于支撑板表面和铜模的内表面,将模具组装在支撑板上。

②加热样品直到完全变成液体能够流动。石油沥青样品加热至流动温度(不超过预计沥青软化点 90 ℃);煤焦油沥青样品加热至流动温度(不超过煤焦油沥青预计软化点 60 ℃)。把熔化了的样品过筛,在充分搅拌之后,倒入模具中,在倒样时使试样呈细流状,自模的一端至另一端往返倒入,使试样略高出模具,将试件在空气中冷却 30~40 min,然后放在规定温度的水浴中保持 30 min 取出,用热的刮刀或铲将高出模具的沥青刮去,使试样与模具齐平。

③将支撑板、模具和试件一起放入恒温水浴中,并在试验温度下保持 85~95 min,然后从板上取下试件,拆掉侧模,立即进行拉伸试验。

(4)试验步骤

①将保温后的试件连同底板移入延度仪的水槽中,然后将盛有试样的试模自玻璃板上取下,将模具两端的孔分别套在试验仪器的柱上,以一定的速度拉伸,直到试件拉伸断裂。拉伸速度允许误差±5%,测量试件从拉伸到断裂所经过的距离(cm)。试验时,试件距水面和水底的距离不小于 25 mm,并且要使温度保持在规定温度的±0.5 ℃的范围内。

②如果沥青浮于水面或沉入槽底时,则试验不正常,应使用乙醇或氯化钠调整水的密度,使沥青材料既不浮于水面,又不沉入槽底。

③正常的试验应将试样拉成锥形,直至到断裂时实际横断面面积接近于零,如果 3 次试验得不到正常结果,则报告在该条件下延度无法测定。

(5)试验结果

若 3 个试件测定值在其平均值的 5%内,取平行测定 3 个结果的平均值作为测定结果。

若 3 个试件测定值不在其平均值的 5%以内,但其中两个较高值在平均值的 5%之内,则去掉最低测定值,取两个较高值的平均值作为测定结果,否则重新测定。

11.7.3 沥青软化点测定

本方法适用于环球法测定软化点范围在 30~157 ℃的沥青材料。对于软化点在 30~80 ℃范围内时用蒸馏水做加热介质,软化点在 80~157 ℃范围内时用甘油做加热介质。

软化点是试样在测定条件下,因受热而下坠达 25.4 mm 时的温度,以℃表示。

(1)试验目的

软化点是表示沥青温度稳定性的指标。通过软化点测定,可以知道沥青的黏性和塑性随温度升高而改变的程度。软化点也是评定沥青牌号的技术指标之一。

(2)主要仪器设备

①试样环。两只黄铜或不锈钢制成的环。

②支撑板。扁平光滑的黄铜板,其尺寸约为 50 mm×75 mm。

③钢球。两个直径为 9.53 mm 的钢球,每个质量为(3.50±0.05)g。

④钢球定位器。用于使钢球定位于试样中央。

⑤恒温浴槽。控温的准确度为 0.5 ℃。

⑥环支撑架和支架。支撑架用于支撑两个水平位置的环,其安装示意如图 11.16 所示。支撑架上环的底部距离下支撑板的上表面为 25.4 mm,下支撑板的下表面距离浴槽底部为(16±3) mm。

⑦温度计应符合 GB/T 514—2005 中沥青软化点专用温度计的规格技术要求,即测温范围在 30~180 ℃,最小分度值为 0.5 ℃的全浸式温度计。合适的温度计应按图 11.16 悬于支

架上,使得水银球底部与环底部水平,其距离在 13 mm 以内,但不要接触环或支撑架,不允许使用其他温度计代替。

(3)试验准备

①样品的加热时间在不影响样品性质和在保证样品充分流动的基础上尽量短。石油沥青、改性沥青、天然沥青以及乳化沥青残留物加热温度不应超过预计沥青软化点 110℃。煤焦油沥青样品加热温度不超过煤焦油沥青预计软化点 55℃。如果样品为按照 SH/T0099.4、SH/T0099.16、NB/SH/T0890 方法得到的乳化沥青残留或高聚物改性乳化沥青残留时,可将其热残留物搅拌均匀后直接注入试模中。如果重复试验,不能重新加热样品,应在干净的容器中用新鲜样品制备试样。

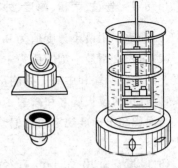

图 11.16　软化点测试

②若预计软化点在 120~157 ℃以上,应将黄铜环与支撑板预热至 80~100 ℃,然后将黄铜环放到涂有隔离剂的支撑板上,否则会出现沥青试样从黄铜环中完全脱落的现象。

③向每个环中倒入略过量的石油沥青试样,让试件在室温下至少冷却 30 min。对于在室温下较软的样品,应将试件在低于预计软化点 10 ℃以上的环境中冷却 30 min。从开始倒试样时起至完成试验的时间不得超过 240 min。

④当试样冷却后,用稍加热的小刀或刮刀彻底地刮去多余的沥青,使得每一个黄铜环饱满且和环的顶部齐平。

(4)试验步骤

①选择加热介质,新沸煮过的蒸馏水适于软化点为 30~80 ℃的沥青,起始加热介质温度应为(5±1) ℃。甘油适于软化点为 80~157 ℃的沥青,起始加热介质的温度应为(30±1) ℃。为了进行仲裁,所有软化点低于 80 ℃的沥青应在水浴中测定,而高于 80 ℃的在甘油浴中测定。

②把仪器放在通风橱内并配置两个样品环、钢球定位器,并将温度计插入合适的位置,浴槽装满加热介质,并使各仪器处于适当位置。用镊子将钢球置于浴槽底部,使其同支架的其他部位达到相同的起始温度。

③如果有必要,将浴槽置于冰水中,或小心加热并维持适当的起始浴温达 15 min,并使仪器处于适当位置,注意不要玷污浴液。

④再次用镊子从浴槽底部将钢球夹住并置于定位器中。

⑤从浴槽底部加热使温度以恒定的速率 5℃/min 上升。试验期间不能取加热速率的平均值,但在 3 min 后,升温速度应达到(5±0.5)℃/min,若温度上升率超过此限定范围,则此试验失败。

⑥当两个试环的球刚触及下支撑板时,分别记录温度计所显示的温度。无需对温度计的浸没部分进行校正。

(5)试验结果

取两个温度的平均值作为沥青的软化点。如果两个温度的差值超过 1 ℃,则重新试验。

11.8　塑性体改性沥青防水卷材试验

本试验依据国家标准《塑性体改性沥青防水卷材》(GB 18243—2008)进行。

11.8.1　卷重、面积、厚度、外观检测

(1)卷重。用最小分度值为 0.1 kg 的台秤称量每卷卷材的质量。

(2)面积。用最小刻度值为 1 mm 的卷尺量其宽度,用最小刻度不大于 5 mm 的卷尺量其长度。在卷材两端和中部三处测量宽度、长度,以长乘宽度的平均值求得每卷卷材面积。若有接头,以量出两段长度之和减去 150 mm 计算。

当面积超出标准规定的正偏差时,按公称面积计算其卷重,当其符合最低卷重要求时,亦判为合格。

(3)厚度。使用 10 mm 直径接触面,单位面积压力为 0.02 MPa,用分度值为 0.01 mm 的厚度计测量,保持时间 5 s。沿卷材宽度方向裁取 50 mm 宽的卷材一条(50 mm×1 000 mm),在宽度方向测量 5 点,距卷材长度边缘(150±15)mm 向内各取一点,在这两点中均分取其余 3 点。对砂面卷材必须清除浮砂后进行测量,记录测量值,计算 5 点的平均值作为该卷材的厚度,以所抽卷材数量的卷材厚度的总平均值作为该批产品的厚度,并报告最小单值。

(4)外观。将卷材立放于平面上,用一把钢板尺平放在卷材的端面上,用另一把最小分度值为 1 mm 的钢板尺垂直伸入卷材端面最凹处,测得的数值即为卷材端面的里进外出值。然后将卷材展开按外观质量要求检查。沿宽度方向裁取 50 mm 宽的一条,胎基内不应有未被浸透的条纹。

11.8.2　物理力学性能

(1)试样

将取样的一卷卷材切除距外层卷头 2 500 mm 后,顺纵向切取长度 800 mm 的全幅卷材试样 2 块,一块作为物理力学性能检测用,另一块备用。

(2)按图 11.17 所示的部位及表 11.15 规定的尺寸和数量切取试件,试件边缘与卷材纵向边缘的距离不小于 75 mm。

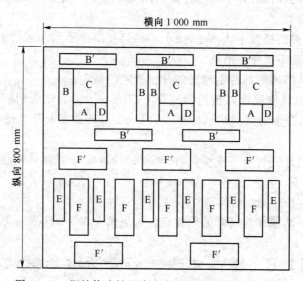

图 11.17　塑性体改性沥青防水卷材切去试件示意图

表 11.15　试件尺寸和数量

试验项目	试件代号	试件尺寸/mm	数量/个
可溶物	A	100×100	3
拉力和延伸率	B、B′	250×50	纵横向各 5
不透水性	C	150×150	3
耐热度	D	100×50	3
低温柔度	E	150×25	6
撕裂强度	F、F′	200×75	纵横向各 5

11.8.3　拉力及最大拉力时延伸率试验

(1)主要仪器设备

拉力试验机能同时测定拉力和伸长率,测力范围 0~2 000 N,最小分度值不大于 5 N,伸长范围能使夹具间距(180 mm)伸长 1 倍,夹持宽度不小于 50 mm。试验温度(28±2)℃。

(2)试验步骤

①将切取的试件(B、B′)放置在试验温度下不少于 24 h。

②校准试验机,拉伸速度 50 mm/min。将试件夹持在夹具中心,不得歪扭,上下夹具间距离为 180 mm。

③启动试验机,至试件拉断为止,记录最大拉力及最大拉力时伸长值。

④计算。分别计算纵向或横向 5 个试件拉力的算术平均值作为卷材纵向或横向拉力,单位N/50 mm。

伸长率按式(11.31)计算:

$$E = \frac{L_1 - L_0}{L} \times 100\% \tag{11.31}$$

式中　E——最大拉力时延伸率,%;

　　　L_1——试件最大拉力时的标距,mm;

　　　L_0——试件初始标距,mm;

　　　L——夹具间距离,180 mm。

分别计算纵向或横向 5 个试件最大拉力时延伸率的算术平均值作为纵向或横向延伸率。

11.8.4　不透水性试验

(1)主要仪器设备

具有三个透水盘的不透水仪,它主要有液压系统、测试管路系统、夹紧装置和透水盘等部分组成。透水盘底座内径为 92 mm,透水盘金属压盖上有 7 个均匀分布的直径 25 mm 透水孔。压力表测量范围为 0~0.6 MPa,精度 2.5 级。水温(20±5)℃。

(2)试验步骤

①将洁净水注满水箱。

②放松夹脚。启动油泵,在油压的作用下,夹脚活塞带动夹脚上升。

③水缸冲水。先将水缸内的空气排净,然后水缸活塞将水从水箱吸入水缸,完成水缸吸水过程。

④试座充水。当水缸充满水后,由水缸同时向三个试座充水,三个试座充满水并接近溢出状态时,关闭试座进水阀门。

⑤水缸二次充水。由于水缸容积有限,当完成向试座充水后,水缸内储存水已经断绝,须通过水箱向水缸再次充水,其操作方法与一次充水相同。

⑥安装试件。将三块试件分别置于三个透水盘试座上,涂盖材料薄弱的一面接触水面,并注意"O"形密封圈应固定在试座槽内,试件上盖上金属压盖,然后通过夹脚将试件压紧在试座上。如产生压力影响结果,可向水箱泄水,达到减压目的。

⑦压力保持。打开试座进水阀,通过水缸向装好试件的透水盘底座继续充水,当压力表达到指定压力时,停止加压,关闭进水阀和油泵,同时开动定时钟,随时观察试件是否有渗水现象,并记录开始渗水时间。在规定测试时间出现其中一块或两块试件有漏水时,必须立即关闭控制相应试座的进水阀,以保证其余试件能继续测试。

⑧卸压。当测试达到规定时间 30min,即可卸压取样,启动油泵,夹脚上升后即可取出试件,关闭油泵。

(3)试验结果。检查试件有无渗漏现象。

11.8.5 耐热度试验

(1)主要仪器设备

①电热恒温箱。带有热风循环装置。

②温度计。0~150 ℃,最小刻度 0.5 ℃。

③干燥器。ϕ250~300 mm。

④表面皿。ϕ60~80 mm。

⑤天平。感量 0.001 g。

⑥试件挂钩。洁净无锈的细铁丝或回形针。

(2)试验步骤

①在每块试件距短边一端 1 cm 处的中心打一小孔。

②将试件用细铁丝在小孔处穿挂好,放入已定温至标准规定的电热恒温箱内。试件的位置与箱壁距离不应小于 50 mm,试件间应留一定距离,不致黏结在一起。试件的中心与温度计的水银球应在同一水平位置。距每块试件下端 10 mm 处,各放一表面皿用以接淌下的沥青物质。

(3)试验结果

在规定温度下加热 2 h 后,取出试件及时观察并记录试件表面有无涂盖层滑动和集中性气泡。集中性气泡系指破坏油毡涂盖层原形的密集气泡。

11.8.6 低温柔度试验

(1)主要仪器设备

①低温制冷仪。温度范围 0~−30 ℃,控温精度 ±2 ℃。

②半导体温度计。量程 30~−40 ℃,精度 0.5 ℃。

③柔度弯曲器。半径 15 mm、25 mm。

(2)试验步骤

①将试件和柔度器同时放入冷却至标准规定温度的低温制冷仪中,待温度达到标准规定温度后保持不少于 2 h,在标准规定温度下,在低温制冷仪中将试件于 3 s 内匀速绕柔度器弯曲180°。

②2 mm、3 mm 卷材采用半径 15 mm，4 mm 卷材采用半径 25 mm 的柔度器。

（3）试验结果

10 个试件中，5 个试件的下表面及另外 5 个试件上表面与柔度器接触。取出试件用肉眼观察试件涂盖层有无裂纹。

11.9　掺外加剂混凝土拌和物性能试验

11.9.1　混凝土外加剂的减水率试验

（1）试验目的及适用范围

减水率是指混凝土的坍落度在基本相同条件下，掺用外加剂混凝土的用水量与不掺外加剂基准混凝土的用水量之差，与不掺外加剂基准混凝土用水量的比值。减水率是减水剂的主要性能指标，也是区别高效型与普通型减水剂的主要技术指标之一。

（2）主要仪器设备

60 L 自落式混凝土搅拌机。

（3）试样制备

①材料准备

a. 水泥。外加剂试验必须采用统一检验混凝土外加剂性能的基准水泥，在因故得不到基准水泥时，允许采用 C_3A 含量 6%～8%，总碱量不大于 1% 的熟料和二水石膏、矿渣共同磨制的强度等级不小于 42.5 级的普通硅酸盐水泥。但仲裁仍需基准水泥。

b. 砂。符合国家标准《建设用砂》（GB/T 14684—2011）要求，且细度模数在 2.6～2.9 的中砂。

c. 石子。符合国家标准《建设用卵石、碎石》（GB/T 14685—2011），粒径为 4.75～19 mm。

采用二级配，其中 4.75～9.5 mm 占 40%，9.5～19 mm 占 60%。如有争议，以卵石试验结果为准。

d. 外加剂。所检测的外加剂。

e. 水。符合混凝土拌和用水的有关标准。

②配合比

a. 基准混凝土配合比。按《普通混凝土配合比设计规程》（JGJ 55—2011）进行设计。掺非引气型减水剂混凝土和基准混凝土的水泥、砂、石的比例不变。

b. 水泥用量。采用卵石时为（310±5）kg/m³；采用碎石时为（330±5）kg/m³。

c. 砂率。基准混凝土和掺减水剂的混凝土的砂率均为 36%～40%，但掺引气减水剂的混凝土砂率应比基准混凝土低 1%～3%。

d. 减水剂掺量。按生产厂推荐的掺量。

e. 用水量。应使混凝土坍落度达（80±10）mm。

③搅拌

采用 60 L 自落式混凝土搅拌机，全部材料及外加剂一次投入，拌和量应不少于 15 L，不大于 45 L，搅拌 3 min，出料后在铁板上用人工翻拌 2～3 次再进行试验。

④取样

应符合表 11.16 的规定。

表 11.16　减水剂试验取样数量

混凝土拌和批数	每次取样次数	掺外加剂混凝土总取样次数	基准混凝土总取样次数
3	1	3	3

(4)试验步骤

①按基准混凝土配合比拌制基准混凝土。

②控制用水量,测定基准混凝土的坍落度。使基准混凝土的坍落度达(80±10)mm,记录此时的单位用水量 m_0。

③按掺减水剂混凝土的配合比拌制掺减水剂的混凝土。

④控制用水量,测定掺减水剂的混凝土的坍落度。使掺减水剂混凝土的坍落度达(80±10)mm,记录此时的单位用水量 m_1。

⑤按上述试验步骤再重复做两批次。

(5)试验结果及评定

①减水率按式(11.32)计算:

$$W_R = \frac{m_0 - m_1}{m_0} \times 100 \tag{11.32}$$

式中　W_R——减水率,%;

　　　m_0——基准混凝土单位用水量,kg/m³;

　　　m_1——掺减水剂混凝土单位用水量,kg/m³。

②以三批试验的算术平均值作为计算结果,精确到小数点后一位。若三批试验的最大值或最小值中有一个与中间值之差超过中间值的±15%时,则最大值与最小值一并舍去,取中间值作为该组试验的减水率。若有两个测值与中间值之差超过±15%时,则该批试验结果无效,应该重做。

11.9.2　新拌混凝土含气量试验

(1)试验目的

在混凝土拌和物中加入适量具有引气功能的外加剂,可在混凝土中引入微小的气泡,这些气泡可阻止集料颗粒的沉降和水分上升而减少泌水率,改善混凝土拌和物的和易性,尤其是能显著提高混凝土抗冻性。但含气量太大,会严重影响混凝土的强度,因此本试验测定混凝土拌和物的含气量,以便控制混凝土的配合比设计及质量。

(2)主要的仪器设备

①含气量测定仪。包括容器和盖体,容器及盖体之间应设密封圈,用螺栓连接,连接处不得有空气存留,保证密闭。容器由硬质、不易被水泥浆腐蚀的金属制成,内径应与深度相等,容积为 7 L;盖体应用与容器相同的材料制成,包括气室、微调阀、排气(水)阀、压力平衡阀、注水阀及压力表等,如图 11.8 所示。压力表量程为 0~0.25 MPa,精度为 0.01 MPa。

②捣棒、振动台、台秤、橡皮锤等。

(3)试样制备

①材料准备

水泥、砂、石子、水、外加剂要求同外加剂检验一样。

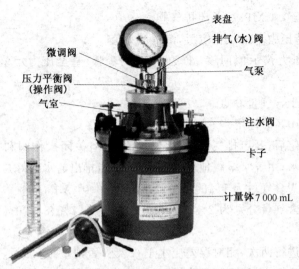

图 11.18 混凝土含气量测定仪

②配合比

按《普通混凝土配合比设计规程》(JGJ 55—2011)进行设计。

③搅拌

采用 60 L 自落式混凝土搅拌机,全部材料及外加剂一次投入,拌和量应不少于 15 L,不大于 45 L,搅拌 3 min,出料后在铁板上用人工翻拌 2～3 次再进行试验。

④取样数量

应符合表 11.17 的规定。

表 11.17 含气量试验取样数量

混凝土拌和批数	每批取样次数	掺外加剂混凝土总取样次数	基准混凝土总取样次数
3	1	3	3

注:试验时,检验一种外加剂的三批混凝土要在同一天内完成。

(4)试验步骤

①标定仪器

a. 含气量测定仪容器容积的标定

ⓐ擦净容器,并将含气量仪安装好,称量含气量仪的总质量 m_1,精确至 50 g。

ⓑ在容器内加满水,然后将盖体安装好,关闭操作阀和排气阀,打开排水阀和注水阀,通过注水阀,向容器内注入水;当排水阀流出的水流不含气泡时,在注水的状态下,同时关闭注水阀和排水阀,再称量含气量仪的总质量 m_2,精确至 50 g。

ⓒ容器的容积按式(11.33)计算:

$$V = \frac{m_2 - m_1}{\rho_w} \times 1\,000 \tag{11.33}$$

b. 含气量 0 点的标定

ⓐ将容器内加满水,然后将盖体安装好,关闭操作阀和排气阀,打开排水阀和注水阀,通过注水阀,向容器内注入水;当排水阀流出的水流不含气泡时,在注水的状态下,同时关闭注水阀和排水阀。

ⓑ开启进气阀,用气泵向气室充气,使表压稍大于 0.1 MPa,待压力示值仪稳定后,微微开

启排气阀,调整表压至 0.1 MPa。关闭排气阀。

ⓒ开启操作阀,待压力示值仪稳定后,测得压力值。

ⓓ开启排气阀,压力仪示值回零,重复ⓑ、ⓒ的步骤,直至压力示值仪稳定,再测一次压力值。

ⓔ此压力值相当于含气量 0 点。

c. 含气量 1%~10%的标定

ⓐ含气量为 0 标定后,开启排气阀,压力仪示值回零;关闭操作阀和排气阀,打开排水阀,在排气阀口用量筒接水;用气泵缓缓地向气室内打气,当排出的水恰好是含气量测定仪体积的 1%时,压力仪示值即为含气量为 1%的压力值,精确至 0.01 MPa。

ⓑ如此继续测得含气量分别为 2%、3%、4%、5%、6%、7%、8%、9%、10%时的压力值,精确至 0.01 MPa。

ⓒ以上试验均应进行两次,相对误差应小于 0.2%,否则重做。

ⓓ以压力仪测值为横坐标,含气量为纵坐标,绘制含气量与压力值之间的关系曲线。

②混凝土拌和物含气量 A_0 的测定

a. 擦净容器与盖内表面,装入混凝土拌和物。

b. 混凝土拌和物的捣实:

ⓐ当拌和物坍落度大于 70 mm 时,可采用人工插捣。将混凝土拌和物分 3 层装入,每层插捣 25 次,插捣上层时捣棒应插入下层 10~20 mm,再用木槌沿容器外壁重击 10~15 次,使插捣留下的插空填满,最后一层装料应避免装满。

ⓑ采用机械捣实时,一次装满容器,装料时可用捣棒稍加插捣,振动过程中如拌和物低于容器口,应随时填满;振动至混凝土表面平整、出浆为止,不得过度插捣。

ⓒ若用插入式振动器捣实,应避免振动器触及容器内壁和底面。

ⓓ在施工现场测定混凝土拌和物含气量时,应采用与施工振动频率相同的机械方式振实。

c. 刮去表面多余的混凝土拌和物,用镘刀抹平,表面若有凹陷应予填平,并使表面光滑无气泡。

d. 在正对操作阀孔的混凝土拌和物表面贴一小片塑料膜,擦净容器上口边缘,装好密封垫圈,加盖并拧紧螺栓。

e. 关闭操作阀和排气阀,打开排水阀和注水阀,通过注水阀,向容器内注入水;当排水阀流出的水流不含气泡时,在注水的状态下,同时关闭注水阀和排水阀。

f. 开启进气阀,用气泵向气室充气,使表压稍大于 0.1 MPa,待压力示值仪稳定后,微微开启排气阀,调整表压至 0.1 MPa。关闭排气阀。

g. 开启操作阀,待压力示值仪稳定后,测得压力值 P_{01}(MPa)。

h. 开启排气阀,压力仪示值回零,重复 f、g 的步骤,直至压力示值仪稳定,对容器内试样再测一次压力值 P_{02}(MPa)。

i. 若 P_{01} 和 P_{02} 的相对误差小于 0.2%时,则取 P_{01}、P_{02} 的算术平均值,按压力与含气量关系曲线查得含气量 A_0(精确至 0.1%);若不满足,则应进行第三次试验,测得压力值 P_{03}(MPa)。当 P_{03} 与 P_{01}、P_{02} 中较接近一个值的相对误差大于 0.2%时,此次试验无效。

③集料含气量 C 的测定

a. 按式(11.34)、式(11.35)计算每个试样中粗、细集料的质量:

$$m_{g}=\frac{V}{1\,000}\times m'_{g} \tag{11.34}$$

$$m_{s}=\frac{V}{1\,000}\times m'_{s} \tag{11.35}$$

式中　m_{g}、m_{s}——每个试样中的粗、细集料的质量,kg;

　　　m_{g}、m_{s}——每立方米混凝土拌和物中粗、细集料的质量,kg;

　　　　　V——含气量测定仪容器容积,L。

b. 在容器中先注入 1/3 高度的水,然后把通过 40 mm 网筛的质量为 m_{g}、m_{s} 的粗、细集料称好,拌匀,慢慢倒入容器。水面每升高 25 mm 左右,轻轻插捣 10 次,并略予搅拌,以排出夹杂进去的空气,加料过程中应始终保持水面高出集料的顶面;集料全部加入后,应浸泡约 5 min,再用橡皮锤轻敲容器外壁,排净气泡,除去水面泡沫,加水至满,擦净容器上口边缘;装好密封圈,加盖拧紧螺栓。

c. 关闭操作阀和排气阀,打开排水阀和注水阀,通过注水阀,向容器内注入水;当排水阀流出的水流不含气泡时,在注水的状态下,同时关闭注水阀和排水阀。

d. 开启进气阀,用气泵向气室充气,使表压稍大于 0.1 MPa,待压力示值仪稳定后,微微开启排气阀,调整表压至 0.1 MPa。关闭排气阀。

e. 开启操作阀,使气室里的压缩空气进入容器,待压力表显示值稳定后记录示值 P_{g1}（MPa）然后开启排气阀,压力仪显示值应为零。

f. 重复上述 d、e 的步骤,对容器内的试样再检测一次,记录压力表值 P_{g2}（MPa）。

g. 若 P_{g1} 和 P_{g2} 的相对误差小于 0.2% 时,则取 P_{g1} 和 P_{g2} 的算术平均值,按压力与含气量关系曲线查得集料的含气量 C,精确至 0.1%;若不满足,则应进行第三次试验,测得压力值 P_{g3}（MPa）。当 P_{g3} 与 P_{g1} 和 P_{g2} 中较接近一个值的相对误差不大于 0.2% 时,则取此二值的算术平均值。当仍大于 0.2% 时,则此次试验无效,应重做。

(5)计算结果及评定

①含气量按式(11.36)计算:

$$A=A_{0}-C \tag{11.36}$$

式中　A——混凝土拌和物含气量,%;

　A_{0}——仪器测定含气量,%;

　C——集料含气量,%。

②以三次测值的平均值作为试验结果。若三个试样中的最大值或最小值中有一个与中间值之差超过 0.5%,将最大值与最小值一并舍去,取中间值作为该批的试验结果;若最大值与最小值均超过 0.5%,则试验重做。

11.9.3　掺外加剂硬化混凝土抗压强度比试验

(1)试验目的

抗压强度比是指掺外加剂的混凝土抗压强度与不掺外加剂的混凝土(基准混凝土)同龄期抗压强度的比值。

(2)主要仪器设备

①压力试验机或万能试验机。测量精度为 ±1%。

②金属直尺。

(3)取样数量(表 11.18)

表 11.18　混凝土抗压强度对比试验取样数量

混凝土拌和批数	每批取样数	掺外加剂的混凝土总取样数	基准混凝土总取样数
3	9 或 12	27 或 36	27 或 36

注:试验时,检验一种外加剂的三批混凝土要在同一天内完成。

(4)试验步骤

方法与混凝土抗压强度试验相同。

(5)试验结果及评定

①计算抗压强度按式(11.37)计算:

$$R_s = \frac{R_t}{R_c} \times 100 \tag{11.37}$$

式中　R_s——抗压强度比,%;

　　　R_t——掺外加剂的混凝土抗压强度,MPa;

　　　R_c——基准混凝土抗压强度,MPa。

②试验结果以三批试验测定值的平均值表示,若三批试验中有一批的最大值或最小值与中间值之差超过中间值的±15%,则把最大值与最小值一并舍去,取中间值作为该批的试验结果;如有两批测定值与中间值的差均超过中间值的±15%,则试验结果无效,应该重做。

11.10　高性能混凝土和易性研究

建议题目:对当地某重点工程 C50 以上混凝土和易性进行研究。

(1)试验目的

通过本试验了解高性能混凝土和易性的特点,掌握高性能混凝土和易性的调节方法。

(2)试验要求

①基本资料收集

a. 混凝土的强度等级。

b. 混凝土的和易性要求。

c. 配制混凝土的原材料品种及其物理力学性能。

②和易性研究方案确定

a. 不掺外加材料混凝土的和易性。

b. 掺入高效减水剂混凝土的和易性。

c. 掺入活性矿物掺合料混凝土的和易性。

d. 掺入高效减水剂及活性矿物掺合料混凝土的和易性。

(3)试验室试验

①混凝土用原材料的检验

a. 水泥质量的检验。

b. 集料质量的检验。

c. 外加剂质量的检验。

d. 掺合料质量的检验。

②混凝土和易性研究

a. 按设计混凝土强度等级计算结果,不掺外加材料配制混凝土拌和物。测定混凝土拌和物坍落度、流动度、含气量、泌水率,观察黏聚性、保水性,并测定混凝土拌和物坍落度损失。

b. 混凝土配合比不变,掺入高效减水剂,测定以上指标。

c. 保持胶凝材料总量不变,掺入粉煤灰、矿渣、硅灰,测定以上指标。

d. 同时掺入高效减水剂及活性矿物掺合料,测定以上指标。

e. 将以上结果进行分析,得出最佳方案,按此方案配制混凝土,测定 28 d 抗压强度。

(4)试验研究总结报告(建议以列表方式表达,如表 11.19 所示)

表 11.19　高性能混凝土和易性研究实验报告建议表

	坍落度	黏聚性保水性	流动度	含气量	泌水率	坍落度损失
不掺外加材料的混凝土						
掺入减水剂的混凝土						
掺入掺合料的混凝土						
掺入减水剂及掺合料的混凝土						

参 考 文 献

[1] 杨彦克,李固华,潘绍伟. 建筑材料[M]. 成都:西南交通大学出版社,2006.

[2] 严捍东,钱晓倩. 新型建筑材料教程[M]. 北京:中国建材工业出版社,2005.

[3] 彭小芹,马铭杉. 土木工程材料[M]. 重庆:重庆大学出版社,2002.

[4] 张粉芹,赵志曼. 建筑装饰材料[M]. 重庆:重庆大学出版社,2007.

[5] 杨瑞成,伍玉娇,张粉芹,等. 工程结构材料[M]. 重庆:重庆大学出版社,2007.

[6] 马保国,刘军. 建筑功能材料[M]. 武汉:武汉理工大学出版社,2004.

[7] 张雄. 建筑功能材料[M]. 北京:中国建筑工业出版社,2000.

[8] 彭小芹. 建筑材料工程专业实验[M]. 北京:中国建材工业出版社. 2004.

[9] 田文玉. 建筑材料试验指导书[M]. 北京:人民交通出版社. 2005.

[10] 严家伋. 道路建筑材料[M]. 3 版. 北京:人民交通出版社,2003.

[11] 韩静云. 建筑装饰材料及其应用[M]. 北京:中国建筑工业出版社,2000.

[12] 冯乃谦. 高性能混凝土结构[M]. 北京:机械工业出版社,2004.

[13] 蒋亚清. 混凝土外加剂应用基础[M]. 北京:化学工业出版社,2004.

[14] 吴中伟,廉惠珍. 高性能混凝土[M],北京:中国铁道出版社,1999.

[15] 房志勇,林川. 建筑装饰—原理·材料·构造·工艺[M]. 北京:中国建筑工业出版社,1992.

[16] 冯浩,朱清江. 混凝土外加剂工程应用手册[M]. 北京:中国建筑工业出版社,1999.

[17] 宋功业,邵界立. 混凝土工程施工技术与质量控制[M]. 北京:中国建材工业出版社,2003.

[18] 葛勇. 土木工程材料学[M]. 北京:中国建材工业出版社,2007.

[19] 黄政宇. 土木工程材料 [M]. 北京:高等教育出版社,2002.

[20] 王起才,霍曼琳. 建筑材料[M]. 兰州:兰州大学出版社,1997.

[21] 吴科如,张雄. 建筑材料[M]. 上海:同济大学出版社,1999.

[22] 黄晓明,潘钢华,赵永利. 土木工程材料[M]. 南京:东南大学出版社,2001.

[23] 张雄. 建筑材料[M]. 北京:人民交通出版社,2002.

[24] 李亚杰. 建筑材料[M]. 4 版. 北京:中国水利水电出版社,2004.

[25] 赵方冉. 土木工程材料[M]. 上海:同济大学出版社,2004.

[26] 林建好,刘陈平. 土木工程材料[M]. 哈尔滨:哈尔滨工程大学出版社,2013

[27] 尹健. 土木工程材料[M]. 北京:中国铁道出版社,2015

[28] 张志国,曾光廷. 土木工程材料[M]. 武汉:武汉大学出版社,2013